Johann Stephan Pütter

Versuch einer academischen Gelehrten-Geschichte

von der Georg-Augustus-Universität zu Göttingen

Johann Stephan Pütter

Versuch einer academischen Gelehrten-Geschichte
von der Georg-Augustus-Universität zu Göttingen

ISBN/EAN: 9783743623194

Hergestellt in Europa, USA, Kanada, Australien, Japan

Cover: Foto ©berggeist007 / pixelio.de

Weitere Bücher finden Sie auf **www.hansebooks.com**

GOTTINGAE ICHNOGRAPHIA.

A.	Wehnder		O.	Observatorium	c.	Röthe
B.	Gröhnder		P.	Theatrum anat.	f.	Barfüßer
C.	Geißmer	Thor.	Q.	Hortus medicus	g.	Jüden
D.	Albaner		R.	Rathhaus.	h.	Burg
E.	Universitäts		S.	Zeughaus.	i.	Küser
F.	Johannis		T.	Hauptwacht.	K.	Buch
G.	Jacobi		V.	Comendant.Haus	l.	Geißmer lange
H.	Albani	Kirch.	X.	Reitstall.	m.	Innere Teig
I.	u.l.Frauen		z.	Fechtboden.	n.	Leine

Straß

Johann Stephan Pütters,

Königl. Großbrit. churfürstl. Braunschw. Lüneb. Hofraths
und ordentlichen Lehrers des Staatsrechts
zu Göttingen,

Versuch
einer
academischen Gelehrten-Geschichte

von der
Georg-Augustus-
Universität
zu
Göttingen.

Göttingen,
Im Verlag der Wittwe Vandenhoek, 1765.

Inhalt.

Inhalt.

Inhalt.

Inhalt.

Inhalt.

Inhalt.

Inhalt.

VI. Von der Einrichtung der Vorlesungen und anderer academischen Beschäfftigungen.

pädie

Inhalt.

Inhalt.

Inhalt.

* * *

Einige, wiewohl nicht sehr erhebliche Unrichtigkeiten wird ein geneigter Leser aus Vergleichung mit anderen Stellen leicht von selbsten erkennen, als wenn z. E. Herr Sellius §. 6. a. als ein Holländer angegeben worden, da aus §. 47. sich ergibt, daß er von Geburt ein Danziger ist, und nur aus Holland hieher berufen worden 2c.

Vorbe-

J. J. Kaltenhofer fecit, cum sequent. Gottingae.

Vorbericht.

§. 1.

Es werden zum öftern Nachrichten vom gegenwärtigen Zustande der hiesigen Universität verlanget, die selten in Briefen so ausführlich gegeben werden können, als sie den Wünschen derer, die sie verlangen, gemäß seyn möchten. Ich glaube daher, nichts ganz unnützes zu unternehmen, wenn ich eine so viel möglich vollständige und zuverläßige Beschreibung der Universität, wie sie jetzt ist, zu allgemeinem Gebrauche hierdurch bekannt mache; womit vielleicht von Zeit zu Zeit so, wie sich der Zustand der Universität etwa ändert, nach Befinden fortgefahren werden kann, wenn der Erfolg zeigen wird, daß der Zweck, der lediglich aufs gemeine Beste abzielet, nicht gänzlich verfehlet ist (a).

A   (a) In

(a) In ähnlicher Absicht sind schon in vorigen Zeiten einige Schriften von dieser Art gedruckt worden, als: Das jetzlebende Göttingen, und dazu dienende Nachrichten, Göttingen 1739.8., und: Der gegenwärtige Zustand der Göttingischen Universität in zweenen Briefen an einen vornehmen Herrn im Reiche, Göttingen 1748. 4. Es hat sich aber seitdem wieder vieles verändert, und man wird auch in der Einrichtung gegenwärtige Schrift von den vorigen merklich unterschieden finden.

§. 2.

Alle Nachrichten, die vom Zustande einer Universität verlanget werden, betreffen entweder die Gelehrsamkeit, und wie die zu derselben führenden Anstalten beschaffen sind, oder oeconomische und andere Nebendinge, insonderheit wie das, was zur Nothwendigkeit und Bequemlichkeit des Lebens gehöret, für Studierende eingerichtet ist. Beydes soll so vollständig und zuverläßig, als möglich, beschrieben werden.

§. 3.

Der Hauptzweck einer Universität wird billig darinn gesetzt, zur Ehre Gottes und zum gemeinen Nutzen der Menschen die Aufnahme der Religion und Wissenschaften dadurch zu befördern, daß einem jeden hinlängliche Mittel verschafft werden, seine Einsichten und Sitten vollkommener und für die Kirche und das gemeine Wesen brauchbar zu machen. Um diesen Zweck zu erreichen, beruhet I) das Hauptwerk auf einer hinlänglichen Anzahl solcher Männer, die nicht nur für sich die nöthige Einsicht in demjenigen Theile der Gelehrsamkeit, dem sie sich widmen, besitzen, sondern die auch die Gabe und Neigung haben, andere durch mündlichen Vortrag zu unterrichten. Sodann sind II) gewisse Hülfsmittel und Anstalten, als Bibliothek, gelehrte Gesellschaften, u. d. g. wo nicht unentbehrlich, doch zu Beförderung des Zwecks höchst nützlich; Und übrigens kömmt III) noch vieles auf eine gute Einrichtung aller academischen Beschäftigungen an.

§. 4.

§. 4.

Um nun kenntlich zu machen, wie alles dieses zu Göttingen eingerichtet sey, wird I) nöthig seyn, einige historische Nachrichten von der Stadt und Universität überhaupt vorauszusetzen. Und im übrigen wird hoffentlich gegenwärtiger Absicht ein Gnüge geschehen, wenn man II) ein vollständiges Verzeichniß aller hiesigen Lehrer gibt, und dabey nur kurz eines jeden vornehmste Lebensumstände (a). Schriften (b) und Vorlesungen anzeiget; hiernächst III) von andern hiesigen gelehrten Anstalten, wie auch IV) von der Art, wie jede Wissenschaft hier betrieben wird, und endlich V) von oeconomischen und Nebendingen dienliche Nachrichten liefert.

(a) Man wird hier so wenig ausführliche Lebensbeschreibungen, als Beurtheilungen und Lobeserhebungen zu erwarten haben. Eines jeden Verdienste zu beurtheilen, würde hier nur partheyisch, oder doch allezeit verdächtig seyn; daher man auch lieber die auswartigen Berufe, womit viele beehret worden, mit Stillschweigen übergehen, als sich dadurch den Vorwurf einer Ruhmredigkeit bloßstellen will. Wo von ein und andern ausführlichere Lebensbeschreibungen gedruckt sind, wird man bey jedem anzeigen. Hier wird es gnug seyn, das wesentlichste von eines jeden Lebens-Umständen, ungefähr auf die Art, wie das Jöcherische Gelehrten-Lexicon oder das Moserische Rechtsgelehrten-Lexicon eingerichtet ist, nur ganz kurz, jedoch in anderer, als alphabetischer Ordnung, zu bemerken. So trocken dieses im ersten Anblick scheinen wird; so dienlich kann es doch seyn, um sich einiges Bild von jedem Lehrer zu machen, wenn man nur weiß, wann und wo er geboren, wann und wo er studieret, ob und was er für Reisen gethan, und wie er befördert worden. Familien-Umstände gehören ohnedem nicht hieher.

(b) Bey academischen Lehrern ist es ein Theil ihres Berufs, wenn sie zum Behuf ihrer Vorlesungen, oder auch sonsten nützliche Schriften herausgeben, die alsdann nicht nur von eines jeden Geschicklichkeit und Fleisse die besten Proben enthalten, sondern zugleich zur Anzeige dienen, welchem Theile der Gelehrsamkeit sich ein jeder vorzüglich widme. Deren blosses Verzeichniß kann also gewisser-

maß-

maſſen ſchon die Stelle einer gelehrten Lebensbeſchreibung
vertreten. Und eine oftmalige Nachfrage nach einem ſol=
chen Verzeichniſſe bald von dieſes, bald von jenes Lehrers
Schriften gibt zum voraus die Hoffnung, daß es keine ver=
gebliche Arbeit ſeyn werde, hier ſo viel möglich vollſtändige
Verzeichniſſe derer von hieſigen Lehrern ausgearbeiteten
Schriften zu liefern.

§. 5.

In Anſehung der Lehrer könnte man, nach der eigentlich
nur auf den gegenwärtigen Zuſtand der Univerſität gerich=
teten Abſicht, zwar bey denen, die noch jetzo hier vorhan=
den ſind, es bewenden laſſen. Es haben aber auch viele
von denen, die bereits verſtorben, oder anderwärts beför=
dert ſind, zum Theil noch fortwährende Anſtalten geſtiftet,
oder doch den Geſchmack, der jetzt gewiſſer maſſen den Geiſt
des Ganzen (Eſprit du Corps) ausmacht, ein jeder in ſei=
ner Art dergeſtalt bilden helfen, daß es ſo undankbar als
unvollſtändig ſeyn würde, wenn man ſolche weſentliche
Verdienſte, z. E. eines Moshcims, Oporins, Schmauſ=
ſen, Brendels, Roederers, Koelers, Gesners ꝛc., oder
auch eines noch lebenden Senkenbergs, Hallers, Segners,
Büſchings u. ſ. w. mit Stillſchweigen übergehen wollte.
Wenn man hingegen alles zuſammen nimmt, was ſowohl
jetzige als bereits verſtorbene oder abgegangene Göttingiſche
Lehrer, ein jeder in ſeinem Felde, gearbeitet; ſo kann die=
ſes zugleich zu einem neuen Verſuche eines beſonderen
Theils der neueſten Gelehrten=Geſchichte dienen, da es
von Göttingen noch möglich iſt, was älteren Univerſitäten
ſchwer fallen würde, die dazu nöthige Materialien ziemlich
vollſtändig herbeyzuſchaffen (a).

(a) Hier wird es gnug ſeyn, einigen Vorrath von ſol=
chen Materialien zu liefern, worinn ein Kenner ſchon hin=
länglichen Stoff finden wird, um einigermaſſen zu beur=
theilen, welchen Antheil an dem gegenwärtigen Zuſtande
der Gelehrſamkeit im Ganzen die Univerſität zu Göttingen
ſeit der kurzen Zeit ihres Daſeyns ſich zueignen könne.
Wenigſtens wenn es I) dem Reiche der Wiſſenſchaften zu=
träg=

träglich gewesen ist, einem mit willkührlichen Begriffen, Hypothesen, und Schlüssen offenbar zu weit getriebenen und zuletzt nur in blosse Schalen einer kernlosen Methode verwickelten philosophischen Geschmacke sich entgegen zu setzen, und dargegen Belesenheit, Litteratur, Philologie, Critik, Historie, Erfahrung, Gebrauch der Quellen, und Mathematik mit einer gesunden Philosophie zu verbinden, und auf solche Art die höheren Wissenschaften gründlich und brauchbar zu machen; so hat vielleicht Göttingen einigen Antheil an der Ehre eines solchergestalt gebesserten oder geretteten Geschmacks. Was hingegen II) möglich gewesen, in allen Theilen der Wissenschaften bey dem academischen Unterrichte gleich aufs Practische zu führen, das ist von je her ein vorzügliches Augenmerk dieser Universität gewesen. Und wenn es III) möglich wäre, alles pedantische von der Gelehrsamkeit zu verbannen; so wird man Göttingen vielleicht mit der Zeit den Ruhm lassen, daß es auch dazu das Seinige mit beygetragen habe.

§. 6.

Selbst die kurzgefaßten Lebens-Umstände der hiesigen Lehrer werden bald zu erkennen geben, was in deren Wahl und Beförderung für Maximen befolget worden, und wie hoch man unter andern z. E. den Werth gelehrter Reisen dabey zu schätzen gewust. Hauptsächlich aber wird einem jeden in die Augen fallen, wie die Universität von Anfang an eine fast aus allen Gegenden zusammengesuchte gelehrte Colonie ausgemacht (a), wovon der Vortheil, den selbst ein College von freundschaftlicher Belehrung des andern ziehen kann, sich schon oft auf manche Art vervielfältiget hat (b).

(a) So sind von den bisherigen Göttingischen Lehrern, mit Inbegriff der Verstorbenen und Abgegangenen, (als mit welchen viele von den noch gegenwärtigen geraume Zeit zusammen hier gelebt,) z. E. I) der Geburt nach, aus Engelland Tompson; aus Holland Sellius; aus dem Elsaß Roederer, wie auch aus Landau Schmauß; aus der Schweitz Haller und Huber; aus Ungarn Segner; aus Schlesien Gebauer; aus Polnisch-Preussen Mascov, Achenwall und Leß; aus Schleswich Crusius; aus Schweden

J. Ph.

J. Ph. und J. A. Murray; aus der Lausitz Riccius; aus
Westphalen Heilmann, Büsching, Pütter, Seip, Wähner;
aus Hessen J. Claproth und Schröder; aus dem Leiningi-
schen Wahl; aus Frankfurt Senkenberg; aus Erfurt
Reinharth, Albrecht, Vogel; aus Schwaben Cotta; aus
Franken Feuerlein, Ayrer, Scheidt, Chr. Fr. Ge. und
Alb. Lud. Fr. Meister, Zinn, Gesner, Mayer, Franz, Lo-
witz, Gatterer, Hamberger, Gazert; aus Chursachsen
und Meissen Förtsch, Richter, Brendel, Koeler, Kästner,
Heyne, Klotz, Dieze; aus der Mark Brandenburg
Treuer, Selchow, D. S. A. Büttner, Colom; aus dem
herzoglich Sächsischen Heumann, Kraft, Walch; aus
Pommern Hollmann; aus dem Mansfeldischen Weber;
aus dem Magdeburgischen oder Saalkreyse Böhmer,
Kahle, Michaelis; aus den Churbraunschweigischen
Landen Ribov, J. Chr. Claproth, Wedekind, Wrisberg;
aus dem Braunschweig-Wolfenbüttelischen Chr. Wilh.
Büttner; aus Mecklenburg G. B. und D. D. H. Becmann;
aus Holstein Oporin, Kortholt, Matthiä; aus Lübeck
Mosheim; aus Bremen Kulenkamp ꝛc. Und wenn man
II) auf eben die Art die Universitäten berechnet, auf welchen
hiesige Lehrer vorher als Professoren oder Privat-Docenten
gestanden, so sind von Altorf nach Göttingen gekommen
Feuerlein und Koeler; von Erfurt Reinharth, Albrecht,
Vogel; von Giessen Wahl; von Halle Böhmer, Becmann,
Michaelis, Weber; von Harderwick Mascov; von Helm-
städt Mosheim, Treuer; von Jena Brunquell, Segner,
Walch, Klotz; von Kiel Oporin, Richter; von Leiden
Gellius; von Leipzig Gebauer, Kästner; von Marburg
Pütter, Achenwall, Schröder; von Straßburg Roederer;
von Tübingen Cotta; von Wittenberg Hollmann ꝛc. Wie
endlich III) ältere Universitäten grossentheils sich selbsten zur
Pflanzschule dienen; so fehlt es nunmehro auch zu Göttin-
gen nicht an Lehrern, die hier vorher selbst studiert haben,
als Joh. Chr. und Just. Claproth, Chr. Fr. Ge. und Alb.
L. Fr. Meister, Seip, von Selchow, Gazert; Zinn, J. Ph.
und J. A. Murray; Hamberger, Chr. Wilh. Büttner,
Wrisberg, Joh. Tob. Koeler, ꝛc.

(b) Zum Beyspiele dienen hiervon des Herrn Hofrath
Michaelis Fragen an eine Gesellschaft gelehrter Männer,
die auf Befehl des Königs von Dänemark nach Arabien
reisen (Frf. 1762. 8.), da er selbst in der Vorrede erzehlet,
wie er sich bey deren Entwerfung des freundschaftlich gesellschaftlichen Beytrages von den Herren D. Walch, D.
Heil-

Heilmann, Leibmedicus Roederer, und C. W. Büttner be=
dienet. Man wird ohne mein Erinnern einsehen, wie oft
es einzelnen Gelehrten zu statten komme, an einem Orte zu
leben, wo eine Gesellschaft von Männern sich allen Theilen
der Gelehrsamkeit dergestalt gewidmet, daß ein jeder den
Umgang mit seinen Collegen gleichsam als einen beständi=
gen freyen Zutritt zu einer lebendigen Bibliothek ansehen
kann. Von diesem Vortheile, der allen Academien gemein
ist, kann man vorzüglich sagen, daß er zu Göttingen be=
nutzt werde. Gewisser massen gehören, auch hieher die
Parerga Goettingensia lib. I–IV. 1736. 1738. 8.

§. 7.

Von denen seit Errichtung der Universität hier ausge=
arbeiteten Schriften gestatten zwar die Grenzen dieser
Blätter keine ausführliche Nachricht zu geben; da man
vielmehr billige Nachsicht haben wird, wenn auch die blosse
Verzeichnisse nach den Titeln nicht einmal von allen vollstän=
dig seyn können. Jedoch bey den meisten wird an dieser
Vollständigkeit nichts abgehen, und im Ganzen wird es
hoffentlich, als ein Beytrag zu einer Göttingischen Gelehr=
ten=Geschichte, nicht ganz ohne Nutzen seyn, hier fast alle
Göttingische gelehrte Producten in der Kürze beysammen
verzeichnet zu finden. Wenige Theile der Gelehrsamkeit
werden sich hier ganz unbearbeitet zeigen. (a). Und wenn
vieles darunter nicht ohne Beyfall geblieben ist, so dem
Fleisse jedes einzelnen Verfasser Ehre macht; so würden
hinwiederum doch auch viele Schriften schwerlich jemals in
der Vollkommenheit erschienen seyn, wenn ihren Verfas=
sern nicht theils die hiesige Bibliothek, theils auch sonst
mancher Vorschub von gelehrten Hülfsmitteln, aus der
Hand eines Mäcens, dessen unermüdete Vorsorge sich auf
eine kaum glaubliche Art bis auf die kleinsten Zweige aus=
breitet, daben zu statten gekommen wäre (b).

(a) Unter andern wird es einem aufmerksamen Leser
bald in die Augen fallen, daß es I) nicht an weitläuftigen
und grossen Werken fehlet, die hier ausgearbeitet worden;
wie man z. E. nur den Gesnerischen thesaurum; Hallers
enumerationem stirpium Helvetiae indigenarum, commen-

tarium über Boerhave, icones anatomicas, und methodum studii medici; den gröſten Theil von den Koelerischen Münz=beluſtigungen, und von Büſchings Erdbeſchreibung, Heu=manns Erklärung des N. T., Hambergers Nachrichten von Schriftſtellern 2c. und die Gebaueriſche zum Druck fer=tig liegende Ausgabe des corporis iuris, als Beyſpiele an=führen darf. Vorzüglich aber verdienen II) die vielen klei=nern Abhandlungen von einzelnen Materien hier in Erwe=gung gezogen zu werden, wovon eine nach den Wiſſenſchaf=ten abgetheilte und mit Auswahl angeſtellte Sammlung zu Erweiterung der Gelehrſamkeit gröſſere Dienſte, als manche Syſteme und gröſſere Commentarien, leiſten würde. Sodann werden III) wenig Hauptwiſſenſchaften ſeyn, worinn hier nicht ſo genannte compendia oder Leſe=bücher, zum Theil auch etwas vollſtändigere Handbücher, geſchrieben wären. So wenig aber dieſe Art Schriften, worinn eine ganze Wiſſenſchaft nur in enge Grenzen einge=ſchloſſen iſt, zu gelehrten Ausführungen oder neuen Ent=deckungen aufgelegt iſt; ſo nützlich iſt es, wenn Lehrer, die den edlen Trieb, auf anderer Schultern höher zu ſteigen, nicht unwürkſam ſeyn laſſen, lieber ihre eignen Grundſätze, als bloß fremde Arbeiten in ihren Vorleſungen erklären, wenn ſie anders ſyſtematiſch gnug denken, und Erfahrung und Gedult gnug haben, um nicht etwa aus 99 Büchern von der Art nur das hunderte zu machen.

(b) Als Beyſpiele rühmlicher Benutzungen der Biblio=thek darf ich nur die Büſchingiſche Erdbeſchreibung und die Hambergeriſche Nachrichten von Schriftſtellern anführen. Ich kann aber auch hinzufügen, daß zu Behuf des erſtern Werks deſſen würdiger Verfaſſer zu Unterhaltung ſeines dazu gewidmeten weitläuftigen Briefwechſels mit der Poſt=freyheit begnadigt worden; Und wenn man ferner in ein Ver=zeichniß bringen ſollte, was für Materien zur Ausarbeitung von hoher Hand ſelbſt hieher angegeben, was für Hülfsmit=tel von Nachrichten, Urkunden, Büchern u. d. g. zu beſondern Ausarbeitungen, gebeten und ungebeten, verſchafft wor=den; ſo könnte man der Nachwelt zu beurtheilen überlaſſen, ob je ein Mäcen ſich ſo allgemeine Verdienſte um das Reich der Gelehrſamkeit erworben.

I. Ei=

I. Einige historische Nachrichten von der Stadt und Universität überhaupt.

§. 8.

Göttingen war vorlängst, ehe es der Siß einer Universität geworden, eine ansehnliche Stadt (a), deren Lage gegen die südliche Grenze der Churbraunschweigischen Lande, beynahe im Mittelpuncte des Teutschen Reichs, in einer so angenehmen als fruchtbaren Gegend an der Leine, in mehr als einem Betrachte grosse Vorzüge hat (b); deren Alter wenig andere Städte in diesen Gegenden gleich kommen (c); und nach deren Namen ehedem ein beträchtlicher Landes-Antheil des Braunschweig-Lüneburgischen Hauses als ein besonderes Fürstenthum benannt worden (d); wie sie denn überdis in vorigen Zei-

A 5
ten,

ten, als ein wichtiges Mitglied des Hansebundes (e), insonderheit an Tuch- und andern Manufacturen in nicht geringer Aufnahme gestanden (f), bis die vielen Unfälle des
dreyßigjährigen Krieges auch dieser Stadt einen Stoß gegeben (g), von dem sie sich kaum in dem darauf verstriche-
nen Jahrhundert erholen können (h).

(a) Ausführliche und in vielerley Betracht brauchbare
Nachrichten von der Stadt und deren Geschichte finden sich
in der „Zeit- und Geschicht-Beschreibung der Stadt
„Göttingen, worinn derselben Civil- Natur- Kirchen-
„und Schul-Historie aus verschiedenen alten Urkunden
„auch andern sicheren Nachrichten umständlich vorgetragen
„wird. Erster Theil, mit einer Vorrede und unpar-
„theyischen Betrachtungen über die älteste Nachrichten von
„Göttingen und der Göttingischen Gegend“ (von Joh.
Dan. Gruber), Hannover und Göttingen 1734. 4.
(Dieser erste Theil beträgt 136. und die Gruberische Vorrede 94. Seiten.) —— „Zweyter Theil, in welchem
„die Religions- und Kirchen-Geschichte abgehandelt wer-
„den, 1736. (536. Quart-Seiten.) —— Dritter Theil,
„in welchem von dem Schulwesen und den ehemaligen ge-
„lehrten Göttingern und ihren Schriften gehandelt wird“
(von Cph. Aug. Heumann auf 299. Seiten), „mit fort-
„gesetzten Betrachtungen über die ältesten Nachrichten von
„Göttingen und der Göttingischen Gegend“ (von Joh.
Dan. Gruber auf 132. Seiten) 1738.

(b) Von der Lage der Stadt Göttingen heißt es in
vorberührter Göttingischen Chronik part. 1. p. 19.: „Sie
„ist der Mittelpunct von mehr als 60. Flecken und Dör-
„fern, welche in ihrem Bezirke nicht über eine Meile von
„ihr entfernt liegen. Und um Göttingen herum liegen in
„einem Bezirke von 4. bis 5. Meilen 26. nicht unbekannte
„Städte.“ Hier will ich nur noch so viel anmerken, daß
Göttingen 2. Meilen von Nordheim entfernt ist; 3. Meilen
von Duderstadt, Heiligenstadt, Witzenhausen, Münden,
Uslar; 4. von Eimbeck und Osterode; 5. von Cassel und
Hofgeismar; 6. von Clausthal und Zellerfeld; 7. von
Mühlhausen; 8. von Goslar und Hildesheim; 11. von
Hannover, Braunschweig, Gotha; 18. von Jena und Halle;
22. von Leipzig; 23. von Frankfurt am Mayn; 29. von
Hamburg; 40. von Nürnberg u. s. w.

(c) Das

(c) Das eigentliche Alter der Stadt Göttingen wird insonderheit in den Gruberischen Vorreden vorbenannter Zeit = und Geschichtbeschreibung näher erörtert.

(d) Das Fürstenthum Göttingen, oder was es jezo eigentlich ist, das Göttingische Quartier des Braunschweig= Calenbergischen Landes Antheils begreift 8. Städte, 8. se= cularisirte Klöster, 15 Cammer = Aemter, 11. adeliche Ge= richte, und in diesen Aemtern und Gerichten 4. Flecken und 179. Dörfer; Götting. Chron. part. 1. p. 17., Büsching. Erdbeschr. part. 3. p. 2636.

(e) Wie Göttingen schon vor 1400. im Hansebunde ge= wesen, und bis 1572. darinn geblieben; siehe in der Zeit= und Geschichtbeschr. lib. I. cap. I. p. 28. sq.

(f) Um 1475. zehlte man 800. Meister vom Tuch = und Zeugmacher = Handwerke zu Göttingen. Zeit = und Ge= schichtbeschr. lib. I. cap. I. p. 37.

(g) Wie I) Tilly nach einer den 7. Jun. 1626. ange= fangenen Belagerung den 2. Aug. 1626. die Stadt in seine Gewalt bekommen, und wie solche darauf 5. Jahre und 5. Monathe in kayserlichen Händen geblieben, bis sie her= nach im Febr. 1632. wieder an die Schweden unter dem Herzog Wilhelm von Weimar übergangen; und wie hinge= gen II) der Graf von Pappenheim eine monathliche Bela= gerung den 10. Jul. 1632. unverrichteter Dinge aufheben müssen; was aber auch III) überall hierbey die Stadt ge= litten; verdient in der Zeit = und Geschichtbeschr. lib. I. cap. 2. p. 177. sq. nachgelesen zu werden.

(h) Erst in diesem Jahrhundert brachte der noch leben= de Herr Obercommissarius, Johann Henrich Gräzel, mittelst der allhier errichteten Camelot = Fabrik das Manu= facturwesen wieder in Aufnahme, so seitdem noch mit meh= reren Fabriken, als der Scharfischen, Funkischen rc. erwei= tert worden; ohne mit der Büschingischen Erdbeschreibung der von hier in grosser Menge auswärts abgehenden Mett= würste zu gedenken. Doch mit Errichtung der Universität war erst der Stadt eine neue Schöpfung vorbehalten.

§. 9.

Vor den Zeiten der Reformation waren hier nicht nur noch vorhanden: zahlreiche Kirchen St. Johannis,

St. Ja=

St. Jacobi, St. Albani, St. Nicolai, der lieben Frauen, und zum Kreuße (a). Sondern es waren hier ausser einem gleichfalls noch jetzt vorhandenen Teutschen Ordens= Commthuren= Hofe, und ausser dem Hospital zum Kreuße, noch verschiedene Klöster, als insonderheit ein Baarfüsser= und ein Pauliner= Kloster (b). Dieses leßtere ward seit 1586. in ein Gymnasium verwandelt, welches in nicht ge= ringer Aufnahme war (c), als des höchstseeligen Königs Georgs II. Majestät sich entschlossen, eine Universität in Dero eignen Landen zu errichten, und derselben die Stadt Göttingen zu ihrem Siße anzuweisen.

(a) Götting. Chron. part. 1. lib. 2. cap. 8. p. 69. sq. part. 2. lib. 3. cap. 2. sq. p. 31. sq.

(b) Götting. Chron. part. 1. lib. 2. cap. 9. sq. p. 87. sq. part. 2. lib. 3. cap. 2. §. 5. p. 69. sq.

(c) Götting. Chron. part. 3. Chph. Aug. HEVMANN *oratio exanguralis in gymnasio Gottingensi maiori scholae eedere iusso d. 20. Apr. 1734. habita.* Goetting. 1735. 4.

§. 10.

Die zur Universität erforderliche kayserliche Privilegien sind von weyland Kayser Carl dem VI. unterm 13. Jan. 1733. ausgefertiget (a), worauf diese neue Universität gleich im October 1734. ihren Anfang genommen (b); und nachdem ihr Stifter weyland König Georg der II. sie un= term 7. Dec. 1736. mit ausführlichern Landesherrlichen Privilegien versehen (c), ist sie den 17. Sept. 1737. feyer= lich eingeweyhet worden (d). Von nurgedachtem ihrem Stifter führet sie den Namen Georgia Augusta (e); und sie hat nicht nur von selbigem, sondern auch von des jeßigen Königs Majestät sich der Gnade zu rühmen, daß sie in der Person ihres Königes auch ihren Rectorem Magnificentis= simum verehret.

(a) Das kayserliche Privilegium findet sich in GES- NER. *narratione de academia. Georgia Augusta,* und in

den

den Churbraunschweigischen Landes-Ordnungen Calenbergischen Theils cap. 1. sect. 7. vol. 1. p. 701. sq. Es gibt
der Universität zu Göttingen eben die Vorrechte, als den
Universitäten zu Heidelberg, Tübingen, Cölln, Ingolstadt,
Freyburg, Rostock, Helmstädt, Straßburg und Halle in
Sachsen. Unter andern ernennt es auch einen jedesmaligen Prorector zum kayserlichen Pfalzgrafen mit dem Rechte,
Notarien und gekrönte Poeten zu ernennen, uneheliche Kinder zu legitimiren, unehrlichen die Ehre wiederzugeben,
minderjährigen veniam aetatis zu verleyhen u. s. w.

(b) Den ersten Anfang machte Ge. Chr. GEBAVERVS D.
Magnae Britanniae regi S. R. I. duci electori Brunsuico-
Luneburgico a consiliis aulicis, antecessor iuris primarius, et ad ea obeunda, quae prorectoris sunt in academia Gottingensi, delegatus commissarius, mit einem unter diesem Titel auf 1¼ Bogen in 4. gedruckten programmate, worinn unterm 31. Oct. 1734. die Einladung zur
Einschreibung in der Matrikel geschahe. Es erschien auch
auf diese erste Eröffnung eine Gedächtniß-Münze, die
auf der Hauptseite des Königs Brustbild und Titel enthielt,
und auf der Gegenseite die Ueberschrift: in publica commoda, und unten: Academia Georgia Augusta Gottingae sundata 1734. S. Joh. Dav. Koelers Münzbelustigungen 1737. p. 233. sq.

(c) Das Königliche Privilegium, so an eben den vor-
angezogenen Orten befindlich ist, erkläret die Universität
für ein eignes mit einer iurisdictione omnimoda begnadig-
tes Corpus, das von aller andern Jurisdiction eximirt,
und nur vom Könige und dessen geheimen consilio abhän-
gig ist. Es gibt aber überdis der Universität und ihren
Mitgliedern viele andere vorzügliche Rechte, von denen
zum Theil in der Folge noch weitere Nachricht vorkom-
men wird.

(d) Gleich damals erschien im Druck: „Der in Göt-
„tingen geweyhete Parnassus, oder ausführliche und gründ-
„liche Relation von der am 17. Sept. 1737. feyerlich voll-
„zogenen Einweyhung der königlichen und churfürstlichen
„Georg-August-Universität zu Göttingen rc. Frf und Lpz.
„1737. 8." Hernach folgte: De academia Georgia Augusta, quae Goettingae est, —— a. d. 17. Sept. 1737.
solenniter dedicata, breuis narratio Io. Matthiae GESNE-
RI; adiecta priuilegia caesareum atque regium, itemque
mo-

monumenta alia historiam academiae continentia atque il-lustrantia. Goetting. fol.   Siehe auch Koelers Münz-belust. tom. 9. p. 297 — 320. und die daselbst beschriebene drey Gedächtniß-Münzen auf die Einweyhung der Uni-versität.

(e) Koelers Münzbelust. tom. 9. p. 239.

§. 11.

Die Oberaufsicht über die Universität ist der besondern Vorsorge eines königlichen Staatsministers als Curators anvertrauet. Sie hat aber das unschätzbare Glück, in ih-rem jetzt dreyßigjährigen Alter von ihrem ersten Pflegevater, Sr. Excellenz dem Herrn Geheimen Rath und Cammer-Prä-sidenten, Gerlach Adolph Freyherrn von Münchhausen, noch eben die unermüdete, weise und Einsichtsvolle väter-liche Vorsorge zu geniessen, welcher sie nächst der Gnade des Königes alles zu danken hat (a).

(a) Se. Excellenz sind gebuhren 1688. Oct. 14.; studier-ten 1707. zu Jena, 1710. zu Halle, 1711. zu Utrecht, und wieder zu Jena, wo sie unter B. G. Struven *de legibus, consuetudiniβus et forma imperii;* unter Chr. Wildvo-gel 1710. *de capitulatione perpetua,* und ohne Vorsitz 1712. *de vicariatu Italico* disputirt. Sie giengen hernach 1712. auf Reisen; wurden 1714. Appellations-Rath zu Dresden; 1715. Oberappellations-Rath zu Zelle; 1726. Churbraunschweiglscher Comitial-Gesandter zu Regens-burg; 1727. würklicher geheimer Rath zu Hannover, wo sie diese Stelle den 28. May 1728. antraten; und darneben seitdem noch 1732 Großvogt; 1741. und 1745. erster Wahl-bothschafter bey den letzten beyden Kayserwahlen wurden, und 1753. die Würde eines Großvogts mit der Cammer-präsidenten-Stelle zu Hannover verwechselten. S. Göt-tens jetztleb. gelehrt. Eur. tom. I. p. 511. Treuer's Münch-hausische Geschlechts-Historie 1740. Weidlichs Rechts-gelehrten-Lexicon part. 2. p. 129. sq.

§. 12.

Von erfreulichen Hauptbegebenheiten hat die Univer-sität Ursache bis auf die spätesten Zeiten das Andenken des
Ta)

Tages zu feyern, da sie (1748. Aug. 1.) mit der Gegenwart ihres ersten Stifters begnadiget wurde (a); Eine Gnade des Monarchen, welche die Musen so belebt, daß für diese nichts erfreulicher seyn kann, als nur der Hoffnungsvolle Gedanke, vielleicht ein ähnliches Glück bald wieder zu erleben.

(a) S. (Mosheims) Beschreibung der grossen und denkwürdigen Feyer, die bey der allerhöchsten Anwesenheit Königs Georgs des II. 2c. auf Deroselben Georg-Augustus hohen Schule in der Stadt Göttingen 1748. den 1. Aug. begangen ward, Göttingen 1749. 4. Unter andern wiederfuhr der Universität bey dieser Gelegenheit die Ehre, daß der Herzog von Neucastle, der als Englischer Minister und Staats-Secretär den König begleitete, sich gefallen ließ, nicht nur die Doctorwürde von der Juristen-Facultät anzunehmen, sondern auch seinen Namen (Thomas Holles Dux de Newcastle) in das den academischen Mitbürgern von hohem Adel gewidmete Buch einzuschreiben.

§. 13.

Wie vortheilhaft einer Universität die Anwesenheit erhabener Standes-Personen sey, hat die Georgia Augusta besonders von der Zeit erfahren, da ihres Stifters Enkel, die Durchlauchtigsten Prinzen Wilhelm, Carl und Friedrich von Hessen, vom Ende des Jahrs 1754. bis ins Frühjahr 1756. sich zu Göttingen aufhielten, und selbst mittelst Einzeichnung ihrer Namen das academische Bürgerrecht zu gewinnen geruheten (a). Auch von gräflichen Personen, die der studierenden Jugend erhabene Beyspiele gegeben, wird hier billig das Andenken verehret (b).

(a) Bey dieser Gelegenheit verdient das Programma, auf den Prorectorats-Wechsel im Januar. 1755., und die darinn mit Gesnerischer Feder entworfene notitia principum S. R. I. Germanicorum, qui in academiis Germaniae litteris operam dederunt, angemerkt zu werden.

(b) Vielleicht möchte es manchem nicht unangenehm seyn, hier die Namen aller Herren Grafen zu lesen, die zu Göttingen studiert haben. Hier sind sie nach der Ordnung, wie

wie sie sich eingeschrieben haben: 1) 1735. Apr. 26. Carl
Adam Graf von Löwenhaupt Rasburg und Falkenstein;
2) 3) —— Erdmann Carl und Samuel Gustav Grafen
von Reder, Freyherren von Krappitz; 4) 5) 1735. Oct.
15. Henrich der IX. und X. Reussen, Grafen und Herren
zu Plauen; 6) 7) 8) 1736. Mai. 14. Ferdinand Casimir, Albrecht August, und Wilhelm Reinhard Grafen
von Isenburg und Büdingen; 9) 10) 11) 1736. Nov. 20.
Henrich Ernst, Christian Günther, und Carl Georg Ludewig, Grafen von Stolberg; 12) —— Ludewig Bernhard Graf Henkel, Freyherr von Donnersmark; 13)
1737. Mai. 11. Henrich der XI. älterer Linie Reuß, Graf
und Herr zu Plauen; 14) 1737. Iun. 1. Philipp Ernst
Graf und edler Herr zu Schaumburg, Lippe und Stern-
berg; 15) 1737. Oct. 21. Otto Manderup Graf von
Ranzau aus Dänemark; 16) 1738. Aug. 1. Eckhard
Christoph Graf von Knuth aus Danemark; 17) 18) 19)
1740. Oct. 11. Carl Ludewig, Wolfgang Ernst, und Adolf,
Grafen von Isenburg-Wächtersbach; 20) 1745. Nov. 6.
Johann Martin Graf von Stolberg; 21) 1746. Oct. 15.
Hans Caspar Graf von Bothmer; 22) 1747. Apr. 17.
Carl Ludewig Wild- und Rheingraf (von Grumbach);
23) 1747. Dec. 27. Carl Julius Graf de la Gardie aus
Schweden; 24) 25) 1748. Febr. 10. Friedrich, und
Carl Rudolf August, Grafen von Kielmannsegge; 26)
27) 1748. Sept. 23. Christian Friedrich Carl, und Friedrich Wilhelm, Grafen von Hohenlohe (Kirchberg);
28) 1749. Apr. 5. Victor Friedrich Graf von Solms
(Sonnewald-Kropstädt); 29) 1749. Apr. 16. Christian
Johann Graf von Leiningen-Westerburg: 30) 31)
1749. Iun. 30. Johann Philipp, und Franz, Grafen von
Stadion; 32) 33) 1749. Oct. 7. Gebhard Johann,
und Anton Wilibald, des h. R. R. Erb-Truchsesse, Gra-
fen zu Wolfegg, Freyherren zu Waldburg, Herren zu
Waldsee; 34) 1750. Oct. 16. Wulf Dietrich Graf
von Schulenburg, Herr von Apenburg; 35) 1750. Dec.
9. James Brydges Marquiss of *Carnarvan*; 36) 1751.
Mai. 6. Christian Friedrich Graf von Sayn Wittgen-
stein Berleburg; 37) 1751. Oct. 21. Moritz Casimir
Graf von Bentheim Tecklenburg; 38) 1752. Mart. 22.
S. R. I. comes Paulus *Teleki* de Szék, Transsylvano
Hungarus; 39) 1752. Mai. 30. William Sutherland,
Earl of *Sutherland*, Scotus; 40) 1752. Iul. 7. John
Murray Lord Vicount *Fincastle*, Scotus; 41) 1753.
Mai.

Mai. 2. Friedrich Otto Graf von Dernath aus dem Holsteinischen; 42) 43) 1753. Mai. 10. Nicolaus, und Johann Gustav, Grafen Bonde aus Schweden; 44) 1753. Mai. 14. Wolfgang Christoph Graf von Ueberacker aus dem Salzburgischen; 45) 46) 1753. Iun. 2. Axel Wilhelm, und Carl Friedrich August, Grafen Wachtmeister aus dem Holsteinischen; 47) 1755. Iul. 9. Friedrich Alexander Graf von Gersdorf aus der Lausitz; 48) 1757. Mai. 2. Werner Graf von Schulenburg; 49) 1757. Oct. 21. Henrich der XXXV. Graf Reuß, Herr zu Plauen; 50) 1758. Oct. 19. Johann Graf von Münnich; 51) 1759. Mai. 3. Friedrich Carl Erbgraf von Wied Neuwied; 52) 1759. Oct. 17. Achaz Wilhelm Graf von Schulenburg; 53) 54) 1760. Apr. 5. Johann Friedrich Carl, und Johann Casimir August, Grafen von Dalwitz aus der Lausitz; 55) 1760. Apr. 10. Alexander Hermann Johann Friedrich Graf von Rameke aus Pommern; 56) 1760. Apr. 19. Henrich Bogislaw Dettloff Graf von Schwerin aus Pommern; 57) 1760. Apr. 21. Ernst Franz Graf von Platen in Hallermund; 58) 1762. Oct. 8. Carl Ludwig Friedrich Albrecht Graf Fink von Finkenstein; 59) 60) 1763. Mai. 28. Christian Ludewig, und Georg, Grafen von Stolberg; 61) 1763. Dec. 16. Johann Wilhelm Graf von Ronow und Bieberstein.

§. 14.

Aber der verwüstende Krieg, der vom 16. Jul. 1757. bis den 28. Febr. 1758., auch seitdem auf kürzere Zeit zum öftern, und wiederum vom 20. Sept. 1760. bis zum 16. Aug. 1762. beständig den Sitz der Universität in feindliche Hände lieferte, schien oft dieselbe mit der größten Gefahr ihres Unterganges zu bedrohen. Doch die göttliche Vorsehung hat augenscheinlich über diesen Sitz der Musen gewacht; und nunmehro scheint ein die vorigen Zeiten übertreffender Flor der Universität ein Geschenk des Friedens zu seyn (a).

(a) Währenden Krieges hat die Universität mehr als eine Gelegenheit gehabt, die weltgepriesenen Verdienste des Herrn Herzogs Ferdinands von Braunschweig Hochfürstlichen Durchlaucht, nicht nur als eines Helden, son-

dern

dern auch als eines Kenners und Beschützers der Wissenschaften zu verehren. Und so kurz die Zeit gewesen, da der bald hernach auf dem Bette der Ehren gebliebene durchlauchtigste Prinz von Isenburg, und gegen das Ende des Krieges des Prinzen Friederichs von Braunschweig Hochfürstliche Durchlaucht sich persönlich zu Göttingen befunden; so unvergeßlich wird auch davon das Andenken bleiben. Es würde aber auch ungerecht seyn, wenn man die Kenntniß und Protection der Wissenschaften, wodurch ein grosser Theil der Französischen Generalität den fürchterlichen Namen eines Feindes mittelst eines möglichst schonenden Betragens gegen die Universität gemildert, in Vergessenheit stellen wollte. Das gnädige Schreiben des Marschälls von Etrées, dessen Abdruck in den Göttingischen gelehrten Anzeigen 1757. p. 1024. von der edlen Denkungs-Art seines erhabenen Verfassers ein beständiges Denkmaal bleiben wird, und das persönliche Betragen des Marquis de Perreuse und des Grafen von Orlick, als der ersten feindlichen Befehlshaber zu Göttingen, können schon zu Mustern eines feindlichen Verhaltens gegen einen nur den Wissenschaften gewidmeten Ort dienen. Aber wenn je ein feindlicher General als ein Beschützer, und zugleich als ein Einsichtsvoller Kenner und Freund der Wissenschaften, eine Lobrede von dieser Art verdienet; so ist es der General-Lieutenant Chevalier Dumuy, von dessen Güte man nur eine geringe Probe anführt, wenn man sich der huldreichen Art erinnert, womit er bey seinem ersten Eintritt in die Stadt die Lehrer der Universität durch die eigenhändig geschriebene Zeilen beruhigte: ,, Il ne faut loger ni Soldats ni Officiers ,,dans les maisons de Messieurs les Professeurs de l' Uni- ,,versité de Gœttingen. ce 19. Nov. 1757. Le Chev. Du- ,,muy Lieut. general."; deren Inhalt billig ein ewiges Gesetz für Universitäten im Kriege seyn sollte. Seit dem hat es zwar auch nicht an Gelegenheiten gefehlet, da der Marschall von Richelieu, der Comte de Clermont, die Marschälle von Soubise und von Broglie, wie auch des jetzigen Administrators der Chur Sachsen, des Prinzen Xavier Königliche Hoheit, ingleichen der Prince de Croy und Prince de Robecq ihre Huld gegen Wissenschaften blicken lassen Und man muß selbst der mehr als gewöhnliche Strenge des General-Lieutenants Comte de Vaux die Gerechtigkeit widerfahren lassen, daß er mit strenger Kriegszucht bey einer so zahlreichen Besatzung gute Ordnung gehalten, und insonderheit die studierende Jugend bey jeder

Gele

Gelegenheit geſchützt und geſchonet; wie denn auch von denen, die unter ſeinen Befehlen geſtanden, z. E. der Marquis de Loſtanges (der ſelbſt die Doctor-Würde von der Juriſten-Facultät angenommen, und ſich als ein Mitglied der Societät der Wiſſenſchaften aufnehmen laſſen,) der Comte d'Hericy, der Comte de Grave, der Vicomte de Gréaulme, Mons. de Luker und andere, (die zum Theil ſelbſt der Vorleſungen hieſiger Lehrer ſich bedienet,) ſich als wahre Freunde der Gelehrſamkeit erwieſen. Man hat es aber als unvermeidliche Zufälle des Krieges anſehen müſſen, wenn bey einer ſo auſſerordentlich ſtarken Beſatzung, und bey den natürlichen Folgen einer etliche Wochen angehaltenen Sperrung, bey Verunglückung eines Pulverthurms, bey Sprengung mehrerer Minen, und bey der den 17. Jul. 1762. plötzlich erfolgten Rückkehr in die Tages zuvor verlaſſene Stadt die Mitglieder der Univerſität manches auſſerordentliche Ungemach mit den übrigen Einwohnern der Stadt gleich zu empfinden gehabt, deſſen Erinnerung jetze den ſanften Genuß des Friedens deſto ſchätzbarer macht.

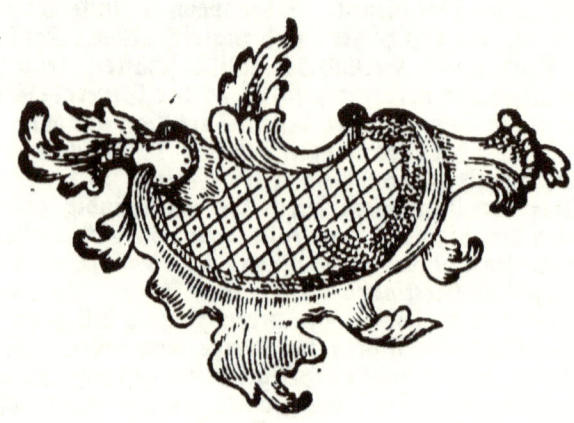

II. Ver-

II. Verzeichniß derer bereits verstorbenen Göttingischen Lehrer nebst ihren vornehmsten Lebens-Umständen und Schriften.

1) Verstorbene Lehrer der Gottesgelahrtheit.

§. 15.

Johann Lorenz von **Mosheim** (a), aus einem Steyermärkischen adelichen Geschlechte, geb. 1694. Oct. 9. zu Lübeck, studierte zu Kiel, und ward daselbst 1718. Magister und 1719. Beysitzer der philosophischen Facultät, da er sich denn schon sowohl im Lehren und Predigen, als mit gelehrten Schriften hervorthat (b).

Herr

(a) Gabr. Wilh. **Götten** jetztleb. gelehrt. Eur. tom. 1. p. 717. sq. Iac. BRVCKER *pinacotheca scriptorum illustrium*, Dec. 1.

(b) Seine ersten Schriften waren 1) Zufällige Gedanken von einigen Vorurtheilen in der Poesie, besonders in der Teutschen, eröffnet von Gelintes, Lübeck (Kiel) 1716. 4.; 2) Die Herrlichkeit Jesu, als des eingebohrnen Sohns vom Vater, eine Predigt, Kiel 1716. 4.; 3) Diss. pontificios salis apostolici expertes fluctuare ad Matth. V. 13., praes. Alb. *zum Felde*, Kil. 1717.; 4) Diss. Apologia pro martyribus aduersus M. Antoninum Philos., praes. Nic. *Möller*, 1718.; 5) Diss. de Barnabae euangelio aduersus Io. *Tolandum*, 1719.; 6) Diss. de discrimine Nazaraeorum et Ebionaeorum, 1719.; 7) Diss. de historia Nazaraeorum aduersus Io. *Tolandum*, 1719.; 8) Vindiciae antiquae Christianorum disciplinae aduersus *Tolandum*, Kil. 1720. 4., edit. II. Hamb. 1722. 8.; 9) Diss. de litterarum sacrarum ex priscis scriptoribus interpretatione et emendatione, 1720.; 10) Disquis.

de

Hernach ward er 1723. zu Helmstädt prof. theol. wie auch 1726. Kirchen= und Consistorial=Rath, und Abt zu Marienthal und Michaelstein. Seitdem erschien ferner von ihm eine Menge mit dem größten Beyfall beehrter Schriften, als von grösseren Werken insonderheit seine heilige Reden, VI. Theile, Hamb. 1725. — 1740.; institutiones historiae ecclesiasticae N. T. Frf. et Lips. 1726. 8.; Radulphi CUDWORTHI aus dem Englischen übersetztes und mit Anmerkungen vermehrtes *systema intellectuale*, Ien. 1732. fol.; Christliche Sittenlehre, Hamb. 1735.; und institutiones historiae Christianae maiores sec. I. Helmst. 1739. 4., ꝛc. (c). Um Michaelis 1747. kam er in der

Wür-

de vera aetate apologetici a Tertulliano conscripti, initioque persecutionis Seueri, Lugd. 1720. 8., edit. II. Helmst. 1724. 4.;   11) Diss. de Pygmaeis Aethiopiae populis, et de statura corporum beatorum, aduersus Bernh. *Connor*, 1721.;   12) Observationum sacrarum et historico - criticarum liber I. et oratio de eo, quod nimium est in studiis linguarum et critices, Amst. 1721.; 13) Das Band der Vernunft und Jugend, eine Lobrede auf die seel. Frau von Qualen, Kiel 1721. fol., Helmst. 1726. 1729. 4.; ohne der Vorreden zu gedenken, und einiger anderwärts eingerückten Abhandlungen, als in der *Bibliotheca Bremensi* tom. 1. p. 381., tom. 2. p. 209., 853., tom. 3. p. 1., tom. 5. p. 34, und in den *Miscellan. Lipsiens*, tom. 4. und 6.

(c). Die zu Helmstädt gehaltenen Mosheimischen Dissertationen sind: 1) De vi argumenti, quod a tuto ducitur in sacris controuersiis, 1723.; 2) De theologo non contentioso ad 2. Tim. II. 23. 24. seu de officio Theologi circa controuersias. Diss. I. II. et III. 1723. 1724.; 3) De concilio Dordraceno, magno concordiae sacrae impedimento, 1724.; 4) Demonstratio vitae Christi ex morte Apostolorum ad 2. Cor. IV. 10. 11. 1724.; 5) De Paulo ex ore leonis liberato, ad 2. Tim. IV. 17. 1725.; 6) De caussis suppositorum librorum inter Christianos Seculi I. et II. 1725.; 7) In parabolam de operariis in vinea Matth. XX. 1725.; 8) De paupertate mentis ad Matth. V. 3. 1725.; 9) De ignoto Atticorum Deo, ad

Actor.

Würde eines Canzlers der Univerſität, (die vor ihm noch
von niemanden bekleidet, auch nach ihm noch nicht wieder
beſetzt worden,) nach Göttingen, wo er ſowohl mit Ausar,
bei

Actor. XVII. 23. 1725.;   10) De tribus in terra teſtibus
ad 1 Ioh. V. 8. 1725.;   11.) De Iudaeis miracula quae-
rentibus, ad Ioh. IV. 48. 1725.;   12.) De turbata per
recentiorès Platonicos Eccleſia, 1725.;   13) De nouo
amoris praecepto ad locos Ioh. XIII. 14. XV. 12. 1. Ioh.
III. 16. 1725.;   14) Obſeruationum ſacrarum triga ad
Matth. IV. 8. Rom. V. 7. Rom. VII. 1. 1725.;   15) De
diſtinctione inter Clericos et Laicos, 1725.;   16) De
ſignis temporum diiudicandis ad Matth. XVI. 3. 1727.;
17) In hiſtoriam de nummo cenſus Matth. XXII. 1725.;
18) De Gallorum appellationibus ad concilium vnita-
tem eccleſiae ſpectabilem tollentibus, 1726.;   19) De
felicitate eccleſiae externa internae plerumque noxia,
1726.;   20) De origine contentionum inter Corinthios
ad 1. Cor. I. 10. 11. 1726.;   21) De Deo trinuno, 1726.;
22) De turbis ſacris in eccleſia Goslarienſi a tempore reformationis, exhibens primas turbas Sacramentarias,
Kinggio et Graverto auctoribus 1727.;   23) De diuor-
tio 1727.;   24) Diſſ. de baptismo, diluuii antitypo, qua
locus 1. Pet. III. 21. illuſtratur et Hermanni Schyn, Men-
nonitae, placita ſimul de adultorum baptiſmo expenduntur, 1727.;   25) Hiſtoria Michaelis Serueti, 1727.;
26) De raptu Chriſti in coelum, quem Sociniani fin-
gunt, contra Sam. Crellium, ſeu L. M. Artemonium,
1729.;   27) De ſtudio ethnicorum Chriſtianos imitan-
di, 1729.;   28) De poenis haereticorum contra Steph.
Iavorhium, 1731.;   29) De illis, qui prophetae vocantur in nouo foedere, 1732.;   30) De praecipuis doctoris Euangelici virtutibus, manſuetudine et humilitate
ex Matth. XI. 29., 1732.;   31) De eccleſia primogeni-
torum in coelo adſcriptorum ex Hebr. XII. 23., 1732.;
32) De ſalute infantum Chriſtianorum aeque ac Pagano-
rum e genuinis principiis demonſtrata, 1733.;   33) De
vno Simone Mago, 1734.;   34) De ſpiritu prophetiae
de Chriſto teſtante, 1734.;   35) Inquiſitio in nouam
dogmatis de S. Trinitate explicationem, quam vir clar.
Paulus Maty nuper propoſuit, 1735.

(d) Sei,

ßeitung weiterer Schriften (d), als mit täglichen Vorle=
sungen theils über die Kirchengeschichte, theils über die
meisten Theile der Gottesgelahrtheit bis an sein Ende fort=
fuhr. † 1755. Sept. 9. (war also zu Göttingen 8. Jahre,
1747 — 1755.)

(d) Seine Göttingische Schriften sind: 1) Progr. de
odio theologico, 1748.; 2) Anderweitiger Versuch einer
vollständigen und unpartheyischen Kezergeschichte, 1748;
3) Beschreibung der Feyer vom 1. Aug. 1748. (S. oben
§. 12. a.); 4) Teutsche vermischte Abhandlungen, 1750.
(Hierinn sind die Mosheimischen Vorreden zu andern Wer=
ken von Joh. Pet. Müller gesammlet, die deswegen hier
übergangen werden.) 5) Neue Nachrichten von Michael
Serveto, 1750.; 6) Commentationes et orationes varii
argumenti collectae a Io. Pet. *Miller*, 1751.; 7) Sit=
tenlehre der heil. Schrift, fünfter Theil, 1752.; 8) In=
stitutiones historiae ecclesiasticae antiquae et recentioris,
1755.

* Nach seinem Tode sind hernach noch unter seinem Na=
men herausgekommen: 9) Kurze Anweisung die Gottesge=
lahrheit vernünftig zu erlernen, Helmst. 1757.; 10) Ele=
menta theologiae dogmaticae, Norimb. 1758.; 11) All=
gemeines Kirchenrecht der Protestanten, Helmst. 1760.

§. 16.

Magnus Crusius (a), geb. 1697. Ian. 10. zu Schles=
wich, studierte zu Kiel, ward 1724. Königlich Dänischer
Legations=Prediger zu Paris, hernach Haupt=Pastor zu
Rendsburg, von da er 1735. als prof. theol. ord. nach
Göttingen berufen ward (b). Er kam aber von hier wie=
der

(a) Götten gel. Eur. tom. 1. p. 544. sq.

(b) Seine erste Schriften waren de senectute heroica
veterum Christianorum, Hamb. 1721. 4.; vita Phil.
Mornaei de Plessis, Hamb. 1724. 8.; de scriptis quibusdam
fragmentisque ineditis edendis, Lips. 1728. + Zu Göttin=
gen schrieb er noch de scriba edocto ad regnum coelorum
ad Matth. XIII. 52., 1735. 4.; Harmoniam historiae
euan-

der 1747. als General-Superintendent nach Haarburg.
† 1751. Ian. 6. (nachdem er zu Göttingen 12. Jahre gewesen, 1735-1747.

> euangelicae de iis, quae circa sepulcrum resurgentis
> Christi facta sunt ab apparenti dissensu vindicatam,
> 1737.

§. 17.

Joachim Oporin (a), geb. 1694. Sept. 12. zu Neu-
münster im Holsteinischen, studierte zu Wittenberg und Kiel,
wo er 1719. Magister, und 1733. prof. theol. extraord. ward (b). Hernach kam er im May 1735. als
prof. theol. ord. nach Göttingen, wo er sowohl mit seinem Fleisse in gründlichen theologischen Vorlesungen, als
mit einem rechten Muster eines erbaulichen Lebens-Wan-
dels

(a) Götting. gel. Eur. tom. 1. p. 612.

(b) Seine Kielische Schriften waren: 1) Diss. historia critica de perennitate animi humani, Kilon. 1719.;
2) Epistola in Platonis, de vinculo Deo cum materia in-
tercedente, placita inquirens, in nouis Litter. Lips. Latinis, 1719.; 3) Prodromus historiae criticae de causis
et fundamentis rationibusque doctrinae de natura et vita
animorum perenni; Hamb. 1730.; 4) Paradis der Ehe,
darinn bestehend, daß der Mann des Weibes Haupt ist,
Schleßwich 1731.; 5) Geschmack der Wahrheit und Tugend, wie solcher zu verbessern stehet, durch vernünftige
Vorbereitung munterer Gemüther zur Grundlegung göttli-
cher Lehre, und desto unanstößigern und erbaulichern Le-
sung der Bibel 1730. 8.; 6) Historia critica doctrinae
de immortalitate mortalium; Hamb. 1734.; 7) Der im
alten und neuen Testamente unterschiedene, auch ungleich
eingesehene Dienst der guten Engel, nebst der augenschein-
lichen Rache des Messiä an dem Teufel, d. i. die erlauterte
Lehre der Hebräer und Christen von guten und bösen En-
geln, Hamb. 1735.; 8) Diss. de demonstratione Spiritus ac virtutis, tanquam vero aedificationem homileti-
cam cognoscendi principio, in 1. Cor. II, 4. Kil. 1735.

(c)

dels überaus viel gutes ftiftete, und in feinen Schriften sich
vorzüglich angelegen ſeyn ließ, dem herrſchenden Unglau-
ben einiger neueren Schriftſteller ſich mit Nachdruck entgegen zu ſetzen, als wohin faſt alle ſeine academiſche Schriften abzielten. Seine gröſſern Schriften ſind vornehmlich:
Die Kette der Weiſſagungen und vorbildlichen Opfer A. T.;
Der Prophet Zacharias in einer neuen Ueberſetzung mit
Anmerkungen; Die Geſchichte des Glaubens an den
Weltheiland; und Einleitung in die Offenbarung Johannis (c). †1753. Sept. 5. (Er war zu Göttingen 18½.
Jahr 1735-1753.)

(c) Sämmtliche Göttingiſche Oporiniſche Schriften folgen
in nachſtehender Ordnung auf einander: 1) Progr. de perpetua lege cathedrae theologorum academicae ex mente et exemplo Pauli, 1. Cor. II. 4. 5., Gott. 1735.; 2) Progr. Pentec. Apologia pro effectis Spiritus S. aduerſus errantium
vanas aut prophanas cogitationes, 1735.; 3) Progr. Paſch.
Certitudo perennis hominum vitae, morte corporis non
obſtante, per experimentum refurrectionis domini no-
ſtri Ieſu Chriſti inuicte confirmata, 1736.; 4) Die alte
und einzige Richtſchnur überzeugend und erweckend zu predigen, 1736.; und erläuterte Richtſchnur, 1737.; 5) Diſſ.
de gloria obſcurioris de Meſſia teſtimonii prophetici,
Parergor. Gotting. Tom. I. inſerta 1736.; 6) Diſſ. inaug. Vindiciae Pauli regeniti ex intimo dolore ob labem
congenitam, Rom. VII. 14. cum affectu loquentis, 1737.;
7) Erſte Aſcetiſche Rede nach der Univerſitäts-Einweihung
aus 4. Moſ. XXIV, 17., 1737.; 8) Progr. Natal. Gloria
obſcurioris quodammodo nuncii de nato filio Dei Luc. II.
9., 1737.; 9) Comm. de vſu doctae ſimplicitatis contra
Scepticos, in qua primum efficacia illius in demonſtran-
da et vindicanda religionis Chriſtianae diuinae origine explicatur: deinde imitatio huius doctae ſimplicitatis contra noſtrae etiam aetatis Scepticos commendatur, denique, praeſtantia eiusdem prae noua V. Cl. Iac. Carponii
ſubtilitate contra Scepticos illuſtratur, 1739.; 10) Progr.
quo diſcrimen inter Theologiam moralem atque aſceti-
cam vberius explanatur, 1739.; 11) Progr. paſch. de
Meſſia, cum infans eſſet, periculo mortis per feminam
ſubtracto, deinceps autem adulto poſt mortem experge-
facto &c. Ier. XXXI. 22. 26. ſeq. 1739. (Recuſum in Mi-

B 5 ſcell.

ſoell. Gröning. T. II. p. 519. ſeq. in Meditationum Exe-
geticarum Triga); 12) Commentatio de firmitate ac
inſpiratione diuina demonſtrationis Noui ex Vetere Te-
ſtamento Euangelicae, 1740.; 13) Progr. Pent. de fer-
uore precum propter Spiritum S. Luc. XI. 1-13., 1740.;
14) Apologia pro vſu doctae ſimplicitatis contra Scepticos, aduerſus Iac. Carpouii ſpecimen I. et II. ſubtilitatis
ſimplicitate non expugnatae, Lipſ. 1741.; 15) Theolo-
giſches Bedenken über den Grundriß einer Lehrart ordentlich und-erbaulich zu predigen nach dem Inhalt Königl.
Preuß. Cabinets-Ordre, 1739. nach der Wahrheit, Be-
ſcheidenheit und Liebe abgefaßt, Hannov. 1741. 16) Diſſ.
Ioannis Apoſtoli paraeneſis ad primos chriſtianos de con-
ſtanter tenenda communione cum patre ac filio eius Ieſu
Chriſto. i. e. Ioannis Epiſtola I. nodis interpretum libe-
rata, et luci fere innatae ſuae reſtituta, 1741.; 17)
Progr. Nat. de elogio Apoſtolico Myſterii pietatis, Deus
manifeſtatus in carne, 1. Tim. III, 15. 16., 1741.; 18)
Progr. Vindiciae nouae commentationis de vſu doctae
ſimplicitatis contra Scepticos, Nouis actis Lipſ. T. IV.
Sect. II. p. 59-72. oppoſitae, 1742.; 19) Progr. Nat.
quo ad φιλανθρωπιαν filii Dei propter genus humanum natura prauum ac miſerum ex virgine nati, digne aeſtiman-
dam, atque pie guſtandam hortatur, praemiſſo examine
Apologiae alicuius pro genere humano, quaſi per natu-
ram nec prauo, nec miſero, quam exhibuit Dn. de Voltaire, 1743.; 20) Diſſ. Clauis Euangelii Ioannis Hiſto-
rico-Eccleſiaſtica, quae dextre applicata patefecit, totum Euangelium Ioan. nihil aliud eſſe, quam demon-
ſtrationem Anticerinthianam de Ieſu ſωτηρι mundi ſeruatore, 1743.; 21) Diſſ. primae lineae ſyſtematis prophetici de ſeruatore generis humani ex intimis ſolius V.-
T. viſceribus eruti., 1744.; 22) Die Kette theils der in
den Büchern A. T. befindlichen buchſtäblichen Vorherver-
kündigungen von dem Heylande des menſchlichen Geſchlech-
tes unter einander; theils des in den Opfern geſtifteten
Fürbildes von ihm mit der erſten Vorherverkündigung:
aus den allgemeinen Büchern A. T. gewieſen, Gött. 1745. 4.;
23) Progr. Nat. de aduentu Chriſti, ſalua Dei bonitate,
diutius poſt primam eius promiſſionem protracto, 1745.;
24) Diſſ. Simplicitas diuina ſententiae Paulinae, Epheſ.
VI, 12. de hoſtibus Euangelii non imbecillis tantum pſeu-
do-doctoribus, ſed malignis etiam ſpiritibus, explanata
et vindicata, 1746.; 25) Der Prophet Zacharias aufs neue
über-

übersetzt, umschrieben, zergliedert, und mit Anmerkungen begleitet, Gött. 1747.; 26) Progr. Nat. Principatus, quem Christus ante et post natiuitatem suam gessit. Esai. IX. 5-6. 1747.; 27) Die Geschichte des auf göttlichen Ansehen jederzeit gegründeten Glaubens an den Weltheiland, Hannov. 1749. 28) Progr. Pent. de ecclesia N. T. plantata non historiam tantum Spiritus S. sed ipsum, etiam Spiritum S. habente, Sam. Chandlero et Ge. Bensonio, Anglis eruditissimis, opposita, 1749.; 29) Diss. Oracula Esaiae cap. 40-55. plus quam Esaiana et diuina, 1750.; 30) Progr. de crimine rationis reuelationi hodie obstrepentis plus quam Iudaico, 1750.; 31) Fortgesetzte Nachricht von dem Göttingischen Waisenhause, dessen Wohlthäter als wahre Menschenfreunde gepriesen werden, 1750.; 32) Die Religion und Hoffnung im Tode, in ihrem Zusammenhange bewiesen, 1751.; 33) Progr. Pasch. de vita perenni Iesu a morte reducis, 1751.; 34) Diss. Isagoges in βιβλαριδιον Apoc. cap. 10-22. descriptum diss. prima, Scepticismo interpretum exegetico opponens clauem quandam authentico-analyticum, 1752.; 35) Die zum zweytenmal ausgearbeitete Kette der Weissagungen, für bildlichen Opfer und Reinigungen Altes Testamentes, Götting. 1752. 8.; 36) Progr. Pent. 1752. De praestantia testimonii diuini, speciatim Spiritus S. de Iesu filio Dei atque redemtore mundi prae humano testimonio, quam Apostolus Iohannes I. Ep. V. 6-10. inculcat. 37) Einleitung in das Büchlein der Offenbarung Johannis, und der buchstäbliche Sinn der Weissagungen des Apocalypt. Büchleins ꝛc. 1755.

§. 18.

Christoph August Heumann (a), geb. 1681. Aug. 3. zu Allstädt in Thüringen, studierte seit Mich. 1699. zu Jena, wo er 1702. Magister ward, und fleissig Vorlesungen und Disputationen, auch Predigten hielt. Nach einer inzwischen 1705. in Holland angestellten gelehrten Reise kam er 1709. als Inspector des theologischen Semina-

(a) Götten gel. Cur. tom. I. p. 578. sq. BRVCKER pinacoth. dec. I.

(b)

narii nach Eisenach, und von da 1717. nach Göttingen
an das damalige Gymnasium als dessen Inspector und Professor der Theologie, erlangte auch 1728. zu Helmstädt die
theologische Doctor-Würde.   Bey Errichtung der hiesigen Universität ward er als prof. hist. litt. ord. und theol.
extraord. beybehalten, worauf er 1745. auch prof. theol.
ord. geworden.   Unter der ungewöhnlichen Menge seiner
Schriften ist wohl sein conspectus reipublicae litterariae,
(Hannover 1719.; edit. VII. 1763. 8.) in den meisten
Händen, bey dessen Vorrede zugleich seine übrige Schriften verzeichnet zu finden sind, als de anonymis et pseudo-
nymis, Ien. 1711. 8.;   Parerga critica, Ien. 1712. 8.;
Der politische Philosophus, Frankf. und Lpz. 1714. 8.;
Acta philosophorum, III. vol. 1715-1727. 8.;   Lutherus apocalypticus, Hannov. 1717.;   Poecile, tomi III.
1721-1731. 8.;   Primitiae Goettingenses academicae
1738.; Sylloge dissertationum pars I-IV. 1743-1750.;
Noua sylloge dissertationum pars I. 1752., II. 1754.;
Uebersetzung des N. T. 1748., edit. II. 1750; Erklärung
des N. T. pars I-XII. 1750-1763.; ohne der ungemeinen Menge seiner Dissertationen und kleinern Schriften zu
gedenken (b).   Er ward schon 1758. pro emerito erklärt,
fuhr aber doch noch fort zu schreiben (c), und starb im 83.
Jahre seines Alters 1764. Mai. 1. (war also in Göttingen bey der Universität beynahe 30. Jahre 1734-
1764.)

(b) Seine Dissertationen und programmata sind fast
insgesammt in den angeführten Sammlungen unter den
Titeln: Poecile, Primitiae, und Sylloge zusammenge-
druckt; daher es zu gegenwärtigem Zwecke hinlänglich und
zum Gebrauch des Lesers am bequemsten seyn wird, wenn
ich hier nur den Inhalt sothaner Sammlungen verzeichne,
woraus die ungemein ausgebreitete Gelehrsamkeit ihres
Verfassers, und die Art seiner größtentheils etwas sinn-
reiches enthaltenden Schriften sich von selbsten ergeben
wird:

I) Jn

I) In der *Poecile*, die aus drey mäßigen Octav = Bänden bestehet, sind fast lauter kleine Abhandlungen, die meist in Briefen an berühmte Gelehrten abgefasset sind, als *Tom. I. lib. I.* (1722.) De phrasi biblica: Mingens ad parietem; De dicto: Multi sunt vocati, pauci electi; Emendatio et illustratio capitis I. apologetici Tertulliani; Refutatio fabulae Arnoldinae de naticidio Cracouitiano; Emendatio et illustratio Thomae Kempensis de imitatione Christi; Restitutio duorum locorum deprauatissimorum Quintiliani et Taciti; Natales titulorum honoris; Herr, Frau, Kayser, Herzog, Fürst, Graf, Edelmann; Theses scepticae ex historia Romana; Illustratio aliquot locorum N. T.; Epistola Melanchthonis adhuc inedita; Vtopia litterata; Diss. de origine dominii; Progr. de optima secta philosophorum; De coecis videntibus; De titulo patris patriae. *Lib. II.* (1723.) Ep. de scriptore libri Ruth; De coecis videntibus; Emendatio atque illustratio capitis II. apologetici Tertulliani; Emendatio prooemii Pomp. Melae et Geographi Rauennatis; Censura paratitlorum Ouidianorum Lucae Cuperi; De coecis videntibus ad coecum quendam videntem; Epist. apologetica de Iona propheta; De ortu nominis: Calmeuser; Emendatio et illustratio dialogi Luciani: Philopatris; De Lactantio symposii auctore deque M. Ant. Flaminio sub Marcelli Palingenii nomine latente; Illustratio sententiarum Marbodi Redonensis; Emendatio aliquot locorum orat. Cic. pro Milone; Vera etymologia vocis ἐνθουσιασμός, et discrimen inter enthusiasmum et fanaticismum; Inscriptio funebris; Acclamatio gratulatoria iambica; Diss. de externis candidati sacri ad 1. Sim. II. 1-7. Tit. I. 6-9. *Lib. III.* (1724.) Spicilegium ad historiam Ruthae; Illustratio libelli Corn. Celsi de arte dicendi; Origines aliquot adagiorum germanicorum; De origine nominis bibliorum et explicatio loci 2. Pet. II. 14.; Emendatio duorum locorum Flori; De adaugendo Fabri lexico; Emendatio Plinii hist. nat. et de auctore dialogi: Philopatris; De claris diabolis; Exegesis capitis IX. ep. ad Romanos. *Lib. IV.* (1725.) Emendatio lib. I. Theophili Antiocheni; De hodierno statu rei litterariae; Notae criticae in Virgilii eclogam X.; De nomine Coheleth; Electa epistolica; De doliari habitatione Diogenis; De fulminibus politicis; De Germanis priscis literarum secreta ignorantibus; De Paulo apostolo insaniae reo.

Tom.

Tom. II. Lib. I. (1726.) De aliquot Graecorum librorum non intellectis titulis ; Iudicia de libris aliquot
theologicis; Duo fragmenta poetarum nunc demum obſeruata; Emendatio carminis P. Apollonii de duello Dauidis et Goliae; De cruce coeleſti a Conſt. M. conſpecta;
De claris Bonis; De titulo Pedautae; Vindiciae eccle-
ſiae·lutheranae contra pontificiam; Emendatio operis
Poggii de varietate fortunae; De Caſtalionis editione
Sympoſii Lactantiani A. 1607.; De ſtella Magorum;
De ſanctitate regum. *Lib. II.* (1726.) Spicilegium ad
hiſtoriam Ruthae ; De Palingenio; Acceſſiones ad Tur-
ſellinum; Specimim eloquentiae acutae; Etymologiae
germanicae; Electa epiſtolica; De nomine Chriſtophori;
De fato vxoris Lothi. *Lib. III.* (1727.) De Gogo et Ma-
gogo; Explicatio Ioh. X. 8. et Actor. II. 3.; Illuſtratio
epiſtolae Hieronymi ad Magnum; Emendationes Hieronymi, Baſilii et Prudentii; De particula itaque; Vita Gottfr. Gleitsmanni; De ſerpente Paradiſiaco; Explicatio Gen. IV. 23. 24.; Specimina eloquentiae acutae;
Emendationes Aeneidos; Emendatio Iuſtini; Illuſtratio trium canticorum eccleſiaſticorum et Eph. V. 14.;
De Val. Andreac faſtis academiae Louanienſis. De Ni-
colaitis; De loco Rom. IX. 15. et auctore libri: Lutherus ante Lutheranismum; Electa Epiſtolica; De Cyria
S. Ioannis; De miraculis Veſpaſiani; De ſomnio Lo-
tichii. *Lib. IV.* (1727.) Emendationes Terentii, Phae-
dri, Petronii et Ciceronis; Vita Sam. Rachelii; De fa-
cibus nocturnis; De libro Lutheri aduerſus Henricum
VIII. Angliae regem; De lege regia Iac. II. 8., et lege
noua Ioh. XIII. 34. Interpretatio Num. XIII, 33.; Vita
Gauſſeni. Iudicia de aliquot libris; De ortu nouellarum politicarum; De Ludouico ſaltatore et cognomine
Henrici Raſponis; Emendationes Hieronymi; Electa
epiſtolica; Progr. de macromicris; Oratio de concordia
ſcholae atque eccleſiae; Progr. de Paulo Athenienſium re-
ligioſitatem Actor. XVII. 22. quodammodo laudante.

Tom. III. Lib. I. (1729.) Narratio inedita de reformatione Lutherana eccleſiae Gottingenſis; De Cyria Ioannis; Supplementa lexici Fabri; De linguis tertiis;
Interpretatio canonis XXXIV. concilii Elberini; Iudicium de obſeruationibus eccleſiaſticis Albaſpinaei et Pfan-
neri; De hyperbolis S. Scripturae; De pietismo cri-
tico; De ſene inſtar aquilae reiuuenescenti Pſ. CIII. 5.;
De Andreae faſtis acad. Louanienſis; Vita Steph. Gaus-
ſeni;

senis Porphyrius cur dictus Batanaeotes, numique fue-
rit apostata? Electa epistolica; De baptizatis super
mortuos ad 1. Cor. XV. 29; De angelis 1. Cor. XI, 10.;
De Friderico Barbarosa papae pedibus non subiecto;
Progr. asceticum. *Lib. II.* (1729.) De sepulcris sup-
posititiis; De somnio Friderici, electoris Saxoniae;
Num Lutherus an Zwinglius prior fuerit reformator?
Interpretatio Ioh. I. 9.; Emendatio lib. II. Theophili
Antiocheni; Retractatio aliquot nouarum sententiarum;
Commentarius in Lactantii carmen de passione domini;
Fragmentum Lactantio abiudicatum et restitutum Augustino; De titulo Iurisprudentis; Origines nominum
nummorum Germanicorum; Iudicia de libris aliquot, de
orthographia nominis: Teutsch; Emendationes Eutro-
pii; Electa epistolica; De titulo defensoris fidei; Progr.
in obitum Georgii I.; De scipione Aaronis et irreligioso
Tauernierii mendacio; De aurora musis amica Constan-
tinopoli orta; De latinitate plebeia aeui Ciceroniani.
Lib. III. (1730.) Meditationes ad vindicias Viti; De
hyperbolis scripturae; Emendationes Lactantii; Emendationes Baudii, Sereni Samonici, Ciceronis, concilii
Illiberitani; Vita Sam. Rachelii; De concionatore do-
mestico Grotii; De aquila bicipite Caesarea; Emendatio tituli operis Grotiani de iure belli et pacis; Interpretatio Matth. V. 5.; De stili papismo; Electa epistolica; Christii adnotationes ad hanc Poecilen; Prolegomena historica; Progr. in natalem Regis; Christologia
Paulina 1. Tim. III. 16.; De angelo Spirensi; De Sela,
Hebraeorum interiectione musica; De titulo Serenissimi.
Lib. IV. (1732.) Glasii Philologia sacra e profanis illustrata; Etymologia enthusiasmi; Interpretatio loci
cuiusdam Augustanae confessionis; De Liberio Aletho-
philo; Emendationes Panegyrici Plinii, Latini Pacati,
Satyrae Senecae, Philastrii et Curtii; Adnotationes
criticae ad lib. IV. Aeneidis; De Catilinae oratione anticiceroniana; De commentationibus criticis Kohlii;
De enthymemate Mariano; Adnotationes Beyschlagii
ad hanc Poecilen; De bibliotheca selecta; De summo
bono; Noua demonstratio veritatis religionis christianae;
De sectis grammaticorum.

II) In den *primitiis Goettingensibus* (Hannov. 1738.
287. Quartseiten) finden sich folgende Abhandlungen: De
ficti-

fictitio Ioannis pontificatu maximo; Historia gladii academici; Idea Theologi Iacobaea; De nomine Schiloh; De Christi passione maiestatica; De resurrectione Christi; De amore Christi immensurabili; De ortu nominis Christianorum; De transitu per scholam in ecclesiam; De tribus mensuris effusionis Spiritus Sancti; De Esthera, Asiae regina; De Spiritus S. testimonio interno; De Isidoro Peiusiota; De S. Hyppolyto, vbi et qualis fuerit episcopus; Elogia doctorum Gallorum Seculi V. Appendix, exhibens exaugurationem Gymnasii Gotting.; Oratio primo Academiae Gottingensis Collegio praemissa.

III) In der *Sylloge*, welche einen mässigen Octavband von 1000. Seiten beträgt, sind *Part. I.* (1743.): Diss. de Confessionis Augustanae lenitate; Appendix, Lutheri et Melanchtonis epistolas Gottingam missas exhibens; De Iubilaeis ab Euangelica ecclesia quinquagesimo quoque anno celebrandis; De prouidentia Christi, regis ecclesiae, Electoratum Germanicum coniungentis cum regno Britanniae; De praecipua causa, ob quam discipulis Christi tribus se conspiciendos praebuerunt atque audiendos Moses et Elias; De reluctatione Dei aduersus Iacobum; De geographia Christum tentantis diaboli; Illustratio praeconii angelici Luc. II. 14.; De primis Apostolis iisdemque Euangelistis, pastoribus Bethlehemicis; De modo, quo visuri sumus Deum in vita aeterna; De eloquentia Medici. *Part. II.* (1744.) Diss. de superstitione verae fidei innocue admixta; Disputatio philosophica de paupertate; De Virgilio iniuste relato inter praecones aduentus Christi; De felicitate regia; Interpretatio verborum Lucae Act. XIII. 48.; De origine vera traditionis falsae de Ioanna Papissa; De prudentia petendi honores academicos salua humilitate Christiana; Illustratio vaticinii Ezechielis XVII. 22. sq.; De Christi humilitate eamque secuto regno eius amplissimo; Diss. theol. moralis de votis; De Pilatismo literario; Emendationes Liuii; Epistola ad Papam Benedictum XIII. *Part. III.* (1745.) Disputatio theologica de peccatis clamantibus; Diss. de Chresto Suetonii, in qua, Christum intelligi, defenditur; Diss. in qua regis Italiae Gothici, Athalarici, edictum de eligendo Papa, Romae in tabula marmorea ante atrium S. Petri omnium oculis expositum, illustratur; Diss. theol. moralis

ralis de zelo; De Hieronymi ecstasi anticiceroniana;
De cruce Criticorum nummaria: Conob; Diss. exeg.
de psalmis medicis siue soteriis; Defensio Loti a crimine oblatarum ad stuprum filiarum; Specimen Germanis-
morum Thomae a Kempis; Progr. de Paschatis Christiani celebratione vera et falsa; De vaticiniis casu veris.
Part. IV. (1750.) Diss. de censu antequirinianoLucae II.2.;
De simplicitate; Par scandalorum exegeticorum, Iudic.
III, 31. et 1. Sam. XVII. 55.; Paraphrasis historiae collo-
quii inter Nicodemum et Iesum, Ioan. III. 1-21.; Solutio
quaestionis huius: Cur filius Dei perfrequenter se appel-
larit filium hominis; De Romanae ecclesiae quinque sa-
cramentis supernumerariis; De pia Orebitarum erga
Eliam beneficentia; De Iuliani Imp. voce extrema: vi-
cisti Galilaee; Disputatio cum D. Ioachimo Langio de
libertate agendi humana; Accessiones ad Diss. de Ioanna
Papissa; Appendix ad emendationes Liuii.

IV) In der *Nova Sylloge* von zwey Octavbänden sind
Part. I. (1752. auf 332 Seiten) Diss. de exegesi historica scripturae sacrae, adiunctam habens interpretationem
historiae de delirio Dauidis; Commentatio theologica
de illuminatione Sauli coeca pietate feruentissimi ad Act.
IX. 2. 3. 4. 5. 6.; Diss. de septuaginta Christi legatis, Lucae X.; Vera descriptio priscae contentionis inter Ro-
mam et Asiam de vero Paschate; Crux Criticorum sacrorum Ioan. VIII. 6. et 8. iuste et commode refixa, hoc est,
interpretatio γινγεαφιας Christi ab Ioanne commemoratae;
Commentarius in psalmum Dauidis tonitrualem XXIX.;
Progr. de Theologia Courayeriana; Commentarius in
Ioannis Apostoli Epistolam tertiam. *Part. II.* (1754.
566. Seiten.) Diss. de Pseudothaumaturgis Pharaonis;
Diss. in qua illustrantur loca illa, quibus Christus legitur
vetuisse publicari suum aliquod miraculum; Diss. ad Lucae XVIII. 8.; Hebdomas Paulina, h. e. explicatio septem locorum Epistolae Pauli ad Romanos; Hebdomas
Petrina h. e. explicatio septem Petri Apostoli locorum;
Hebdomas Ioannea, h. e. explicatio septem locorum
primae Ioannis epistolae; Creatio Poëtriae Caesareae;
Creatio Poëtae Caesarei; Obseruatio moralis de distinctione iuris naturalis in absolutum et hypotheticum,
item de discrimine iusti, honesti, aequi, ac decori;
Appendix de legibus positiuis vniuersalibus; Diss. de
vocatione diuina ad ministerium ecclesiasticum; Progr.
de magno successore Mosis Christo, Deut. XVIII. 15.

C

et

et 18.; Progr. de aduentu Regis; Diss. de fortitudine; De legis diuinae paradoxae, Deut. XXII. 6. et 7. exhibitae, sensu et scopo; Interpretatio quinque locorum N. T. obscuritate insignium; Diss. de titulo Ioannis: ὁ μαθητὴς, ὃν ἠγάπα ὁ Ἰησοῦς; De sensu Paulino verbi οἰκοδομεῖν et vocabuli οἰκοδομή; Progr. de septem spiritibus Apoc. I. 4.; Progr. ad verba Pauli Rom. IV. 25.; De Theocratia mundi perpetua; De tribus mensuris effusionis Spiritus S. in N. T.; De quaestione illa, cur Spiritus S. hodie non edat in Ecclesia miracula; De testimonio resurrectionis Christi angelico; De titulo Dei Gratia; De titulo Pacifici; Progr. περὶ ἀφεσεως Marc. VII. 22.; Diss. de voto Iephthae; Diss. qua Paulo Orosio nomen tertium Hormisdae restituitur; Historia Bogomilorum critica I. L. Oederi.

(c) Von den letzten Heumannischen Schriften, und was nach seinem Tode herausgekommen, S. die Götting. gel. Anz. 1764. p. 641. sq.

§. 19.

Christian Kortholt (a), geb. 1709. Mart. 30. zu **Kiel**; ein Sohn des dortigen Professors, **Sebastian Kortholts**, studierte zu Kiel, und ward daselbst 1727. Magister. Hiernächst fieng er zuerst 1730. zu Leipzig an über die Philosophie und Kirchenhistorie zu lesen, that aber noch 1734. eine gelehrte Reise in Holland und Engelland, und ward 1736. Dänischer Gesandtschafts-Prediger zu Wien (b). Von da

(a) Götten gel. Eur. tom. 2. p. 160., Strodtmann Geschichte jetztleb. Gel. part. 10. p. 395.

(b) Bis dahin waren seine erste Schriften: 1) Oratio Iubilaea de sacris Cimbricis duobus abhinc seculis emendatis, Kil. 1727.; 2) Diss. inaug. de sacrorum Christianorum in Cimbria primordiis, Kil. 1728.; 3) Diss. II. de ecclesiis suburbicariis, Lips. 1730. 1731.; 4) Coniectura de episcopali dioecesi, cui episcopus Romanus aetate concilii Nicaeni praefuit (in den actis eruditor. 1732.); 5) Diss. de philosophia orientali primis post C. N. seculis ecclesiam Christianorum turbante, Lips. 1733.; 6) Epida kam er 1742. im May als Universitäts:Prediger und prof. theol. extraord. nach Göttingen (c). Hier ver: wechselte er noch 1748. die Universitäts:Kirche mit der Würde eines Superintendenten an der St. Jacobs:Kirche, und starb 1751. Sept. 21. (war also zu Göttingen 9½ Jahr re. 1742-1751.)

6) Epiftolarum G. G. Leibnitzii ad diuerfos vol. I. Lipf. 1733., II. 1735., III. 1738., IV. 1742.; 7) Recueil de diverfes pieces de Mr. Leibnitz, 1734.; 8) Epiſt. de focietate antiquaria Londinenfi, 1734.; 9) Ep. de Matthaeo Tindalio, 1734.; 10) Ge. Benfons Vertheidigung des Gebets, aus dem Engl. überfetzt, 1736.; 11) Beweis der Wahrheit der Chriftlichen Religion, 1737.; und verſchiedene Predigten in den Kohlifchen Canzel:Reden.

(c) Zu Göttingen ſchrieb er ferner: 12) Progr. de teftimonio Spiritus S. veritatem religionis Chriftianae ftabiliente, 1742.; 13) Progr. de humanae conditionis dignitate ex natali Iefu Chrifti deriuanda, 1742.; 14) Progr. de infigni pie defunctorum beatitate, quoad animam, ante corporis in vitam reditum, 1744.; 15) Diff. inaug. (wodurch er die theologifche Doctor:Würde erhielt) de enthufiasmo Mohammedis, 1745.; 16) Progr. vom Unterfchiede der geiftlichen und weltlichen Beredfamkeit, 1746.; 17) Diff. de Simone Petro primo Apoftolorum et vltimo, Gott. 1748.; 18) Progr. de infirmitatibus humanae Chrifti naturae, 1749.; 19) Von den Vortheilen eines langen Lebens, 1750.; 20) Progr. de fpiritu, aqua et fanguine veritatis religionis Chriftianae teftibus I. Ioh. V. 1750.

§. 20.

Friedrich Wilhelm Rraft (a), geb. 1712. Aug. 19. zu Krautheim im Sachſen:Weimarifchen, ftudierte von Mich. 1729. bis Mich. 1732. zu Jena, gab feudem wäh: rend

(a) Gottl. Wernsdorfs Ehrengedächtniß D. Fr. W. Rrafts, vor dem Hauptregifter über die letzten 4. Bände feiner theologifchen Bibliothek, Lpz. 1759. 8.

(b) Sei:

send, übernommener Jnformationen verschiedene Predigten und andere Schriften heraus (b), ward 1739. Ian. 19. zu Erfurt Magister, und zu Ende desselben Jahrs Prediger zu Frankeudorf im Weimarischen. Hier fuhr er fort durch allerley Schriften (c), insonderheit durch eine Monathschrift unter dem Titel: Nachrichten von den neuesten theologischen Büchern (d), sich bekannt zu machen, und kam im Sommer 1747. als Universitäts-Prediger, Adjunct der theologischen Facultät, und prof. phil. extraord. nach Göttingen, wo er ferner den 1. Aug. 1748. D. theol. ward (e). Er folgte aber im Sept. 1750. einem nach

Dan-

(b) Seine ersten Schriften waren: 1) Schriftmässiger Beweis von der Ankunft des Messias, Lpz. 1734. 8.; 2) Sammlung heiliger Reden, Leipz. 1736. 8.; 3) Die Unempfindlichkeit der Menschen bey den göttlichen Strafen; eine Wasserpredigt, Jena 1737. 4.; 4) Epist. de honore Dei per honores ministrorum ecclesiae promouendo, Erf. 1739.

(c) Als 5) Vernünftige Gedanken von dem, was in Predigten erbaulich ist, Jena 1740. 4.; 6) Epist. de pietate obstetricum Aegyptiacarum, Ien. 1744. 4.; 7) Fortsetzung der Fragen aus der Kirchenhistorie N. T. nach Hübners Methode, Jen. 1744. 1747. 12.; 8) Beweis, daß der Tod seine Annehmlichkeit habe, Jen. 1746.; 9) Geistliche Reden, Jen. 1746. 8.

(d) Von diesen Nachrichten erschienen nach einander 40. Stück in IV. Bänden, Jen. 1741–1746. 8.

(e) Seine Göttingische Schriften sind: 1) Die Fortsetzung der Monathschrift, die unter dem Titel: Neuetheologische Bibliothek, Leipz. 1746. von neuem angefangen ward; 2) Antritts-Predigt zu Göttingen, 1747.; 3) Diss. inaug. de arbore cognitionis boni et mali diuino erga genus humanum benelicio, 1748.; 4) Die Pflichten der ledigen Jugend in Absicht auf ihren zukünftigen Haus- und Ehestand, 1749.; 5) Diss. de Luthero contra indulgentiarum nundinationes haudquaquam per inuidiam disputante, 1750.

(f) Zu

Danzig erhaltenen Rufe, als Senior und erster Prediger an der dortigen Marien-Kirche (f). † 1758. Nov. 19. (war also zu Göttingen nur 3. Jahre 1747-1750.)

(f) Zu Danzig hat er die theologische Bibliothek bis auf 127. Stück fortgesetzt, und übrigens nebst mehrerern Predigten noch „die Hauptstücke der Christlichen Glaubenslehre aus den Hauptstellen der Schrift," Danzig 1752., edit. II. 1753. 8. herausgegeben.

§. 21.

Johann David Heilmann (a), geb. 1727. Ian. 13. zu Osnabrück, studierte seit 1746. zu Halle, und bekam daselbst besonders bey Sigm. Iac. Baumgarten einen nähern Zutritt, gab auch schon verschiedene Schriften heraus (b). Im Jahr 1754. ward er zu Hameln

(a) Gottfr. Schwarz progr. ad diff. inaug. Heilmanni, Rint. 1758.; Progr. in memoriam Heilmanni prorectore Rud. Aug. Vogel, Goett. 1764.

(b) Seine erste Hällische Schriften waren: 1) Specimen obseruationum quarundam ad illustrationem noui Test. ex profanis pertinentium, Halae 1748. 4. quo Ven. Baumgartio natalem diem gratulatus est; 2) Commentatio de doctis extra patriam viuentibus, ib. 1749. 4. Gratulatio S. V. Godofr. Schwarzio destinata, cum Professoris Theol. munus Rintelii capesseret; 3) Traits de Parallele entre l'esprit d'irreligion d'aujourdhui & les anciens adversaires de la Religion Chrétienne, ibid. 1750. 8.; 4) Nath. Lardners Glaubwürdigkeit der evangelischen Geschichte, des zweyten Theils 2. und 3. Band, aus dem Engl. übersetzt, Berl. 1750. 8.; 5) Commentatio de auctoritate librorum N. T. apud Manichaeos, ib. 1750. 4. qua S. V. Semlero, Theologiae iam in alma Fridericiana Prof. ord. philosophicos olim honores gratulabatur; 6) De Euangelio Matthaei apud Barnabam reperto, ib. 1751. Ven. Baumgartio dicatum; 7) Diss. Consecrationem Sanctorum apud Pontificios vsitatam ad ἀποθέωσιν veterum Romanorum effictam ostendens, Praes. S. V. S. I. Baumgarten habita, Halae 1754.

C 3   (c) Die

meln und 1756. zu Osnabrück Rector am Gymnasio (c)." Als hernach den 4. Jul. 1757. Baumgarten mit Tode ab= gieng, ward er zu dessen Nachfolger bestimmt, zog aber den bald darauf erhaltenen Ruf nach Göttingen als prof. theol. ord. vor, und trat diese Stelle, nachdem er im Jul. 1758. noch erst zu Rinteln die theologische Doctorwürde erlanget (d), um Mich. 1758. an.   Hier brachte er die vorher schon an= gefangene Uebersetzung des Thucydides vollends zu Ende, und schrieb nebst mehreren kleineren Schriften ein com= pendium theologiae dogmaticae, welches er nebst den übri= gen Theilen der Theologie in seinen Vorlesungen erklärte (e).

In=

(c) Die weitere Heilmannische Schriften von Hameln und Osnabrück sind: 8) De scholis priscorum Christianorum theologicis, progr. quo Rectoris Hameliae munus adiit, Rintel. 1754. 4.; 9) Progr. de florente litterarum statu et habitu ad initia religionis christianae, Rintel. 1755. 4.; 10) Progr. de gustatu, in prima maxime aetate, et scho= larum spatiis conformando, Osnabr. 1756. 4.; 11) Jac. Eman. Roques Schule des Christen, aus dem Französ. übersetzt und mit einer Vorrede von den wahren Vorzügen eines practischen Vortrags begleitet, Zelle 1757.; 12) Progr. de eo quod est in disciplinis problematicum, Os= nabr. 1757. 4.; 13) Progr. de pace diuinis quondam honoribus culta, Osnabr. 1757. 4.; 14) Prüfung einer neulich herausgekommenen Uebersetzung des Herodotus, mit einigen Gedanken vom Uebersetzen, Osnabr. 1757. 4.; 15) Critische Gedanken von dem Character und der Schreib= art des Thucydides, Lemgo 1758. 4.

(d) Bey dieser Gelegenheit erschien 16) seine Inaugu= ral=Dissertation de finienda iusta et recta sacramenti no= tione, Rint. 1758. (Iul. 26.)

(e) Seine Göttingische Schriften sind: 17) Progr. de eo, quod interest inter diuinas notitias theologi et Christiani; 1758.; 18) Oratio aditialis de commodis ex sacrarum litterarum studio ad philosophiam redundanti= bus, 1758.; 19) Progr. Pasch. de antiquo baptismi Pa= schalis solemni, 1759.; 20) Progr. de sensu quem di= cunt morali eiusque in morum doctrina vero pretio,

1759.;

In Ansehung, seiner sowohl im Philologischen und Histori-schen als im gründlich Philosophischen und Theologischen vereinigten grossen Stärke ist sein frühzeitiger Tod ein wah-rer Verlust für die Gelehrsamkeit, zumal da ein reiferes Alter vermuthlich ihn noch behutsamer in Behauptung be-sonderer Meynungen gemacht haben würde. (f). – Er brachte schon einen siechen Körper mit nach Göttingen, und starb 1764. Febr. 22. (war also zu Göttingen 5¼. Jahr 1758-1764.)

1759.; 21) Diff. de ratione, quam inter se habent hu-mani generis iactura et reparatio, Rom. V. 12-18. 1759; 22) Thucydides Geschichte des Peloponnesischen Krieges, aus dem Griechischen übersetzt, und mit critischen Anmer-kungen erläutert, Lemgo und Leipz. bey Breitkopf, 1760. 8.; 23) Progr. Pent. quo Iosephi Halleti contra dininitatem Spiritus S. molimina refutantur. 1760.; 24) Die zwölf-te Nachricht von dem Göttingischen Waysenhause mit einer Vorrede von dem Geheimniß der mildthätigen Handlun-gen, 1760.; 25) Compendium Theologiae dogmaticae, 1761. 8.; 26) Progr. nat. de humili Christi infantia, 1761.; 27) Der Prediger und seine Zuhörer in ihrem wahren Verhältniß betrachtet. Eine Abhandlung womit die theo-logische Facultät die Erneuerung des unter ihrer Aufsicht stehenden homiletischen Seminarii öffentlich anzeiget, 1763. 8.; 28) Progr. Pasch. de ratione, qua Iesus sua ex mortuis ἀναστάσει Messias demonstratus est, 1763.; 29) Die funfzehnte Nachricht von dem unter der theologi-schen Facultät Aufsicht stehenden Göttingischen Waysen-hause vom 1. Dec. 1762. bis dahin 1763. mit einer Vorrede von einer öffentlichen Erziehung.

(f) S. Götting. gel. Zeit. 1764. p. 497. sq.

2) Ver-

2) Verstorbene Lehrer der Rechte.

§. 22.

Johann Salomo **Brunquell** (a), geb. 1693. Mai. 22. zu Quedlinburg, ward von Jena, wo er seit 1728. prof. iur. gewesen war, und sich durch viele wohl aufgenommene Schriften, als insonderheit durch seine historiam iuris 1725. bekannt gemacht hatte, 1735. als Hofrath und Ordinarius der Juristen-Facultät nach Göttingen berufen, wo er den 11. März 1735. ankam. Er starb aber daselbst noch in eben dem Jahre zugleich als Prorector, oder, wie es damals noch hieß, als Königlicher Academischer Commissarius 1735. Mai. 21. (war also zu Göttingen nur 2¼ Monathe 1735. (b).

(a) Göttens gel. Eur. tom. 1. p. 540.; Wöchentliche Göttingische Nachrichten 1735. num. 18. sq.

(b) Ein Paar Schriften waren doch von diesem Gelehrten noch zu Göttingen herausgekommen: 1) De digestis secundum indicem legum Iacobi Labitti aliorumque κατα πλατος et verbotenus excudendis, 1735.; 2) Prolusio, qua in pugna iuris Germanici et Romani illud huic, in primis in caussarum illustrium decisionibus praeferendum esse, nisi huius receptio probetur, ostenditur, 1735.

§. 23.

Tobias Jacob Reinharth (a), geb. 1684. Oct. 8. zu Erfurt, studierte auch zu Erfurt, und ward daselbst 1706. licentiat, 1709. Doctor, 1710. prof. iur. extraord., 1712. prof. iur. ord., wie auch zugleich 1716. Oberkämmerer und kayserlicher Pfalzgraf, 1717. Raths-Syndicus, 1722. Oberbauherr, 1725. Beysitzer der Juristen-Facultät, 1728. jüngerer Bürgermeister, 1729. Gräfi

(a) Götting. gel. Zeit. 1743. p. 427. sq.

(b)

Gräflich Haßfeldischer Rath, und der Canzley und des
consistorii zu Blankenhayn Director, ingleichen des ministerii ecclesiastici Consulent (b). Im Jahre 1735.
kan:

(b) Seine Erfurtische Schriften waren: 1) Diff. de
eo; quod circa negotiorum gestionem iuris est, 1706.;
2) De eo, quod circa alienationem rerum minoris iuris
est; 3) De iure eligendi ex obligatione alternatiua, 1711.;
4) De incauto contrahente cum vniuersitatibus; 5) De
bona fide in praescriptione non necessaria, 1712.; 6) De
eo, quod circa stipendia ad studia iustum est; 7) Disp.
VII. ad Pandectas, iuxta doctrinam Schilteri et Lauter-
bachii, 1714.; 8) De transmissionis actorum iure eiusque abusu, 1716.; 9) De coniuge bona gratia diuertente;
10) De iure proprium persequendi interesse cum damno
proximi; 11) De reo, alimenta et sumtus litis actori
suppeditante, 1717; 12) De pacto circa hereditatem
tertii ignorantis certi bonis moribus non refragante,
adeoque tam iure naturae, quam moribus Germaniae va-
lido, 1718; 13) De imperatoris legem vniuersalem in
Imperio R. G. ferendi potestate, 1721.; 14) De clerico
per abusum officii pastoralis leges Imperii atque tranquil-
litatem publicam violante, eiusque coercitione, 1724.;
15) De eo, quod circa executionem in bona feudalia iustum est, 1726.; 16) De eo, quod circa venationem
iuris est; 17) De vsuris vsurarum licitis; 18) De iure
protimiseos et contractus circa seruitia et operas liberorum
subditorum in Saxonia Electorali dominis competente; 19)
De dimidio acquaestus coniugalis vxoribus Smalcaldensibus
competente, 1727.; 20) De vsuraria prauitate, tam vera
quam palliata, quam putatiua siue imaginaria; 21) De eo,
quod iustum est circa condemnationem eius, qui nondum
confessus est, maxime in criminalibus; 22) De possessione
ab onere probationis non releuante; 23) De genuinis
curae sexus et aetatis differentiis cum vsu practico, 1728.;
24) De eo, quod iustum est circa homicidium medici;
eiusque poenam; 25) De eo, quod circa dissensum
plurium patronorum in praesentatione parochi iustum est;
26) De feminarum Saxonicarum negotiis absque curato-
ribus validis; 27) De vxore in donatione propter nuptias neque dominium neque tacitam hypothecam habente, 1729; 28) De diuersa furti secundum ius ciuile

kam er an Brunquells Stelle, als Hofrath, prof. iur.
ord. und Ordinarius der Juristen-Facultät nach Göttingen, wo er die ihm aufgetragene Stelle mit größtem Beyfall

et Germanicum idea; ~ 29) De his quae nobis innitis
fiunt; 30) Quaestiones vexatae tam in foro quam in cathedra; 31) De distinctione sponsaliorum in publica et
clandestina; 32) De torturae effectu respectu tertii;
33) De potestate precistae, preces Imperatoris per ces-
sionem in alium transferendi, 1730.; 34) De periculo
rei venditae ante resignationem et inuestituram iudi-
cialem iure Saxonico Electorali ad dominium transferen-
dum necessariam in emtorem transeunte; 35) De iure
aquarum metallicarum singulari; 36) De rebus in dominio publico existentibus; 37) De iurisdictionis allodia-
lis et feudalis conflictu ac vtriusque ratione feudorum
competentia; 38) De desponsatione absque testibus et
praeuia Morgengabae stipulatione, iure Zittauiensi valida, 1731.; 39) De tortura in causis ciuilibus; 40) De
principe contrahente; 41) De erroribus pragmaticorum
in doctrina de compensatione expensarum litis; 42) Po-
tissima capita et cautelae ex doctrina de citationibus;
43) De consilio in criminalibus eiusque effectu, 1732.;
44) De eo, quod circa probationem delicti per docu-
menta iustum est; 45) De duarum vel plurium iuris-
dictionum in vna eademque causa conflictu; 46) Potissi-
ma capita inualidae mulierum intercessionis pro efficaci
perperam habitae; 47) De arbitrio patris et iure matris
in nuptiis filiarum; 48) De eo, quod iustum est circa
reum ex praesumtione conuincendum et condemnandum;
49) De probationis ciuilis et criminalis con- et disconue-
nientia; 50) De rerum vxoriarum marito traditarum
fauore, et quibusdam cautionibus earum causa attenden-
dis; 51) De restitutione in integrum vniuersitatis, 1733;
52) P. Christinaei decisiones Belgicae cum notis VI. Voll.
1733, 1734. fol.; 53) Progr. de variis hominum aetati-
bus, 1734.; 54) Diss. de successione clerici in gera-
dam; 55) De poena delictis conniuentium, vel eorum
scientiam habentium; 56) Progr. de dolo; 57) Diss.
vtrum iura, quae circa repetitionem dotis iure communi
et priuato constituta sunt, inter illustres etiam et Principes in obuenientibus controuersiis applicari queant;
58) De

hat bis an sein Ende verwaltet (c). † 1743. Mai. 23. (war also zu Göttingen 8. Jahre 1735 - 1743.)

58) De ergastulis eorumque iure; 59) De statu Imperii Germanici ex Monarchia et Aristocratia mixto; 60) Progr. de discrimine inter interesse et vsuram; 61) Diss. de iudicis criminalis quatuor virtutibus in ordinat. Carol. art. 1. commendatis; 62) De iudice iurisdictionem voluntariam extra territorium perperam exercente; 63) De causis ob quas iudex potestatem mitigandi poenam falso sibi arrogat; 64) Progr. de priuilegiis; 65) Obseruationes de iurisdictione ciuitatum municipalium Saxonicarum; 66) Diss. de obligatione vxoris in Saxonia valida; 67) Progr. de transactionibus; 68) Diss. de testamento imperfecto perfectum infirmante, 1735.; 69) De qualitate actionum et exceptionum in processu executiuo.

(c) Zu Göttingen schrieb er ferner: 70) Progr. de vsu et non vsu practico doctrinae de fictionibus iuris, 1735.; 71) Diss. de nonnullis pragmaticorum erroribus circa doctrinam de tacita hypotheca, 1736.; 72) De querelarum nullitatis et inofficiosi testamenti differentiis, et vsu earum practico; 73) De poenitentia vnius partis ob moram vel perfidiam alterius in contractibus nominatis exule, 1737.; 74) De iuris non scripti extra territorium efficientia; 75) Progr. de potioribus differentiis, quae inter reuisiones Camerales, et eas intercedunt, quibus in statuum prouinciis et foris vtimur, 1739.; 76) Progr. de processus summarii incommodis, eiusque ab ordinario differentiis maxime spuriis; 77) Suendendoerferi processus Fibigianus cum praef., 1740.; 78) Diss. de remediis emendandae laesionis ex dote, et sigillatim ea, quae inofficiosa dicitur, 1741.; 79) Progr. de fideiussionibus clericorum; 80) De eo, quod iustum est circa testamentum Principis imperii ecclesiastici, 1742.; 81) De eo, quod iustum est circa exhereationem bona mente, eiusque vsum hodiernum, 1743.; 82) Progr. quo vsus hodiernus L. 13. D. quod metus causa, et L. 7. C. vnde vi, vindicatur, 1743.; und endlich 83) Selectas obseruationes ad Pauli Christinaei decisiones ad vsum fori Germaniae hodierni accommodatas et variis collegiorum Iuridicorum rebus iudicatis et responsis corroboratas, Erf. 1743. fol.; ein überaus brauchbares Werk,

Werk, worinn eine Menge von auserlesenen Rechtssprü-
chen und Bedenken der Göttingischen und anderer Juristen-
Facultäten enthalten ist.

§. 24.

Johann Friedrich **Wahl** (a), geb. 1693. Aug. 25.
zu Kirchheim im Leiningischen, studierte seit 1710. zu Giessen anfangs Theologie, seit 1713. die Rechte, und ward
daselbst 1720. Advocat und Doctor, hernach 1724. prof.
iur. extraord., 1725. prof. iur. ord., und Hessen-Darm-
städtischer Rath (b). Im Jahr 1743. kam er an Rein-
harths Stelle als Hofrath und Ordinarius der Juristen-
Facultät, welche Stelle er bis an sein Ende rühmlichst bekleidete (c). † 1755. Iul. 14. (war also zu Göttingen
12. Jahre 1743-1755.)

(a) Progr. in memoriam Io. Fried. Wahl prorectore
Io. Matth. Gesner, 1755.

(b) Seine Giesser Schriften sind: 1) Diff. inang. de
praescriptione immemoriali, Giess. 1720.; 2) Diff. de
iure protimiseos siue retractus territorialis perpetui, 1728.;
3) de retractatione causae praestito iureiurando decisae,
1731.; 4) de citatione ad Lib. II. Tit. IV. Pand. de in
ius vocando, cum Reformat. Francofurtensis P. I. tit. VII.
et sq. collatum; 5) de actione Pauliana, 1732.; 6) de
actionis editione per libellum secundum ius commune et
Francof. reformatum; 7) de iure protimiseos siue retractus conuentionalis et legalis; 8) de editione instrumen-
torum, 1733.; 9) de iure et officio fisci Caesarei pro-
curatoris et aduocati, 1735.; 10) de vitio nullitatis processus iudiciarii, 1740.; 11) Progr. in quo memoria
anecdota doctoris medicinae olim non incelebris Cosmae
Tichtel renouatur, 1743.; 12) Progr. in quo memora-
bilia quaedam bibliothecae Giessensis enarrantur.

(c) Seine Göttingische Schriften sind: 1) Progr. de
conuentione quae silentio sit, occasione L. 51. pr. D. Loc.
Cond., 1744.; 2) Diff. de iure et iudiciis communita-
tum, quae veniunt sub nomine Marcarum, in Wetterauia,
von Marken und Märker-Gedingen in der Wetterau, 1746.;
3) Progr. de legitima donandi ratione, 1747.; 4) Progr.
de

de commutatione dignitatum fagatae et togatae militiae
equeftris fcilicet et doctoralis honoris; 5) Progr. in
quo doctrina iuris Romani de poffeffione exponitur, et
quo fenfu illa in hæredem ipfo iure tranfire negatur;
6) Progr. an ftatuto, lege, vel confuetudine fiue aperte
et vere fiue tacite et ficte effici queat, vt fine corporali
adprehenfione poffeffio in heredem transeat? fecundum
leges, mores et confuetudinem germanorum; 7) Progr.
de permutatione pacto difplicentiae ad formam legis com-
mifforiae vallata, 1748,; 8) Diff. de feruitutibus mele-
tematum decas; 9) Diff. de foro arrefti priuilegiato,
1749.; 10) Diff. de fententiarum fummorum S. R. I.
iudiciorum contra principes apanagiatos. executione;
11) Diff. de iudice in concurfu creditorum competente,
1750.; 12) Diff. de recognitione inftrumentorum per
teftes et comparationem literarum, 1750.; 13) Diff. de
natura et indole exceptionis implementi non fecuti, 1751.;
14) Diff. de iufta liberos heredes inftituendi forma;
15) Progr. cui neceffitas probandi in petitione haeredi-
tatis abfentis incumbat? 16) Progr. de reftitutione in
integrum maiorum aduerfus fententiam prouocatione
non fuspenfam fiue contra rem iudicatam; 17) Progr.
de debito legati inter plures heredes diuidendo;
18) Progr. de vfu reftitutionis in integrum praetoriae
Romanae in iudiciis Germanicis, 1751.; 19) Progr.
quando dies obligationis cedere et venire intelligatur;
20) Progr. quid proprie in receptione cafuum fortuitorum pactitia probandum fit? 1752.; 21) Progr. de iu-
ftis cancellis quibùs officium iudicis vel ius dicentis in
adiuuando actore per libelli interpretationem fecundum
aequi rationem et ius fcriptum caefareum ac pontificium
circumfcribitur; 22) Progr. quid proprie in receptione
cafuum fortuitorum pactitia probandum fit? 23) Diff.
de validitate et effectu referuationis dominii et hypothecae in fecuritatem refidui pretii in rebus praecipue
immobilibus venditis, vulgo Reſt-Rauf-Schilling in ci-
uitate Imperiali Francofurtenfi vfitatae, 1753.; 24) Progr.
de praerogatiua creditorum hypothecariorum ex temporis priuilegio, 1755.

§. 25.

§. 25.

Gottfried Mascov (a), geb. 1698. Oct. 22. zu Dan=
zig, ſtudierte zu Leipzig und Altorf, ward hier 1724. Ma=
giſter und Licentiat der Rechte (b), docirte hernach zu Leip=
zig, bis er 1729. als prof. iur. ord. nach Harderwyck be=
rufen ward (c). Von da kam er 1735. als Hofrath und
prof. iur. ord. nach Göttingen (d), gieng aber 1739.
wieder nach Leipzig, wo er 1748. prof. ord. iuris nat. et
gent. wurde (e). † 1760   (war alſo zu Göttin=
gen 4. Jahre 1735 - 1739.)

(a) Moſers Rechtsgelehrten = Lex. p. 162.

(b) Zu Altorf diſputirte er: 1) de procuratore Cae-
ſaris, 1724.; 2) de ſectis Sabinianorum et Proculiano-
rum, 1724. (edit. II. addita comm. de herciſcundis, Lipſ.
1728. 8.)

(c) Seine Harderwyckiſche Schriften ſind: 3) Oratio
de modeſtia veterum ICtorum, 1729. (rec. Lipſ. 1741.);
4) Oratio de vſu et praeſtantia hiſtoriae Auguſtae in iure
ciuili, 1731.; 5) Diſſ. ad L. vlt. C. de Edicto D. Adria-
ni tollendo, 1733.; 6) Diſſ. de conſtituto poſſeſſorio,
1733.

(d) Zu Göttingen ſchrieb er: 7) Progr. de vſu iuris
cum ſcientia eiusdem coniungendo, 1735.; 8) Diſſ. de
cenſu Iudaico; 9) Progr. de paroemia iuris Germanici:
längſt Leib, längſt Gut, 1736.; 10) Iani Vincentii Gra-
vinae Opera, ſeu, originum iuris ciuilis Libros III. cum
notis, Lipſiae 1737. 4.; 11) Progr. de redhibitione
equorum: vom Rückkauf der Pferde, 1738.; 12) Notitiam iuris et iudiciorum Brunſuico-Luneburgicorum;
acceſſit notitia iuris Osnabrugenſis et Hildeſienſis, 8.;
13) Obſeruationem: praeteritus inſtitutus, ad L. 3. C.
de inoff. teſtam. in Parergor. Gottingenſ. L. I. obſ. V.;
14) Diſſ. electa dotalia, 1739.

(e) Zu Leipzig erſchien noch von ihm: 15) Diſſ. de
collatione bonorum, 1742.; 16) Sam. de Puſſendorf
de iure Naturae et Gentium Libri VIII. cum notis et
integris commentariis Hertii et Barbeyrac. accedit Eris
Scan-

Scandica, II. Tomi Francofurt. 1744. 4.; 17) Progr. quaestiones selectas iuris Naturae et Gentium inter Grotium et Puffendorffium controuerfas expendens, Lipfiae 1748. &c.

§. 26.

Gottlieb Samuel Treuer (a), geb. 1683. Dec. 24. zu Jacobsdorf bey Frankfurt an der Oder, ftudierte feit 1700. zu Leipzig, und ward dafelbft 1702. Magifter und 1707. Beyfitzer der philofophifchen Facultät. In eben dem Jahre 1707. ward er Profeffor an der Ritter=Acades mie zu Wolfenbüttel, that aber noch 1713. eine Reife nach Holland und Frankreich, und ward darauf zu Helmftädt 1714. Profeffor der Moral und Politik, und 1729. profeffor hiftoriarum (b). Von da ward er 1734. als Hofrath und prof. iuris publici nach Göttingen berufen, hielt dafelbft die erfte Disputation, und lehrte und fchrieb mit vielem Beyfall bis an fein Ende (c). † 1743. Febr. 25. (war alfo zu Göttingen 8½ Jahre 1734-1743.)

(a) Götten gel. Eur. tom. 1. p. 618. Göttingifche gelehrte Zeit. 1743. p. 167. 180. fq.

(b) Ehe er nach Göttingen kam, waren fchon folgende zahlreiche Schriften von ihm erfchienen: 1) Diff. de excidio Magdeburgenfi, Lipf. 1702.; 2) De facerdotibus Romanis, 1703.; 3) De principiis et remediis praeiudiciorum, 1705.; 4) De mente fenfu non errante, 1707.; 5) De arte moriendi philofophice; 6) De finceritate erga fe ipfum; 7) Thomas a Kempis von der Nachfolge Chrifti, mit einer Vorrede; 8) Lobrede auf die Königinn von Spanien, 1708.; 9) Gedanken über die Kronen und Höfe der Geftirne; 10) Merkwürdige Nachricht von der im Archipelago neu entftandenen Inful Santaria, Leipz. 1709.; 11) Diff. de Tilfemis et Amuletis, Halle 1710.; 12) Apologia pro Iohanne Bafilide II. tyrannidis vulgo falfoque infimulato, Viennae 1711. 4.; 13) Oratio in Antonium Vlricum Br. Lun. Duc. cui titulus: Animus femper idem, Helmft. 1712. 4.; 14) Lobrede von der zum andernmal ans Braunfchweig=Lünebur=
gifche

gische Haus gebrachten Kayserkrone; 15) Beweis, daß Moscau das wahrhafte güldne Vließ besitze; 16) Jac. Bernhardts Tractat von der späten Buße, mit einem Anhang von derselben Ursachen, Cassel 1713.; 17) Oratio de harmonia, fundamento felicitatis academiae, Helmst. 1714 4.; 18) Progr. de idea prudentiae ciuilis ex Tacito; 19) Diss. de limitibus libertatis cogitandi; 20) Die unveränderliche Tugend in dem Tode Herzog Anton Ulrichs von Braunschweig; 21) Diss. de crimine alieni sermonis, ib. 1715.; 22) Progr. de naeuis librorum politicorum Aristotelis; 23) Diss. 1. et 2. de imposturis sanctitatis titulo factis, 1717.; 24) Diss. de superstitionis conditoribus et propagatoribus; 25) Diss. de charactere animi Lutheri; 26) Des Baron von Schrödern Tractat vom Fürsten-Recht, durch Anmerkungen widerleget; 27) Beweis, daß es nicht wider das Völkerrecht sey Gesandte aufzuhalten; 28) PVFENDORF de officio hominis et ciuis, cum notis 1717. (edit. II. 1726.); 29) Diss. de oeconomia system. moralis atheorum, 1718.; 30) Diss. de eruditione compendiaria; 31) Die politischen Fehler des päbstlichen Hofes, welche die Reformation Lutheri sollen befördert haben; 32) Ehrengedächtniß des Canzlers von Wendhausen, 1719.; 33) Disquisitio de licentia peregrinandi legibus circumscribenda, Wolfb. 1720. 4.; 34) Diss. de logomachiis in iuris naturae doctrina; 35) Zwo Leichen-Reden auf den Cammerrath Losen und seine Frau; 36) Einleitung zur Moscowitischen Historie, Wolfenb.; 37) Epistola ad Thomam Fritsch, de thesauro antiquitatum Germanicarum, 1721.; 38) Progr. de atheismi monumento, in inscriptione Italica: Aelia, Laelia, Crispis; 39) Progr. de voce Weyhnachten; 40) Die Pflicht eines geistlichen Lehrers nach denen Reichsgesetzen; 41) Bericht vom Ursprunge der Reichskreise, 1722.; 42) Disquisitio de comitiis corporis euangelici, 1723. edit. II. 1726.; 43) Diss. de auctoritate et fide gentium et rerump., 1723.; 44) De styli ethnicismo circa Spiritum S.; 45) Oratio de optima legitimaque ratione componendi dissidia circa statum religionis in imperio Rom. Germanico, 1724. edit. II. 1729.; 46) Omeisii ars regendorum affectuum; cum praef. 1724. 8.; 47) Diss. de sanctitate vitiorum pallio, 1725. (eine Fortsetzung von Num. 23.); 48) Lobrede auf Herzog Augusti Wilhelms Geburtstag; 49) Lobrede auf König Georg. I.; 50) Das unglückseelige Thoren; 51) Diss.

de

de vera origine aquilae bicipitis Imp. Rom. Germanici, 1726.; 52) Diff. de prudentia circa officium pacificatoris inter gentes, 1727.; 53) Diff. de decoro gentium circa belli initia; 54) Progr. de eo quod nimium est circa potentiam diaboli adstruendam; 55) Progr. de funere Meibomiae; 56) Progr. de causa, cur Christus semen hominis, non angelorum adsumserit, 1728.; 57) Progr. de ingenio historico; 58) Diff. de iniuriis religionis colore exornatis (eine fernere Fortsetzung von Num. 47.); 59) Diff. de iure statuum Imperii circa legatos exteros in comitiis; 60) Des Ritters Finet Ceremoniel der Gesandten, aus dem Englischen übersetzt, mit einer Vorrede von der Historie des Ceremoniels, Braunschweig; 61) Annales academiae Iuliae, Semestria 15. von 1720. bis 1728.; 62) Historia globi crucigeri et duplicati in nummis bracteatis, Brunsuig. 1728. cum figuris; 63) Progr. in funere Engelbrechti, 1729.; 64) Anastasis germani germanaeque feminae, cum fig.; 65) Delineatio thesauri antiquitatum Germaniae, 1730.; 66) Diff. de studiis Germanici Imperii ruinam procurantibus; 67) Diff. de negotio pacificationis inter gentes, qua iura et officia pararii pacis ex actis publicis gentium et legatorum commentariis penitius dispiciuntur, Helmst. 1731. fol.; 68) Progr. in connubium Friederici Ernesti, March. Brandenb.; 69) Diff. de origine nominis superioritatis territorialis ex Gallia arcessenda, 1732.; 70) Diff. de perpetua amicitia Germanicum inter et Russicum imperium, 1733.; 71) Progr. in connubium Caroli, Ducis Brunsu. Luneb., 72) Progr. de fabula de Michaële, Archangelo tutelari Russiae; 73) Progr. de natali inuicti; 74) Abstammung des Rußischen und Braunschweigischen Hauses von einer Stamm-Mutter, fol.; 75) Untersuchung des Ursprungs und der Bedeutung des Martens-Mannes, wobey aus Urkunden der mittlern Zeiten die mancherley Arten der Ministerialien und DienstLeute derer Heiligen gezeigt werden; 76) Untersuchung nach dem Rechte der Natur, wie weit ein Fürst Macht habe, seinen erstgebohrnen Prinzen von der Nachfolge in der Regierung auszuschliessen; 77) Progr. in nuptias principis Arausionensis, 1734.

(c) Zu Göttingen schrieb er ferner: 78) Progr. viuere tota vita academica discendum esse, 1734.; 79) Diff. S. R. I. Electores nulla lege imperatoris adstringi ad academiam condendam, Goettingae 1735. (Dieses ist die erste Dis-

D

Disputation, so auf der hiesigen hohen Schüle öffentlich ist
gehalten worden); 80) Progr. de cautione in tractando
iure publico adhibenda, 1734.; 81) Diss. de officiis
academiarum Germaniae in Caesarem et Imperium, 1735.;
82) De vera causa luminis borealis, 1736.; 83) Obs.
monstrum arbitrarii iuris territor. a legibus imperii e
Germania profligatum, in parerg. Goett.; 84) Obs. de
significatu honorum, qui in feudorum concessione commemorantur, eben daselbst; 85) Progr. de habitu erroris ad felicitatem errantis, 1737.; 86) Progr. de obligatione hominis ad religionem; 87) Diss. de iurisprudentia publica circa titulos officii imperatoris augustissimi;
88) Oratio, qua inter inauguralia sacra 20. Magistros
philosophiae renunciauit; 89) Iuris feudalis vniuersalis
paedia, in parergis Goettingensibus; 90) Diss. de studiis
nimiae libertatis circa status imperii ruinam iinp. Rom.
Germ. procurantibus, 1738.; 91) Progr. de commen-
to obligationis perfectae gentium quasi ex contractu,
1740.; 92) Progr. de iure criminali publico S. Rom.
Imperii cautissime diiudicando; 93) Diss. inuestituram
per sceptrum feudis ecclesiasticis et secularibus commu-
nem fuisse, 1741.; 94) Progr. de paroxismis imaginationis circa omnipraesentiam Dei mente concipiendam;
95) Gründliche Geschlechts = Historie des hochadelichen
Hauses der Herren von Münchhausen, worinnen die Abstammung aller Vorfahren von dem 12ten Jahrhundert an
mit vielen aus verschiedenen Archiven und Registraturen
gezogenen Urkunden, gedruckten Schriften, und andern
Zeugnissen deutlich erwiesen wird, mit einem Anhang häu-
figer diplomatum und Urkunden, auch nöthigen Kupfern
und Stammtafeln versehen, 1741. fol.; 96) Göttingische Gelehrte Zeitungen vom Anfang des Jahres 1741. bis
auf das 14te Stück incl. des Jahres 1743.; 97) Diss. 1.
qua logomachiam de ciuitatibus mixtis in iure publico
obuiam discutit, 1742.

§. 27.

Johann Jacob Schmauß (a), geb. 1690. Mart. 10.
zu Landau, studierte seit 1707. zu Straßburg und Halle,

an

(a) Götten gel. Eur. tom. I. p. 614. sq.

(b)

an welchem letztern Orte er Vorlesungen hielt, und fleissig
historische Schriften herausgab (b). Hernach kam er
1721. an den Baaden-Durlachischen Hof als Hofrath, und
seit 1728. als geheimer Cammerrath (c), bis er 1734.
als Hofrath und prof. iuris nat. et gent. nach Göttingen
be=

(b) Seine erste Schriften waren: 1) Staat des Erz=
bißtums Salzburg, Halle 1712.; 2) Curieuses Bücher=
und Staats=Cabinet, Halle 1713. sqq. 8. bis zum XLVIII.
Theile; 3) Der neueste Staat des Königreichs Portugall,
Halle 1714. 8. II. Theile; 4) M. Pauli Antonini, Philo-
sophi Trebocci consutatio dubiorum, quae contra Schediasma Halense de concubinatu mota sunt, Argentor.
1714. 4.; 5) Historisches Staats= und Helden=Cabinet.
I) Eröffnung, a) Entwurf einer Lebensbeschreibung des
Kayser Caroli VI.; b) Leben und Thaten des Prinzen Eu-
genii, Halle 1718. 8.; II) Eröffnung, a) die Briefe des
Hrn. Filtz Moritz, mit Anmerkungen; b) Nachricht von
dem Cardinal Alberoni; III) Eröffn. genealogische Historie des Hauses Grammont überhaupt, vornemlich Antonii
III., Herzogs von Grammont, Marschalls von Frankreich,
und Philibert Grafen von Grammont, 1719.; 6) Leben
und Heldenthaten Königs Carls des XII. von Schweden,
(bis 1704.) II. tom. Halle 1719. 1720. 8.; 7) Heiligen=
Lexicon, 1719. 8.; 8) Kurzer Begriff der Reichs=Historie,
Leipz. 1720. 1729. 1740. 1744. 1751. 8.

(c) Nach seinem Abzuge von Halle erschienen von ihm
zwey wichtige Werke, die zwar nur Sammlungen, aber
die ersten in ihrer Art waren, und seitdem überaus grosse
Dienste gethan haben, nehmlich 9) Corpus iuris publici
academicum, enthaltend des Heil. Röm. Reichs Grund-Ge-
setze, Leipz 1722. edit. II. 1727., III. 1734., IV. 1745.,
V. 1759. 8.; 10) Corpus iuris gentium academicum,
enthaltend die vornehmsten Grundgesetze, Friedens= und
Commercien=Tractate, Bündnisse und ándere Pacta der
Königreiche, Republicken und Staaten von Europa, welche seit 2. Seculis bis zu dem gegenwärtigen Congreß zu
Soissons errichtet worden, Leipz. 1730. 8.; sodann 11)
KNIPSCHILD de iuribus et priuilegiis ciuitatum impe-
rialium, cum notis, 1734. fol.

(d)

berufen ward (d).   Von da folgte er zwar 1743. einem
anderweiten Berufe nach Halle (e), kam aber 1744.
zurück nach Göttingen, und las hier mit größtem Beyfall
über die Hiſtorie und das Staatsrecht (f).   † 1757.
Apr.

(d) Zu Göttingen ſchrieb er 12) Bericht an ſeine künf-
tige Zuhörer von den lectionibus publicis und priuatis,
welche er hinfüro beſtändig zu halten geſonnen iſt, 1734. 4.;
13) Progr. de quaeſtione, an ex vtilitate ius ortum ſit?
1735. 4.;   14) Diſſertationes iuris naturalis, quibus
principia noui ſyſtematis huius iuris ex ipſis naturae humanae inſtinctionibus exſtruendi proponuntur; 1740. 8.;
15) Einleitung zur Staats = Wiſſenſchaft und Erläuterung
des von ihm herausgegebenen corporis iuris gentium tom.
I. 1741. II. 1747. 8.;   16) Die ſiegende Republik, oder
die vernichtete Bourboniſche Staatsklugheit aus dem Franzöſiſchen überſetzt, 1742. 8.;   17) Summariſche Vorſtellung des gegenwärtigen Zuſtandes von Italien, 1742. 8.;
18) Patriotiſcher Vorſchlag zu einem Frieden zwiſchen
Bayern und Oeſterreich, 1743. 8.

(e) Zu Halle ſchrieb er diesmal nur 19) Bericht an ſeine künftigen Herrn Auditores, wegen der künftigen Collegiorum, Halle 1743. 4.

(f) Seine übrige Schriften ſind: 20) Tractatus de
dignitate Auguſtiſſimi Romanor. Imp. Tom. I. Gottingae
1745. 8., oder eigentlich Allegata und Beweisthümer zu
einer vorgehabten Abhandlung von der Röm. Kayſerwürde;
21) Wichtigkeit der Graffſchaft Flandern, in Anſehung der
Balance von Europa, 1745. 8.;   22) Compendium iuris
publici S. R. Imp. 1746. ed. II. 1752., III. 1754. 8.;   23)
Betrachtung über den gegenwärtigen verwirrten Zuſtand
der Niederlande, 1747. 8.;   24) Anmerkungen über einige
Stellen der Wahl = Capitulation Caroli VII., 1747. 4.;
25) Vorſtellung des wahren Begriffs von einem Recht der
Natur, 1748. 8.;   26) Unpartheyiſche Vorſtellung desjenigen, was wegen der Wahl eines Römiſchen Königs Rech=
tens iſt, 1751. 4, auch Franzöſiſch, und in einer
Sammlung unterſchiedlicher theils gedruckten theils
ungedruckten Schriften, welche in dieſem Jahr zum Vorſchein gekommen ſind, die Röm. Königswahl betreffend,
mit nöthigen Anmerkungen, Frf. und Leipzig, 1751. 4.;
27) Hi=

Apr. 8. (war alſo zu Göttingen 21. Jahre 1735-1743., 1744-1757.)

27) Hiſtoriſches ius publicum des Teutſchen Reichs, oder Auszug der vornehmſten Materien der Reichshiſtorie, 1752. 8.; 28) Neues Syſtema des Rechts der Natur, 1754. 8.; 29) Kurze Erläuterung und Vertheidigung ſeines Syſtematis I. N. 1755. 8.; 30) Kurzer Begriff der Hiſtorie der vornehmſten Europ. Reiche und Staaten, zum Gebrauch der academiſchen Lectionen, 1755. 8.

§. 28.

Chriſtian Ludewig Scheidt (a), geb. 1709. Sept. 26. zu Waldenburg im Hohenlohiſchen, ſtudierte 1724. zu Altorf, 1730. zu Straßburg (b), und, als Hofmeiſter, nachdem er 1732. eine Reiſe durch die Schweiz und Frankreich gethan, ferner 1734. zu Halle, und 1736. zu Göttingen. Hier ward er bey der Inauguration 1737. Doctor, und 1738. prof. iur. extraord. (c); kam aber im May 1732.

(a) Weidlichs zuverläſſ. Nachr. von jetztleb. Rechtsgel. tom. 5. p. 1. ſq.

(b) Die Erſtlinge ſeiner Schriften waren: 1) Diſſ. de obligatione poſſeſſoris bonae fidei ad rem domino reſtituendam, ex iurisprudentia vniuerſali, Altorfi 1730. Praeſide Chriſt. Gottlieb Schwartzio; 2) Laudatio funebris perſoluta beatis manibus Ioh. Valent. Scheidii, M. D. et Profeſſoris Senioris, vt et praepoſiti capituli ad D. Thomam, Argent. 1731. fol.

(c) Seine Göttingiſche Schriften ſind: 3) Diſſ. inaug. excurſiones in argumenta nonnulla ex vtroque iure inter tumultuariam lectionem Nouellarum quarumdam Imperatoris Leonis, dicti philoſophi, inſtitutae, 1737.; 4) Diſſ. de cauponarum origine et iure, et magiſtratus in iis ordinandis cura, 1738.; 5) Diſſ. de optima inter diſſentientes ICtos ſecta, 1738.; 6) Progr. quam ob cauſam in terris Brunſuico-Luneburgicis iura Saxonica abrogata fuerint, 1738.; 7) Diſſ. de iure erigendi cauponas et hoſpitia publica tam in genere, quam in ſpecie in

ter-

1739. als prof. iur. nach Coppenhagen, wo er zugleich den
jetzigen König, als damaligen Kronprinzen unterrichtete,
und 1743. Justizrath wurde (d). Endlich kam er um
Mich. 1748. an des seel. Geh. Justizraths Grubers Stelle
als Hofrath und Bibliothecarius nach Hannover, wo er
bis an sein Ende blieb (e). † 1761. Oct. 25. (war als
Prof. zu Göttingen 1. Jahr 1738. 1739.)

terris Brunsuico-Luneburgicis, von der Wirthschafts-
und Krug-Nahrung, 1739.; 8) Diss. de iure coquendi
et vendendi cereuisiam, vom Bierbrauen zum feilen Kauf,
1739.; 9) Diss. de iure coquendi et vendendi cereuisiam tam in terris Brunsuico-Luneburgicis, quam in episcopatu Hildesiensi, 1739.; 10) Diss. singularia quaedam de eo, quod iustum est circa vinum adustum, praecipue ad vsum terrarum Brunsuico-Luneburgicarum,
1739.

(d) Zu Coppenhagen erschien ferner von ihm 11) Abge-
drungene Apologie wider das ausgebreitete Gerüchte, als
ob er an den neulich publicirten Klagen Moysis über des
zweyten Israels Policey-Gesetze und Geschäfte einigen Antheil hätte, 1740. 8.; 12) De iure regis Daniae prohi-
bendi nauigationes et piscationem exterorum in mari
boreali, contra nouissimas Batauorum praetensiones,
1741.; 13) Declamatio contra imperitos iudices, 1742.;
14) Diss. de regii Vandalorum tituli augustissimis Daniae
regibus iam pridem familiaris origine et causa, 1743.;
15) Diss. iuris publici et priuati conuenientiam et disse-
rentias principes exhibens, 1744.; 16) Diss. de ratione
belli, seu, vt a Giallis dici solet, Raison de Guerre, 1744.;
17) Ethnica philosophica, methodo scientificae aemu-
la scripta, 1745. 8.; 18) Diss. de Buccellariis et Isauris,
1745.; 19) Diss. de mutuo, 1746.; 20) Progr. de
vtilitate litterarum humaniorum in iurisprudentia, 1746.;
21) Demonstratio, quod Dania imperio Germanico nexu feudali nunquam fuerit subiecta. (in Scriptis Societatis Hafniensis part. I. II.); 22) Noruegiae praenetusta
et illibata libertas, qua cum ante, tum post vnionem
Calmariensem gauisa est (eben daselbst).

(e) Zu Hannover gab er ferner heraus: 23) LEIB-
NITII Protogea, seu de prima facie telluris, 1749.;
24) Ioh. Ge. ECCARD. de origine Germanorum, eorumque

que vetuſtiſſimis coloniis, migrationibus ac rebus geſtis, cum praef. 1750. 4.; 25) Origines Guelficas. Opus, praeeunte Godofr. Guil. Leibnitio, ſtilo Io. Ge. Eccardi litteris conſignatum, a Io. Dan. Grubero, nouis proba-tionibus inſtructum, variisque perneceſſariis animad-uerſionibus caſtigatum; iam vero in lucem emiſſum, tom. I. Hannou. 1750., II. 1751., III. 1752., IV. 1753. fol.; 26) Hiſtoriſche und diplomatiſche Nachrichten von dem hohen und niedern Adel in Teutſchland, 1754. 4.; 27) An-merkungen und Zuſätze zu Moſers Einleitung in das Braunſchweigiſch Lüneburgiſche Staatsrecht, 1757. 8.; nebſt einem codice diplomatico zu dieſen Anmerkungen und Zuſätzen, 1759. 8.; 28) Bibliothecam hiſtoricam Gottin-genſem, worinnen allerhand bishero ungedruckte alte und neuere Schriften und Urkunden, welche zur Erläuterung der Geſchichte und Rechtsgelehrſamkeit dienen können, aus bewährten Handſchriften ans Licht geſtellet werden, tom. I. Göttingen 1758. 4.

§. 29.

Johann Chriſtian Claproth (a), geb. 1715. Mai. 18. zu Oſterode, ſtudierte 1732. zu Jena, und ſeit 1734. zu Göttingen, wo er 1739. Sept. 17. Doctor, 1741. prof. iur. extraord., 1744. prof. iur. ord., 1747. Rath wurde, und mit größtem Beyfall las und ſchrieb (b), aber wegen ſchwächlichen Körpers ſein Leben nicht hoch brachte. † 1748. Oct. 16. (war zu Göttingen als Prof. 7. Jahre 1741-1748.)

(a) Tob. Iac. Reinharth progr. *de proceſſus ſum-marii incommodis*, Goett. 1739.; Weidlichs Rechtsgel. Lex. part. 1. p. 136.

(b) Seine Schriften ſind: 1) Diſſ. inaug. de compu-to *legitimae* ſecundum perſonas, Goett. 1739.; 2) Samm-lung juriſtiſch = philoſophiſch = und critiſcher Abhandlungen I. 1742., II. III. 1743., IV. 1747., V. 1749.; 3) Diſſ. de ſtipendiis familiae, 1744.; 4) Diſſ. de rebus merae facultatis, 1745.; 5) Grundriß des Rechts der Natur, 1749. 8.

3) Ver-

3) Verſtorbene Lehrer der Arzney-Gelahrheit.

§. 30.

Johann Wilhelm **Albrecht** (a), geb. 1703. Aug. 11. zu Erfurt, ſtudierte zu Jena, Wittenberg, Straßburg und Paris; kam 1727. nach Erfurt zurück, und ward daſelbſt 1728. landphyſicus, und 1730. prof. med. extra-ord. (b). Im Jahr 1734. kam er als prof. ord. ana-tom. chirurg. et botan. nach Göttingen (c), ſtarb aber bald in ſeinen beſten Jahren 1736. Ian. 17. (war alſo zu Göttingen wenig über 1. Jahr 1734-1736.)

(a) Götten gel. Eur. tom. 1. p. 539.

(b) Seine erſte Schriften waren: 1) Obſeruationes anatomicae, 1730.; 2) Tract. de tempeſtate, 1731. 8.; 3) Tract. de eſſectibus muſices in corpus animatum, 1734.

(c) Zu Göttingen ſchrieb er ferner 4) 5) Progr. de vi-tandis erroribus in doctrina medica, und in medicina me-chanica, 1735.; 6) de loco quodam Hippocratis male explicato, 1735.

§. 31.

Johann Gottfried **Brendel** (a), geb. 1712. Febr. zu Wittenberg, ein Sohn des dortigen prof. med. **Adam** **Brendels** († 1719.), ſtudierte zu Wittenberg, und ward daſelbſt 1736. Doctor (b). Im Jahre 1738. ward er

zu

(a) Fried Börner von jetztleb. Aerzten tom. 1. (Wol-fenb. 1749. 8.) p. 214. ſq.

(b) Seine erſte Wittenbergiſche Schriften waren: 1) Diſſ. inaug. de vanitate complurium medicamentorum, 1736; 2) Progr. de valuula Euſtachiana inter venam cauam inferiorem dextramque ſuperiorem conſita, 1738.

(c)

zu Göttingen prof. med. extraord., und 1739. Nov. 1.
prof. ord. Hier that er sich nicht nur in Vorlesungen und
Schriften, sondern auch in der glücklichsten Praxi derge=
stalt hervor, daß er 1756. vom hochseeligen Herrn Lands
grafen Wilhelm dem VIII. zu Herstellung seiner Gesundheit
mit Königlicher Bewilligung und Beybehaltung der Göt=
tingischen Lehrstelle (wozu er hernach noch das Prädicat als
Königlicher Leibmedicus bekam,) nach Cassel berufen ward,
auch dem Herrn Landgrafen nach Hamburg folgte. Doch
hielt er sich dazwischen auch zu Göttingen auf, und ward
der Universität und der gelehrten Welt nur durch einen zu
frühzeitigen Tod entrissen (c). † 1758. Ian. 17. (war
also zu Göttingen ins 20. Jahr 1738-1758.)

(c) Seine Göttingische Schriften sind 3) Progr. de
chyli ad sanguinem publico priuatoque commeatu per
venas mesenaicas non improbabili, 1738.; 4) Diff. de
rachitide, 1739.; 5) Diff. sistens obseruationum medi-
cinalium fasciculum, 1740.; 6) Progr. de analogia lineae spiralis et parabolae, 1741.; 7) Diff. de pleuritide vera et peripneumonia, 1744.; 8) Diff. de haemorrhoidibus interceptis, morbos verendorum aphrosidia-
cos simulantibus, 1744.; 9) De catarrho suffocatiuo,
1746.; 10) De tympanite; 11) De haemoptysi, (747.;
12) De affectibus soporosis; 13) De cholera humida;
14) De dolore capitis; 15) De portione febrium, 1747.;
16) Progr. de ratione sextupla globularum sanguinis
Leeuwenh.; 17) De pulsu febrili geometrice conside-
rato; 18) Dubia de instrumentis quibusdam chymicis
Boerhaauianis; 19) De pulsu febrili; 20) Hypomne-
mata de ratione globulorum sanguinis Leeuwenh.;
21) De reliquiis hydrargyri a ptyalismo expellendis;
22) De phosphoro vrinario; 23) De auditu, et apice
cochleae auris humanae; 24) De tussi conuulsiua. 25)
In Guid. Grandi animaduersionem in Propof. 41. L. II.
de motu animali Borelli; 26) De sale Tacheniano Boer-
haauii; 27) Analecta quaedam de cochlea auris humanae; 28) De hydrope haemorrhagia narium leuato;
29) De motu cordis Lancisiano non improbabili, 1748.;
30) De morbo crasso Hippocratis; 31) In Propof. 41.
L. II. Borelli de motu animali; 32) De maximo et mi-

D 5　　　　　　　　　　　　　nimo

nimo geometrico in fabrica motuque corporis humani;
33) De calculis veſicae vrinariae, 1751.; 34) De lo-
garithmis parabolicis; 35) De ariſtis chemico pharma-
ceuticis; 36) Diſſ. obſeruationum chirurgicarum tetras,
1752.; 37) Progr. de herniarum natalibus; 38) Diſſ
de iuſta methodi refrigerantis in morbis aeſtimatione;
39) Progr. de fabrica oculi in foetibus abortiuis; 40) Diſſ
de lethargo; 41) Progr. III. In Coacas praenotiones;
42) Diſſ. de recto calefacientium in morbis vſu; 43) De
valetudine ex hypochondriis; 44) De cognatione para-
phrenitidis et febrium malignarum; 45) Progr. de pa-
ralyſi ex atra bile, 1753.; 46) Diſſ. experimenta circa
ſubmerſos in animalibus inſtituta; 47) De ſeriori vſu
euacuantium in quibusdam acutis, 1754.; 48) De phti-
ſeos hecticaeque discrimine et ſetaceorum vtrobique vſu,
1755.; 49) De abſceſſibus per materiam et ad neruos;
50) De tabeſcentibus ad nares ducenda fluxione, ſuper
locis nonnullis Hippocratis, 1756.; 51) De pleuritide
vernali et aeſtiua; 52) De phrenitide; 53) Progr. de
aſcaridodea Hippocratis, 1757.; 54) De ſulphure au-
rato antimonii non vomitorio.

§. 32.

Johann Georg **Roederer** (a), geb. 1726. Mai. 15.
zu Straßburg, ſtudierte auf dortiger hohen Schule ſeit
1740.; Und da er ſich daſelbſt ſeit 1744. auf die Arzney-
Wiſſenſchaft geleget, ſo hielt er ſich in eben dieſer Abſicht 1747. ein Jahr zu Paris auf, 1748. ſechs Monathe
in Engelland, 1749. etliche Monathe zu Leiden, und ſeit
dem 4. Sept. 1749. zu Göttingen, von da er 1750. nach
Straßburg zurückkam, und ſich inſonderheit noch in der
Hebammenkunſt und in Beſuchung der Hoſpitäler übte.
Nachdem er in eben dem Jahre 1750. zu Straßburg die
Doctorwürde erhalten; ward er im Herbſte 1751. zu Göttingen prof. med. extraord., ſodann 1754. prof. ord.,
und 1759. Königlicher Leibmedicus, auch inzwiſchen 1756.
ein Mitglied der Petersburgiſchen, 1757. der Stockholmi-
ſchen

(a) Academiae Argentoratenſis progr. in memoriam
I. G. **Roedereri**, 1763. fol.

(b)

schen, 1760. der Göttingischen Societät der Wissenschaften, wie auch 1760. der Französischen Academie der
Wundärzte. Er hatte zu Göttingen nicht nur das thea-
trum anatomicum unter sich, sondern lehrte auch die meisten übrigen medicinischen Wissenschaften, und stiftete die
hiesige Anstalt zur Hebammenkunst. Zugleich trieb er eine
sehr glückliche Praxin. Als ihm aber sein Ruhm einen
ausserordentlichen Beruf zur Cur einer vornehmen Patien-
tinn nach Paris verschaffte; so starb er auf dieser Reise in
seiner Vaterstadt 1763. Apr. 4. (b), (war also zu Göttingen 11½ Jahre 1751 - 1763.)

(b) Seine Schriften sind: 1) Diss. inaug. decas du-
pla thesium medicarum, Argent. 1750. (Mart. 11.); 2)
Diss. de foetu perfecto, 1750. (Mai. 26.); 3) Progr.
de axi peluis, Gotting. 1751. (Dec. 16.); 4) Oratio de
praestantia artis obstetriciae, 1751. (Dec. 18.); 4) *Elementa artis obstetriciae*, 1752.; (edit. II. emend. et auct.
1759.); 5) De mola, in comment. soc. reg. scient. Goett.
ad a. 1752.; 6) Progr. Obseruationum medicarum de suf-
focatis satura, 1754.; 7) Diss. de vteri scirrho, 1754.;
8) Diss. de nonnullis motus muscularis momentis, 1755.;
9) De vi imaginationis in foetum negata, quando gra-
uidae mens a caussa quacumque violentiore commouetur
1756. (Eine von der Petersburgischen Academie der Wissenschaften gekrönte Preisschrift); 10) Obseruationum
medicarum *de partu laborioso* Decades duac, 1756.;
11) Diss. vtrum naturalibus praestent variolae artificia-
les, 1757.; 12) Diss. de temporum in grauiditate et
partu aestimatione; 13) Progr. de genitalibus virorum,
1758.; 14) Progr. Obseruationes ex cadaueribus infantum morbosis; 15) Progr. de foetu obseruationes; 16)
Progr. de animalium calore; 17) Diss. de non damnan-
do vsu perforatorii in paragomphosi ob capitis molem;
18) Diss. paralipomena de vomitoriorum vsu; 19) De
catarrho phthisin mentiente; 20) Diss. de oscitatione
in enixu; 21) Progr. de vlceribus vtero molestis; 22)
Progr. Obseruationes de cerebro, 1759.; 23) *Icones
vteri humani* obseruationibus illustratae; 24) Diss. de rau-
citate; 25) Diss. de pathologia physiologiam informante,
siue de morbosa hominis natura; 26) Progr. Obseruat-
tiones de ossium vitiis, 1760.; 27) Progr. de taenia;
28)

28) Progr. I. II. de arcubus tendineis múſculorum originibus; 29) Progr. de morſu canis rabidi ſanato; 30)
Progr. de febre ex intermittente continua; 31) Diſſ. de
pulmonum ſcirrho, 1762.; 32) Progr. de phthiſi infantum neruoſa; 33) De rhachitide, 1763.; Ohne der
bey der hieſigen Societät der Wiſſenſchaften noch ungedruckt vorhandenen Abhandlungen zu gedenken.

§. 33.

Johann Gottfried Zinn (a), geb. 1727. zu Schwa-
bach in Franken, ſtudierte ſeit 1746. zu Göttingen, und
erlangte daſelbſt 1749. die mediciniſche Doctor-Würde.
Nachdem er hierauf einige Jahre zu Berlin geweſen, und
in dortige Societät der Wiſſenſchaften aufgenommen worden; ward er 1751. als prof. med. extraord. nach Göttingen berufen, wo ihm inſonderheit der botaniſche Garten, auch
bald 1755. eine profeſſio med. ord. anvertrauet wurde (b).
Er ſtarb nur zu früh 1759. Apr. 6. (nachdem er 6. Jahre,
als Profeſſor, zu Göttingen geweſen war 1753-1759.)

(a) Progr. acad. Goetting. in memoriam I. G. ZINNII
1759. fol.

(b) Seine Schriften ſind: 1) Diſſ. Experimenta circa
calloſum, cerebellum et duram meningem in viuis ani-
malibus inſtituta, Gott. 1749.|4. 2) Progr. de ligamentis
ciliaribus, 1753.; 3) Obſeruationes ex corporibus mor-
boſis, in Comm. Soc. reg. ſcient. Goett. ad an. 1752.;
4) De l'Enveloppe des Nerfs, in den Memoires de l'a-
cad. de Berlin, 1753.; 5) Obſeruationes de tunicis
et muſculis oculorum, in comment. Soc. Goett. tom. 3;
6) Obſeruationes botanicae, ibid.; 7) Obſeruationes
quaedam botanicae et anatomicae de vaſis ſubtilioribus
oculi, et cochlea auris internae, 1753.|4.8) Comm. de
differentia fabricae oculi humani et brutorum, in comm.
ſoc. Goett. tom. 4.; 9) *Deſcriptio anatomica oculi hu-
mani iconibus illuſtrata,* 1755.|4. 10) *Catalogus planta-
rum horti academici et agri Gottingenſis,* 1757.|4. Ohne
der bey der hieſigen Societät noch ungedruckt vorhandenen
Abhandlungen zu gedenken, als de naturalibus et maioribus generibus plantarum; de analogia fabricae monſtro-
ſae animalium et vegetabilium; anatome Salamandrae,
und de fibris nerueis.

4) Ver-

4) Verſtorbene Lehrer der philoſophiſchen Facultät.

§. 34.

Johann David **Koeler** (a), geb. 1684. Ian. 18. zu Cölditz in Meiſſen, ſtudierte ſeit 1702. zu Wittenberg, und ward daſelbſt 1704. Magiſter. Seit 1706. hielt er zu Altorf hiſtoriſche Vorleſungen (b), von da er zwar 1708. zum Baron von Strahlenheim, als damaligen Schwediſchen Miniſter im Reiche, kam, aber 1711. als prof. phil. ord. nach Altorf zurückberufen wurde, wo er ſeitdem die profeſſionem hiſtoriarum verwaltete (c), bis er eben dieſe Stelle

(a) APINI vitae philoſophor. Altorf. pag. 324. ſeq., **Götten gel. Eur.** tom. 1. p. 605. ſq., **Weidlichs Rechts-gel.** Lex. tom. 1. p. 473. ſq.

(b) Seine erſten Schriften waren von dieſer Zeit: Socratis epiſtola ad Archidamum, Lacedaemoniorum regem, in lucem prolata, Vitemb. 1706. 4.; Diſſ. ſpecimen archaeologiae Romanae, Alt. 1707.

(c) Von dieſer Zeit ſind vornehmlich folgende hiſtoriſche Diſſertationen von ihm zu merken: de rege Marcomannorum Maroboduo, 1711.; de prognoſticorum politicorum vanitate, 1712.; de Carolo bellicoſo Burgundiae duce, 1712.; de libro Theuerdank, 1714.; de familia Theodoſii M., 1715.; de donatione Mathildina, 1715.; de Liuia Auguſta, 1715.; de Friederico V., C. P. R. affectante regnum Bohemiae, 1716.; de numismate Iacobi Grandis de Carraria domini Patauii, 1717.; de Franc. Guicciardini confeſſione de occaſione reſtauratae a Luthero religionis, 1717.; de Ioanne Rokyczana, Calixtinorum in Bohemia pontifice, 1718.; de Syluestro II. P. R. 1720.; de origine Germanorum ab Aſcenate, et Boioariorum a Boiis, 1720.; genealogia familiae Auguſtae Staufenſis, 1721. (hernach Lucemburgenſis 1722., Franconicae 1722., Carolingicae 1725., Saxoni-

Stelle um Mich. 1735. zu Göttingen übernahm, wo er solche mit dem größten Ruhme bis an sein Ende beklei= det (d). † 1755. Mart. 11. (war also zu Göttingen 19½ Jahre 1735-1755.)

nicae 1731.); historia statuti seu reformationis Norim-bergensis, 1721.; de sodalitate B. M. V. ad vetus Bran-denburgum, 1723.; de Pribezlao seu Henrico rege Brandenburgico, 1723.; de actis et fatis Gebhardi Truch-sessii, electoris Coloniensis, 1723.; de electione Iodoci Imp. 1726.; de bibliotheca Caroli M. Imp. 1727.; de subsidio caritatiuo nobilitatis immediatae, 1728.; ad pri-uilegium Norimbergense de castro imperii forestali Brunn 1729.; de imperatoribus Romanis Germanicis ante Ca-rolum M. 1729.; de ducibus Meraniae ex comitibus de Andechs ortis, 1729.; de Luthero in comitiis Augu-stanis 1530. absente, 1730.; de subscriptione A. C. 1730.; de Ardoino marchione Eporediae, 1730.; de imperiali sacra lancea, 1731.; de prima pace religiosa Norimber-gensi 1532. sancita, 1732.; de voluntario imperii con-sortio inter Friedericum Austriacum et Ludouicum Ba-uarum, 1733.; de inclyta sede regali ad Rense, 1735.; de fatis ducatus Alemauniae et Sueuiae, 1735. Hierzu kommen aber überdieß noch andere fast allgemein bekannt und beliebt gewordene Werke, als der Wappencalender; die Historie der Grafen von Wolffstein, 1726.; die histo-rische Münzbelustigungen, 1729. sq. und die neue vermehr=te Ausgabe des Freherischen directorii scriptorum rerum Germ. 1720. 1734., der Imhofischen notitiae procerum imperii, 1732. ꝛc.

(d) Seine Göttingische Schriften sind: 1) Progr. de fide et auctoritate monachi Weingartensis in generis Wel-fici vetustate et dignitate, 1735.; 2) Progr. de inuen-toribus incisurarum, Gallice *les hachures* dictarum, 1736.; 3) Teutsche Reichshistorie, 1736. 4.; 4) Diss. de origine et incrementis iurium et priuilegiorum nobilitatis Mecklen-burgicae, 1739.; 5) Ehren=Rettung Johann Gutten=bergs wegen Erfindung der Buchdrucker=Kunst, 1741. 4.; 6) Progr. de diplomate Imp. Friederici III., quo Aeneas Sylvius 1442. creatus fuit poeta laureatus, 1741.; 7) Diss. de Arnoldo Brixiensi, 1742.; 8) Praef. ad Io. Lud. WALTHERI lexicon diplomaticum, 1745; 9) Diss. de electoris Saxoniae S. R. I. archimareschalli functionibus

in

in electione et coronatione caesarea, 1746.; 10) Historische Nachricht von den Erblandhofämtern des Herzogthums Braunschweig-Lüneburg, 1746.; 11) Diff. testimonium S. Irenaei episcopi Lugdunensis de Germaniis Christianis in sec. II. illustratum, 1747.; 12) Imm. WEBER examen artis heraldicae, cum fig., Hannou. 1748.; 13) Progr. num Imp. Maximilianus I. manu propria subscripserit diplomata? 1748.; 14) Nuß der Wappenkenntniß zur Entdeckung einer historischen Wahrheit in der Untersuchung: was für einem Herzoge Henrich zu Lüneburg das in die Capelle U. L. F. zu Alt-Oetting in Bayern 1518. verlobte silberne Schiff zuzueignen sey, 1749.; 15) Vorrede zur Untersuchung des Ursprungs und der Beschaffenheit der von den Bischöffen zu Lübeck in vorigen Zeiten verrichteten Belehnung des Herzogthums Holstein, 1753.; 16) Vorrede zum Isten Supplement des Weigelischen Wappenbuchs, Nürnb. 1753.; 7) Progr. de historia Archicancellariatus S. R. I. per Italiam post interregnum magnum continuati vsque ad Imp. Carolum V. ex authenticis documentis hactenus ineditis comprobata, 1753.

§. 35.

Johann Matthias Gesner (a), geb. 1691. Apr. 9. zu Roth im Anspachischen, studierte seit 1710. zu Jena, wo ihm der berühmte Joh. Franz Buddäus einen nähern Zutritt verstattete. Nachdem er daselbst den Anfang gemacht hatte, sich in etlichen Schriften zu zeigen (b); ward er 1715. Conrector, wie auch fürstlicher Bibliothecarius zu Weimar, hernach 1728. Rector zu Anspach, und 1730. Rector an der Thomas-Schule zu Leipzig (c). Von da kam

er

(a) Götten gel. Eur. tom. I. p. 557., BRVCKER pinacoth. dec. 4., Academ. Ge. Aug. (auct. Io. Dau. MICHAELIS) memoria Io. Matth. GESNERI, 1761. fol.

(b) Seine erste Schriften waren: Philopatris, dialogus Lucianeus, cum disputatione de illius aetate et auctore, versione item et notis, Ien. 1714., und Institutiones rei scholasticae, Ien. 1715.

(c) Während seines Aufenthalts zu Weimar, Anspach und Leipzig, kamen folgende Schriften von ihm zum Vorschein:

De

er 1734. als profeſſor eloquentiae nach Göttingen, wo
ihm ferner zugleich die Aufſicht über das Schulweſen in
hieſigen Landen nebſt dem von ihm errichteten Seminario
philologico, ingleichen das Bibliothecariat, und der Vor-
ſitz in der Teutſchen Geſellſchaft anvertrauet worden (d).
Bey der im Jahr 1751. allhier errichteten Königlichen Societät der Wiſſenſchaften ward er das erſte ordentliche Mitglied

De annis ludisque ſecularibus veterum Romanorum commentatio, Ien. 1717. 4. ;   Chreſtomathia Ciceroniana oder
auserléſene Stellen aus Ciceronis Schriften mit Anmerkungen, 1717. 8. (edit. II. 1733.);   Gratulatio ad Sereniſſ.
Wilhelmum Erneſtum, in qua de bibliotheca Vinarienſi,
ſpeciatim qua Schurzfleiſchiana, agitur, 1723. ;   Baſilii
FABRI theſaurus eruditionis ſcholaſticae iterum locuple-
tatus, Lipſ. 1726. fol. (edit. auct. 1735.);   Chreſtomathia Pliniana, 1728. ;   Disp. de Philopatride Lucianeo
dialogo, 1730. ;   Chreſtoinathia Graeca, 1731 ;   Scriptores rei ruſticae veteres Latini, Cato, Varro, Columel-
la, Palladius, Vegetius, et Gargilius Martialis, cum not.
et lexico rei ruſticae, 1735·

(d) Seine vornehmſten Göttingiſchen Schriften ſind:
Plinii panegyricus, 1735. ;   Ψυχαὶ Ἱπποκρατους ex lib. I.
de diaeta, 1737. ;   Quintiliani de inſtitutione oratoria
libri XII., collatione codicis Gothani et editionis Ienſo-
nianae ac perpetuo commentario illuſtrati, 1738. ;   Schulordnung für die Churf. Braunſchweig-Lüneburgiſche Lande, 1738. ;   Breuis narratio de academia Georgia Auguſta, 1738. ;   Plinii epiſtolae cum not. 1738. ;   Carminum libri III. Vratisl. 1743. ;   Io. Gottl. HEINECCII,
fundamenta ſtili, cum not. 1743. ;   und hauptſächlich der
mit Recht ſogenannte Theſaurus linguae Latinae, Lipſ.
1747. fol. IV. vol. ;   ſodann noch ſeine Ausgabe vom Ho-
ratio 1752. ;   ferner Primae lineae iſagoges in eruditionem vniuerſalem, nominatim philologiam, hiſtoriam et
philoſophiam, 1757. (edit. II. 1760.);   Claudianus cum
not. 1759. ;   Angeli Mariae Cardinalis QVIRINI et Gesneri epiſtolae mutuae, Norimb. 1760. ;   und Chreſtomathia tragica, tres integras tragoedias continens, Aeſchyli Prometheum, Sophoclis Aiacem, Euripidis Phoeniſ-
ſas, 1762.

(e) Ju

glied der historischen Claſſe, und seit 1753. halbjährig ab=
wechselnder, endlich 1761. beständiger Director der So=
cietät (e). Auch ward er 1756. Hofrath. †1761. Aug.3.
(war also zu Göttingen 27. Jahre 1734-1761.)

(e) In den commentariis der hiesigen Societät der
Wissenschaften finden sich von ihm folgende Abhandlungen:
1751. De animabus Heracliti et Hippocratis, ex huius
libro I. de diaeta. disputatio; Γραμματικα Θεολογουμενα de
laude Dei per VII. vocales et de VII. spiritibus apoca=
lypticis; 1752. Socrates sanctus paederasta; Corolla-
rium de antiqua honestate asinorum; Explicatio marmo-
ris Caſſellani; 1753. De electro veterum; Cicero resti-
tutus; 1754. Ad inscriptionem: Deus Bonus, Puer,
Posphorus; ohne was noch ungedruckt bey der Societät
vorräthig ist.

Desgleichen finden sich von ihm in den Actis societatis
Latinae Ienensis 1752.: De nomenclatura Latiña ad lin-
guas hodiernas adcommodata disquisitio, und 1753.: De
Antacaeo.

Von seinen übrigen kleineren Schriften, die größtentheils
academische Vorfälle zu Gegenständen haben, sind zweyer=
ley Sammlungen gemacht: Opuscula varii argumenti!
Vratisl. 1743. in 2. Octavbänden; und: Kleine Teutsche
Schriften, Göttingen 1756. 8.; von deren ersterer ver=
muthlich noch eine Fortsetzung zu erwarten seyn wird.
Verschiedene Dissertationen, so unter seinem Vorsitz gehal=
ten worden, sind Arbeiten der Respondenten.

Seine letzte Beschäftigung war mit den Werken des
Orpheus, deren Abdruck aber erst nach seinem Tode unter
folgendem Titel zu Stande gekommen: „Ορφεως απαντα;
„ s. Orphei argonautica, hymni, libellus de lapidibus et
„ fragmenta cum notis H. Stephani et Andr. Christ.
„ Eschenbachii; textum ad codd. MSS. et editiones ve-
„ teres recensuit, notas suas et indicem Graecum adiecit
„ Io. Matth. GESNERVS, curante Ge. Chph. HAMBER-
„ GERO, Lipſ. 1764. 8.” Worinn sich, auſſer dem, was
der Titel anzeiget, etliche Gesnerische Vorlesungen finden,
die 1755. und 1759. in der Societät der Wissenschaften ge=
halten worden, als: prolegomena Orphica, und de Phoe-
nicum nauigationibus extra columnas Herculis praelectiones II. (p. 419-484.).

E

§. 36.

§. 36.

Johann Friederich **Penther** (a), geb. 1693. Mai. 17. zu Fürſtenwalde in der Mittel-Mark, ſtudierte ſeit 1713. zu Frankfurt an der Oder, hernach als Hofmeiſter eines Grafen von Haugwitz auf der Ritter-Academie zu Liegnitz. Im Jahr 1720. kam er als Berg-Secretarius in Gräflich Stolbergiſche Dienſte, und begleitete 1727. den Grafen Gottlob Friedrich von Stolberg auf dem Feldzuge in Ungarn, von da er im Frühjahr 1728. nach Stolberg zurückkam, und hier 1730. Bergrath wurde. Endlich kam er im Herbſte 1736. als Rath und prof. phil. ord. nach Göttingen, wo er zugleich die Aufſicht über die academiſche Gebäude bekam, auch 1743. mit Sitz und Stimme in der philoſophiſchen Facultät einrückte, und vorzüglich die practiſchen Theile der Mathematik ſowohl in ſeinen Vorleſungen als Schriften ſich angelegen ſeyn ließ (b). † 1749. Sept. 17. (war zu Göttingen 13. Jahre 1736-1749.).

(a) Acad. Ge. Aug. progr. in memoriam Io. Fried. Pentheri 1749.

(b) Seine Schriften ſind: 1) Praxis geometriae, 1732. 1738.; 2) Gnomonica, nebſt einer beſondern Univerſal-Sonnen-Uhr, 1734.; 3) Collegium architectonicum, 1738. 1749.; 4) Zugabe zur praxi geometriae, 1739.; 5) Bananſchlag, 1743.; 6) Ausführliche Einleitung zur bürgerlichen Baukunſt, Erſter Theil, enthaltend ein Lexicon architectonicum, 1744.; 7) Zweyter Theil enthaltend die Erfindung, Aufzeichnung und Aufführung verſchiedener Wohngebäude, jedoch ohne Säulenordnung, 1745.; 8) Dritter Theil von Kennung, Einſicht, Zeichnung und Anwendung der Säulenordnungen, 1746.; 9) Vierter Theil von publiquen weltlichen Gebäuden, 1749.

§. 37.

§. 37.

Andreas Georg **Wähner** (a), geb. 1693. Febr. 24. zu Rhida in der Grafschaft Hoya, studierte seit Ostern 1710. zu Helmstädt, und blieb daselbst bis Ostern 1716., da er immittelst schon anfieng in Orientalischen Sprachen anderen Unterricht zu ertheilen, auch Schriften herauszugeben (b). Im Jahre 1718. kam er als Conrector an das damalige Gymnasium zu Göttingen, nach dessen Aufhebung er bey der Universität zu lehren fortfuhr, auch 1737. Magister, und 1738. prof. extraord., hernach 1739. prof. linguar. orient. ord. wurde (c). †1762. Febr. 21. (war zu Göttingen als Professor 24. Jahre 1738 - 1762,)

(a) Strodtmanns gel. Eur. part. 12. p. 424. sq.; Göttingische Chron. part. 3. p. 247.

(b) Er hielt damals unter dem Prof. Oldermann drey Dissertationen: 1) de םיד ףיס seu de mari Asphaltite, Helmst. 1712.; 2) de regione Ophir, 1714.; 3) de הכונח seu de festo encaeniorum, 1715.; und schrieb 4) eine Griechische Grammatik 1715. 8. (edit. II. 1753.), welcher 5) die Syntaxis Graeca 1716. noch besonders folgte.

(c) Seine Göttingische Schriften sind ferner: 6) Gründliche Grammatica der Hebräischen Sprache, 1735. 8.; 7) Diss. philolog. in 2. Sam. VIII. 2., qua Dauid Moabitarum victor crudelium numero eximitur, 1738.; 8) Progr. de Endorensi praestigiatrice, 1738.; 9) Diss. philolog. de prunis in capite inimici, ad Prouerb. XXV. 22. et Rom. XII. 20.; 10) Diss. de Christi responsione: quod dixi, dico, Ioh. VIII. 25.; 11) Diss. de eruditione Iudaica, 1742.; 12) Epist. de sanctificatis per coniuges coniugibus ad 1. Cor. VII. 14.; 13) Epist. de Pauli Apostoli querelis atque consolatione 2. Cor. I. 3-11.; 14) Diss. de Ebraeorum proselytis, 1743.; 15) *Antiquitates Ebraeorum* de Israeliticae gentis origine, fatis, rebus sacris, ciuilibus et domesticis, fide, moribus, ritibus, et consuetudinibus, antiquioribus, recentioribus, Vol. I. et II. 1743. 8.; 16) Diss. de Pauli Apostoli allegoria Gal. IV. 21-31., 1744.; 17) Progr. de valle spectaculorum Es. XXII. 1., 1742.; 18) Diss. de lege per angelos et mediatorem lata, Gal. III. 19. 20. 1744.; 19) Diss.

de Melchisedeco Christi typo, Ebr. VII. 1-10., 1745.; 20) Epist., qua Hierosolymam coelestem cum prisca Melchisedeci Hierosolyma commutari non debere contendit, 1751.;   21) Diss., qua Iesum Christum Immanuelem, Esa. VII. 14. Matth. I. 22. 23. contra Iudaeos defendit, 1755.

§. 38.

Tobias Mayer (a), geb. 1723. Febr. 17. zu Marbach im Würtembergischen, hat auf keiner Universität studiert, aber sowohl in Sprachen als mathematischen Wissenschaften desto mehr durch eignen Fleiß geleistet (b). Seit 1746. war er zu Nürnberg bey der Homannischen Officin, zu deren Landcharten er die wichtigsten Arbeiten machte (c). Von der daselbst errichteten Cosmographischen Gesellschaft war er ein Mitglied (d); und er fieng schon damals an,

(a) Ge. Andr. Will Nürnbergisches Gelehrten-Lexicon tom. I. (1755. 4) p. 605.; Abr. Gotth. KAESTNER *elogium Tobiae Mayeri*, Goett. 1762.

(b) Als Erstlinge (wie er sie selber nannte,) beschrieb er eine „Neue und allgemeine Art alle Aufgaben aus der Geo-„metrie vermittelst der geometrischen Linien aufzulösen," Eßlingen 1741. 8. worauf hernach sein Mathematischer Atlas folgte, in welchem auf 60. Tabellen alle Theile der Mathematik vorgestellet werden, Augsb. 1745. fol.

(c) Von der Menge von ihm gezeichneter Landcharten verdient insonderheit diejenige angeführt zu werden, die unter folgendem Titel herausgekommen: *Germaniae* atque in ea locorum principaliorum *mappa critica* ex latitudinum observationibus, quas hactenus colligere licuit, omnibus; mappis specialibus compluribus; itinerariis antiquis Antonini, Augustano et Hierosolymitano, adhibita circumspectione ac saniori crisi concinnata, simulque cum aliorum geographorum mappis comparata a Tob. Mayero, impensis Homannianorum heredum, Norib. 1750.

(d) In dem 1750. herausgekommenen Bande Cosmographischer Nachrichten und Sammlungen sind fünf Mayerische

an, insonderheit zur Verbesserung der Theorie vom Monde
wichtige neue Beobachtungen zu machen (e). Im Jahr
1751. ward er als prof. mathem. ord. nach Göttingen berufen, erhielt auch daselbst 1753. eine ordentliche Stelle
in der Societät der Wissenschaften, und 1754. die Aufsicht über das Observatorium. Seine seitdem ausgearbeitete Schriften enthalten so viele neue zum Theil grosse und
wichtige Erfindungen, daß sein frühzeitiger Tod, wenn es
auch der einzige wäre, den man wegen der unvermeidlichen
Folgen von allerley Verdruß und Ungemach auf Rechnung
des Krieges setzen könnte, zur hinlänglichen Probe dienen
kann, wie sehr es zu wünschen wäre, daß Wohnsitze der
Musen vom Kriege verschonte Freystädte bleiben möchten (f).

Sei-

sche Abhandlungen: 1) Beschreibung eines neuen Micro-
meters; 2) Beobachtung der Sonnenfinsterniß 1748.;
3) Beobachtungen einiger Zusammenkünfte des Mondes
mit Firsternen, 1747. 1748.; 4) Abhandlung über die
Umwälzung des Mondes um seine Axe, und die scheinbare
Bewegung der Mondsflecken, worinnen der Grund einer
verbesserten Mondsbeschreibung aus neuen Beobachtungen
gelegt wird, Erster Theil; 5) Beweis, daß der Mond
keinen Luftkreis habe.

(e) Hieher gehöret sein „Bericht von den Mondsku-
„geln, welche bey der Cosmographischen Gesellschaft in
„Nürnberg aus neuen Beobachtungen verfertiget werden,"
1750.4., wobey ein Paar neue von ihm gemachte Abzeichnun-
gen des Mondes und seiner Flecken befindlich sind.

(f) Seine Göttingische Schriften sind: 1) Progr. de
refractionibus obiectorum terrestrium, 1751.; 2) Obseruationes quaedam astronomicae, Norimbergae 1749.
et 1750. habitae in aedibus Homannianis, in den Comment. soc. reg. scient. Gött. tom. I. ad ann. 1751.; 3)
Latitudo geographica vrbis Norimbergae e nouis obseruationibus deducta, ibid.; 4) Inquisitio in parallaxin
lunae eiusdemque a terra distantiam, ibid. tom. II. 1752.;
5) Noua methodus perficiendi instrumenta geometrica
et nouum instrumentum goniometricum, ibid.; 6) Nouae tabulae motuum solis et lunae, ibid.; 7) Tabula-

E 3

rum

Seiner Wittwe und Kindern hat er einige Hoffnung hin-
terlassen, an denen in Engelland auf die Erfindung der
Meeres-Länge gesetzten Belohnungen noch einigen Antheil
zu bekommen (g).   Er starb 1762. Febr. 20., nachdem er
zu Göttingen 11. Jahre gewesen war 1751-1762.

rum lunarium in tom. II. comm. soc. contentarum vsus in
inuestiganda longitudine maris, 1753. in comm. tom. III.;
8) Obseruationes astronomicae, 1753. Goettingae habitae, *ib.*; 9) Experimenta circa visus aciem, 1754.;
in comm. soc. tom. IV.; 10) Versuch einer Erklärung
des Erdbebens, in den Hannoverischen nützlichen Sammlungen 1756. p. 290-296.

Worneben noch folgende Abhandlungen ungedruckt bey
hiesiger Societät der Wissenschaften von ihm liegen: 1) De
refractionibus astronomicis, 1755.; 2) De transmutatione
figurarum rectilinearum in triangula; 3) De inuestigandis
legibus variationum thermometri ea methodo, qua astronomi ad motuum coelestium inaequalitates cognoscendas
vtuntur; 4) Obseruationes astronomicae; 5) De motu
Martis a Iouis Terraeque attractione turbato, 1756.;
6) Quadrantis muralis obseruatorii Gottingensis rectifi-
cationes, et obseruationes ope illius institutae; 7) Methodus eclipses solares computandi, 1757.; 8) Colorum
ex pigmentis commixtis oriundorum computatio, 1758.;
9) Nouus fixarum catalogus, 1759., 10) Artis, qua
picturae datae ectypa multiplicantur, specimen exhibitum;
11) Instrumenti goniometrici, quod Astrolabium vocant,
structura emendatior; 12) De fixarum quarumdam motu proprio, 1760.; 13) Theoria magnetica; 14) Com-
putus declinationum et inclinationum magneticarum, ex
theoria nuper exhibita deductus, 1762.

Seine übrige hinterlassene Manuscripten und Zeichnungen vom Monde sind von seinen Erben zum Besten der Universität erkauft worden.   Götting. gel. Anz. 1764. p. 33.

(g) In der *Connoissance des mouvemens célestes pour
l'année commune 1765.* publiée par l'ordre de l'Acadé-
mie Royale des sciences, et calculée par M. DE LA
LANDE, de la même Academie (à Paris 1763. 8.) p. 154.
sq. findet sich hievon folgendes: „ Les longitudes de la
„ Lune, que nous donnons ici, sont calculées sur les
„ tables de la Lune de Mr. Mayer, que nous avons déjà
„ insé-

„ insérées dans la Connoiſſance de temps de 1761.; les
„ erreurs de ces tables ne vont presque jamais à 2. Minu-
„ tes, aſſez rarement à une ſeule, et pour l'ordinaire
„ elles ne different que de quelques ſecondes de l'obſer-
„ vation; ainſi elles ſont très-propres à donner les Lon-
„ gitudes en mer, lorsqu'on comparera le calcul de
„ ces tables, que nous donnons ici pour chaque jour,
„ avec les obſervations faites ſur le Vaiſſeau. Mr. Mayer,
„ après avoir donné encore à ſes tables une nouvelle per-
„ fection, les adreſſa en 1758. à l'Amirauté d'Angleterre,
„ pour requérir une récompenſe, aux termes de l'Acte
„ paſſé en 1714. pour l'encouragement de la recherche
„ des Longitudes. M. Bradley ayant reçu ces tables
„ manuscrites, & les ayant comparées avec douze cents
„ de ſes propres Obſervations, leur a donné un nouveau
„ degré d'exactitude, les ayant miſes au point de ne
„ differer jamais d'une minute de l'obſervation en au-
„ cun cas. Ces nouvelles tables ſeront publiées auſſi-
„ tôt que les héritiers de M. Mayer auront reçu de l'An-
„ gleterre la récompenſe qui lui etoit dûe, & qu'on leur
„ fait eſpérer.''

§. 39.

Johann Michael **Franz** (a), geb. 1700. Sept. 14.
zu Oehringen im Hohenlohiſchen, ſtudierte ſeit 1721. zu
Halle; und ward hernach vom Doctor Homann zu Nürnberg
(† 1730. Nov.), dem er ſchon zu Halle in ſeinen Studien,
und zu Nürnberg nachher in ſeinem Briefwechſel Hülfe
geleiſtet, nebſt Joh. Ge. Ebersbergern zu Miterben ſeiner
Verlaſſenſchaft eingeſetzt, daher er ſeitdem die Homanniſche
Landcharten=Officin unter ſeiner Direction hatte. Nach=
dem er zu Nürnberg noch die Cosmographiſche Geſellſchaft
geſtiftet (b), ward er 1754. als Rath und prof. phil. ord.

nach

(a) Will Nürnb. Gel. Lex. tom. 1. p. 467. ſq.

(b) Hieher gehören folgende von ihm herausgegebene
Schriften: 1) Homänniſcher Bericht von Verfertigung
groſſer Weltkugeln, 1746.; 2) Homänniſche Vorſchläge
von den nöthigen Verbeſſerungen der Weltbeſchreibungs=

nach Göttingen berufen, wo er 1755. dieſe Stelle antrat, auch in der Societät der Wiſſenſchaften als ein auſſerordentliches Mitglied aufgenommen wurde (c). † 1761. Sept. 11. (war alſo zu Göttingen 6. Jahre 1755-1761.)

Wiſſenſchaft, und einer desfalls bey den Homänniſchen Erben zu errichtenden neuen Academie, Nürnb. 1747. 4.; 3) Gedanken von einem Reiſe-Atlas und von der Nothwendigkeit eines Staats-Geographus, Nürnb. 1751.; 4) Die Nothwendigkeit eines zu errichtenden Lehrbegriffs der mathematiſchen Geographie bey der Cosmographiſchen Geſellſchaft, 1751.; 5) Der Teutſche Staatsgeographus mit allen ſeinen Verrichtungen nach den Grundſätzen der Cosmographiſchen Geſellſchaft vorgeſchlagen, Frankf. u. Leipz. 1753.

(c) Seine Göttingiſche Schriften ſind 6) Progr. de abbreuiandis poſtarum curſibus, 1755.; 7) Allgemeine Abbildung des Erdbodens für die Anfänger in der Erdbeſchreibung, 1757. (von deren Ausgabe 1764. die Götting. gel. Anz. 1764. p. 1196. nachzuſehen ſind); 8) Abriß des Reichs-Atlas, oder Einleitungs-Charten zur Teutſchen Staatserdbeſchreibung, zum Gebrauch der Göttingiſchen geographiſchen Vorleſungen eingerichtet, nebſt einem Berichte von der Art der Ausfertigung dieſes Atlas, Nürnb. 1758.; 9) Abhandlung von den Grenzen der bekannten und unbekannten Welt alter und neuer Zeit, als eine kurze Einleitung zu einer parallelen Erdbeſchreibung, Nürnb. 1762.

§. 40.

Anton Rougemont war im Jahr 1699. zu Paris gebohren, ſtudierte auch daſelbſt, und hielt als ein weltlich Geiſtlicher beſonders Faſten- und Advents-Predigten. Wie ihm dieſes Gelegenheit gab, in der heiligen Schrift zu forſchen; fand er ſich bewogen, Frankreich zu verlaſſen, und zu Hameln ſich zur reformirten Religion zu bekennen. Er ward hierauf anfangs dem Prediger der Franzöſiſchen Gemeinde zu Hannover adjungirt, hernach 1735. mit dem Titel eines Profeſſors bey der Univerſität zu Göttingen beför-

fördert, wo er ſeitdem in der Franzöſiſchen Sprache theils
Unterricht gegeben, theils monathlich im theologiſchen Hörſaale geiſtliche Reden gehalten (a).   † 1751. Dec. 28.
(war alſo zu Göttingen 16. Jahre.)

(a) Seine Schriften ſind: 1) Discours de l'utilité
des ſciences, & des beaux arts dans un état, prononcé
à la ceremonie de l'inauguration 1737. (unter den Bey-
lagen der Gesneriſchen Schrift de Georgia Auguſta);
2) Beſchreibung eines von ihm angelegten ſeminarii von
penſiouairs, 1740. (S die Götting. gel. Zeit. 1740. p.
238. fg.); 3) Eine Franzöſiſche Rede bey Anweſenheit
des Königs, 1748. (S. die Götting. gel. Zeit. 1748.
p. 842.)

5) Verſtorbene Privat = Docenten.

§. 41.

Von Privat = Docenten, die ſich hier in Vorleſungen
und Schriften hervorgethan, ohne bey der Univerſität in
Dienſten zu ſtehen, ſind folgende, die hier juriſtiſche Vorleſungen gehalten, bereits verſtorben: I) Friedrich Chri-
ſtopp Neubour, geb. 1682., war hier bey 20. Jahre
Königlicher Gerichtsſchulz, und gab nicht nur verſchiedene
Schriften heraus, ſondern hielt auch zuletzt juriſtiſche
Vorleſungen. † 1744. Aug. 4. (a);   II) Johann Andreas

(a) Neubours erſte Schriften ſind: 1) Les diffe-
rends des Ambaſſadeurs aux champs Eliſées, 1717.; 2)
L'oracle d'Avignon, 1717.; 3) Annotationes philolog. in nonnulla N. T. loca, in der Biblioth. Bremenſi
tom. I. 1718. p. 236-267.; 4) De exercitatione corporali ad 1. Tim. IV. 7. 8. eben daſ. tom. II. p. 113-130.;
5) De battologia ethnicorum in precationibus ad Matth.
VI. 7. eben daſ. p. 612-637.; 6) Eine Teutſche Ueberſetzung von Senecas Satyre auf den Tod und die Vergöt-
te-

†dreas Hanneſen, von Oſterode gebürtig, ward 1736. zu Göttingen Doctor, auch hernach Viceſyndicus beym Rathe. † 1751. Nov. 26. (b); III) Johann Julius Surland, von Hamburg, promovirte und docirte hier 1748., kam aber bald 1751. als prof. iur. nach Marburg, ſodann nach Frankfurt an der Oder. † 1758. †Febr. 23. (c); IV) ⚔Andreas Rudolf von Ramdohr, geb.

terung des Kayſers Claudius, mit Anmerk. Leipz. 1729.; 7) De arguta dictione N. T. nebſt mehreren Abhandlungen in den Actis eruditorum, 1729 ; 8) Probe einer vorhabenden teutſchen Ueberſetzung der Aeſopiſchen Fabeln, 1730.; 9) Jubel = Ode, 1730.; 10) Der Bürger; eine moraliſche Wochenſchrift, 1732. 1733. Hernach kamen ſeit Errichtung der Univerſität von ihm ferner zum Vorſchein: 11) Civil = Hiſtorie der Stadt Göttingen (S. oben §. 8. a); 12) Der Sammler, eine Wochenſchrift, 1736.; 13) Diſſ. inaug. de moralitate atque vtilitate legum ſumtuariarum, 1737 ; 14) Gemeinnützige Briefe, 1739.; 15) Minerva, ein Wochenblatt, 1741.; 16) Progr. Ecloga de ſtudiis liberalibus, ad pr. L. 1. de extraord. cognit. 1741. Siehe die Götting. gel. Zeit. 1744. p. 558.

(b) Hanneſens Schriften ſind: 1) 2) De teſtamenti accedente decennii lapſu facta reuocatione, ex L. 27. C. de teſtam. Diſſ. I. inaug. 1736., II. 1737.; 3) Lucubrationes circa doctrinam de computatione graduum, cum praef. Gebaueri, 1736. 4.; 4) Diſſ. de immodica laeſione eiusque probatione, in primis per teſtes caute inſtituenda, 1747.; 5) Epiſt. de gradibus academicis; 6) Opuſc. de non exſiſtentia legum diuinarum vniuerſalium; 7) Kleine Teutſche Schriften, 1748.; 8) Epiſt. de opinata ſenatus in cauſſa rerum ad ciuitatem pertinentium iudicantis recuſatione, 1749.; 9) Sendſchreiben vom academiſchen Degen; 10) Diſſ. de iurisdictione, 1750.; 11) Diſſertationes hebdomadales de iuſtitia et iure, 1751.

(c) Surlands Göttingiſche Schriften ſind: 1) Diſſ. inaug. de iure commerciorum in bello, 1748. Dec. 2) Diſſ. de ſeruitute in rempublicam reuocanda, 1749. 3) Grundſätze des Europäiſchen Seerechts, Hannover 1750 8.; Hernach ſind noch von ihm herausgekommen: 4) Diſſ. in delictis carnis non niſi confeſſum eſſe condemnandum, Marb.

geb. 1722. Mart. 4. ju Stade, studierte zu Göttingen, und promovirte, advocirte und las daselbst, starb aber frühzeitig (d).

Marb. 1751.; 5) Diss. de vero sensu art. 7. §. 2. capituL nouiss., Francof. ad Viadr. 1753.; 6) Grundsätze des Teutschen Staatsrechts, 1757. 8.

(d) Die Ramdohrische Inaugural-Dissertation war de toto iure per partialem vsum seruato, quo vsucapio libertatis et indiuidua seruitutum caussa illustratur, Goetting. 1753. Oct.

§. 42.

Von philosophischen Privat-Docenten sind meines Wissens nur zwen bisher mit Tode abgegaugen: I) Christoph Ludewig Obbarius, ein Thüringer, kam 1736. als Magister hieher, und ward 1739. Adjunct der philosophischen Facultät. Hernach ist er als Archidiaconus zu Heringen erst vor etlichen Jahren gestorben (a); II) Johann Christian Bröstädt, aus Breslau, hielt seit 1737. als Magister Vorlesungen, kam aber hernach von hier nach Lüneburg ans dortige Gymnasium (b).

(a) Vom M. Obbarius sind mir folgende Schriften vorgekommen: 1) Diss. an homines malum quatenus malum appetere, et bonum quatenus bonum auersari possint? 1736. Oct.; 2) Diss. de creatura gemebunda et de iis, qui habent primitias spiritus, ad Rom. VIII. 19-23., 1737.; 3) Diss. de temperamento Iohannis apostoli cholerico, 1738.; 4) Epist. de vera aetate Achasiae, regis Iudae, ad illustranda et concilianda loca 2. Reg. VIII. 26. et Paral. XXII. 2., 1737.; 5) Diss. pro loco (als Adjunct der philosophischen Facultat) de fine actionum Dei vltimo et vniuersali, 1739. Sept.; 6) De singularibus lapsus Adamitici et de protoplastis non per ἐθελοθρησκείαν lapsis, 1739.; 7) Diss. II. de fine actionum Dei, speciatim creationis, vltimo ac vniuersali, 1740.; 8) Diss. de ἀπαπολογίαν gentilium ad Rom. I. 10. 20., II. 14. 15., 1740.

(b) Vom M. Bröstädt weiß ich nur folgende Schriften: 1) Diss. de iusto matheseos pretio, 1737. Oct.; 2) Diss. coniectanea philologica de hymnopoeorum apud Ebraeos signo סלה dicto, quo initia carminum repetenda esse indicabant, 1739.

III. Ver-

III. Verzeichniß anderwärts beförderter, oder sonst abgegangener, noch lebender Göttingischer Lehrer, nebst ihren vornehmsten Lebens-Umständen und Schriften.

1) Anderwärts beförderte noch lebende *professores theologiae.*

§. 43.

Johann Friedrich Cotta (a), ward 1701. Mai. 12. zu Tübingen gebohren, wo er auch studierte, und nach einigem Aufenthalte zu Halle, Leipzig, Wittenberg und Jena, 1729. Professor wurde. Er that aber 1730-1733. noch weiter gelehrte Reisen in Teutschland, Holland, Engelland, Frankreich, und trat seine Stelle in Tübingen erst 1734. an (b). Von da kam er 1736. als prof. ord. linguar. orient. und prof. theol. extraord. nach Göttingen (c), gieng aber 1739. als prof. theol. ord.

(a) Götten gel. Eur. tom. 2. p. 421.

(b) Seine erste Schriften waren: Themata miscellanea ex iurisprudentia naturali, Tub. 1718.; Allerneueste Historie der theologischen Gelehrsamkeit auf das Jahr 1721. und 1722.; Exercitatio de origine Masorae punctorumque V. T. Hebraicorum, Tub. 1725.; De probabilismo morali, Ien. 1728.; De fallibili pontificis Rom. auctoritate, ex actis concilii Constantiensis, Lugd. Bat. 1732.

(c) Zu Göttingen schrieb er ferner Diss. aduersus nouam de codice Ebraico e Fl. Iosephi libris emendando hypothesin Whistonianam, 1736.; Progr. in Ioh. I. 11., 1736.; Obseruationum ad Gen. III. 22. specimen I. 1737., II. 1738., III. 1738.; Ecclesiae Romanae de attritione et

ord. nach Tübingen zurück, wo er diefe Stelle noch
jetzt bekleidet (war alfo zu Göttingen 3. Jahre 1736-
1739.).

et contritione contentionem ex dogmatum hiftoria breui-
ter delineatam, 1739.

§. 44.

Georg Henrich **Ribov** (a), geb. 1703. Febr. 8. zu
Lüchau, ftudierte 1720. zu Halle, gab feit 1722. zu Bremen Unterricht in der Philofophie und Mathematik. Und
nachdem er 1727. zu Wittenberg Magifter geworden;
fieng er zu Helmftädt an, Vorlefungen zu halten, und
ward darauf 1732. Prediger zu Quedlinburg (b). Von
da kam er 1736. als Superintendent und Prediger nach
Göttingen, wo er ferner 1739. prof. ord. philof., 1742.
prof. theol. extraord., 1745. im Apr. prof. theol. ord.
wurde (c), zuletzt aber 1759. als Confiftorial-Rath nach
Han-

(a) Strodtmann Gefch. jetztleb. Gel. part. 10. p. 371.

(b) Seine erfte Schriften find: 1) Wohlgemeynte War-
nung vor der Völlerey, Bremen 3. Octav-Bogen; 2) Erläuterung der vernünftigen Gedanken des Herrn Wolfens
von Gott, der Welt und der Seele des Menfchen rc. Frf.
und Lpz. 1726. 8.; 3) Diff. philofoph. de controuerfiis
eruditorum generatim confideratis, Helmft. 1727.; 4)
Hier. RORARII, quod animalia bruta faepe ratione melius vtantur homine, libri II. cum not. et diff. de anima
brutorum, Helmft. 1729. 8.; 5) Diff. de praecogno-
fcendis ontologiae, Helmft. 1731.; 6) Eine Parenta-
tion auf den Confift. R. Chr. Krüger zu Quedlinburg vom
wahren Alter.

(c) Seine Göttingifche Schriften find: 7) Diff. de iis,
in quibus Chriftum imitari nec pofsumus, nec par eft,
1737.; 8) Diff. de S. S. fenfu foecundo, 1738.; 9) In-
ftitutiones theologiae dogmaticae, methodo demonftratiua
traditae, 1740. 8.; 10) Gründlicher Beweis, daß die ge-
offen-

Hannover gieng, wo er diese Stelle noch jetzt bekleidet, (war also zu Göttingen 23. Jahre 1736-1759.).

offenbarte Religion nicht könne aus der Vernunft erwiesen werden, 1740.; 11) Diss. de omnipraesentia Dei, 1741.; 12) Progr. de praerogatiuis donorum extraordinariorum sub initium nascentis ecclesiae Christianae promissis, 1742; 13) Progr. de baptismo spiritus et ignis, 1744.; 14) Progr. de bello poenae, 1744.; 15) Progr. de apostolatu Iudaico, speciatim Paulino, 1745.; 16) Progr. de spiritu sancto aduocato Christi, 1746.; 17) Diss. de termino vaticiniorum V. T. vltimo, 1748.; 18) Progr. de spe meliorum temporum dubia, 1748.; 19) Progr. de occonomia patrum et methodo disputandi κατ' οικονομιαι, 1748.; 20) Gedächtnißrede auf den Abschied des seel. Hrn. Claproths, 1749.; 21) Progr. de impiorum resurrectione, 1750.; 22) Diss. de dissimulatione licita exemplis scripturae sacrae comprobata, 1751.; 23) Diss. de antiquitatibus iudaico-christianis, 1752.; 24) Diss. de superstitionis, qua differt ab idololatria, moralitate, 1752.; 25) Progr. de Christo primogenito ex mortuis, 1753.; 26) Progr. de adparitionibus Christi post adscensionem in coelum, 1754.; 27) Diss. de Christo redemtore, maxime Israelitarum, 1754.; 28) Progr. von der Verbesserung des Vermögens zu erkennen auf den niedrigen Schulen, 1754.; 29) Progr. de arte semper gaudendi ex resurrectione Christi haurienda, 1755.. 30) Vorrede zur 7ten Nachricht des Göttingischen Waysenhauses, von dem Rechte bedürftiger Waysen zu der Hülfe und Menschenliebe ihrer Mitmenschen, 1756.; 31) Progr. de initio muneris apostoli S. Pauli, 1756.; 32) Progr. Nonnulla de decalogo, 1756.; 33) Diss. de fortuna prouidentiae diuinae inimica aduersus clar. Premontvallum, 1757.; 34) Progr. de moralitate ατισιας, 1758.; 35) Vorrede zur 10ten Nachricht des Waysenhauses, 1758.; 36) Diss. de methodo, qua theologia moralis est tradenda, 1759.

§. 45.

Christian Ernst Simonetti (a), geb. 1700. Oct. 30. zu Berlin, kam von Quedlinburg, wo er seit 1733. als

zwey-

(a) Academischer Adreß-Calender 1761. 1762.

(b)

zweyter Prediger an der Nicolai-Kirche, und seit 1736. als Ober-Hofprediger und Consistorial-Rath, wie auch 1737. als Superintendent gestanden, im Jahr 1738 als prof. phil. ord. und zugleich als Prediger bey der Jacobs-Kirche nach Göttingen, wo er 1746. auch prof. theol. extraord. wurde (b). Hernach ward er 1749. zu Frankfurt an der Oder prof. theol. extraord. und Diaconus an der Marien-Kirche, wie auch 1754. Mitaufseher des dortigen Waysenhauses, und 1760. Archidiaconus. Zu Göttingen war er 10. Jahre 1738-1748.

(b) Im Jahr 1740. hat er an den hiesigen gelehrten Zeitungen gearbeitet. Seine übrige Göttingische Schriften sind; 1) Vernünftige Anweisung zur geistlichen Beredtsamkeit, 1742. 8.; 2) Sendschreiben an die Loge der Freymaurer in Berlin, 1744. 8.; 3) Der ehrliche Mann, 1745. 8.; 4) Der Character eines Geschichtschreibers, in dem Leben und aus den Schriften des Abts Claudius Fleury, 1746. 4.; 5) Claud. Fleury allgemeine Kirchengeschichte, übersetzt und mit einer Vorrede, tom. I. 1746. 4. 6) Progr. pasch. de salutari apperceptione virtutis resurrectionis Iesu Christi, 1747.; 7) Gedanken über die Lehren von der Unsterblichkeit und dem Schlafe der Seele, I. Theil 1747., II. 1748. 8.; 8) Der Character eines rechtschaffenen Theologen, 1747.

2) Anderwärts beförderte noch lebende *professores iuris.*

§. 46.

Henrich Christian Freyherr von **Senkenberg** (a), geb. 1704. Oct. 19. zu Frankfurt am Mayn, studierte seit 1719. zu Gieß

(a) Brvcker *pinacoth.* dec. 6.; Götten gel. Eur. tom. 2. p. 309., tom. 3. p. 810.; Weidlichs zuverl. Nachr. tom. 2. p. 87. sq.

(b)

Gießen, und seit 1726. zu Halle, wie auch 1728. zu Leipzig. Nachdem er 1729. zu Gießen die Doctorwürde erhalten, advocirte er anfangs zu Frankfurt, kam aber bald darauf im Nov. 1730. in Rheingräflich-Dhaunische Dienste, als erster Rath zu Dhaun (b). Von da kam er im Jul. 1735. als prof. iur. extraord. und Universitäts-Syndicus, wie auch Beysitzer der Juristen-Facultät nach Göttingen, wo er ferner 1736. prof. iur. ord. und Rath wurde (c). Jedoch im Jahr 1738. folgte er einem nach

Gieß

(b.) Seine erste Schriften waren: 1) Diss. de forma systematis imperii R. G. monarchico-democratica, sub praesid. Io. Fried. KAYSER, Giess. 1724.; 2) Diss. inaug. de iure et priuilegiis dotis illatorumque in concursu creditorum, in specie quoad mulieres Iudaeas, Giess. 1729.; 3) Melch. GOLDASTI scriptores rerum Alemannicarum, cum praef., Francof. 1730. fol. 4) Io. ZANGER de exceptionibus et quaestionibus; aliorumque de exceptionibus et replicationibus opuscula selecta, tom. I. cum praef. et diss. de natura inuentione et vsu exceptionum, Francof. 1730. 4.; tom. II. cum diss. de exceptione iuris Germanici, qua euocationes illicitae dicuntur, 1733. 4.; 5) Fabula iudicii Palatini in Caesarem, destructa rationibus, testimoniis historicis, vsu moderno, 1731. 4.; 6) Selecta iuris et historiarum, tum anecdota, tum iam edita, sed rariora, tom. I., cum praef. de scriptoribus rerum Francofurtensium, 1734.; tom. II. 1734.; tom. III. cum praef. bibliothecam historicam Hassiacam exhibente, 1735.; tom. IV. cum praef. de scriptoribus quibusdam Austriacis, 1738.; tom. V. 1739.; tom. VI. 1742.; 7) Ge. Adam STRVVII syntagma iuris feudalis, edit. XI. cum prodromo de iuris feudalis praecognitis et vsu ad mores Germaniae, Francf. 1734.; 8) Epist. de allodiorum et feudorum differentia, inuestitura simultanea, et nonnullis aliis iuris beneficialis capitibus, 1735.

(c) Seine Göttingische Schriften sind; 9) Progr. de ordine collegiorum iuris, hisque innectendo summorum imperii dicasteriorum processu; et iudici superiori propriam sententiam corrigere licere, 1735.; 10) Diss. de

testa-

Gießen erhaltenen Rufe, als Regierungs-Rath und prof.
iur. ord. Aber auch von hier gieng er im Jul. 1744. nach
Frankfurt am Mayn unter dem Character als Nassau-Ora-
ni-

testamenti publici origine et solennitatibus extrinsecis,
secundum Ius Romanum ac patrium, praecipue statutum
Francofurtense, Parte IV. Tit. 1. et 2., 1736. 11) Weitere Ausführung von gerichtlichen Testamenten bey denen
Teutschen; Auf Veranlassung eines Sendschreibens, so
gegen vorhergehende Dissertation in Frankfurt am Mayn
herausgekommen; 12) Diss. Primae lineae Condominii
pro indiuiso, siue Ganerbiatus, derer Gemein-Herr-
schaften, ad mores Germaniae hodiernos ductae; 13) Diss.
qua filiam vltimi gentis suae in regnis et principatibus
priuatiue succedere, ex genuinis fontibus deducitur, et
diplomatica appendice vlterius illustratur; 14) Obs. de
occasu inferioris Alsatiae Landgrauiorum, siue comitum
de Werde, in *parerg. Goetting.* lib. 2. pag. 101-123.;
15) Obs. de communibus decretis summorum imperii dicasteriorum, vulgo Gemeinen Bescheiden, *ibid.* p. 123-
135.; 16) Coniecturae de Günthero, Ligurini scriptore
supposititio, *ibid.* lib. 3. p. 149-167.; 17) Disquisitio
vlterior occasione successionis Hanoicae, de iure succe-
dendi proximioris feminae illustris prae remotiore, qua
Domino Cramero in se sine vlla causa loliginis succum
expromenti ex merito satisfacit (Darmst.) 1737.; 18)
Epistola ad Dominum D. Io. Iacob Zwirlein, qua ami-
citiam perennem testatur, et Domini Crameri nouissimas
in se directas plagulas excutit, simul autem, cur nihil
reponere velit, indicat, 1738.; 19) Franc. Frid. ab AND-
LER Iurisprudentia, qua publica, qua priuata, cum
praef. Frf. 1737. fol.; 20) Progr. quo textui difficili 2. Feud.
28. §. his consequenter, von Theilung derer Lebensfrüch-
te in dem Sterbejahre, genuinum intellectum restituere
aggreditur; 21) Anfangsgründe der alten, mittlern und
neuen Teutschen gemeinen Rechtsgelehrsamkeit; 22) *Iuris
feudalis primae lineae*, ex Germanicis et Longobardicis
fontibus deductae, ac vsui hodierno forensi accommodatae; Cum appendice monumentorum et formularum 8.;
23) Ohnumstößliche Rechtliche Auszüge derer Herren Grafen von Leiningen-Westerburg, mittelst welcher deutlich
zu Tage lieget, daß die Herren Grafen von Leiningen-Har-
ten-

F

nischer Geheimer Justizrath, und in ähnlicher Verbindung
mit mehreren Fürstlichen und Gräflichen Höfen, denen er
hier von Hause aus Dienste leistete (d). Endlich erhielt er
im

tenburg an weiland Landgraf Hessen zu Leiningen. im Jahr
1464. allschon erschienenen Verlassenschaft nichts zu suchen
haben, mithin der in dem Jahr 1618. beym Reichshofrath
angespannene noch fortwährende desfalsige Proceß ohnmög-
lich vor die Herren Klägere ausfallen könne; 24) Diss. de
probationis iniunctione in iudicio, 1738.; 25) Progr.
de ordine Institutionum, lege regia, dominio, ac quasi
dominio; 26) Diss. de grauamine in legitima, Romanis et Germanis vsitato; 27) Disquisitio, de feudis
Brunsuicensibus et Luneburgicis; 28) Diss. de clausu-
lae codicillaris inefficacia; 29) Nachlese von der gesamm-
ten Hand, absonderlich in den Landen Sächsischen Rechtens,
im Abriß vom Zustande der Gelehrs. tom. 1. p. 153-175.

(d) Seine fernere Schriften von seinem Aufenthalte zu
Giessen und Frankfurt sind: 30) Diss. de iuribus mulierum in rerum argumentis obtinentibus, Giess. 1738.;
31) Diss. de montibus pietatis, vulgo von Leybhäusern,
1739.; 32) Ricciardi de Antiquis, D. Mediolanensis,
Epistola, qua Hermanni Conradi F. Sinceri sententia de
vsu Iuris Feudalis Longobardici in Germaniae terris exponitur et trutinatur, 1738. rec. 1739.; 33) Diss. iudi-
cem controuersiae de reluitione oppignorati territorii ex-
cutiens, 1739.; 34) Diss. flores sparsi ad ius Austrega-
rum tam legalium, quam conuentionalium; 35) Schließ-
liche Einreden, welche noch deutlicher zeigen, daß in weiland Landgraf Hessen Antheil der Grafschaft Leiningen, die
näher gesippte Weibspersonen dem Mannsstamm vorgezogen werden müssen, solchemnach das Hochgräfliche Haus
Leiningen=Hartenburg mit dem Rechtskrieg gegen die Herren zu Westerburg, bey Ausgang der Sache von dem Ge-
richt ab, und zur Ruhe, auch nebst Vorbehalt der Wieder-
klage zu Ersetzung derer Unkosten, Schadens und Verlusts,
anzuweisen seyn; 36) Nochmalige Vorstellung einer Evangelischen Gemeinde zu Cronenburg gegen die Reichsgesetze
erlittenen Religions=Drangsalen, sammt Wiederlegung
desjenigen, was unter dem Namen der Churfürstl. Mayn-
zischen Regierung besagter Evangelischen Gemeinde Erzehlungen und Befugniß entgegen gestellet werden wollen.
Nebst

im Oct. 1745. eine Stelle im Kayſerlichen Reichshofrathe,
die er noch jetzo bekleidet; nachdem er inzwiſchen in Frey-
herren-Stand erhoben, auch als ein Mitglied der hieſigen
So-

Nebſt Anlagen von No. 1. bis 32.;   37) Kurze Geſchichts-
erzehlung, was es mit der von weyl. Hilmar, Jacob und
Levin Friedrich, Gebrüderen von Oberg, 1648. gegen die
Stadt Hildesheim angeſtellten Revocatorien-Klage, wegen
des Barenſtädtiſchen Zehenden vor eine Beſchaffenheit habe;
38) Corpus iuris feudalis Germanici.   Oder: Vollſtändige Sammlung derer Teutſchen gemeinen Lebens-Geſetze,
welche aus allen Teutſchen und Longobardiſchen Lehnrech-
ten, ſammt vielen Reichs-Urkunden beſtehet, 1740. 8.; 39)
Diſſ. Collatio auguſtiſſimi iudicii cameralis, et Franco-
furtani, horumque proceſſus tam iudicialis, quam extraiudicialis cum cauſis hoc vel illo pertractandis; 40)
Diſſ. cautelae circa actionem negatoriam; 41) *Meditationes ex vniuerſo iure et hiſtoria;* 42) Kurzgefaßte Einleitung zu der Lehre von denen Erb-Mannlehen; ſamt einigen angedruckten Urkunden, und einem Rechtlichen Bedenken der Gießiſchen Juriſtenfacultät; 43) Kurze Vorſtellung der Naſſauiſchen Befugniß in Rechtsſachen des
Freyherrn von der Hees gegen das Fürſtliche Haus Naſſau-
Siegen, die Erbfolge in das ehemalige Mannlehen-Gut
des Hauſes oder Schloſſes Lobe, ſo die ausgeſtorbene von
Seelbach, genannt Lobe, gehabt, betreffend; 44) Lim-
purgiſche Deduction contra Vohenſtein, Abelmannsfelden
betreffend; 45) Tractatio ſubitaria, qua ſyſtematis iuris
vniuerſi, et corporis iuris Germanici; nec non proxime
edendorum operum ac opuſculorum ſchemata deſignan-
tur, 1742.; 46) Progr. de iure Haſſorum priuato antiquo et hodierno.   Cum adiunctis eo ſpectantibus diplo-
maticis et ſtatutariis; 47) Diſſ. de iurisprudentia certa
methodo tractanda; 48) Diſſ. de fontibus iuris Romani
praetermiſſa ad Pomponium; 49) Diſſ. de ordinibus ex-
ercitus Germanici, vulgo: denen ſieben Heerſchilden;
50) Diſſ. de legibus gentis Bauaricae; 51) Diſſ. iuris
Germanici de ſeruorum conditione; 52) Diſſ. delectus
florum ex iuribus nobilitatis Germanicae, 1743.; 53)
Diſſ. de iure obſeruantiae ac conſuetudinis in cauſis publicis priuatiſue; 54) Diſſ. iura egreſſus e poteſtate parentum Germanica ac Romana; 55) Diſſ. ſelecta capita

de

Societät der Wissenschaften aufgenommen worden (e). Als Professor war er zu Göttingen nur 3. Jahre 1735-1738.

de historia et iurisdictione Augusti Cameralis Iudicii exhibens, 56) Semestrium liber vnicus decem fasciculis dissertationes ex omnibus iuris publici ac priuati materiis exhibentibus, et in vnum collectis constans. Vbi simul rerum monimenta anecdota passim exhibentur. Accedit praeter Indicem Appendix Anonymi, de ducatu Saxoniae; (hierinn sind vorbenannte Schriften Num. 45-54. gesammlet). 57) *Brachylogus Iuris Ciuilis*, siue; Corpus legum paulo post Iustinianum conscriptum, pandens totum iuris Iustinianei ambitum, cum notis perpetuis Ludouici Pesnoti, Pardulphi Prateji, et Nicolai Reusneri, cum praef. et sex appendicibus et indice gemino; 58) Diss. de restitutione in integrum aduersus sententias summorum imperii dicasteriorum remedio ordinario; 59) Ungrund des recursus ad comitia, ad caussam Freyenseen contra Laubach; 60) Rechtliches Bedenken, daß den Herrn Grafen von Witgenstein wegen ihrer Prätension auf die Grafschaft Sayn nondum plene liberato spolio et solutis expensis keine rechtliche Action gebühre, aber auch Churpfalz eben so wenig Befugniß habe, sich einiges possessorisches Recht anzumassen, 1744.; 61) Disquisitiones tres: De iudiciis principum, Palatini in caesarem, et recursu ad comitia. Quarum prior anonymi, et adoptiua est; Omnes praefando, augendo, aut delineando, recens perfectae, 1745.; 62) Sammlung von ungedruckt und raren Schriften I. und II. Th. 1745.; III. 1746; IV. 1751.; 63) Summarischer Begriff des Rechtsstreits in S. Leiningen-Hartenburg contra Leiningen-Westerburg, die Dignitäten der Grafschaft Leiningen betreffend, 1746.

(e) Die neueste Senkenbergische Schriften sind: 64) Neue und vollständigere Sammlung der Reichs-Abschiede, 1748.; 65) *Imperii Germanici ius ac possessio in Genua Ligustica*, 1751; 66) Vorrede vor Joh. Henr. Herm. Fries Abhandlung vom Pfeifergerichte, Frankf. 1752.; 67) Observatio de nomine et quibusdam ramis incognitis augustae gentis Guelficae, 1753.; 68) *Methodus iurisprudentiae*, ex propriis et peregrinis iuribus Germaniae receptae, aliquibus monimentis anecdotis illustrata, 1756.; 69) Gedanken von dem jederzeit lebhaften Gebrauch

, brauch des uralten Teutschen bürgerlichen und Staatsrech-
tes in denen nachherigen Reichsgesetzen und Gewohnheiten ꝛc.
1759.: 70) *Corpus iuris Germanici* publici ac priuati
hactenus ineditum. 1760.; 71) Abhandlung der wichtigen Lehre von der Kayserlichen höchsten Gerichtbarkeit in
Teutschland, 1760.; 72) Vorläufige Einleitung zu der
ganzen in Teutschland üblichen Rechtsgelehrsamkeit, Nördl.
1762.; (edit. II. 1764.); 73) *De iudicio camerali* hodierno, eiusque conditione, iudice, praesidibus, can-
cellaria obseruationes variae, 1764.

§. 47.

Gottfried Sellius (a), geb. zu Danzig, studierte zu
Marburg und Leiden, wo er Doctor ward, und verschiedene Schriften herausgab (b). Von da kam er 1735.
als professor iur. extraord. und assess. facult. nach Göttingen (c), aber auch schon 1736. von hier nach Halle als
Hofrath und prof. iur. ord., von da er bald darauf nach
Berlin gekommen, und endlich nach Holland zurückgegan-
gen ist (d); (war zu Göttingen nur 1. Jahr 1735.
1736.)

(a) Mosers Rechtsgel Lex. p. 241.

(b) Seine erste Schriften waren: 1) Diss. de imagi-
nario, quod scientiis adhaeret, in iurisprudentia dete-
gendo, Lugd. 1730.; 2) Historia naturalis teredinis, seu
xylophagi marini, tubulo-conchoidis, speciatim Belgici,
Vltrai. 1733.; 3) Vindiciae methodi, qua in elementis
iuris ciuilis vsus est I. G. Heineccius, Vltrai. 1734; 4)
Epist. ad I. W. Trier, Amst. 1735.

(c) Zu Göttingen schrieb er 5) Progr. ius naturae re-
liquorum, quae colimus, omnium perpetuum comitem
esse, 1735.

(d) Seine fernere Schriften sind: 6) Progr. de nominibus Romanorum brutisonis, Hal. 1737.; 7) *Le Cyrus
moderne, à la Haye* 1737.; 8) Physica experimentalis,
Hal. 1738.

§. 48.

§. 48.

Ludewig Martin **Kahle** (a), geb. 1712. Mai. 6. zu
Magdeburg, studierte seit 1729. zu Jena, und seit 1733.
zu Halle, wo er 1734. Magister, und 1735. Adjunct der
philosophischen Facultät ward, auch Vorlesungen hielt (b).
Nachdem er hierauf vom Herbste 1735. bis zum Febr.
1737. auf einer gelehrten Reise in Holland, Engelland
und Frankreich zugebracht; ward er um Ostern 1737.
prof. phil. extraord. und nach 5. Monathen prof. phil.
ord. zu Göttingen, wo er ferner 1744. doctor iuris, und
1747. prof. iur. extraord. wurde (c). Von Göttingen
gieng

(a) AVRER progr. de trutina verae et simulatae phi-
losophiae ICti; Chr. Ludw. Stolten Göttingische gelehrte
Nachrichten 1744. p. 246.; Strodtmanns Gesch. jetzleb.
Gel. part. 12. p. 174.; Weidlichs Nachr. von jetztlebenden
Rechtsg. tom. 1. p. 379.

(b) Seine erste Schriften sind: 1) Diss. de Lollardis
seculi XIV. testibus veritatis, sub praesid. Io. Ge. Walchii, Ien. 1732.; 2) Diss. an naturalis animae humanae
competat diuinandi facultas? sub praesid. Io. Ioach. Lan-
gii, Hal. 1734.; 3) Diss. de diuinatione; 4) Diss. de
decoro, 1735.; 5) *Elementa logicae probabilium*, 8.

(c) Seine Göttingische Schriften sind: 6) Progr. artes ingenuas vanas ac perniciosas esse sine vehementi et
adsidua animi ad philosophiam adplicatione, 1737.; 7)
Diss. de scholis prophetarum; 8) Abriß vom neuesten
Zustande der Gelehrsamkeit, II. Bände 1737-1744.; und
darinn insonderheit a) Philosophische Gedanken von der
Mahlerkunst tom. 1. p. 49.; b) Philosophischer Vorschlag
die Erlernung der Sprachen zu erleichtern, tom. 2. p. 25.;
c) Philos. Gedanken von der Poesie, tom. 2. p. 582.; 9)
Diss. de praecedentia gentium, 1738.; 10) Diss. antiquaria, qua annulus rarissimus et antiquissimus in Anglia adseruatus ex auctorum, numismatum et gemma-
rum monimentis explicatur, in *parergis Goetting.* lib. 4.
p. 92.; 11) Obs. περὶ οἴνου ἐσμυρνισμένου ad Marc. XV. 23.
ibid. p. 113.; 12) Epist. de editione rarissima indicis librorum prohibitorum et expurgatorum, data Oxonii prid.
Cal.

gieng er aber im Oct. 1750., als Hessen-Hanauischer Hofrath und Lehrer des Staatsrechts, nach Hanau zur damaligen Moserischen Staats-Academie; von da um Ostern
1751. als Hofrath und prof. iur. ord. nach Marburg;
von da endlich um Mich. 1753. als Cammergerichts-Rath
nach Berlin, wo er seitdem 1764. Geheimer Rath und
Justitiarius bey dem General-Finanz-Directorio geworden (d). (Er war zu Göttingen 13½ Jahr 1737-
1750).

Cal. Mai. 1736. *ibid.* p. 118.; 13) C. F v. Rees allgemeine
Regel der Rechenkunst, ins Teutsche übersetzt, und mit einer Vorrede von der Deutlichkeit der Mathematik, 1739.,
edit. II. 1743.; 14) *Bibliotheca philosophica Struuiana*
emendata, continuata et vltra dimidiam partem aucta,
1740.; 15) Vergleichung der Leibnitzischen und Newto-
nischen Metaphysik, (gegen die Schrift des Herrn von
Voltaire: *La Metaphysique de Newton & de Leibnitz,*
Amst. 1740.); 16) Diss. de iureiurando principis; 17)
Diss. de repressaliis; 18) Orat. de praerogatiua rationis
prae experientia, 1741.; 19) *Elementa iuris canonico-*
pontificio-ecclesiastici, tom. I. 1743., II. 1744.; 20) Diss.
inaug. de trutina Europae, vulgo: *Balance von Europa,*
praecipua belli et pacis norma, 1744.; 21) Car. Wilh.
Ern. de MÜNCHHAVSEN de originibus Romanorum,
cum praef.; 22) *Cinq dialogues faits à l'imitation des*
Anciens, par Orasius Tubero; nouvelle edition, augmen-
tée d'une Refutation de la philosophie sceptique, preserva-
tif contre le Pyrrhonisme; 23) *Corpus iuris publici S.*
I. R. G. tom. I. 1744.; II. 1745.; 24) Diss. de iustis re-
pressaliarum limitibus, tum a gentibus, tum a statibus
S. I. R. G. obseruandis, 1746.; 25) *Compendium ele-*
mentorum iuris canonici, 1747.; 26) Diss. de exceptione suspecti iudicis admisso in caussis iustitiae recursui ad
comitia non adhibenda, nec vlli statuum voto opponen-
da; 27) Diss. de natura et indole inuestiturae per birre-
tum, 1749.; 28) Commentatio de variis constituendi
feuda aduocatiae modis et iuribus praecipuis ex illis manantibus, tum in Germania generatim, tum iu terris
Brunsuico-Luneburgicis sigillatim, 1750.

(d) Seine fernere Schriften sind: 29) *Opuscula mino-*
ra (worinn die sub num. 16. 20. 24. 26. 27. 28. angeführte

Schrif-

Schriften entbalten), Francof. 1751. 4.;   30) Diff. de litis conteſtatione in auguſto camerae imperialis iudicio legibus S. I. R. G. tum antiquis tum hodiernis conuenienter congruenterque adhibenda, Marb. 1753.; 31) Progr. de erroribus tum iuris tum facti ex legibus Germanorum publicis et ſtilo curiae manantibus, 1753.; 32) Diff. ſelecta iuris Bremenſis ratione contractus emtionis venditionis, 1753.

§. 49.

Anton Ludewig **Seip** (a), geb. 1723. zu Pyrmont, ſtudierte zu Halle und Göttingen, wo er im October 1747. Doctor, und 1750. prof. iur. extraord., wie auch Benſitzer der Juriſten-Facultät wurde (b).   Von hier kam er 1752. erſt nach Roſtock, als Conſulent der Mecklenburgiſchen Ritterſchaft, hernach nach Strelitz, wo er noch jetzo als Geheimer Canzley-Rath ſtehet.   (Er war zu Göttingen als Profeſſor 3. Jahre 1750-1752).

(a) WAHL progr. ad ſollennia inaug. Ant. Lud. Seip, Goetting. 1747.

(b) Seine Göttingiſche Schriften ſind: 1) Epiſt. de lege perfecta et minus perfecta, ad L. 5. C. de legibus, 1747.; 2) Diff. inaug. de libertate ſtatuum prouincialium circa dotationem filiarum illuſtrium maxime appanagiatorum, 1747.; 3) Diff. de iure occupandi exuuias defunctorum, ſigillatim ex vtroque priuilegio Stadenſi; 1748.; 4) Diff. de vi legis in praeteritum iuſta, 1749.; 5) Diff. de ſtatu ruſticorum ex medii aeui rationibus caute diiudicando; 6) Diff. de ſubſtitutione exemplari, quoad deſcendentes mente capti haud conditionali; 7) Kurze Abhandlung von dem Unterſcheide der ehrenrührigen Strafen nach Römiſchen und Teutſchen Rechten, 1750.; 8) Progr. von dem Nutzen des beſondern Staatsrechts in der bürgerlichen Rechtsgelehrſamkeit, 1751.; 9) Diff. de ſucceſſione germanica pactitia haud reciproca; 10) Geprüfte Vorſchläge, wie ein angehender Rechtsgelehrter in Teutſchland ſeine Collegia nützlich einzurichten habe, 1752.; 11) Diff. de odio debitorum, creditorum vindicta et concurſu imminente, 1752.

3) An=

3) Anderwärts beförderte noch lebende *profeſſores medicinae.*

§. 50.

Albrecht von Haller (a), geb. 1708. Oct. 16. zu Bern, ſtudierte ſeit 1723. zu Tübingen, hernach unter Boerhave und Albinus zu Leiden, wo er nach einer in Nieder Teutſchland gethanen Reiſe 1726. Doctor ward. Hernach hielt er ſich eine Zeitlang zu London, desgleichen zu Paris, und 1728. bey Bernoulli zu Baſel auf, wo er zugleich eines kranken Lehrers Stelle in der Anatomie vertrat. Und nachdem er hierauf verſchiedene botaniſche Reiſen in der Schweiß angeſtellt, ward ihm 1734. zu Bern ein neu errichtetes anatomiſches Theater, wie auch die Aufſicht über die dortige öffentliche Bibliothek anvertrauet (b).

Er

(a) Brvcker *pinacoth.* dec. 4.; Börner von jetzleb. Aerzten tom. I. p. 172.; *Lettre à Mr.* * * * *celebre Medecin à Paris concernant Mr. de Haller,* im *Journal Helvetique* 1752. Nov. p. 478.; Joh. Ge. Zimmermanns Leben des Herrn von Haller, Zürich 1755. 8.

(b) Seine erſte Schriften ſind: 1) Experimenta dubia de ductu ſaliuali Coſchwitziano, Lugd. 1727.; 2) 3) Deſcriptio Androſaces Alpinae minimae, et Xeranthemi Valeſiani flore clauſo, im Commercio Norico 1731. p. 380. 395.; 4) Verſuch Schweitzeriſcher Gedichte, Bern 1732., (edit. II. Bern 1734., III. 1743., IV. Göttingen 1748., V. 1749., VI. VII. 1751., VIII. 1753., IX. 1762) ohne anderer Nachdrücke zu gedenken; (und Französisch: Poëſies de Mr. de Haller traduites par Mr. de T. Goett. 1750., Zuric 1750., 1752., Bern 1760.); 5) 6) Deſcriptio ſaxifragiae Alpinae Androſaces habitu, et Veronicae Alpinae Bugulae facie, im Commerc. Nor. 1732. p. 96. 300.; 7) Deſcr. Orch. Alp. etc. *ibid.* 1733. p. 20.; 8) Diſſ. de muſculis diaphragmatis, Bern. 1733.; 9.) Deſcr. Aſtragali Alpini ſpica ſpecioſa im Comm. Nor. 1734. p. 26.;

F 5 10)

Er folgte aber im Sept. 1736. dem nach Göttingen erhaltenen Rufe als zweyter prof. med. ord., da er denn ſeid dem nicht nur das hieſige anatomiſche Theater zu beſorgen hatte, ſondern auch 1739. den botaniſchen Garten anlegte, auch 1738. Königlicher Leibmedicus, 1743. Hofrath, und 1749. im Adelſtand erhoben wurde. Darneben ward er nach und nach von den Königlich Großbritanniſchen, Franzöſiſchen, Schwediſchen, Preuſſiſchen, Bononiſchen und Upſaliſchen Academien der Wiſſenſchaften, imgleichen von der Pariſiſchen Academie der Wundarzney, und von der Botaniſchen Geſellſchaft zu Florenz als ein Mitglied aufgenommen; und im Jahr 1751. ward er von der nach ſeinen Vorſchlägen von weyland König Georg dem II. errichteten Societät der Wiſſenſchaften zu Göttingen zum beſtändigen Präſidenten ernennet (c). Nachdem er inzwiſchen 1745. Apr.

10) Obſeruata in phtiſicis, *ibid.* p. 187.; 11) Deſcr. Veronicae Alpinae fruticeſcentis maioris, *ibid.* p. 243.; 12) Or. quod veteres eruditione antecellant modernos, Bern 1734.; 13) De ſoetu bicipite ad pectora connato, Tig. 1735.; 14) Deſcriptio peripneumoniae contagioſae, im Comm. Nor. 1735. p. 12.; 15) Deſcr. Orchidis petiolis caudatis, *ib.* p. 39.; 16) Deſcr. Stacheliniae, *ib.* p. 92.; 17) Obſeruationes anatomicae, *ibid.* pag. 107.; 18) De aortae deſcendentis ſitu, *ib.* p. 188.; 19) Hiſtoria conſtitutionis variolofae im Comm. Nor. 1736. p. 73; 20) Hiſtoria exomphali congeniti, *ib.* p. 75.; 21) Deſcr. Alchimillae minimae Alpinae muſcoſae, *ib.* p. 101.

(c) Seine Göttingiſche Schriften ſind: 22) De methodo ſtudii Botanici, 1736.; 23) Or. quod Hippocrates corpora humana ſecuerit, 1737.; 24) Diſſ. de vaſis cordis; 25) Diſſ. de motu ſanguinis per cor; 26) Progr. I. et II. de veronicis quibusdam Alpinis; 27) De pedicularibus Helueticis; 28) Progr. de valuula Euſtachii, 1738.; 29) Progr. de vulnere ſinus frontalis; 30) *Obſeruationes botanicae ex. itinere Hercynio;* 31) Progr. de allantoide humana, 1739; 32) Ex femina grauida obſeruationes; 33) De vaſis cordis obſeruationes iteratae; 34) Hermanni BOERHAAVE *praelectiones academicae* in
ſum

Apr. 16. eine Stelle im grossen Rathe zu Bern erlanget
hatte; so ließ er bey einer im März 1753. in sein Vaters
land angestellten Reise sich bewegen, die durch das Loos
ihm zugefallene Ammanns-Stelle zu Bern auf 4. Jahre
zu

suas inſtitutiones rei medicae, *cum Commentario*, tom I.
1739.; II. 1740.; III. 1741.; IV. 1743.; V. 1744. 1750.;
(Von dieſem Werke ſind die erſten Bände zu Göttingen das
zweytemal vermehrt gedruckt 1744. 1745.; Auch ſind Nachdrücke davon herausgekommen zu Turin 1742-1745.; zu
Venedig 1743-1745.; zu Altorf 1744. 1747.; ingleichen
eine Franzöſiſche Ueberſetzung par Mr. de la Mettrie, à Paris 1743-1747.); 35) Iter Helueticum anni 1739., 1740.;
36) Progr. ſtrena anatomica; 37) Diſſ. de ductu tho-
racico; 38) Progr. de diaphragmate, 1741.: 39) Progr.
Obſeruationes myologicae, 1742.; 40) Diſſ. duorum
monſtrorum anatome; 41) De ſele capite ſemibifido;
42) Progr. de valuula coli; 43) Progr. I. II. de omento;
44) *Enumeratio methodica ſtirpium Helueticarum*, vol. I.
II.; 45) De membrana pupillari, in ben Actis ſocietatis
regiae ſcient. Vpſalenſis, 1742. p. 74.; 46) Deſcriptio
Amethyſtinae plantae noui generis, eben daſelbſt p. 51.;
47) Diſſ. de vera nerui intercoſtalis origine, 1743.; 48)
Diſſ. de arteriis bronchialibus et oeſaphageis; 49) *Ico-*
num anatomicarum, faſciculus I. 1743., II. 1745., III.
1747., IV. 1749., V. 1751., VI. 1752., VII. 1754., VIII.
1755.; 50) *Enumeratio plantarum horti Gottingenſis*,
1743.; 51) Diſſ. de neruorum in arterias imperio, 1744.;
52) Flora Ienenſis C. H. Ruppii ex ſchedis M. S. et propriis obſeruationibus auctior; 53) Herm. BOERHAAVE
conſultationes medicae variis acceſſionibus auctae, Goett.
1744. 8., edit. II. auct. 1751.; nachgedruckt Paris 1748.
und Franzöſiſch 1749.; 54) Obſeruata contra Moehing.
im commercio Nor. 1744. p. 7.; 55) Progr. de ſoetu cerebro deſtituto, 1745.; 56) De generatione monſtrorum mechanica; 57) Progr. de viis ſeminis obſeruationes; 58) De allii genere naturali; 59) Vorrede zu Wein-
manns Kräuterbuch, Nürnb. 1745. fol.; 60) Hermanni
BOERHAAVE de morbis oculorum praelectiones, 1746.;
edit. II. auct. 1750.; nachgedruckt Venedig 1748.; Paris
1748.; Franzöſiſch Paris 1748.; Teutſch Nürnb. 1751. 8.;
61) De reſpiratione experimenta anatomica, pars I.
1746.;

zu übernehmen, nach deren Verlauf er ferner in Diensten
der Republik Bern Director der Salinen und Landvogt zu
Roches geworden.   Er hat aber seine Verbindung mit der
hiesigen Societät auch in Abwesenheit fortgesetzt, und man
hofft

1746.; II. 1747.;   62) *Disputationum anatomicarum se-*
lectiorum vol. I-VII. 1746-1751.;   63) Praef. ad historiam morborum Vratislauiensium, edit. nou., Lausanne
1746. 4.;   64) *Primae lineae physiologiae*, Goett. 1747.,
edit. II. auct. 1751. 8.; Französisch Paris 1752.; Englisch
London 1754.;   65) Progr. de foramine ouali et valuula
Eustachii, 1748.;   66) De membrana pupillari in den
Kongl. Swenska Wetenskaps Academiens Handlingar,
1748. p. 202.;   67) *Opuscula botanica* recusa et aucta,
1749.;   68) Progr. I. II. de rupto vtero;   69) Progr. de
gibbo;   70) Progr. de morbis ventriculi;   71) Progr.
de ossificatione praeternaturali, (Schwedisch in den *Kongl.*
Swenska Acad. Handl. 1749., Französisch im *Nouveau*
magazin François, Londr. 1750. 8.);   72) Progr. de
aortae et venae cauae grauioribus morbis;   73) Progr. de
calculis vesicae felleae;   74) Progr. de morbis pectoris;
75) Progr. de morbis quibusdam vteri;   76) Progr. de
herniis congenitis;   77) Vorrede zu den Werlhofischen
Gedichten, Hannover 1749. 8.;   78) De ossium indura-
tione in den *K. Swenska Wetensk. Acad. Handl.* 1750.
p. 12;   79) Vorrede zur Sammlung neuer und merkwür-
diger Reisen zu Wasser und zu Lande, Göttingen 1750. 8.;
80) Vorrede zur Buffonischen Naturgeschichte tom. I. 1750.;
II. 1752.;   81) H. BOERHAAVE praelectiones *de metho-*
do studii medici, cum peramplis commentariis, Amst. 1751.
II. vol. 4.;   82) Or. de vtilitate societatum et academiarum litterariarum, in den Comment. soc. scient. Goetting. tom. I.;   83) De hermaphroditis, et an dentur,
ibid.;   84) Obseruationes botanicae ex agro et horto
Goettingensi, *ib.*;   85) Experimenta de cordis motu a
stimulo nato, *ib.*;   86) Prüfung der Secte, die an allem
zweifelt, aus dem Französischen übersetzet, mit einer weitläuftigen Vorrede, 1751.;   87) *Opuscula anatomica* aucta et emendata; und darinn zuerst Experimenta anatomica in viuis canibus facta, und Or. de amoenitatibus
anatomiae; 88) *Lettre à Mr. Maupertuis, sur une bro-*
chure de Mr. de la M. avec la Reponse de Mr. de Mau-
per-

hofft, daß er felbft noch nach Göttingen zurückkommen, und dafelbft fowohl der Univerfität als der Gefellfchaft der Wiffenfchaften wieder perfönlich feine Dienfte widmen werde (d). Er war zu Göttingen 16½ Jahre 1736 + 1753.

pertuis; 89) De partibus corporis humani fenfibilibus et irritabilibus, in den comm. foc. fcient. Gotting: 1752.; (Franzöfifch Laufanne 1754. 8.; Schwedifch in den *Swenſka Acad. Handl.* 1753.; Teutfch Lpz. 1756.); 90) Defcriptiones plantarum, *ibid.*; 91) Progr. de morbis colli, 1753.; 92) Progr. de morbis vteri; 93) Progr. de renibus monftrofis; 94) Progr. de fabricis monftrofis; 95) Progr. de calculis felleis; 96) Progr. de induratis partibus corporis humani; 97) Progr. obferuationes herniarum; 98) *Enumeratio plantarum horti regii et agri Goettingenſis* (fo von obigen Num. 50 als ganz umgearbeitet und weit vollftändiger ganz unterfchieden); 99) Praef. ad L. H. Kleinii interpretem clinicum, Francof. 1738. 8.; 100) De motu fanguinis, in den comm. foc. fcient. Goetting. 1754.

(d) Nach feinem Abzuge von Göttingen find hauptfächlich noch folgende Werke von ihm zum Vorfchein gekommen: 101) *Diſputationum chirurgicarum* vol. I. II. Laufanne 1755.; 102) *Opuſcula pathologica, ib.* 1755. (worinn auch noch verfchiedene in den Englifchen Philofophical Transactions von ihm befindliche Obferuationes eingerückt find, als: de fteatomate ouarii, de fcirrho cerebelli, de venae cauae coalitu, de morbis vltimi fenii, de viis feminis); 103) Sammlung kleiner Schriften, Bern 1756. 8.; 104) *Diſputationes practicae ſelectae,* Laufanne, tom. I-IV. 1757., V. VI. 1758., VII. 1760.; 105) *Elementa phyſiologiae corporis humani,* Laufann. tom. I. 1758., II. 1760., III. 1761., IV. 1762., V. 1763.; 106) Authentifche Acten des neu errichteten Waifenhaufes zu Bern, Zürch 1758.; 107) Vorrede zum Röfelifchen Werke von den Fröfchen, Nürnb. 1758.; 108) Ad enumerationem ftirpiun Helueticarum emendationes et auctaria, Bern. tom. I. II. 1760. III. 1762.; 109) Orchidum claffis conftituta, Bafil. 1760.; 110) Enumeratio ftirpium, quae in Heluetia rariores proueniunt, 1762.; 111) *Opera minora,* tom. I. anatomica, ad partes corporis humani vitales, animales, naturales, Lauf. 1763.

§. 51.

§. 51.

Johann Andreas von **Segner** (a), geb. 1704. Oct. 9.
in Ungarn, studierte seit 1725. zu Jena, und ward daselbst 1730. Doct. med., und, nachdem er eine Zeitlang
zu Presburg practicirt, und zu Debreczin das Stadtphysi-
cat verwaltet hatte, gieng er um Ostern 1732. nach Jena
zurück, und ward daselbst im Sept. 1733. prof. phil. extraord. (b). Von da kam er um Mich. 1735. als prof.
ord. phys. et mathem. nach Göttingen, und erhielt hier
überdies hernach eine ordentliche Stelle in der medicinischen
Facultät, wie auch in der hiesigen Societät der Wissenschaften (c), bis er um Ostern 1755. den Ruf nach Halle
                                                        als

(a) Strodtmann jetztleb. Gel. part. 12. p. 329., und
neues gel. Eur. part. 5. p. 202.

(b) Seine erste Schriften sind: 1) Epist., qua regu-
lam Harriotti de modo ex aequationum signis numerum
radicum eas componentium cognoscendi demonstrare co-
natur, Ien. 1725.; 2) Diss. de natura et principiis medicinae, 1727.; 3) Diss. I. et II. de Syllogismo, 1732.
1734.; 4) Diss. de actione intestini coli, qua contenta
propellit, 1733.; 5) Progr. de mutationibus aeris a lu-
na pendentibus, 1733.

(c) Seine Göttingische Schriften sind: 6) Progr. de
pressionibus, quas fila corporibus certis circumducta et
vtrimque viribus aequalibus tracta in ea corpora exercent,
et lineis in eorum corporum superficiebus describendis,
quibus imposita eo modo fila quiescunt, 1735.; 7) Progr.
de spongia in aqua submersa, et subinde ad superiora ena-
tante; 8) Diss. περὶ τῶν σπερματικῶν ζωῶν, 1736.; 9)
Vom Bökel- und geräucherten Fleisch; 10) Progr. I. et II.
de fonte Plininano, 1737.; 11) Progr. quo aliqua de ef-
feruescentia salium expenduntur; 12) Diss. de caussa
grauitatis Redekeriana, 1738.; 13) Diss. de abortu;
14) *Elementa arithmeticae et geometriae*, 1739. (edit. II.
Hal. 1756.); 15) Progr. de aequandis thermometris
aereis; 16) Obseruationes quaedam et conclusiones circa calorem et frigus, maxime hiemis, 1740.; 17) *Spe-*
                                                    cimen

als Königlich Preußischer Geheimer Rath und erster Profeffor (nebst einem Preußischen Adelsbriefe) annahm, welche

cimen logicae vniuerfaliter demonftratae; 18) Progr. de
libra, qua fui quisque corporis pondus explorare poffit;
19) Progr. de raritate luminis; Inuitatio ad lectiones
philofophiae naturalis experimentalis publicas, 1741.;
20) Defenfio aduerfus cenfuram Berolinenfem ; Probationis loco eft crifis perpetua in duo capita geometriae
illuftris Wolfii; 21) Diff. de vomica pulmonis, 1741.;
22) Diff. de morbis ex interceptis haemorrhoidibus;
23) Sendschreiben an einen Freund, in welchem die Urfa-
chen angeführet werden, warum er denjenigen nicht ant-
worte, die bisher feine Crifin angefochten haben, 1742.;
24) Diff. de fenfibus in genere; 25) Progr. de nouo
barometro nauali, 1743.; 26) Progr. quo aliqua ignis
phaenomena explicantur; 27) Progr. de mutatione barometrorum a ventis; 28) Progr. de lucerna; 29) Diff.
de partu difficili; 30) De locando centro quietis libra-
rum; 31) Progr. de fonticulo natante, 1744.; 32)
Einleitung in die Naturlehre, 1746. (edit. II. 1754.);
33) Progr. de viribus motricibus theoremata generalia;
34) Fafciculus exercitationum hydraulicarum, (worinn
alle vorher einzeln herausgegebene hydraulifche Abhandlungen enthalten find) 1747.; 35) Nieuwentyts rechter
Gebrauch der Weltbetrachtung ins Teutfche überfetzt; 36)
Vorlefungen über die Rechenkunft und Geometrie zum
Gebrauche dererjenigen, welche fich in diesen Wiffenschaf-
ten durch eignen Fleiß üben wollen; 37) Diff. de mutationibus morborum; 38) Diff. de depofitionibus criticis;
39) Anweifung, die Sonnenfinsterniß vom 25. Jul. 1748.
vorzustellen, Gött. 1748.; 40) Vfus fcalarum logiftica-
rum, (eines von ihm erfundenen Werkzeuges, vermittelft
deffen die gemeinen und trigonometrifchen Rechnungen fehr
bequem können verrichtet werden) 1749.; 41) Progr. de
natura fluidorum quaedam theoremata, 1750.; 42) Progr.
de fuperficie fluidorum concaua; 43) Progr. de fuperficie fluidorum conuexa; 44) Progr. de machina hy-
draulica; 45) Commentatio de extendendo campo mi-
crometri, in den comm. foc. fcient. Goett. 1751.; 46)
De figuris fuperficierum fluidarum, *ibid.*; 47) Diff. de
ciborum digeftione, 1752.; 48) Diff. de colica fatur-
nina

che Stelle er noch jetzo bekleidet (d).   Er war zu Göttingen 19½ Jahr 1735 - 1755.

nina metallurgorum;   49) Diff. de praerogatiua medicamentorum fimplicium prae compofitis;   50) Diff. qua probatur prophylaxin morborum non effe peculiarem hygeaenes partem, 1753.;   51) De parallaxi reticuli aftronomici, in den comment. foc. Goett. 1752.;   52) Propofitiones medicae, 1753.;   53) Progr. Experimenta de cera, 1754.;   54) Diff. de acido pinguedinis animalis;   55) Progr. de principio parfimoniae;   56) Progr. Principium parfimoniae vniuerfaliter demonftratum, 1755.

(d) Zu Halle schrieb er ferner: 57) Elementa analyfeos finitorum, 1758. ꝛc.

§. 52.

Johann Jacob **Huber** (a), geb. 1707. Sept. 11. zu Basel, studierte zu Basel, Bern und Straßburg; und nachdem er 1733. zu Basel die medicinische Doctorwürde erlanget, that er 1735. eine gelehrte Reise nach Paris, und eine botanische Reise in der Schweitz nach dem Leuker-Bade im Walliser-Lande (b).   Im Jahr 1736. kam er als Prosector nach Göttingen, und nachdem er von hier aus 1738. eine nochmalige grosse botanische Reise über Basel, Zürch, durch ganz Graubünden, über die höchsten Gebürge bis nach Mayland, über den Comer-See, und von da wieder zurück über die Boromeischen Inseln, den Gotthardsberg, das Urseler Thal, die Albulam, an den Gletschern oder Eisbergen vorbey, über die Grünsel und andere Gebirge nach Bern, Basel, ꝛc. angestellt hatte, ward er 1739. prof. med. extraord. mit Beybehaltung der Prosector-Stel-

(a) Börner von jetztleb. Aerzten, tom. 1. p. 593.

(b) Seine erste Schriften waren: 1) Diff. inaug. de bile, Bafil. 1733.;   2.) Pofitiones anatomico - botanicae pro vacante cathedra anatomico - botanica defenfae.

(c)

Stelle (c), bis er 1742. nach Caſſel an das dortige collegium Carolinum als profeſſor anatomiae et chirurgiae
practicae berufen wurde, wo er noch jetzo zugleich als Hofrath und Leibmedicus ſtehet (d). Er iſt überdies auch
Markgräflich Baaden-Durlachiſcher Hof-Medicus, und
ein Mitglied der mediciniſchen Facultät zu Baſel, wie auch
der Römiſch Kayſerlichen Academie der Natur-Forſcher,
ſodann der Königlich Großbritanniſchen und Preuſſiſchen,
ingleichen der Helvetiſchen Geſellſchaften der Wiſſenſchaften.
Zu Göttingen war er 6. Jahre 1736-1742.

(c) Seine Göttingiſche Schriften ſind: 3) Progr. inaug. de medulla ſpinali, orationi de ſexu plantarum, qua
munus profeſſ. med. extraord. adiit, praemiſſum, 1739.;
4) Progr. de partu difficili ex prolapſu brachii, lectionibus de arte obſtetricia habendis praemiſſum, 1740.; 5)
Commentatio de medulla ſpinali, ſpeciatim de neruis ab
ea prouenientibus, 1741.; 6) Comm. de vaginae vteri
ſtructura rugoſa, nec non de hymene, 1742.; 7) Me-
dullae ſpinalis iconum ex infantibus trium circiter annorum ad viuum delineatarum, ingleichen Vteri muliebris
partiumque ad eum facientium praecipuarum iterata ex-
planatio, im erſten faſc. der Halleriſchen iconum.

(d) Zu Caſſel ſind ferner von ihm erſchienen: 8) Progr.
de miris vis externae ac inprimis imaginationis in mulieres grauidas indeque in embryones effectibus, 1743.;
9) Epiſtola de neruo intercoſtali deque neruis octaui et
noni paris et de acceſſorio, 1744.; 10) Progr. de fora-
minis oualis arterioſique canalis ſtructura et vſu, 1745.;
11) Cogitationes tumultuariae, de aëre atque electro
oeconomiae animali famulantibus et imperantibus, 1747.;
12) Progr. obſeruationes de monſtris, 1748.; 13) Obſeruationes nonnullae circa morbos nuperorum hic aliquot annorum epidemicos, per reciprocum aëris humani et at-
moſphaerici commercium illuſtratos, 1755.; 14) Inuitatio ad ſcholas ſuas publicas et priuatas cum animad-
uerſionibus nonnullis anatomicis, 1760.; 15) Eben
dergleichen 1763.

G   4) An-

4) Anderwärts beförderte oder ſonſt noch lebende *profeſſores philoſophiae.*

§. 53.

Wolf Balthaſar Adolf von **Steinwehr** (a), geb. 1704. Aug. 9. zu Deez bey Soldin in der Neumark, ward einer beſondern väterlichen Beſtimmung zufolge der Theologie gewidmet, die er ſeit 1722. zu Wittenberg ſtudierte, wo er 1725. Magiſter und 1728. der philoſopbiſchen Facultät Adjunct wurde. Nachdem er aber bald darauf von da nach Leipzig gegangen, und daſelbſt an den gelehrten Zeitungen gearbeitet (b); ſo kam er 1738. als prof. philoſ. extraord. nach Göttingen, und übernahm auch hier die Abfaſſung der gelehrten Zeitungen (c). Jedoch im Jahr 1741. kam er als Hofrath, prof. hiſt. et iuris nat. et gent., und Bibliothecarius nach Frankfurt an der Oder, wo er dieſe Stelle noch jetzt bekleidet, und überdies ein Mitglied der Academie der Wiſſenſchaften zu Berlin iſt (d). Zu Göttingen war er 3. Jahre 1738-1741.

(a) Academiſcher Adbreß-Calender 1761. 1762.

(b) Von ſeinen erſten Schriften ſind mir folgende vorgekommen: Diſſ. Theſium metaphyſicarum de perfectione decades duae, Vitemb. 1728.; Diſſ. de obligatione conſcientiae errantis, Lipſ. 1732.; Diſſ. pro loco, Argumenta quaedam recentiorum pro vnitate Dei modeſte expenſa, Lipſ. 1734.; Rede zum Andenken des Herrn Prof. Krauſens zu Wittenberg, in den Schriften der Leipziger Teutſchen Geſellſchaft tom. 3.; Ueberſetzung der Fontenelliſchen Briefe ꝛc.

(c) Zu Göttingen ſchrieb er: Von dem Nutzen, den ein gelehrter Teutſcher aus einer gelehrten Erkenntniß ſeiner Mutterſprache ſchöpfet, 1740., und eine Ueberſetzung des Anti-Machiavells.

(d) Von ſeinen Frankfurter Schriften ſind mir nur folgende bekannt: Progr. de vſu numismatum in hiſtoria Ger-

Germaniae antiqua, 1742.; Uebersetzung der Frau Mar-
quisin von Chastelet Naturlehre an ihren Sohn, 1743.;
Uebersetzung der Phystschen Abhandlungen der Königlich
Französtschen Academie der Wissenschaften, 1748.; Regiae in Polonia dignitatis origines commentatione histo-
rico-critica requisita, 1758.

§. 54.

Christian Ernst von **Windheim** (a), geb. 1722.
Oct. 29. zu Wernigerode, studierte zu Halle, und ward
daselbst im May 1745. Magister, hernach 1746. Adjunct
der philosophischen Facultät zu Helmstädt (b), und um
Mich. 1747. prof. philos. extraord. zu Göttingen (c).
Von hier kam er 1750. als prof. phil. et linguar. orient.
ord. nach Erlangen, wo er 1760. auch Vorsteher der Teutschen Gesellschaft geworden (d). Zu Göttingen war er
nur 3. Jahre 1747-1750.

(a) Academ. Addreß-Cal. 1761. 1762.

(b) Als seine erste Schriften weiß ich nur folgende anzugeben: 1) Obseruationes theologico-historicae ad Be-
nedicti XIV. Pontificis maximi nuperam ad Episcopum
Augustanum Epistolam, Helmst. 1747.; 2) Die Kunst
stets frölich zu seyn; ein freyer Auszug aus Ant. Alf. de
Sarasa arte semper gaudendi, 1747.

(c) Seine Göttingische Schriften sind: 3) Diss. de
obligatione in genere, 1748.; 4) Diss. II. de eodem et
diuerso; 5) Uebersetzung des Herrn Middletons Werke;
6) Uebersetzung des D. Patrik Delany Historischer Untersuchung des Lebens und der Regierung Davids des Königes
in Israel; 7) Diss. Examen argumentorum Platonis pro
immortalitate animae humanae; 8) Göttingische Philosophische Bibliothek, worinn Nachrichten von den neuesten
Schrifften der heutigen Weltweisen und andern Umständen
derselben, wie auch kurze Untersuchungen mitgetheilt werden, tom. I. Hannover 1749., II. III. 1750., IV. 1751.;
9) Diss. sylloge thesium philosophicarum, 1749.; 10)
Diss. conspectus thesium philosophicarum.

(d) Von seinen Erlangischen Schriften sind mir folgende vorgekommen: 11) Diss. Prosthesis ad rationes reuo-

cata,

cata, 1751.; 12) Uebersetzung und Prüfung der freyen Untersuchung von den Wundergaben in der christlichen Kirche nach dem Tode der Apostel, welche Conyer Middleton ans Licht gestellt hat; 13) Bemühungen der Weltweisen vom Jahr 1700. bis 1750. tom. I. II. Nürnb. 1752. III. IV. 1753.; 14) Diff. qua litterae epentheticae Hebraeorum ad rationem suam reuocantur, Erlang. 1753.; 15) Fragmenta historiae philosophicae siue commentarii philosophorum vitas et dogmata illustrantes, olim seorsim editi, nunc coniunctim recusi; 16) Richard Pocokes Beschreibung des Morgenlandes und einiger andern Länder. Aus dem Englischen übersetzt. tom. I. II. Erlangen 1754., III. 1755.; 17) Vorrede de Socinianismo Grotii zu des Herrn von Meyern Annotationibus Grotii in nouum testamentum, 1ter Theil, Erlang. 1755.; 18) Jacksons Chronologische Alterthümer der ältesten Königreiche. Aus dem Englischen übersetzt. Nürnberg 1ster Theil, 1756.

§. 55.

Georg Moritz Lowitz (a), geb. 1722. Febr. 17. zu Fürth bey Nürnberg, studierte zu Altdorf, und ward 1746. ein Mitglied der damals zuerst errichteten Cosmographischen Gesellschaft zu Nürnberg, wo er zugleich anfieng an neuen grossen Weltkugeln zu arbeiten, die damals im Namen gedachter Gesellschaft öffentlich angekündiget wurden. Er erhielt auch indessen 1751. die Stelle eines Professors der Physik und mathematischen Wissenschaften am Aegidischen auditorio zu Nürnberg, nebst der Aufsicht über das dortige Observatorium (b). Im Jahre 1755. ward er als
prof.

(a) Will Nürnb. Gel. Lex. tom. 1. p. 510. sq.

(b) Seine Nürnbergische Schriften sind: 1) Die verfinsterte Erdkugel, d. i. geographische Vorstellung der Sonnen- oder Erd-Finsterniß vom 25. Jul. 1748. in 2. Charten, nebst einer kurzen Erklärung ꝛc., 1748.; 2) Ankündigung einer bey Abendstunden zu haltenden Vorlesung über Segners Einleitung in die Naturlehre; 3) Vorstellung der Sonnenfinsterniß vom 8. Jan. 1750. auf einer Charte, 1749.; 4) Description complete ou second avertis-
se-

prof. phil. ord. nach Göttingen berufen, wo ihm hernach ferner die Stelle eines ausserordentlichen Mitglieds der Societät der Wissenschaften, wie auch die Aufsicht über das Observatorium aufgetragen ward, bis er zu Ende des Jahrs 1763. seine Dimißion genommen, nachdem er vorher schon seine Stelle in der Societät der Wissenschaften aufgegeben hatte, und also 8½ Jahr zu Göttingen Professor gewesen war 1755-1763. (c).

sement sur les grands globes terrestres & celestes; auxquels la Société Cosmographique établie à Nurmberg fait travailler actuellement, 1749.; 5) Auflösung einer astronomischen Aufgabe, bey der Abreise des Hrn. Tob. Mayers, 1751.; 6) Beschreibung eines Quadrantens, der zur Sternkunde und zu den Erdmessungen brauchbar ist, 1751.; 7) Rede über den wahren Nutzen, welchen das menschliche Geschlecht aus der höhern Mathematik ziehen kann, 1752.; 8) Troisieme avertissement sur les grands globes, où la Societé Cosmographique rend compte au public du retardement de cet ouvrage; 9) Nachricht an die Liebhaber der Natur, wegen einer anzustellenden Versammlung, darinnen die Eigenschaften und Wirkungen unserer Luft durch Versuche erläutert und bewiesen werden sollen, 1754.; 10) Sammlung der Versuche, wodurch sich die Eigenschaften der Luft begreiflich machen und ihre Wirkungen erklären, 1755.

(c) Zu Göttingen schrieb er 11) die richtige Verwandlung der scheinbaren Zeiten einer Penteluhr in die wahren Sonnen = Zeiten, für einen Anfänger der ausübenden Sternwissenschaft, Hörter 1755. 4.; ohne was noch in der Societät der Wissenschaften von ihm vorgekommen, als von Werkzeugen zu den Versuchen im Luftleeren Raume (Gött. gel. Anz. 1755. p. 1317.); von der Zeichnungs = Art, deren er sich bey Verfertigung der grossen Weltkugeln bedienet (Gött. gel. Anz. 1756. p. 913.); Von Integration einer bey vielerley besonders mechanischen Aufgaben oft vorkommenden Differential = Formel (G. G A. 1757. p. 361); Von Auflösung einer Aufgabe der practischen Feldmeßkunst mittelst deren Verbindung mit der theoretischen Geometrie und mit analytischen Rechnungen (G. G. A. 1757. pag. 1425.).

§. 56.

§. 56.

Gerhard von **Hemessen**, geb. 1722. Iul. 10. zu Bremen, studierte daselbst, und 1746. zu Leyden, sodann 1747. zu Duisburg, worauf er 1748. Hofprediger bey dem Fürsten von Schönaich-Carolath in Schlesien, und 1751., nach der den Reformirten zu Göttingen gestatteten Religions-Uebung, deren ersten Prediger und zugleich prof. phil. extraord., wie auch im Jahr 1754. Magister wurde. Er folgte aber von hier im Febr. 1755. einem erhaltenen Rufe als Prediger zu Aachen und Waals, wo er noch stehet, nachdem er zu Göttingen etwas über 3. Jahre gewesen war vom Dec. 1751. bis in Febr. 1755. (a).

(a) Seine Schriften sind: 1) Tentamen historico-exegeticum in epistolam apocalypticam ad Angelum ecclefiae Philadelphensis, Brem. 1746.; 2) Einweyhungs-Predigt über Esra 7, 27. 28., Gött. 1753., (ins Holländischen übersetzt, Rotterd. 1754.); 3) Zwey Predigten bey Gelegenheit der Erderschütterungen zu Lissabon und Aachen, Frankf. 1756.

§. 57.

August Benedict **Michaelis** (a), geb. 1725. Mart. 26. zu Halle, ein jüngerer Sohn des dortigen Prof. Christian Benedict Michaelis, studierte zu Halle, und ward daselbst Doctor iuris 1753. Um Mich. 1753. kam er als prof. phil. extraord. nach Göttingen, wo er 3. Jahre diese Stelle bekleidete 1753 - 1756. Er ist ein Mitglied der gelehrten Gesellschaft der Teutschen Benedictiner, wie auch der gelehrten Gesellschaft zu Duisburg, und hält sich seit einigen Jahren zu Altona auf (b).

(a) Acad. Addreß-Cal. 1756. Io. Tob. CARRACH progr. ad diff. inaug. de beneficio a latere.

(b) Seine Schriften sind: 1) Epist. de archicapellano Augustae, Hal. 1750.; 2) Nachricht von denen Grafen zu Rateburg, in der Berlinischen Bibliothek; 3) Sammlung

lung einiger die Stadt Ellrich in der Grafschaft Hohenstein betreffenden Nachrichten, Halle 1752.; 4) Vier ungedruckte Urkunden mit Anmerkungen, in Oetters historischer Bibliothek (1753.) part. 1. n. 6.; 5) *Diss. inaug.* de beneficio a latere, 1753.; 6) Progr. de historia litteraria historiae ciuilis Germaniae diligentius colenda, *Goetting.* 1754. ; 7) Iobi LVDOLFI et G. G. LEIBNITIE commercium epistolicum, Goett. 1755.; 8) Diplomatische Stiftshistorie von Lebus, Gött. 1756.; 9) Einleitung zu einer vollständigen Geschichte der chur- und fürstlichen Häuser in Teutschland, tom. I. (von Braunschweig-Lüneburg, Oesterreich, Brandenburg, Sachsen), Lemgo 1759.; tom. II. (von Pfalz, Bayern, Mecklenburg, Holstein), 1760.

§. 58.

Anton Friedrich **Büsching** (a), geb. 1724. Sept. 27. zu Stadthagen in der Grafschaft Schaumburg, genoß schon in seiner Vaterstadt sowohl in der Theologie, als in andern Wissenschaften und vorzüglich in der Geographie des Unterrichts des berühmten D. Eberh. Dav. Haubers, und studierte seit Ostern 1744. zu Halle, wo er 1747. Magister wurde, und anfieng Vorlesungen zu halten, auch Schriften herauszugeben. Wie ihn aber 1748. der Dänische Geheime Rath Rochus Friedrich Graf von Lynar zum Hofmeister seines ältesten Sohnes bestellte; so hielt er sich mit diesem erst einige Zeit bey dessen mütterlichen Großvater, Henrich dem XXIV. Grafen Reuß der jüngern Linie, zu Köstritz auf, bis vorgedachter Graf von Lynar im Dec. 1749. als Dänischer Gesandter nach Petersburg geschickt wurde, da er seinen Sohn und dessen Hofmeister mitnahm. Nachdem er also vom 7. Febr. bis den 4. Aug. 1750. zu Petersburg gewesen war; hielt er sich seitdem mit seinem Untergebenen zu Itzehoe, und seit dem Apr. 1752.

auf

(a) Des neuen gel. Eur. 15ter Theil (Wolfenb. 1760. 8.) p. 593. sq.

auf der Ritter=Academie zu Soroe auf. Jedoch im Oct. 1752. legte er seine bisherige Hofmeister=Stelle nieder, und begab sich zum D. Hauber nach Coppenhagen, in des sen Hause er die zwey ersten Bände seiner Erdbeschreibung ausarbeitete. Hernach gieng er im May 1754. wieder nach Halle, um daselbst von neuem Vorlesungen anzufan= gen, und seine Erdbeschreibung fortzusetzen (b). Er folgte aber dem bald darauf erhaltenen Rufe nach Göttin= gen als prof. phil. extraord. und Adjunct der theologischen Facultät, wo er sich im Aug. 1754. einfand, und seitdem den wichtigen Theil seiner Erdbeschreibung, der Teutsch= land, Holland, die Schweitz, und Schlesien enthält, aus= ar

(b) Seine erste Schriften sind: 1) Introductio in epi= stolam Pauli ad Philippenses cum praef. Sig. Iac. *Baum= garten*, Hal. 1746.; 2) S. J. Baumgartens theologi= sche Lehrsätze aus dem Lateinischen ins Teutsche übersetzet, 1747.; 3) Diss. de procrastinatione baptismi, apud ve= teres eiusque causis, sub praef. S. I. *Baumgarten*; 4) Diss. *inaug.* de docta librorum notitia sub praef. S. I. Lan= ge; 5) Gedanken von der merkwürdigen Probe der gött= lichen Vorsehung in beständiger Verschaffung geschickter Männer zur glücklichen Bestreitung der Freygeister, 1748.; 6) Von der Freude im Herrn, der Gläubigen Stärke; 7) Camp Vitringa Auslegung der Weissagung Jesaiä, aus dem Lateinischen zusammengezogen und mit Anmerkun= gen begleitet, I. Th. 1749., II. 1751.; 8) Vertheidigung der Harmonie der vier Evangelisten des Herrn D. Eberhard David Hauber, Lemgo 1749; 9) Kurzgefassete Staats= beschreibung der Herzogthümer Holstein und Schleßwig, Hamb. 1752.; 10) Was ist ein Christ? Hamb. 1753.; 11) Neue Erdbeschreibung, I. Th. von Dänemark, Schweden, Rußland, Preussen, Polen, Ungarn und der Eur. Türkey; II. von Portugall, Spanien, Frankreich, Italien und Großbritannien, 1754.; edit. II. 1756., III. 1758., IV. 1760. (übersetzt ins Englische, Lond. 1760.; Holländisch, Utr. 1761); 12) Einladungsschrift zu seiner Lehrstunde über die Staatsverfassung der vornehmsten Eu= ropäischen Reiche, Halle 1754.; 13) Diss. hist. geogr. vindicias septentrionis sistens.

(c)

arbeitete, auch 1759. prof. phil. ord. wurde (c). Je=
doch im Sommer 1761. gieng er von hier nach Petersburg,
wohin er als zweyter Prediger bey der dortigen Lutherischen
Gemeinde zur St. Peters=Kirche berufen ward, welche
Stelle er, nebst der ihm zugleich anvertraueten Dire=
ction der von ihm ganz neu eingerichteten Schule der Spra=
chen, Künste und Wissenschaften, noch jetzo bekleidet (d).
Zu Göttingen war er 7. Jahre 1754-1761.

(c) Seine Göttingische Schriften sind: 14) Allgemei=
ne Gedanken über die dunkelen und schweren Stellen der
heiligen Schrift mit einer Anzeige seiner Privat = und öf=
fentlichen Lehrstunden in dem bevorstehenden Winter, 1754.;
15) Nachrichten von dem Zustande der Wissenschaften und
Künste in den Königl. Dänischen Reichen und Ländern,
I. Band, II. 1756.; 16) Commentatio de vestigiis Lu=
theranismi in Hispania, 1755.; 17) Deutliche Erklärung
des kleinen Catechismus, welchen D. Luther geschrieben
hat, 1756.; 18) Diss. theol. inaug. exhibens epitomen
theologiae e solis sacris litteris concinnatae, et ab omni=
bus rebus et verbis scholasticis purgatae; hernach vermehrt
unter dem Titel: Epitome theologiae e solis sacris litteris
concinnatae, vna cum specimine theologiae problemati=
cae, 1757.; 19) Neue Erdbeschreibung III. Theil, von
Teutschland, 1757.; edit. II. 1759.; III. 1761.; 20) Gedan=
ken von der Beschaffenheit und dem Vorzug der biblisch=
dogmatischen Theologie vor der scholastischen, 1758.; 21)
Vorrede zu Joh. Gottfr. Hannsens Staatsbeschreibung des
Herzogthums Schleswig; 22) Vorbereitung zur gründ=
lichen und nützlichen Kenntniß der geographischen Beschaf=
fenheit und Staatsverfassung der Europäischen Reiche und
Republicken, edit. II. 1759.; III. 1761.; 23) Neue Erd=
beschreibung, IV. Theil, von den vereinigten Niederlanden,
der Eydgenossenschaft, Schlesien und Glatz, 1760.; edit.
II. 1762.; 24) Grundriß eines Unterrichtes, wie besonde=
re Lehrer und Hofmeister der Kinder und Jünglinge sich
pflichtmäßig, wohlanständig und klüglich verhalten müssen,
1760. (ins Dänische übersetzt 1760.).

(d) Seine neueste Schriften sind: 25) Auszug aus sei=
ner Erdbeschreibung, I. Th. 1762.; 26) Probe seiner
Verbindung, neuen Uebersetzung und Erläuterung der vier
Evangelisten; 27) Grundriß des Lebens Jesu des Hei=

lan=

landes der Welt, wie es von den vier Evangelisten beschrieben worden; 28) Nachricht von der neuen Schul-Anstalt, welche bey der evangelischen St. Peters-Kirche zu Petersburg den 1. Oct. 1762. eroffnet worden; nebst 2. Fortsetzungen von dieser Nachricht; 29) Trauer-Rede zum Andenken des Herrn Just Henr. Gebhardi, Lehrers der Schule der Sprachen, Künste und Wissenschaften ꝛc. 1763.; 30) Der St. Peters-Schule Andenken ihres grossen Wohlthäters, Henr. Chr. Stegelmanns ꝛc.; 31) Gelehrte Abhandlungen und Nachrichten aus und von Rußland; geliefert von der Schule der Sprachen, Künste und Wissenschaften bey der evangelischen St. Peterskirche zu St. Petersburg, und herausgegeben von deren Director A. F. B. 1764. f.

---

5) Anderwärts beförderte, ehemals hiesige Universitäts-Secretarien, und Privat-Docenten.

---

§. 59.

Als Universitäts-Secretarien, (mit welcher Stelle hier zugleich der Rang eines professoris extraordinarii verknüpft ist,) haben sich hier zugleich in Schriften und Vorlesungen hervorgethan: I) Johann Henrich Jung, der im Jahr 1746. und 1747. diese Stelle hier bekleidet, und seit 1762. zu Hannover Hofrath und Königlicher Bibliothecarius, wie auch des Durchlauchtigsten Gesammthauses Braunschweig-Lüneburg Historiographus ist (a); II) Cos

(a) Seine Schriften sind: 1) Tabula academica exhibens vrbes academiarum suarum celebritate ac nomine inclutas, Lugduni Batau. 1736., recusa auctior Gottingae 1741., ac rursus emendatior et nitidior Londini, 1749., denique eod. anno Gottingae, (welche letztere Ausgabe der Verfasser, wegen der vielen eingeschlichenen Druckfehler, in der Hamburg. Zeitung vom 28. Jenner 1750. verrufen lassen); 2) Diss. de conditione medicorum apud veteres Romanos, nec non ad Domit. Vlpiani fragmentum
ex

II) Eobald Totze, jetziger ordentlicher Lehrer der Geschichte zu Bützow (b).

ex libro VIII. de omnibus tribunalibus, (quod exstat in l. r. pr. et §§. 1-3. D. de extraord. cognit.) liber singularis, Osnabrugi 1739.; 3) Diss. de iure recipiendi Iudaeos, cum generatim tum speciatim in terris Brunsuico-Luneburgicis, habita sub praesidio G. H. Ayreri, Gott. 1741.; 4) *De iure salinarum*, tum veteri tum hodierno, liber singularis. Accedit Casp. Sagittarii Dissert. de originibus ac incrementis Sulciae Luneburgensis, recognita, aucta et continuata: nec non sylloge documentorum plurimam partem ineditorum pro Salina Luneburgensi, cum sigillis Impp. aeri incisis, Gott. 1743.; 5) Göttingische gelehrte Zeitungen vom 9. Sept. bis zu Ende des Jahrs 1743.; 6) Praef. ad T. I. *operum iuridic.* Io. Ortwini WESTENBERGII, Hanov. et Luneb. 1746.; 7) Praef. ad G. H. AVRERI *Opuscula* varii argumenti, T. I. Gott. 1746.; 8) Praef. de notis et siglis veterum Graecorum et Romanorum, ad I. L. WALTHERI *Lexicon diplomaticum*, subiuncta isagoge ad vsum huius Lexici, Gott. 1747. item Vlmae 1756. Ferner ist von ihm, theils unter seinem eigenen, theils mit Vorsetzung anderer Namen, herausgegeben: 9) Praef. ad P. VIRGILII Maronis *Opera* in aes incisa, sumtibus Henrici Iustice, armigeri angli, Rufforthii toparchae, Rotterd. 1756. (obgleich das Jahr auf dem Titelblate und sonst nicht vorkömmt); 10) Diss. de sanctitate iudiciorum ab Impp. Romanis partim restituta, partim labefactata, Traiecti ad Rhenum, 1759.; 11) Diss. de tutela feminarum, iisque ipsis tutricibus apud Romanos et Batauos, Harderoulci 1760.; 12) Verconius Thurinus, siue de poena sumi apud veteres, liber singularis, Rotterd. 1761.; 13) Diss. de Tito Imperatore, eiusque iurisprudentia, Traiecti ad Rhen. 1761.; 14) Diss. de pacto Obstagii cum generatim tum speciatim apud veteres Batauos, ibid. 1762.; 15) Diss. de Vespasiano Imperatore, eiusque iurisprudentia, Lugd. Batau. 1762.

(b) Dessen hiesige Schriften sind: 1) Ansons Reise um die Welt aus dem Englischen ins Teutsche übersetzt, 1749.; 2) Des Abts von St. Pierre Christliche Republik in Europa nach den Entwürfen Henrichs des IV., 1752.; 3) Allgemeine Geschichte der vereinigten Niederlande von den älteſten

testen bis auf gegenwärtige Zeiten, aus dem Holländischen übersetzt, 1756.; 4) Schottländische Briefe, oder merkwürdige Nachrichten von Schottland, und besonders dem Hochlande, aus dem Englischen übersetzt, 1760.; 5) Der wahre und erste Entdecker der neuen Welt, Christoph Colon, gegen die ungegründeten Ansprüche, welche Americus Vespucci und Martin Behaim auf diese Ehre machen, vertheidiget, 1761.

§. 60.

Die theologische Facultät hat bisher nur einen einigen Adjuncten gehabt, der nicht zugleich oder nachher eine öffentliche Lehrstelle hier bekleidet. Nehmlich Friedrich Benjamin Gaußsch, der als Prediger an der Lieben Frauenkirche von Leipzig hieher berufen ward, und anfangs als Magister philosophische Vorlesungen hielt, wurde 1759. zu gedachter Adjunctur, aber auch bald darauf als Superintendent nach Hoya befördert (a).

(a) Seine Schriften sind: 1) Diss. observationes de nexu logices cum reliquis partibus philosophiae, 1756.; 2) De methodo, qua theologia moralis est tradenda Diss. I. sub praesid. Ge. Henr. *Ribou.*, 1758.; II. pro licentia theol. 1759.

§. 61.

Von juristischen Privat-Docenten, die seitdem anderwärts befördert worden, sind folgende noch am Leben: I) Johann Georg Wernher, der seit Mich. 1739. hier Vorlesungen gehalten, bis er zu Anfange des Jahrs 1747. als Syndicus nach Eimbeck gekommen, wo er jetzt noch als Bürgermeister lebt (a); II) Jobst Johann Christoph Wris-

(a) D. Werners Schriften sind: 1) Diss. inaug. de reo actori ad edendum obligato, Goetting. 1739.; 2) Progr. de vero et genuino sensu regulae Catonianae, 1740; 3) Progr. de matrimonio propter adfinitatem indispensabi-

Wrisberg, der hier seit 1740. gelesen, bis er 1748. das Syndicat zu Osterode erhalten, wo er jetzo Bürgermeister ist (b); III) Jacob Gottlieb Sieber, der seit 1757. hier gelesen, und 1762. als Syndicus zu Goslar befördert worden (c).

bilem superuenientem nullo et rescindendo, 1740.; 4) Schediasma, quo L. 1. D. de vsu et vsufr. per legatum datis explicatur, 1745.; 5) Diss. de legato pecuniae, 1746.

(b) Von D. Wrisberg ist weiter nichts gedruckt, als seine Diss. inaug. de eo, quod iustum est circa autochiriam, Goetting. 1740.

(c) D. Siebers Schriften sind: 1) Comm. de nullitatis querela ex processus vitio orta, praesertim ad ius Brunsuico-Luneburgicum, Goetting. 1757.; 2) De contumaciae ante litis contestationem in caussis ciuilibus a reo commissae effectibus, praesertim ad ius Br. Luneb.; 3) Diss. inaug. an ex confirmatione hypothecae iudex ad id, quod interest, teneatur, 1758.; 4) Obseruationes de demonstratione in possessorio momentaneo, et de remediis contra sententias in caussis possessoriis quoad effectum suspensiuum haud admittendis, 1759.; 5) Progr. de conductore fundi spoliatore; 6) Die Nutzbarkeit der Erlernung des Cammergerichtlichen Processes aus verschiedenen Hof= und Gerichts=Ordnungen gezeiget, 1761.; 7) Versuch einer Anleitung zum gerichtlichen Proceß; 8) Abhandlung von der Nothwendigkeit, den Appellaten vor Abänderung des vorigen Erkenntnisses zu hören.

§. 62.

Von medicinischen Privat=Docenten, die hernach anderwärts befördert worden, ist mir keiner bekannt, als Simon Friedrich Linekogel, der seit Mich. 1736 hier dociret, und von hier als Berg=Medicus nach Clausthal gekommen (a).

(a) Seine Schriften sind: 1) Diss. inaug. de medicamentorum efficientia generatim determinanda, sub praesid. Ge. Gottl. Richteri, Goetting. 1736.; 2) Diss. de transspiratione foetus innocue impedita, 1737.

§. 63.

§. 63.

Als philosophische Privat = Docenten haben folgende jetzt anderwärts noch lebende Männer hier ehedem Vorlesungen gehalten, wovon die Zeit, die sie hier zugebracht, ungefähr aus denen von jedem anzuführenden hiesigen Schriften erhellen wird, als I) **Johann Friedrich Jacobi**, jetziger Consistorial = Rath zu Hannover, auch General = und Special = Superintendent im Fürstenthum Lüneburg Zellischen Theils (a); II) **Johann Christian Götze**, jetziger Prediger zu Elliehausen unter der Inspection Harste, im Fürstenthum Göttingen (b); III) **Franz Dominicus Häberlin**, jetziger Hofrath und ordentlicher Professor des Staats=

(a) Joh. Fr. Jacobi schrieb hier: 1) Diss. inaug. de vera caussa luminis borealis, sub praesidio Treueri, 1736. Mart.; 2) Diss. quo sensu detur et non detur ius naturae, 1737.; 3) Göttingische Nebenstunden; welche hernach, nachdem der Verfasser indessen von hier anfangs als Prediger nach Osterode gekommen war, unter dem Titel erschienen und fortgesetzt worden: Betrachtungen über die weisen Absichten Gottes bey den Dingen, die wir in der menschlichen Gesellschaft und in der Offenbarung antreffen, I. Theil 1741.; II. Theil 1745.; III. 1749.; Wozu demnächst weiter gekommen: 4) Die Unschuld Josephs des Erzvaters, Hannov. 1747.; 5) Sollte Gott auch wol verdienen, daß ein Mensch Achtung und Ehrerbietung für ihn hätte und selbige öffentlich an den Tag legte, 1750., 2te Aufl. 1759., 3te Auflage 1763.; 6) Gedanken über die herrschende Mode großmüthig zu sterben, 1752., 2te Aufl. 1757., 3te Auflage, 1763. 7) Sammlung einiger geistlichen Reden, 1757. 8) Versuch eines Beweises, eines in der menschlichen Seele von Natur liegenden Eindrucks von Gott und einem Leben nach dem Tode, 1763. 2ter Versuch, 1764.; 9) Vermischte Abhandlungen, 2. Sammlungen, 1764.; 10) Kurze Einleitung in die Christliche Glaubens = und Sittenlehre in Frage und Antwort, 1764.

(b) Von Joh. Chr. Götze weiß ich nur seine Diss. inaug. de exceptione propter collisionem legum rite instituenda, sub praesid. Ge. Henr. *Ribov*, Goetting. 1741.

(c)

Staatsrechts und der Geschichte zu Helmstädt (c);
IV)

(c) Franz Dom. Häberlin, geb. 1720. Ian. 31. zu Grim-
melsingen ohnweit Ulm, studierte seit 1739. zu Göttingen,
wo er 1742. Magister wurde, und nachdem er seit 1743. einen
Freyherrn von Forstner als Hofmeister hier geführt, ward
er ferner 1745. Adjunct der hiesigen philosophischen Facultät, und hielt von neuem, wie er schon 1742. angefangen
hatte, allhier historische Vorlesungen, bis er um Ostern
1746. nach Helmstädt berufen ward. Es waren schon, ehe er
nach Göttingen kam, verschiedene Schriften von ihm gedruckt,
als: 1) Diff. Historumena de scholis Latinis et Gymnasio Vlmanorum, Vlm 1737. sub praesid. Ant. Beck.;
2) Epist. ad Io. Dav. Koelerum, qua Io. Frid. de Baumann voluntarium imperii consortium inter Fridericum
Austriacum et Ludouicum Bauarum Augg. contra cuiusdam Mansueti Petropolitani obiectiones defenditur, et ad
eas respondetur, Suobaci, 1738.; 3) Catalogus bibliothecae Rayn. Kraft de Dellmensingen etc. Vlm. 1739.;
4) Notitia Codicum MSS. Bibliothecae Rayn. Kraftianae;
5) Index librorum ab inuenta typographia ad an. M. D.
excusorum in supplementum V. C. Maittairii Annal. ty-
pogr. cum adspersis obseruatiunculis, Vlm. 1740.
Darauf folgten sobann zu Göttingen ferner: 6) Diff.
de Antonio Albizio, Nobili Florentino, Card. Andreae ab Austria consiliario intimo, eius conuersione et
scriptis cum genealogicis, tum theologicis, Goett. 1740.
sub praesid. Iac. Wilh. Feuerlini; 7) Lycei Atheniensis
cum alma Georgia Augusta breuis instituta comparatio,
1741.; 8) Apologia diui Sigismundi Imp. contra iniu-
stas accusationes, eum datum a se Io. Husso saluum con-
ductum temere violasse, 1742.; 9) Diff. *inaug. philosoph.* Elogium Iohannis de Trocznowa, cognomento
Zisca, Argistrategi Taboritarum formidabilis, sub praes.
Io. Dav. Koeleri; 10) Diff. sistens vitam, itinera et
scripta Tr. Felicis Fabri, Monachi praedicatorii conuen-
tus Vlmani, ad illustrandam historiam patriam; 11) Leben Herrn Johann George Keyßlers, in den Götting. gel.
Zeit. 1743. p. 588. sq.; 12) Vollständiges Register der
denkwürdigsten Personen und Sachen, zu Gebauers Leben
und Thaten Kayser Richards, 1744.; 13) Diff. de familia Augusta Wilhelmi Conquestoris, Regis Angliae, di-
plo-

IV) Ernst August Bertling, jeßo Rector am gymnasio, prof. theol. und Prediger zu Danzig (d); V) Friedrich

Au=

plomatibus et optimis scriptoribus innixa, 1745.; 14) Anmerkungen über die in Joh. Carl Königs Select. iur. publ. nouiss. P. VIII. cap. 16. befindliche Erörterung der Frage: Ob die Krone Frankreich vor einen Erbfeind des Heil. Röm. Reichs zu achten sey? 15) Duae illustres quaestiones iuris publici, I) Num extraneus possit eligi in Imperatorem Romanorum? II) Num Franciscus Stephanus, Magnus Dux Hetruriae et Dux Lotharingiae etc. sit Princeps Germanus? aiendo discussae; 16) Diss. de dissidiis ex electione Lotharii Saxonis Imp. Germaniam turbantibus, et nata inde A. C. MCXXXIV. Vlmae per Henricum Magnanimum, Bauariae Ducem, euersione; 17) Unpartheyische Betrachtungen über das Betragen der Krone Frankreich gegen die Krone Großbritannien in Ansehung des Prätendentens; 18) Bequemer Göttingischer Univ. Schreib= und Hand=Calender auf das Jahr Christi 1746. Nebst einer historischen Nachricht von den Kayserl. Wahl=und Krönungs-Solennitäten, und dem jetzlebenden Göttingen; 19) Kurzer Entwurf der politischen Historie des XVIII. Jahrhunderts, enthaltend die Geschichte aller Europäischen Reiche und Staaten bis zu Ende des Jahrs 1745. zum Gebrauch academischer Vorlesungen verfertiget, 1746. S. übrigens Weidlichs zuverl. Nachr. von jetzleb. Rechtsgel. part. 1. p. 268. sq., wo zugleich die nachberigen Helmstädtischen Schriften verzeichnet zu finden sind.

(d) Ern. Aug. Bertling, geb. 1721. Dec. zu Osnabrück, studierte seit Ostern 1741. zu Jena und seit Mich. 1743. zu Göttingen, wo er 1744. im Sept. Magister, wie auch hernach Adjunct der philosophischen Facultät wurde, und Vorlesungen hielt, bis er 1748. von hier nach Helmstädt, und von da ferner 1753 als Rector und Prediger nach Danzig berufen worden. Bis dahin sind folgende Schriften von ihm herausgekommen: 1) Diss. de gradibus prohibitis secundum ius naturae sub praesid. Io. Ern. *Schubert*, Ien. 1743.; 2) Diss. *inaug.* de natura, Goetting. 1744.; 3) D.T. de iure parentum in liberos secundum leges cogentes, 1744.; 4) Betrachtung über den doppel=

pel=

Andreas Walther, jetziger Superintendent und Consisto-
rial-Assessor zu Hanau (e); VI) Johann Henrich Gottlob von **Justi,** der hier von 1755. bis 1757. als Oberpolizey-Commissarius, unter dem Character eines Berg-
raths, gestanden, und vermöge besonderer Concession zugleich academische Vorlesungen gehalten (f).

pelten Beweis des Cartesius von der Würklichkeit Gottes,
1745.; 5) Diss. de natura, siue tentaminis philosophiae
theoreticae vniuersalis specimen II.; 6) Ep. Defensio art.
VIII. Aug. Conf. contra quemdam neo-Donatistam, 1746.
(e) Fried. Andr. **Walther,** geb. zu Frankfurt am Mayn,
ein Sohn des dortigen Seniors, Henr. Andr. Walthers,
studierte zu Helmstädt, von da er 1747. als Magister nach
Göttingen kam. Hier ward er 1748. Adjunct der philosophischen Facultät, hielt Vorlesungen, und schrieb: 1) Diss.
de cultu Dei orali, Goetting. 1748.; 2) Progr. de nonnullis eruditorum vitiis, praesertim de Thrasonismo eorum, 1748.; 3) Henr. Andr. **Walthers** erste Gründe
der Weisheit und Tugend, mit Erläuterungen herausgegeben, 1749.; 4) Grundriß der natürlichen Theologie, 1750.;
5) Kurzgefaßte Erklärung der ersten Epistel Petri, mit
Mosheims Vorrede, 1750.; 6) Geschichte der Weltweisheit der alten Hebräer, I. Th. 1750; II. Th. 1751.; 7)
Progr. von dem Vorzuge der Christlichen Sittenlehre vor
der philosophischen, insonderheit in Ansehung der Bewe-
gungsgründe zur Tugend und Gottseeligkeit, 1752. In
eben diesem Jahre verließ er Göttingen, und ward Ober-
pfarrer zu Homburg vor der Höhe.
(f) Von den Justischen Schriften kann ich hier folgendes Verzeichniß liefern: 1) Deutsche Memoires, oder
Sammlung verschiedener Anmerkungen, viele merkwürdige
Sachen betreffend, welche im menschlichen Leben vorkom-
men, 2. Theile, Leipzig (Wien) 1741-1744; 2) Er-
götzungen der vernünftigen Seele aus der Sittenlehre und
Gelehrsamkeit überhaupt, 6. Bände, Leipz. 1745-1748.;
3) Nichtigkeit und Ungrund der Monaden, Halle 1748.;
4) Abhandlung von den Römischen Feldzügen in Teutschland, Leipz. 1748.; 5) Anmerkungen, die Staatsklugheit
und Kriegswesen zc. betreffend, 3. Theile, Wien 1750.;
6) Das entdeckte Geheimniß der neuen Sächsischen Far-
ben, Wien 1750.; 7) Abhandlung von dem Zusammenhang der Vollkommenheit der Sprachen und dem blühenden
Zustande der Wissenschaften, Wien 1750.; 8) Abhand-

lung von der Abtretung eines Reichslehns in dem Frieden, Wien 1751.; 9) Neue Wahrheiten, zum Vortheil der Naturkunde und des gesellschaftlichen Lebens der Menschen, 12. Stücke, Lpz. 1754.; 10) Gutachten von dem Zusammenhange und pract. Vortrage aller oeconom. und Cameralwissenschaften, Leipz.; 11) Staatswirthschaft, oder Grundsäße aller oeconomischen und Cameralwissenschaften, 2. Theile, Leipz. 1755., edit. II. 1758.; 12) Anweisung zu einer guten Teutschen Schreibart, Leipz. 1755., edit. II. 1758; 13) Entdeckte Ursachen von dem verderbten Münzwesen, Leipz. 1755.; 14) Abhandlung von den Mitteln der Erkäntniß in oeconomischen Wissenschaften, Göttingen 1-55.; 15) Göttingische Policey = Amts = Nachrichten vom Monat Jun. 1755. bis Jul. 1757.; 16) Grundsäße der Policey-Wissenschaft, 1756., edit. II. 1759.; 17) Grundriß des gesamten Mineralreichs, worinn alle Fossilien beschrieben werden, 1756.; 18) Der handelnde Adel, welchem der kriegerische Adel entgegen gesetzt wird, aus dem Franz. mit Anmerk. übersetzt; 19) Rechtliche Abhandlung von denen Ehen, die ungültig und nichtig sind (de matrimoniis putatiuis), Leipz. 1757.; 20) Die Chimäre des Gleichgewichts von Europa, 2. Theile, Altona 1758.; 21) Vollständige Abhandl. von den Manufacturen und Fabriken, 2. Theile, Copenh.; 22) Grundriß einer guten Regierung, Frf. 1759.; 23) Die Folgen der wahren und falschen Staatskunst, in der Geschichte des Psammitichus. Königs in Egypten, 2. Theile, Frf.; 24) Fortgesetzte Bemühungen zum Vortheil der Naturkunde, 3. Stücke Berl.; 25) Fabeln; 26) Die Natur und das Wesen der Staaten, als die Grundwissenschaft der Staatskunst, der Policey = und aller Regierungswiss., Berlin; 27) Ernsthafte und satyrische Schriften, 1759-1761., 3. Theile; 28) Chymische Schriften, 2. Theile, 1759. 1760. 29) Vorstellung der gesamten Policey = Wissenschaft, 2. Theile, Königsb. 1760. 1761; 30) Moralische und philosophische Schriften, 3. Th. Berl. 1760; 31) Historische und juristische Schriften, 2. Theile, Frankf.; 32) Oeconomische Schriften, 2. Theile, Berlin; 33) Politische und Finanz = Schriften, 3. Theile, Copenh. 1761-1764.; 34) Von der Macht und Glückseligkeit eines Staats, Ulm 1761.; 35) Manufacturen= und Fabriken=Reglements, Berlin 1762.; 36) Vergleichung der Europ. mit den Asiat. Regierungen; 37) Von Steuern und Abgaben, 1. Th. Königsb.; 38) Der Teutsche Patriot, Berlin; 39) Zwey Preisfragen der Churbayr. Academie, über den Ursprung der alten Herzoge in Bayern, Copenh. 1763.

IV.

IV. Verzeichniß der jeßigen Lehrer zu Göttingen nebst ihren Lebens=Umständen, Schriften und Vorlesungen.

A) Oeffentliche Lehrer, nach der Ordnung, wie sie im catalogo praelectionum angezeiget werden.

1) Ordentliche Lehrer der Gottesgelahrtheit.

§. 64.

Jacob Wilhelm **Feuerlein**, geb. 1689. Mart. 13. zu Nürnberg, studierte seit 1706. zu Altorf, seit 1710. zu Jena, wo er schon anfieng philosophische Vorlesungen anzustellen, die er 1712. zu Leipzig fortseßte. Im Jahr 1713. ward er zu Altorf Inspector alumnorum et oeconomiae; sodann 1715. eben daselbst Prof. ord. logicae et metaphys., und 1730. Doctor und Prof. ord. theol. Von Altorf kam er 1737. nach Göttingen, als professor theologiae primarius und General=Superintendent; wozu er 1746. noch die Würde eines Consistorial=Raths erhielt.

*I. Eine ausführliche Lebensbeschreibung findet sich 1) in APINI *vitis professorum philosophiae Altdorfinorum;* 2) in BRVCKER *pinacotheca* vol. 2. dec. 6. 1747.; 3) in Göttens Gel. Eur. 2tem Theil p. 433. sqq. 3tem Theil p. 821. sq.; 4) in den Beyträgen zur Hist. der Gelahrheit unserer Zeiten 5ten Theil p. 190. sqq.; 5) in Mosers Lexico der jeßtlebenden Theologen p. 203. 457.; 6) in Neubauers Fortseßung dieses Lexici p. 504. sqq.; und sonderlich 7) in Willens Nürnbergischen Gelehrten=Lexico, tom. I.

* II. Ehe er nach Göttingen gekommen, waren schon folgende Schriften von ihm gedruckt: 1) Diff. *inaug. philof.* de attentione, fub praefid. I. W. Bayeri, Altdorf. 1709.; 2) Diff. de dubitatione Cartefiana diftincta a fceptica et Ariftotelica, perniciofa tamen, Ienae 1711.; 3) Diff. de fufficiente quarum copia, argumento prouidentiae diuinae; 4) Diff. in quantum Cartefio atheismus atque fcepticismus poffint imputari, 1712; 5) Diff. de variis modis logicam tradendi, fpeciatim de logica fymbolica; 6) Diff. de logica hieroglyphica, Lipf.; 7) Sendschreiben von der gelehrten Fame zur Vertheidigung seiner 2 Diff. de dubitatione Cartefiana, Leipz. 1713.; 8) Medicina intellectus f. logica Buddei in thefes redacta, Altdorf. 1715.; 9) Regulae bene disputandi in tabulis, Norib.; 10) Progr. de logicis paradigmaticis theologicis, iuridicis, cet. Altd.; 11) Diff. de philofophia Adami (fictitia); 12) Diff. de eruditis fine praeceptore (αυτοδιδακτοις), 1716; 13) Obf. hift. crit. de Cebete in *Mifcell. Lipf.* Tom. IIL; 14) Diff. de Adami logica, metaphyfica, mathefi, philofophia practica et libris, Alt. 1717.; 15) Diff. de genuina ratione probandi a confenfu gentium exiftentiam Dei; 16) Obf. de paradoxis Socraticis: folam fcientiam effe bonum; et virtutes effe fcientias in *Mifcell. Lipf.* Tom. VI.; 17) Obf. de duobus Philippis eodem tempore profeff. Witeb. in *Mifcell. Lipf.* Tom. VII.; 18) Diff. de fpatio vacuo ideam Lockii examinans; 19) An exiftentia Dei fit veritas indemonftrabilis; 20) Diff. de proverbio: docendo difcimus, 1718.; 21) De polymathia philof.; 22) Diff. e iure nat. de obligatione pactorum metu iniufto extortorum; 23) De loquela hominis argumento exiftentiae et prouidentiae diuinae, 1719.; 24) De iure naturae Socratis; 25) Obf. metaph. fpecimen I. de authentia librorum Ariftot. Metaph., 1720.; 26) Progr. von der Sorge eines Regenten um die wahre Religion feiner Unterthanen an dem Exempel Georgii Margr. Brandeb.; 27) Thefes de veritate, 1721.; 28) De irritis conatibus Cartefii et aliorum conciliandi cum philofophia transfubftantiationem, 1723.; 29) De prudentia errantes convincendi ex hiftoria Socratis; 30) Oratio bey dem Antritt des Rectorats im Jahre 1723., *in* actis facrorum faecularium academiae Altorf.; 31) Obferuationes eclecticae ex controuerfiis de metaphyfica Leibnitio-Wolfiana Difpp. VII. acc. diff. logica de methodo mathematica. 1725. 1726.; 32) De regularum, quibus fcripta fuppo-

stitia et interpolata dignoscuntur, certitudine et vniuer-
salitate, 1726.; 33) Obs. litter. et critic. über Hulde-
rici epistolam de cleri coelibatu in den Fränkischen actis
eruditis 4ter Samml.; 34) Cursus philosophiae eclecticae XXXVII. Tabulis paulo plenioribus, 1727.; 35)
Ueber die Fränkische acta erudita hat er von der 8ten
Sammlung an auf Oberherrlichen Befehl die Direction
gehabt, und in der 13ten Samml den ersten Theil, in
der 22. Samml. den andern Theil seiner zur Historie der
Gelahrheit gehörigen Anmerkungen drucken lassen; 36)
De philosophematibus recognitionum Clementi Rom.
falso attributarum, 1728.; 37) De substantia contra errores nonnullos; 38) De montibus diuinitatis testibus
contra Lucretium et Burnetium, 1729.; 39) Synopsis
apologiae pro Taurello; 40) De Xenophane; 41) De
libertate mentis humanae et supremi numinis, 1730.;
42) Progr. inaug. theol. de scriba euangelico proferente
e thesauro suo noua et vetera Matth. XIII, 52.; 43) Diss.
inaug. theol. ad art. XVIII. Aug. Confess. de libero arbitrio, harmoniam eiusdem cum ratione etiam ostendens;
44) Diss. hist. Aug. Confessionis a corruptelis Varillasii
vindicata; 45) De Bernh. Nieuwentyt argumento pro
diuinitate Scripturae S. ex inuentis nouis physicis, quae
commemorari in ea existimat; 46) Diss. de variationi-
bus quibusdam theologorum pontificiorum in iudiciis de
Aug. Confess.; 47) Diss. de axiomate: ex nihilo nihil
fit, 1732.; 48) Diss. de ideis claris et obscuris, distinctis
et confusis, 1733.; 49) Die nützlichen und auserlesenen
Arbeiten der Gelehrten im Reich, wovon zu Nürnberg von
1733. bis 1736. sieben Stücke in Octav herausgekommen sind,
hat er nebst dem seel. Prof. Köhler und nebst dem seel. Prof.
Deinlin besorget, und dem dritten Stück den dritten Theil
seiner litterarischen Anmerkungen einverleibet; 50) Diss.
de verbo ברא (Barah) 1733.; 51) De aeternitate Dei,
omnem successionem excludente, 1734.; 52) Leonh.
ARETINI libellus de disputationum exercitationisque stu-
diorum vsu cum annot.; 53) Taurellus defensus h. e.
diss. apolog. pro Nic. Taurello Philosopho Altdorsino
atheismi et deismi iniuste accusato, et ipsius Taurelli Synopsis Aristotelis metaphysices cum annot. recusa; 54)
Diss. de abnegatione sui ad Matth. XVI, 24.; 55) Diss.
de libris hypognosticon, an ab Hincmaro, in Aug. Confessione et alibi recte tribuantur Augustino Hippon. 1735.;
56) Ein im Namen der Altorfischen Theol. Facultät 1735.

verfertigtes Responsum über die Wertheimische freye Ueber=
setzung der 5. Bücher Mosis, stehet in Christo in Mose, Nürnb.
1737. + ; 57) Diss. de legibus dininis circa euangelium
(de Euangelio), 1736. ; 58) Theses de Cornelio Cen-
turione ante concionem Petri, non Proselyto, sed Semi-
Christiano; 59) Diss. de vita et meritis Pauli Fagii.

* III. Seine fernere Göttingische Schriften sind: 60)
Progr. de concordia fidei et rationis, 1737. ; 61) Progr.
ad Matth. VII, 16. 17. de fructibus doctorum cum Biogr.
D. Crusii et D. Oporini; 62) Progr. de studio Scripturae
S. per doctoratum theologicum a prima inde origine sta-
bilito et propagato; 63) 64) Orationes 2. in actis in-
augur. Georgiae Augustae impressae, altera gratiarum
actio, altera de doctoratu Lutheri in promotione prima
doctorali theol. ; 65) Progr. Pentecost. de sententia
Irenaei de Spiritu S. 1738. ; 66) Diss. de iustitia Dei,
et iusta einsdem idea; 67) Diss. de Christo nouo legis-
latore, 1739. ; 68) Diss. de errore Augustini: solos fide-
les esse legitimos possessores rerum; 69) Progr. Natal.
de Christo nobis *ἐμφυτον* ad symbolum Chalcedonense;
70) Diss. de Ant. Albizio 1740. (so auch als ein Tractat
unter dem Namen des Resp. Autoris Fr. Dom. Häberlins
bekannt worden); 71) Diss. de confessione Augustana
eodem, quo exhibita fuit, anno 1530. septies impressa,
1741. ; 72) Progr. Pasch. de ieiunio antepaschali e Dyo-
nysio Alex. ; 73) Diss. de haeresi Pauli Samosateni e solis
fragmentis scriptorum ipsius, et testimoniis patrum An-
tiochinorum; 74) Diss. ad locum apologiae Aug. Confess. de iustificatione ex operibus; 75) A. A. Hochstet-
teri commentariolus de recta concionandi ratione, recu-
sus; 76) Obseruationes variae in Aug. Confessionis sin-
gulos articulos dispp. 28. a. 1742. 43. 44. cum praef. de
Lindani testimonio de originali exemplo Latinae Confessionis Augustanae in archiuo Bruxellensi; 77) Progr.
Pasch. de vi argumenti Athanasiani pro existentia animae
Christi contra Apollinaristas e resurrectione Christi, 1743;
78) Compendium theologiae symbolicae, (wovon 1744.
7. Bogen abgedruckt worden; die Fortsetzung aber, wegen
der Veränderung mit dem Verleger, unterblieben); 79)
Progr. Natal. de Christo extra Bethlehemum nato ad testimonium Iustini Martyris, 1744. ; 80) Nachricht von
Viri docti Anonymi iudicio de S. M. Ioanna Papissa restituta in der Hamb. vernünftigen Bibliothec 2ten Band
1744.

1744. p. 87. ſqq.   81) Nachricht von Joach. Urſino oder
Beringer in der Hamb. verm. Biblioth. 3ten Band;   82)
Fortſetzung dieſer Nachricht, und daß Vrſinus auch Salmoth
geheiſſen, im Brem= und Verdiſchen Hebopfer 5ten Bey=
trag p. 255. ſqq.;   83) Diſſ. ad Gen. III. 22. de Adamo
e ſola illa arbore adepturo cognitiouem boni et mali. 1745.;
84) Diſſ. de religione Ruthenorum hodierna;   85) Vorrede
von Lutheriſchen Catechiſmis vor Lutheri Catechiſmus zu J.
G. Frankens Poetiſcher Kindertheologie;   86) Compendium
theologiae dogmaticae acroamaticae, 1747;   87) Regulae praecipuae bonae diſputationis academicae;   88) Progr.
Pentec. de dono linguarum, pentecoſt. in apoſtolis, non
extra eos in aere vel auditoribus collocando ad locum
Gregorii Naz.;   89) Diſſ. epiſt. ad Card. Quirinum de
prima editione partis noui teſtamenti Graeci per Aldum
Manutium inter carmina Gregorii Nazianz. Venet. a. 1504.
curata, in den *Vicennalibus Brixienſ.* Goetting. 1748. 4.;
90) Diſſ. ſpecimen concordiae fidei et rationis in vindi-
ciis relig. chriſt. aduerſus Baelium fingentem, remp.
quae tota e veris chriſtianis eſt compoſita, conſeruare
ſe non poſſe;   91) Progr. in locum vexatum Clementis
Rom. de Danaidibus et Dirre cum biographia D. Freſenii,
1749.;   92) Progr. Paſch. de huius carnis reſurrectione
ad ſymbolum Aquileienſe;   93) Progr. ad verba Chry-
ſoſtomi et Oecumenſi, quibus Chriſtus αμαρτωλος et ϕοδεα
αμαρτωλος appellatur;   94) Progr. Natal. de noſtra ignorantia aeternae generationis Chriſti in locum Irenaei,
1750.;   95) Anmerkung von dem Ciſio Ianus in den Han=
növerſchen Gelehrten Anzeigen 1751. 19tes Stück;   96)
Schreiben von der erſten Ausgabe der locorum theologi-
corum und anderer Schriften Melanchthonis im Hamburgi=
ſchen Briefwechſel 1751. p. 769. ſqq.;   97) Diſſ. de Lutherana communione ſub vna;   98) Bibliotheca ſymbo-
lica euangelica Lutherana cum appendicibus ordinatio-
num et agendorum atque catechismorum ecclesiarum no-
ſtrarum, 1752.;   99) Wat Plattdüdſches. Ein olde
Breev 1513. Gelovens Bekentniſſe 1727. Anteking 94. ge=
drücketer Plattdüdſcher Böcker;   100) Diſſ. de acceptila-
tione iuridica ad ſacram redemtionis humanae doctrinam
variis modis applicata;   101) Progr. Paſch. ad locum
Origenis de Ieſu reſuſcitato ab hoſtibus etiam viſo, a ſo-
lis familiaribus recognito;   102) Progr. Pentec. de gratia Spiritus S. praeueniente ad verba Auguſtini, 1753.;
103) De corpore doctrinae in idea Hohenlolco, 1754.;

104)

104) Progr. Pentec. de gratia Spiritus S. operante ad dictum Clementis Alex.; 105) Diss. de formula consensus Lubecensi, 1755.; 106) Diss. Dei filium patri esse ομοσιον antiqui ecclesiae doctores in concilio Antiocheno vtrum negauerint? 107) Diss. ad 2. Cor. VI, 14. de prohibitione matrimonii cum infidelibus; 108) Progr. Natal. de B. V. Maria θεοτοκον in Socratis narrationem de Nestorio; 109 Progr. in testimonium Eusebii de ratione docendi theologiam in schola Alexandrina, cum biogr. D. Büschingii, 1756.; 110) Progr. Pasch. in sententiam patrum de Isaaco mactando sed non mactato typo mortis et resurrectionis Christi, 1757.; 111) Progr. Pentec. de vnione Spiritus S. cum vento et linguis igneis Pentecostalibus ad locum difficilem in corporibus doctrinae Wilhelmino et Iulio; 112) Vorrede zu Krohns Geschichte Melch. Hofmanns, 1758.; 113) Progr. Natal. de filio Dei suae humanae naturae conditore ad verba Zenonis Veronensis, 1759.; 114) Progr. Pasch. e Cyrillo Alex. an resurrectionem Christi descensus eius ad inferos antecesserit, an secutus fuerit? 1761.; 115) Progr. Pentec. de baptismo Spiritus et Ignis Matth. III, 11. et Hieronymi explicatione huius dicti, 1762.; 116) Progr. Natal. vindiciae mysterii magni, Deum factum esse hominem, e Cyrillo contra Iulianum Imp. 1763.; ohne seiner Vorreden zu verschiedenen Nachrichten vom hiesigen Waysenhause, ingleichen mehrerer Recensionen und Anmerkungen in verschiedenen gelehrten periodischen Schriften zu gedenken.

* IV. In seinen Vorlesungen pflegt er von einem halben Jahre zum andern, bald mit diesem, bald mit jenem Theile der theologischen Wissenschaften abzuwechseln, denen er ordentlicher Weise täglich 2. bis 3. Stunden widmet. Auf solche Art lieset er von Zeit zu Zeit über die Dogmatik, über die theologische Moral, über die Polemik, oder auch exegetisch über ein Stück des alten oder neuen Testaments, ingleichen über die symbolische Theologie, oder eine Einleitung in die theologische Encyclopädie, über die Kirchen-Historie; hält auch öfters ein Examinatorium, Disputatorium, ingleichen zuweilen ein Elaboratorium, da kurze Dissertationes über auserlesene besondere Materien verfasset und vorgelesen werden, darüber auch discurriret und disputiret wird u. s. f. Auch hat er manchmal noch die Philosophie hier docirt (so wie es auch der selige D. Buddeus in seinen letzten Jahren gethan) und zwar über seine philoso-

phi-

phiſche Tabellen, beſonders über die darinnen enthaltene hiſtoriam philoſophicam, logicam, und metaphyſicam eclecticam.

§. 65.

Chriſtian Wilhelm Franz Walch, geb. 1726. Dec. 25. zu Jena, ein Sohn des dortigen Kirchenraths und profeſſoris theologiae primarii, Joh. Ge. Walchs; ſtudierte zu Jena, ward daſelbſt 1745. Magiſter, und, nach dem er von einer gelehrten Reiſe durch Teutſchland, Holland, Frankreich, Schweiz und Italien, zurückgekommen, 1750. prof. phil. extraord. Hernach kam er 1754. als prof. phil. ord. nach Göttingen, und ward daſelbſt noch in eben dem Jahre prof. theol. extraord., ingleichen doctor theologiae; ſodann 1757. prof. theol. ord., und 1763. ordentliches Mitglied der Societät der Wiſſenſchaften in der hiſtoriſchen Claſſe.

*I. Sein Leben iſt beſchrieben: 1) in Chph. Aug. Heymann progr. *de haeretico Paulino in epiſt. ad Tit. I. 10.*; Goetting. 1754.; 2) in des neuen gel. Eur. 14. Th. (1759.) p. 455-473.; 3) in der Republyk der Geleerden, of Boekzaal van Europa, Mai und Jun. 1764. p. 538-557.

*II. Seine erſte Schriften ſind: 1) Antiquitates pallii philoſophici veterum Chriſtianorum, Ien. 1745.; 2) Diſſ. de Deo montano veterum Ebraeorum, 1746.; 3) Diſſ. de Ottone M. Italiae rege ac Romanorum imperatore; 4) Diſſ. de Felice, Iudaeae procuratore, 1747.; 5) Diſſ. de pietate Ludouici pii, 1748.; 6) Cenſura diplomatis, quod Ludouicus pius imp. Aug. Paſchali I. P. R. conceſſiſſe fertur, ſummo viro, Ludouico Ant. Muratorio inſcripta, et celeberrimo Patauinorum hiſtorico Antonio Sandino oppoſita. Accedit diploma ipſum, notatis lectionibus diuerſis, Lipſ. 1749.; 7) Entwurf der Staatsverfaſſung der vornehmſten Reiche und Völker in Europa, Jena; 8) Diſſ. de miſſis dominicis, pontificis Romani iudicibus; 9) Progr. de eruditione laicorum medii aeui, 1750.; 10) Hiſtoria canoniſationis Caroli M. variis obſeruationibus illuſtrata; accedunt chartae Friderici I. et

Ca-

Caroli IV. Imperatorum; nec non officium de S. Carolo;
anecdota item Tigurina; 11) Progr. Chriſtus ſolus ex
virgine natus; 12) Wahrhaftige Geſchichte der ſeligen
Fr. Catharina von Bora, D. Mart. Luthers Ehegattin,
wider Euſebii Engelhards Morgenſtern zu Wittenberg,
Halle 1751.; 2te Aufl. 1752.; 2ter Theil, Halle 1754.;
13) Diſſ. de Chlodovaeo Magno, ex rationibus politicis
chriſtiano, Ien. 1751.; 14) Diſſ. de vnctionibus conui-
ualibus veterum Ebraeorum; 15) Comm. de C. I. Cae-
ſare Germanorum virtute Romanorum domino, edita a
b. Menkenio miſcell. Lipſ. nou. vol. VIII. part. 2. p. 23.;
16) Antwortſchreiben an Herrn M. Otto Ludw. Königs-
mann, Paſtor zu Suderau in Stormarn, von der wahren
Bedeutung des Pauliniſchen φιλοτης 2. Tim. IV, 13., in dem
geſammleten Briefwechſel der Gelehrten; 17) Hiſtoria
patriarcharum Iudaeorum, quorum in libris iuris Romani fit mentio, 1752.; 18) Hiſtoria ſocietatis Latinae,
praemiſſa vol. I. actor. dictae ſocietatis; 19) Hiſtoria
Afranii Búrrhi, act. XXVIII, 16. commemorati; in eodem tom. actor. ſoc. Lat. edita p. 156.; 20) Oratio de
eloquentia Latina veterum Germanorum; 21) Progr.
Maria virgo non monialis; 22) Deutſche Reichshiſtorie, Halle 1753.; 23) Geſchichte der evangeliſchlutheri-
ſchen Religion, als ein Beweis, daß ſie die wahre ſey;
24) Hiſtoria ſocietatis latinae Ienenſis pars II. vol. II.
actor. praemiſſa; 25) Commentatio de ſenatore Romano medii aeui, fratri optimo, Car. Frid. Walchio gratu-
lationis cauſſa conſecrata.

*III. Seine fernere Göttingiſche Schriften ſind: 26)
Progr. de litteris electorum conſenſionis teſtibus, Goett.
1754.; 27) Orat. de Georgia Auguſta, prouidentiae diuinae teſte; 28) Commentatio de Maſſilienſibus trilin-
guibus, in act. ſoc. lat. vol. III. edita p. 115.; 29) Cri-
tiſche Hiſtorie desjenigen Schreibens, welches der Röm. K.
Ferdinand I. an den ſeligen D. M. Luthern ſoll geſchrieben
haben, in Rathlefs Theologen num. XII. et XVIII. 1754.;
30) Viri docti obſeruationes in Lactantium de M. P. in
Menkenii *miſcell. Lipſ.* vol. X. part. I. p. 119.; 31)
Diſſ. de Bonoſo haeretico; 32) Progr. de Luthero dis-
putatore; 33) Diſſ. *inaug. theol.* de obedientia Chriſti
actiua; 34) Hiſtoria Adoptianorum, 1755.; 35) Diſſ.
de teſtimonio Chriſti de ſe ipſo; 36) Diſſ. de liberis S.
R. I. ciuitatibus, a pace religioſa nunquam excluſis;
37)

37) Progr. Caroli M. de gratia septiformis spiritus disputatio; 38) Vorrede von der Frage: ob das Pfingſtfeſt der Juden alezeit ein Erndtefeſt; oder zugleich ein Geſetzfeſt geweſen? zu A. L. Müllers Erndtepredigten; 39) Entwurf einer vollſtändigen Hiſtorie der Römiſchen Päbſte, 1756.; (2te Aufl. 1758.; Engliſche Ueberſetzung, London 1759); 40) Gedanken von der Geſchichte der Glaubenslehre, 1756.; (2te Aufl. 1764.); 41) Diſſ. de consensu Christi et Pauli, a criminatione Bolingbrokii vindicato; 42) Diſſ. de Vigilantio, haeretico orthodoxo; 43) Progr. de conceptione Christi per auditum; 44) Compendium historiae ecclesiasticae recentissimae, 1757.; 45) I. G. WALCHII theologiae dogmaticae epitome tabulis analyticis expressa; 46) Monimenta medii aeui, vol. I. fasc. 1. 1757.; fascic. 2. 1758.; fasc. 3. 1759.; fasc. 4. 1760.; vol. II. fasc. 1. 1761.; fasc. 2. 1764.; 47) Obseruationes de Christo papa, 1757.; 48) I. G. WALCHII theologiae moralis epitome tabulis analyticis expressa, 1758.; 49) Diſſ. de pompis satanae; 50) Diſſ. de illuminatione apostolorum successiua; 51) Erläuterung der Schriftſtelle 1. Tim. IV, 13. in dem Gottesgelehrten Th. IV. St. 11.; 52) Progr. de verbis Christi rediuiui: pax vobis; 53) Vorrede von den Mißbräuchen in der Verbindung der Sittenlehre der Vernunft mit der chriſtlichen Moral, zu J. S. Müllers Sittenlehre Jeſu; 54) Progr. historia controuersiae seculi IX. de partu b. virginis; 55) Entwurf einer vollſtändigen Hiſtorie der Kirchenverſammlungen, 1759.; 56) Diſſ. de resurrectione carnis aduersus Sykesium; 57) Progr. de nomine serui Dei in monimentis christianis; 58) Progr. de consensu virtutis moralis et politicae, contra Heluetium; 59) Vorrede über 2. Cor. VIII, 12. 13. zur riten Nachricht vom Göttingiſchen Waiſenhaus; 60) Grundſätze der natürlichen Gottesgelahrtheit, 1760.; 61) I. G. WALCHII epitome theologiae polemicae tabulis analyticis expressa; 62) Progr. historia protopaschitarum; 63) Progr. obseruationes ecclesi. de traditione spiritus sancti, 1761.; 64) Entwurf einer vollſtändigen Hiſtorie der Ketzereyen, Spaltungen und Religionsſtreitigkeiten, 1ter Theil, 1762.; 2ter Th. 1764.; 65) Oratio solemnis, qua regi suo auguſtiſſimo de victoriis natoque filio gratulata eſt Georgia Augusta, 1762.; 66) Progr. illustrantur, quae angelus de nato εωτηϱι χϱιϛυ κυϱιω paſtoribus nuntiauit; 67) Vorrede von D. Luthers Mildthätigkeit zur 14ten Nachricht von dem Göttingiſchen

Wai-

Wayſenhauſe;   68) Oratio quum magiſtratum academicum deponeret, 1763.;   69) Progr. interpretatio ora-
culi domini de ſua vitam ponendi et reſumendi poteſtate,
1764.;   70) Breuiarium theologiae ſymbolicae eccleſiae
Lutheranae, 1765.

*IV. Er lieſet ordentlicher Weiſe im Sommer täglich
4., im Winter 3. Stunden, und zwar 1) alle Jahre um 8.
die Dogmatik, über ſeines Vaters Lehrbuch, ſo daß er im
Sommer deſſen erſte, im Winter die andere Hälfte zu Ende
bringet.   Desgleichen lieſet er 2) alle Jahre um 11. die
Kirchen = Hiſtorie des neuen Teſtaments bis zu Ende des
XVII. Jahrhunderts über ſein eignes Compendium, ſo daß
er im Sommer die älteren, im Winter die mittleren und
neueren Zeiten abhandelt.   Sodann lieſet er 3) wechſels-
weiſe die theologiſche Moral und 4) die Polemik, beyde
über ſeines Vaters Lehrbücher um 4., ſo daß die Moral in
einem halben Jahre abgehandelt wird, hernach die Polemik ein ganzes Jahr erfordert.   Ferner lieſet er 5) alle
zwey Jahre nach einander publice, im Sommer um 7.,
im Winter Mittwochs und Sonnabends um 8. und 9, a)
die natürliche Theologie, b) die ſymboliſche Theologie,
c) die Kirchen = Hiſtorie des XVIII. Jahrhunderts, alles
über ſeine eignen Bücher, und d) wenigſtens ein exegeti-
cum über einen oder mehrere Briefe Pauli, oder e) über
die Paſſions = Hiſtorie, wie auch f) über die chriſtlichen Alterthümer, nach eignen Grundſätzen; auch wohl dazwiſchen
g) priuatim die hiſtoriam litterariam theologiae, und
publice h) die hiſtoriam litterariam philoſophiae, i) die
hiſtoriam litterariam hiſtoriae eccleſiaſticae, k) das ius
publicum eccleſiaſticum, l) die theologiam caſuiſticam,
oder m) über einen Griechiſchen patrem, z. E. Iuſtini M.
Apologie ꝛc.   Endlich 6) lieſet er priuatiſſime, wenn es
verlanget wird, gemeiniglich um 3., examinatoria, auch
wohl mit ſelbigen verbundene disputatoria über die Dogmatik, oder was auſſer der Ordnung von denen bisher be-
nannten Vorleſungen begehret wird.

§. 66.

Paul Jacob **Förtſch**, geb. 1722. Nov. 17. zu Groß-
ſenhayn in Meiſſen, ſtudierte, nachdem er ſeit 1736. auf
der Churfürſtlich = Sächſiſchen Landſchule Pforta geweſen,
seit

seit 1742. zu Leipzig, und ward daselbst 1747. Magister,
und 1748. Catechete an der Peters-Kirche. Von da kam
er 1751. nach Göttingen als prof. phil. extraord. und Universitäts-Prediger; ward auch hier 1758. doctor theol.,
und prof. theol. extraord.; sodann 1761. prof. theol.
ord., und verwechselte endlich 1764. die Universitäts-Pre-
digers-Stelle mit der ihm aufgetragenen Göttingischen
Special-Superintendentur und dem Pastorate an der Jo-
hannis-Kirche.

*I. Seine Schriften sind: 1) Differtatiuncula de Op-
piano, Poeta Cilice, cum epistola ἀνκδότῳ Dauidis Peifferi
ad Rudolphum II. Imp. Oppiani venaticis latino carmine
ab illo redditis praemissa, Lipf. 1749.; 2) Abzugspre-
digt zu Leipzig und Anzugspredigt zu Göttingen gehalten,
Göttingen 1751.; 3) Progr. de praestantia argumentorum historicorum in probanda christianae religionis veritate; 4) Oratio aditialis de coniungendo cum theologia
philofophiae studio, 1756.; 5) Progr. de vsu pericopa-
rum euangelicarum et epistolicarum, in ecclesiis nostris,
ac difficultatibus, quae in tractatione illarum se offerunt,
1754.; 6) Sammlung von Predigten; 7) Anweisung
zum erbaulichen Predigen, 1757.; 8) Entwurf der catechetischen Theologie, 1758.; 9) Diff. inaug. theol. de
vnione fidelium cum Deo mystica; 10) Diff. de possibi-
litate reuelationis diuinae, 1759.; 11) Verschiedene zur
Kriegszeit gehaltene Casual-Predigten, 1757. 1759. 1760.;
12) Progr. Pentec. quo Ifaaci Watti dubitata de Spiritu S.
fub examen vocantur, 1759.; 13) Progr. Natal. ad verba hymni angelici: in terra pax., 1760.; 14) Progr.
Pasch. de noua mataeologia in suggestis sacris, 1762.;
15) Progr. Pentec. de ratione, quam inter se habent testimonium Spiritus S. internum et argumenta euangelii
veritatem vincentia, 1763.; 16) Progr. Pentec. de ἰυ-
λογίᾳ euangelii Christi, ad Rom. 15, 29., 1764.

*II. Seine gewöhnlichste Vorlesungen sind die, so man
im engern Verstande practisch-theologisch nennet; nehmlich
1) homiletische, worinn zum Predigen Anweisung gegeben
wird; 2) catechetische, worinn er theils die catechetischen
Wahrheiten bestimmt und erkläret, theils die Methode zu
Catechifiren zeiget; 3) noch besondere Uebungen in Prediger-Arbeiten, und 4) Pastoral-collegia. Darneben lieset
er

er aber auch 5) über die Dogmatik, 6) über die theologiſche Moral, 7) über die Hermeneutik, und 8) jährlich ein oder zwey exegetica über ein bibliſches Buch, oder auch über die Sonn=und Feſttäglichen Evangelien.

2) Ordentliche Lehrer der Rechte.

§. 67.

Georg Chriſtian **Gebauer**, geb. 1690. Oct. 26. zu Breslau; ſtudierte ſeit 1710. zu Leipzig, ſeit Oſtern 1713. zu Altorf, ſeit Mich. 1714. zu Halle, und ſeit dem May 1715. wieder zu Leipzig. Hier ward er 1717. Magiſter, und bald darauf ein Mitglied des collegii anthologici, ſo; dann 1721. Beyſiꞩer der philoſophiſchen Facultät; und, nachdem er 1723. zu Erfurt den Doctor=Hut erhalten, ferner 1727. prof. iur. ord., und. 1730. Beyſiꞩer des Oberhofgerichts zu Leipzig. Endlich kam er im Oct. 1734. als Hofrath und prof. iur. primarius nach Göttingen, und ward daſelbſt ferner 1747. geheimer Juſtiꞩ=Rath, und 1755. Ordinarius der Juriſten=Facultät. *F. 1773. Jan. 29.*

*I. Sein Leben iſt vorzüglich in folgenden Schriften beſchrieben worden: 1) in Göttens gel. Eur part. 1. pag. 547-557.; 2) in BRVCKER *pinacoth.* vol. 1. dec. 4.; 3) in Weidlichs Nachr. von jeꞩtleb. Rechtsgel. 2. Th. (Halle 1758.) p. 169-211.; 3) in Theoph. Chph. HARLES *vitis philologorum noſtra aetate clariſſimorum*, vol. I. (Brem. 1764. 8.) p. 47-73.

* II. Seine erſte und ferner zu Leipzig herausgegebene Schriften ſind: 1) Diſſ. de aqua calda, occaſione legis et gemmae, praeſide Euch. Gottl. Rink, Altorf. 1714. fol.; 2) Diſſ. de M. Agrippa, Lipſ. 1717.; 3) Diſſ. de Romulo, 1719.; 4) Diſſ. de Numa Pompilio; 5) Diſſ. de Tullo Hoſtilio, 1720.; 6) Diſſ. Iudithae, Auguſtae Franciae, elogium hiſtoricum; 7) Comm. de marmore Iſiaco in den actis eruditorum 1720. p. 365. ſq.;

8) De

8) De caldae et caldi apud veteres potu liber ſingularis, 1721. 8. ſo aus obiger Diſſ. n. 1. entſtanden; 9) Diſſ. de ſucceſſione inter ingenuos iure ſanguinis ab inteſtato ciuili, Erf. 1723.; 10) De iure reluendi per generalem conſenſum ſimultanee inueſtiti in alienationem feudi exſtincto, Lipſ. 1725.; 11) Diſſ. de eo, quod in iure dici poteſt vacuum; 12) Notae et paratitla ex iure iudiciario nouiſſimo electorali Saxonico ad Vlr. HVBERI prae-lectiones iuris ciuilis; 13) Diſſ. de actione tutelae aduerſus magiſtratus; 14) Diſſ. de imputatione facti alieni circa delicta, 1726.; 15) Progr. de feudorum origine, 1727.; 16) Or. de feudalis iurisprudentiae laudibus; 17) Notae ad Io. SCHILTERI inſtitutiones iuris feudalis, cum praef. de conſtitutione Conradi II. de expeditione Romana, 1728.; Edit. II. 1737.; III. 1751.; 18) Diſſ. de iurisdictione, 1729.; edit. II. auctior 1733.; 19) Hug. GROTII florum ſparſio ad ius Iuſtinianeum, cum praef. Halae 1729.; 20) Praef. ad Guſt. Ge. ZELTNERI hiſtoriam crypto-Socinianiſmi Altorfini arcanam; 21) Praef. ad Henr. Comitis de BÜNAV, Comm. de iure circa rem monetariam in Germania, 1730.; 22) Vorrede zu der neuen Auflage des Lohenſteiniſchen Arminius, 1731.; 23) Diſſ. de originibus feudi, qua vocem, qua rem, non externis, ſed germanicis, 1732.; 24) Gothofr. BARTHII, ICti, Diſſertationes iuridicae, cum not. et praef. Lipſ. et Gorl. 1733.; 25) Anthologicarum diſſertationum Liber, cum nonnullis adoptiuis, et breui Gelliani et anthologici collegiorum Lipſienſium, hiſtoria; 26) Grundriß zu einer umſtändlichen Hiſtorie der vornehmſten Europäiſchen Reiche und Staaten, Leipzig 1733., ed. II. 1738., III. 1749.

* III. Seine Göttingiſche Schriften ſind: 27) Progr. de comparatione litterarum ſtudioſorum cum militibus, Gotting. 1734.; 28) Promulſis de 400. annorum vſu, ob quem Ill. Dn. LVDEWIG, clericos in feuda ſuccedere non poſſe, opinatur, 1735.; 29) Praef. de agnatorum et cognatorum nominibus germanicis, Schwerdmagen et Spillmagen, praemiſſa I. Andr. HANNESENII lucubrationibus circa doctrinam de computatione graduum, 1736.; 30) Epiſt. ad Gesnerum de Plinii loco hiſt. nat. lib. 3. cap. 16., in den parerg. Goetting. lib. 2. p. 71.; 31) Progr. de origine teſtamentorum minime ex iure naturali repetenda; 32) Progr. de indole connubiorum apud

apud veteres Germanos.; 33) Progr. de vero artic. V.
§. 15. Pac. Westphal. sensu; 34) Orat. I. de laudibus
aduocatorum, et II. de legitimo honoris et virtutis con-
nubio; 35) Diss. de matrimonio cum auunculi vidua,
1737.; 36) Progr. Explicatio L. 4. D. de colleg. et
corp. opific.; 37) Progr. de differentia inter proconsu-
les et legatos caesaris; 38) Progr. de ceremoniarum natura atque iure; 39) Carmen in ipsis vniuersitatis Georgiae Augustae sacris inauguralibus summorum in iure honorum sex viris consultissimis tribuendorum caussa; 40)
M. Minutii Felicis pro se et statu suo epistola apologetica ad Friedericum Ottonem Menckenium, inserta nouis
actis eruditorum Lipsiensibus 1738. p. 210. sq.; 41) Diss.
de iustitia et iure, 1738.; 42) Diss. de hereto cito ob
inaequalitatem in melius reformando.; 43) Progr. de vita, fatis et scriptis Sigismundi L. B. ab Herberstein, et
de eius commentariis rerum Moscouiticarum, variisque
huius operis editionibus; 44) Progr. de Seruii Sulpitii
Rufi definitione tutelae L. 1. pr. de tutel. et §. 1, J. de
tutelis; 45) Progr. de exstantioribus exemplis principum, comitum, baronum ac nobilium, qui gradu I. V.
Doctoris se condecorari non dedignati sunt, 1741.;. 46)
Progr. de Germanorum matrimonio, ad cap. XVII. Taciti de mor. Germ.; 47) Progr. de alea et fide, ad Tac.
de mor. Germ. cap. XXIV.; 48) Progr. de poena viola-
ti matrimonii, ad Tac. de mor. Germ. cap. XIX., 1743.;
49) Progr. de supplicio adulterarum, ad Tac. de m. G.
cap. XIX.; 50) Leben und denkwürdige Thaten
Herrn Richards, erwählten Römischen Kaysers, Grafens
von Cornwall und Poitu, Leipz. 1744. 4.; 51) Diss. Titulus Digestorum, de optione vel electione legata, mul-
tifariam illustratus, Gott. 1747.: 52) Theses iuridicae,
1748.; 53) Singularia de priuilegiis, 1749.; 54) Diss.
II. de patria potestate, 1750. 1751.; 55) Anzeige zu der
vor kurzem entstandenen Frage: was vor einem Herzog
Heinrich von Lüneburg das in der Capelle U. L. F. zu Alt-
Detting in Bayern verlobte silberne Schiff zuzueignen sey?
(anon.) Frf. u. Lpz. 1751. 4.; 56) Diss. de iure corporis
euangelici valide intercedendi mutationibus status anni
decretorii, 1752.; 57) *Ordo Institutionum Iustinianearum* breuibus positionibus comprehensus, et in vsum auditorii vulgatus, cum sex excursibus; 58) Progr. de re-
gio apud Germanos nomine, ad Tac. Germ. cap. VII.
1753.; 59) Progr. de regia apud Germanos potestate,

ad

ad Tac. Germ. cap. VII.; 60) Progr. de regia apud Germanos fucceſſione, ad T. G. c. VII.; 61) Progr. de comitiis veterum Germanorum, ad Tac. G. c. XI., 1754.; 62) Progr. de nobilitate veterum Germanorum, ad Tac. G. c. VII.; 63) Progr. de iudiciis veterum Germanorum, ad Tac. Germ. c. XII.; 64) Progr. de comitatu principum Germanicorum, ad Tac. G. c. XIII. et XIV.; 65) Progr. de iure fucceſſionum apud veteres Germanos, ad Tac. G. c. XX.; 66) Progr. de patria poteſtate veterum Germanorum, ad Tac. G. c. XX. et XIII., 1755.; 67) Progr. de dominica poteſtate veterum Germanorum, ad Tac. G. cap. XXV., 1757.; 68) Portugieſiſche Geſchichte, oder Erläuterungen des 1ten Capitels ſeines Grundriſſes der Hiſtorie, 1759; 69) Progr. de re iudiciaria militari veterum Germanorum ad Tac. Germ. c. 7. C. 14. 1760.; 70) Diſſ. iuris Germanici vetuſtiſſimi veſtigia duo de libertinitate et de iudiciis capitalibus veterum Germanorum; 71) Progr. de iudiciis non capitalibus veterum Germanorum, 1763.; 72) Narratio de Henrico Brenkmanno, de manuſcriptis Brenkmannianis, de ſuis in corpore inris ciuilis conatibus et laboribus; accedunt mantiſſa de libro longe rariſſimo bibliotheca Antonii Auguſtini, et vita Henrici Newtoni, 1764.

* IV. Der Inhalt dieſer letztern Schrifft betrifft einen ſo wichtigen Gegenſtand, daß es der Mühe werth ſeyn wird, das weſentlichſte davon aus den Göttingiſchen gelehrten Anzeigen 1748. p. 1065., und 1764. p. 585. hieher zu wiederholen. Nehmlich Henrich Brenkmann, der zu Rotterdam gebohren war, zu Leiden unter dem berühmten Noodt ſtudieret und 1705. promoviret hatte, war Willens die Pandecten wieder in ihre urſprüngliche Ordnung zu bringen, wovon er auch ein Muſter in ſeinem Alfeno Varo an das Licht treten laſſen. Als aber der berühmte Profeſſor Vitriarius ihm den Vorſchlag that, weil man die bekannte Ausgabe der Florentiniſchen Pandecten einer Unvollkommenheit, und deren auctores die Taurellios, Vater und Sohn, eines groſſen Unfleiſſes beſchuldigen wollen, daß er dieſes groſſe Werk unternehmen, und die litteram Florentinam mittelſt deren nochmaliger genauen Zuſammenhaltung mit der editione Taurelliana in vollkommene Richtigkeit ſetzen möchte; ließ er ſich ſolches gefallen, that im Jahr 1709. eine Reiſe nach Italien, um dieſe uralte Handſchrift mit dem, was die Taurellii uns zu ihrer Zeit gegeben, zu ver-

vergleichen, folglich von diesem unersetzlichen, und je länger je mehr der Verwesung sich unvermeidlich nähernden Schatze den Gebrauch zu machen, daß man eine vollständige und zuverläßige Auflage der Pandecten erhalten möchte. Der damalige Englische Gesandte zu Florenz, Henrich Newton, überwand die Schwierigkeiten, die man dem Herrn Brenkmann in Weg legte, er erhielt beym Großherzog Cosmus dem III. daß man ihm nebst dem zugeordneten Abt Salvini die Handschrift in dem großherzoglichen Pallaste, als dem Orte, wo sie verwahrt wurde, tagtäglich zu gebrauchen und zusammen zu halten verstattete. Beyde Gelehrten brachten etliche Jahre mit der mühsamen Vergleichung dieser Urkunde zu, und Brenkmann fand zu Turin, Rom und Florenz noch mehrere Handschriften der Pandecten, die er durchzugehen, und die zweifelhaften Stellen daraus zu erklären Gelegenheit hatte. Endlich kam er nach vier Jahren von dieser Reise, die ihm auf 10000. Holl. Fl. gekostet, nach Holland zurück, machte sich aus der Ausbesserung und Erläuterung der Pandecten seine einzige Arbeit, gab die Beschreibung der Florentinischen Urkunde heraus, starb aber 1736. ohne etwas weiteres ans Licht zu geben, hinterließ jedoch durch ein Vermächtniß dem berühmten Bynkershoeck die dahin gehörigen Handschriften. Unser Herr G. J. Rath Gebauer war indessen, ohne zu wissen, wie weit die Bemühungen des Herrn Brenkmanns gegangen, und was zumal nach seinem erfolgten Tode davon noch zu erwarten sey, seit 1720. gleichfalls mit einer neuen vollständigen und zuverläßigen Ausgabe der Pandecten beschäftigt, als er ganz unvermuthet aus dem Bynkershoeckischen Bücherverzeichniß ersahe, daß alle die Brenkmannischen Handschriften verkauft werden sollten. Er entschloß sich 1500. Fl. an die Erkaufung derselben zu wenden, bekam sie aber vor 1050. Holl. Fl., und wandte seitdem mehrere Jahre, nachdem er indessen die Befreyung von der Facultäts=Arbeit erhalten hatte, bloß auf die Benutzung dieses Schatzes. Man kann leicht denken, daß, da er nicht etwa, wie Brenkmann, nur die Ausgabe der Pandecten, sondern des ganzen Gesetzbuches zu seinem Gegenstande erwehlet, unter diesen Manuscripten ihm hauptsächlich die nach der Taurellischen Edition in dem Florentinischen codice gemachten neuen Entdeckungen zu seinem Behuf haben nützlich seyn können. Brenkmann ließ sich besonders angelegen seyn, die Glaubwürdigkeit der Taurellischen Arbeit gegen die Gronovischen Lästerungen wieder her-

herzustellen, und selbst die Fehler der Florentinischen Pandecten anzumerken, welche Taurell künstlich verborgen gehalten hatte. Hievon hat der Herr Geh. Just. R. mit der größten Genauigkeit in seinen Noten Gebrauch gemacht. Die verschiedene Lesearten anderer geschriebenen codicum, welche Brenkmann oft nur überhaupt anführt, hat er mit grosser Mühe aufs genaueste bestimmt, ohne jedoch, wie Brenkmann gethan, die gedruckten Ausgaben zu Rathe zu ziehen. Was irgend zur Erläuterung der Pandecten aus den Basiliken hat dienen können, hat er unter Brenkmanns Namen fleißig beygebracht, auch die von diesem angeführte Verbesserungen der grösten Critiker nebst dessen eigenen beybehalten. Nicht weniger hat er die Noten Bynkershoecks und Dukers genutzet. So weit haben ihm die Brenkmannischen Schriften Dienste geleistet. Seine eigene Bemühungen aber sind noch weiter gegangen. Er hat aus der Breslauischen Raths=Bibliothek zu Breslau, welche von ihrem Stifter die Rehdigerische heißt, einen alten codicem vom digesto nouo erhalten, und daraus viele tausend Lesearten gesammlet; die bekannten Taurellischen Zeichen, welche selbst in der Leuwenschen Ausgabe des corp. iur. von 1663, die doch sonst für die beste gehalten wird, auch von ihm zum Grunde seiner Arbeit geleget worden, vermischt und höchst verworren geliefert worden sind, alle mit unsäglicher Arbeit aufs genaueste restituirt, die Haloandrinische und gemeine Ausgabe durchgehends in den Anmerkungen conferirt und überall seine eigene Noten hinzugefügt. Man hat also hier die editionem pandectarum Florentinam, Noricam und Vulgatam bey einander. Die Noten des Gothofredi enthalten oft gar nicht zum Gesetz gehörige Sachen, und wiederholen mehrmalen die schon vorgetragene Säze, auch öfters die nehmlichen Worte des Gesetzes, wie mit vielen Exempeln erwiesen wird. Alles dieses hat er mit den Pandecten so weit vollbracht, daß nichts mehr als der Abdruck fehlet. Den codicem hat er an unendlichen Stellen verbessert, mit der Haloandrinischen Ausgabe von 1530. verglichen, die Lesearten notirt, und hin und wieder Anmerkungen gemacht. Die Institutionen hat er gleichfalls ausgebessert und mit den Noten der grösten Gelehrten geziert. Er hatte noch vor, die Varianten aus der sehr seltenen Nürnbergischen Edition des Haloandri von 1529. zu sammlen, welches aber noch nicht geschehen ist; wie denn auch die Sammlungen zum codice und den Institutionen noch nicht in die Leuwensche Aufgabe ein-

eingetragen ſind, ſo wie es bereits mit den Pandecten ge⸗
ſchehen. An den Novellen hat er noch nichts gearbeitet.
Er wollte aber, neben dem Griechiſchen Texte, an deſſen ei⸗
ner Seite die vulgatam, auf der andern die Hombergki⸗
ſche Ueberſetzung abdrucken laſſen. Die Lehnbücher ſind
mit verſchiedenen codicibus aus der Schwarziſchen Biblio⸗
thek und einem ſchon ausgemahleten und nichts als das
Lehnrecht in ſich haltenden Rebbigeriſchen codice verglichen
worden, und liegen fertig. Wie viel werden aber alle Ken⸗
ner, die der Aufnahme der Rechtswiſſenſchaft günſtig ſind,
nicht nun empfinden, wenn ſie aus obiger Schrift erſehen,
daß der Herr G. J. Rath ſeit der Uebernehmung des Ordi⸗
nariats in der Facultät bereits die Hoffnung aufgegeben ha⸗
be, die letzte Hand an dieſes Werk zu legen, um es noch
bey ſeinem Leben durch einen Abdruck der Welt gemeinnü⸗
tzig zu machen!"

* V. Auſſer dieſem nur beſchriebenen groſſen Werke vom
corpore iuris ciuilis, liegt ſonſt noch von ihm zum Drucke
fertig: Ein aus denen bisher einzelnen herausgegebenen,
aber vielfältig verbeſſerten und vermehrten programmati⸗
bus erwachſener vollſtändiger Commentarius über Tacitum
de moribus Germanorum; Und in der Arbeit iſt eine
ausführliche Spaniſche Geſchichte, nach der Art, wie
die ſub num. 68. erwehnte Portugieſiſche, als eine fernere
Ausführung ſeines Grundriſſes der Europäiſchen Ge⸗
ſchichte.

* VI. Die Vorleſungen, welche der Herr Geheime Ju⸗
ſtizrath von halben Jahren zu halben Jahren abwechſelnd
zu halten pfleget, ſind 1) über Gundlings Recht der Natur,
2) über die hiſtoriam iuris vniuerſi nach geſchriebenen Sä⸗
tzen, 3) über den Text der Inſtitutionen mit Beyfügung
ſeines ordinis inſtitutionum, 4) über die Pandecten nach
dem compendio Ludouici, 5) über das von ihm mit An⸗
merkungen herausgegebene Schilteriſche Compendium des
Lehnrechts, auch wohl 6) über ſeinen Grundriß der Euro⸗
päiſchen Staaten⸗Hiſtorie.

§. 68.

Georg Henrich Ayrer, geb. 1702. Mart. 15. zu Mei⸗
nungen, ſtudierte ſeit 1721. zu Jena, und als Hofmeiſter
des jetzigen Hochfürſtl. Sachſen⸗Gothäiſchen Oberſchenken
und

und Cammerherrn, Herrn von Forſtern, zu Leipzig, reiſete auch in deſſen Geſellſchaft, nach einem jährigen Aufenthalt auf der Univerſität zu Straßburg, durch Holland, Frankreich und Teutſchland; ward ferner Hofmeiſter bey dem dermaligen Churſächſiſchen Geheimden Rath, Herrn Grafen von Vitzthum bis 1736. In dieſem Jahre ward er zu Göttingen Doctor, auch bald darauf prof. iur. extraord. und aſſeſſ. facult. iurid.; und in eben demſelben Jahre Rath, ſodann 1737. prof. iur. ord. mit der vierten Stelle in der Juriſten-Facultät; 1743. Hofrath, und ſeit 1755. Senior der Juriſten-Facultät.

*I. Sein Leben iſt beſchrieben in Moſers Rechtsgel. lex. p. 2., und in Weidlichs zuverl. Nachr. von jetzleb. Rechtsgel. tom. 1. (1757.) p. 107-141.

* II. Seine erſte Schriften ſind: 1) Epiſt. qua in cambialis inſtituti veſtigia apud Romanos, inquiritur, Lipſ. 1735.; (edit. II. bey HEINECCII elem. iur. camb. Francof. ad Viadr. 1748); 2) Antonii Blakwallii, de praeſtantia claſſicorum auctorum, commentatio latine verſa, animaduerſionibus et diſſertatione, de comparatione eruditionis antiquae et recentioris, aucta, Lipſ. 1735. 8.; 3) Diatr. de vicedominorum formula vetere, Lipſ. 1736.

* III. Seine Göttingiſche Schriften ſind: 4) Diſſ. inaug. de iure connubiorum apud Romanos, Goett. 1736.; 5) Ant. SCHVLTINGII Iurisprudentia vetus ante-Iuſtinianea, cum codice Würceburgenſi et Gothano collata, et praef. de illuſtratione iuris ciuilis antiqui ex lectione claſſicorum auctorum, Lipſ. 1737.; 6) Progr. de collectione iuris canonici tum veteris tum recentioris, Goett.; 7) Diſſ. de furti domeſtici poena in terris Brunſuicenſibus, 1738.; 8) Diſſ. de iure connubiorum apud veteres Germanos, Sect. I. de ſponſalibus, Sect. II. de ritu nuptiarum; 9) Schediasma de adiunctis ſuperintendentium chor-epiſcoporum veteris eccleſiae propagine, 1739.; rec. Lipſ. 1744.; 10) Progr. de genere actionis aduerſus conductorem emtori cedere nolentem inſtituendae, 1739.; 11) Ius primariarum precum, ex genuinis fontibus deductum, appendice documentorum iuncta, 1740.; 12) Diſſ. de iure occupandi bona vacantia; 13) Epiſt. de

ſu-

superintendentibus ecclesiarum protestantium episcoporum veteris ecclesiae propagine, (rec. Lipf. 1744.) $
14) Diff. de iure recipiendi Iudaeos, cum generatim, tum speciatim in terris Brunsuico-Luneburgicis, respond. auctore Io. Henr. Ivngio, 1741.; 15) Diff. de abusu iuramentorum e republica proscribendo; 16) Diff. ad ius testamentorum et legem Anastasii imperatoris περὶ καὶ πιθεχίας obseruationes, 1742.; 17) Diff. emendatio definitionis legalis, legatorum poenae nomine ad §. 36. L. de Legat.; 18) Diff. de differentiis iuris Romani et Germanici circa pignora; 19) Diff. de aetate speculi Saxonici speculo Sueuico antiquioris; 20) *De iure dispensandi circa connubia* iure diuino non diserte prohibita; 21) Progr. de fideiussore milite; 22) De poena praeclusionis in concursibus creditorum, 1743.; 23) Progr. de recursu ad comitia per capitulationem caesaream nouissimam restricto, non sublato; 24) Praef. de necessitate et vtilitate Indicum iuris, ad I. L. Waltheri *Lexicon Iuridicum*, 1744.; 25) Diff. de auctoritate arbitrii ex compromisso vim rei iudicatae habentis; 26) Diff. de censibus mora crescentibus; 27) Progr. de trutina verae et simulatae philosophiae iureconsulti; 28) Progr. de falcidia in concursu creditorum; 29) Progr. de censu regali; 30) Orat. de doctoribus iuris merito et falso suspectis; 31) Diff. de praediis nobilitatis Bremensis equestribus, eorumque iuribus et priuilegiis, 1745.; 32) Diff. de S. R. I. principe politiam circa commercia et studia ciuium suorum rite adornante, 1746.; 33) Diff. de iure comitiorum S. R. G. I. in interregno, respond. auctore Iul. Melch. Strvbe; 34) Diff. de limitum praescriptione, respond. auctore de Ramdohr; 35) Or. I. de Georgio Augusto M. B. Rege Augustissimo, heroe in toga et sago aeque magno, 1744. habita; II. de Guilielmo Augusto, celsissimo Cumbriae duce, rebellium Scotiae domitore, patrisque et patriae defensore felicissimo, 1746. habita; 36) Progr. de sublimi sacri cognitoris tribunali Anglis *The Court of the Lord High Steward* dicto; 37) Spec. Polit. Iurid. de gynaecocratia tutelari viduarum illustrium. Pars I.; 38) Orat. de gradu doctoris iuris ad quinquennium studii iur. non amplius adstricto; 39) *Opuscula varii argumenti*, Tom. I. 1746.; (edit. II. are. 1747.); tom. II. 1747. 8.; (In diesen beyden Bänden sind die N. 1. 4. 6. 9. 10. 13. 21. 23. 24. 27. 28. 29. 33. 34. angeführte Schriften befindlich); 40) Diff. de necessitate

offi-

officii a iuramento calumniae non liberante, 1747.;
41) Progr. de fiscalibus calumniis, iudicisque circa illas
eiurandas arbitrio; 42) Progr. de multitudine seditiosa
iuris belli experte; 43) Diss. de testamenti minus solemnis coram uno teste nuncupati probatione iureiurando
heredis supplenda, 1748.; 44) Diss. de legitima parentum pactis dotalibus exclusa; 45) Diss. de differentiis
iuris Romani et Germanici, cum primis Lubecensis, in
confirmandis tutoribus; 46) Theses de communione bonorum inter coniuges in episcopatu Osnabrugensi; 47)
Diss. de magno magisterio equestris ordinis aurei velleris
Burgundo - Austriaco foeminino masculino; 48) Diss.
de rescripto legitimationis principis plenissimum effectum
tribuente, legitimi licet liberi exstent; 49) Probl. I. N.
et G. an hosti liceat, hostis ciues ad rebellionem, vel
seditionem solicitare? 50) Progr. I. II. III. de perduel-
lione seditiosorum; 51) Progr. de equitibus legum;
52) Analecta iuris ad singularia statutorum Nordlingen-
sium, auctore resp. Trôltsch; 53) Theses controuersiae ex vario iure depromtae, 1749.; 54) Diss. de collisione protestationum illustrium, etiam nouissimarum
circa quaestionem: quis sit caput legitimum ordinis aurei velleris? 55) Diss. de arbitrio iudicis circa vsuras
pecuniae mutuaticiae, 1750.; 56) Diss. de rescissione
contractus vitalitii; 57) Diss. de beneficio a latere;
58) Progr. I. II. III. de commodati et pignoris secundum
iura statutaria comparatione; 59) Progr. de beneficia-
riis assistis; 60) Progr. de nonnullis classibus scholarum
Palatinarum; 61) Progr. de iurisprudentia non nisi abu-
tentium vitio vitiosa, 1751.; 62) Diss. de cautione a
bonorum immobilium possessore non exigenda; 63) Or.
de concordia verae eruditionis veraeque virtutis; 64) Or.
deponendi magistratus acad. caussa hab. 1752.; 65) Diss.
de iure primariarum precum caesareo in fundationibus
imperii mediatis; 66) Diss. de actionibus ex delictis rei
persecutoriis aduersus heredes delinquentis in solidum
competentibus; 67) Opusculorum minorum varii argumenti, Sylloge noua (begreift die N. 41. 42. 50. 51. 58.
59. 60. 61. bemerkten Abhandlungen); 68) Progr. in quo
origo iuris primariarum precum nouis quibusdam obseruationibus ex nexu bonorum ecclesiasticorum feudali col-
lustratur; 69) Progr. de aequitate iuris Romani poenas
ad heredes non transire statuentis; 70) Progr. de varia
gentium consuetudine Neruae Imp. quoque exemplo com-

J 4

probata circa varias imperatorum regumque appellationes
solennes; 71) Progr. de via facti collegiis opificum ad
persequendos opificum turbatores nec permissa, nec per-
mittenda; 72) Progr. de Langobardorum Marpahis
Germanorum marechallo, 1753.; 73) Diss. vindiciae
libertatis corporis nobilium S. R. I. immediatorum aduersus superioritatis territorialis extensionem, 1754. ;
74) Diss. vindiciae iuris Brunsuicensis et Luneburgensis
in ducatum Saxo - Lauenburgicum, auctore respond.
STAUBE; 75) Diss. de rebus pupillae geradicis a tutore
non alienandis; 76) Diss. de pontificis Romani potestate circa exemtiones abbatum et monasteriorum Germa-
hiae inprimis abbatiae siue recens conditi episcopatus Ful-
densis; 77) Parental. vxori optime meritae, pia morte ad
coelites sublatae, moesta religione sacrata a sidissimo
marito (D. G. H. Ayrero), 1755. fol.; 78) Disquis. de
veterum Germ. Dadsisa in Act. Societ. Lat. Ienens. vol.
IV. n. 6.; 79) Diss. de iure sibi habendi arbores in fun-
dis villaticis turbine deiectas specialiter in terris Bremen-
sibus et Verdensibus; 80) Progr. de exclusione legitima-
torum a successione feudali; 81) Diss. de indole vnio-
nis proliuin genuina, 1756.; 82) Progr. an et quatenus institutionum Iustinianearum methodus doctrinae iur.
publici I. R. Germ. accommodari possit? 83) Progr. de
portione coniugum statutaria poenis secundarum nuptiarum haud obnoxia; 84) Progr. de principe herede priuati; 85) Progr. de onere probandi non reo, sed actori
etiam in actione negatoria subinde imponendo; 86) Prorectoratus IV. gestus i. e. oratio de more solemni circa
declarandum bellum inter gentes moratiores recepto cum
oratiuncula in depos. magistratu hab., 1757.; 87) Diss.
de iure parentum legitimam liberorum bona mente gra-
uandi; 88) Progr. de iudicio Romanorum septemvirali;
89) Progr. de vario et mutabili methodi iuris ciuilis gu-
stu; 1760.; 90) Progr. de pactorum successoriorum inter coniuges stabilitate legibus firmius stabilienda; 91)
Biga opusculor. fecenßorum: I) Orat. de caduceo si cui
vnquam reip. certe Germanicae semper prae hasta eligendo; II) Prolusio de equitibus legum, Gallis *Chevaliers
des Loix* dictis auctius et emendatius edita 1761.; 92)
Disquisitio, *Hermannus officione; an gente Billingus?*
93) Hermannus Billing Slauicus ad acta societatis Duis-
burgensis; 94) Diss. de militis foro delinquentis, 1762.;
95) Progr. de emendatione legali rei monetariae in Ger-

ma-

mania perturbatissimae ; 96) De pari arae Victoriae arae-
que pacis origine et vtriusque fatis progr. nomine academiae publico propositum , fol. ;   97) Progr. de consuetudine legem vincente, 1764. ;   98) *Vindiciae cambia-*
les; plúscula passim ad illustrationem argumenti interse-
runtur de M. Tullii Ciceronis M. T. filii educatione, profe-
ctione in Graeciam et commoratione Atheniensi, in
adpendice septimae editionis Heineccii elementorum iuris cambialis, Norimb. 1764. 8. ;   99) Progr. I. de impuberibus ad nullum iusiurandum admittendis;   II. de
puberibus a sacramento feudali haud exclusis, 1765.

    * IV. Seine Vorlesungen sind gemeiniglich um 8. oder
9. über B. G. Struv. iurisprud. forens. , am 11. über
Schmauß ius publ., und um 2. über Kopp. hist. iur.,
ausser denen collegiis relatoriis und disputatoriis, so er
noch darneben zu halten pfleget.

§. 69.

Georg Ludewig **Böhmer,** geb. 1715. Febr. 18. zu
Halle in Sachsen, ein Sohn des seel. Canzlers Just. Hen-
ning Böhmers († 1749. Aug. 23.); studierte zu Halle,
wo er auch im Jan. 1738. Doctor ward, und Vorlesungen anstellte. Im Aug. 1740. kam er nach Göttingen
erst als prof. iur. extraord., synd. acad., und assess. facult.; Er ward aber bald hernach 1742. profess. ord.;
1744. Rath; 1746. Hofrath. † 1797. aug. 17.

    * I. Sein Leben ist beschrieben in Weidlichs zuverl.
Nachr. von jetztleb. Rechtsgel. tom. 1. (1757.) p. 1-25.

    * II. Seine erste Schriften sind: 1) Diss. de medico-
rum animae et corporis in sanandis aegris coniunctione,
(sub praesidio patris) Hal. 1736.; 2) Repetitae vindiciae pacti de non praestanda euictione, 1737.; 3) Diss.
de prouocationibus iuris Germanici, 1738.; 4) Progr.
de scholis Romanorum; 5) Diss. de necessario parentum consensu in nuptiis liberorum, 1740.

    * III. Seine Göttingische Schriften sind: 6) Progr.
de aris pro salute Imperatorum in itu et reditu exstructis,
Gotting. 1740.; 7) Comm. de inuestiturae simultaneae

                                      euen-

euentualis non desiderata renouatione, 1741.; 8) Progr.
de reliquiis iuris canonici in imperatoris electione; 9)
Diff. de abigeatu et furto equorum, 1742.; 10) Progr.
de Clementinis; 11) Diff. de remedio fyndicatus aduerfus sententias camerae imperialis, 1744.; 12) Diff. de
fuperarbitris; 13) Progr. de aetate vetuftae collectio-
nis confuetudinum feudalium, quam vulgo: libros feudorum vocant; 14) Iufti Henningii BÖHMERI *Exerci-*
tationes ad Pandectas, antea figillatim, nunc cura G. L.
Böhm. coniunctim fecundum ordinem ff. digeftae et indice inftructae, Tom. I. Hannov. et Götting. 1745.; II.
1747.; III. 1748.; IV. 1751.; V. 1762.; VI. cum indice
I. H. Chr. de SELCHOW in omnes fex tomos, 1764.;
15) Diff. de iuris et facti ignorantia, Goett. 1745.; 16)
Diff. de principe S. R. I. ius fuum vi atque armis tuente;
17) Progr. de cautelis tuendae fidei publicae aduerfus
iuris canonici principia circa abfolutiones et difpenfatio-
nes a iureiurando; 18) Progr. de copulae facerdotalis
a depofito clerico furtim impetratae iniufto fauore;
19) Rechtliches Gutachten, die gegründete alleinige Lehns-
folge des Churcöllnischen Herrn Geheimden Raths Ferdinand Wilhelm Joseph, Freyherrn von der Reck zu Drensteinfurth 2c. auf die Reichsmannlehn und freyen Stühle,
famt zubehörigen Lehnrechte und Gerechtigkeiten zu gedachten Drensteinfurth 2c. . 1746.; 20) Diff. de teftamenti
fignati et fubfcripti a teftibus in innolucro vi et auctoritate; 21) Diff. de centena fublimi, fpeciatim in Land-
grauiatu Haffo-Darmftadino, eiusque vicinia; 22) Progr.
de iudice feudorum extra curtem; 23) *De indole et na-*
tura expectatiuae et inueftiturae feudalis et de huius reno-
uatione liber fingularis, 1747.; 24) Diff. de iure principis circa loca et opera publica; 25) Diff. de iuribus
et obligationibus coniugis fuperftitis ex communione bonorum vniuerfali, praefertim iuxta ftatuta Hildefienfia,
1748.; 26) Thefes de iure conferendi beneficia ex iure
deuoluto; 27) Diff. de delictis extra territorium ad-
miffis; 28) Progr. de feudi communis diuifione; 29)
Diff. de iuribus ex ftatu militari Germanorum pendentibus, 1749. (recufa 1750.); 30) Diff. de mulctis ftu-
prorum, praef. fecundum ius Brunfuic. Luneb. 1749.;
31) Diff. de origine et ratione decimarum in Germania;
32) Diff. de obligatione fuccefforis ex expectatiua feudali antecefforis; 33) Diff. de liberis fideicommiffo one-
ratis; 34) Progr. de feudis ex veterum Francorum be-

ne-

neficiis enatis; 35) Progr. I. de legatis ex fideicommisso
praeftandis, 1749. (II. 1753.); 36) Diff. de grauamine
communi S. R. Imp. ftatuum, 1751.; 37) Diff. de querela inofficiofae donationis fratrum; 38) Diff. de officio et poteftate Rabbini prouincialis in terris Brunfuico-
Luneburgicis; 39) Diff. de originibus praeciprorum
iurium archi-epifcopi et S. R. I. electoris Colonienfis
1753.; 40) Progr. de archiepifcopis Colonienfibus ar-
chicancellariis per Germaniam fub Ottone M.; 41) Diff.
de iure mercedis opificum in concurfu creditorum; 42)
Diff. de iure principis libertatem commerciorum reftrin-
gendi in vtilitatem fubditorum; 43) Progr. de feudo
campanario vulgo Glockenlehn; 44) Progr. de fucceffione collateralium olim negata in feudis ecclefiafticis; 45)
Vorrede zu Strodtmanns Sammlung von Hofhörigen
Rechten, 1754.; 46) Progr. de iure promotorum adfpi-
randi ad beneficia ecclefiaftica; 47) Diff. de appellationis interpofitae renunciatione, 1755.; 48) Diff. de matrimonio impari, et liberorum ex eo natorum iure circa
fucceffionem feudalem; 49) Orat. I. de finibus iurisdictionis imperialis quoad in caufis ecclefiafticis competit;
II. Magiftratus academici capefendi et aufpicandi caufa,
iuncta alt. magiftr. deponendi caufa; 50) Progr. de
foemina minifteriali; 51) Diff. de fuo herede ab here-
ditate fe abftinente, vel fe immifcente, 1756.; 52) Diff.
de impedita feudi confolidatione, 1757.; 53) Progr.
de feudi confolidatione per inueftituram fimultaneam et
euentualem impedita; 54) Progr. de iure fifci ciuitatibus mediatis vi conceffi iuris Lubecenfis non competente; 55) Progr. de natalibus fidei vafalliticae; 56)
Progr. de indole fidei vafalliticae eiusque a minifteriali
fidelitate difcrimine, 1758.; 57) Progr. de aduocatiae
ecclefiafticae cum iure patronatus nexu; 58) Progr. de
ceffione hypothecae feudalis absque domini confenfu valida; 59) Progr. de tempore ftudiorum legitimo a ca-
nonicis obferuando, 1760.; 60) Progr. de originibus
iurisdictionis ecclefiafticae in caufis teftamentariis; 61)
Progr. de ingenuorum natalium probatione, 1761.;
62) Thefes de fucceffione villicali in ducatu Luneburgico, 1762.; 63) Progr. de iudice curiae feudalis; 64)
*Principia iuris canonici, fpeciatim iuris ecclefiaftici publici
et priuati, quod per Germaniam obtinet;* 65) Oratio
de bello nunc gefto ob feruatam Germaniae libertatem
memorabili; 66) Praef. de caufis et originibus iuris
here-

hereditarii rusticorum; ad Frid. CARSTENS lib. fing. *de
fucceffione villicali in ducatu Luneb.* 1763; 67) Progr.
de inueftitura per procuratorem; 68) Progr. de quatuor
modis conficiendi codicillos; 69) Progr. de obligatione domini in renouatione inueftiturae fine difficultate
concedenda; 70) Diff. de obligatione locatoris ob vfum
rei locatae maxime per bellum impeditum, 1764.; 71)
Obferuationes iuris feudalis, (worinn die num. 13. 22.
28. 34. 43. 44. 50. 55. 56. 58. 63. 67. 69. angeführten Abhandlungen enthalten find); 72) *Principia iuris feudalis,
praefertim Longobardici, quod per Germaniam obtinet,*
1765.

*IV. Er liefet ordentlicher Weife 1) alle halbe Jahre
die Pandecten über feines Vaters ius digeftorum, täglich
2. Stunden, im Sommer um 8. und 10., im Winter um
9 und 2.; gemeiniglich auch 2) die Inftitutionen über Heineccii elementa um 11.; fodann 3) im Sommer um 2. das
Lehnrecht über fein eignes Handbuch; und 4) im Winter
um 10. das ius canonicum über feine principia iuris canonici.

§. 76.

Chriftian Gottlieb Riccius, geb. 1697. Ian. 12. zu
Bernftadt in der Oberlaufitz, ftudirte feit Mich. 1716. zu
Leipzig. Im Jahr 1721. ward er zu Dresden als Advocat immatriculirt, begab fich aber nachher nach Gotha, wo
er viele Jahre als Hofmeifter junger Herren gelebt; wie er
denn auch in dergleichen Station einige Zeit zu Halle und
Altorf, auch fonft zwey Jahre zu Berlin zugebracht. Endlich folgte er im Jahr 1744. dem nach Göttingen zum Uni-
verfitäts-Syndicate erhaltenen Rufe, nebft welchem ihm
zugleich eine profeffio iuris extraordinaria, wie auch hernach 1747. das Univerfitäts-Secretariat, und 1753. die
Würde eines prof. iur. ord. aufgetragen wurde.

*I. Sein Leben ift noch in keiner gedruckten Schrift
befchrieben, außer was in Weidlichs Rechtsgel. Lex. 2. Th.
(1749.) p. 326. davon erwehnt wird.

*II.

* II. Seine erſte Schriften ſind: 1) Succincta commentatio de indole atque natura iudicii ſeparati a reconuentionis iudicio curatius diſtincti, ad fori vſum accommodata, Erford. 1732.; 2) Zuverläßiger Entwurf von dem landſäßigen Adel in Teutſchland, Nürnberg 1735; 3) Zuverläßiger Entwurf von der in Teutſchland üblichen Jagdgerechtigkeit, Nürnb. 1736.; 4) Specimen iuris Germ., quo praeſcriptio Germanorum vetus iuxta et hodierna ex legibus Germanorum ac diplomatibus eruitur atque illuſtratur, Francof. et Lipſ. 1738.; 5) Spicilegium hiſtorico-diplomaticum, quo iuris Iuſtinianei in aulis Germanorum principum atque perſonarum illuſtrium adoptati vſus pragmaticus oſtenditur, Norimb. 1738.; 6) Zuverläßiger Entwurf von Stadtgeſetzen oder ſtatutis, vornehmlich der Land-Städte, Frf. am M. 1740.; 7) Repertorium locupletiſſimum in L Fr. PFEFFINGERI corpus iuris publici, i. e. Vitriarium illuſtratum vniuerſum, in commodiorem ac pleniorem huius operis eximii atque praeclare elaborati vſum, ordine alphabetico adornatum, Gothae 1741.; 8) Problema iuris Germ.: num pactum commiſſorium circa pignora in Germanorum fora, in quibus id quondam, teſtantibus diplomatibus ac litterariis monumentis, etiam vſu valuit, rurſus ſit innehendum et adprobandum? Ien. 1743.

* III. Seine Göttingiſche Schriften ſind: 9) Progr. de praeſcriptione et vſucapione imperatorum aut principum imperii priuilegiis vel paciſcentium prouiſione, aut plane excluſa, aut ad longius tempus producta, Goett. 1744.; 10) Examen polemicum doctrinae de dominio pignoris Germanici in creditorem translato, ſecundum leges Germanorum veteres ac medii aeui, atque ſtatuta hodierna, diplomata et chartas oppignorationum adornatum et illuſtratum, Gothae 1746.; 11) Spicilegium iuris Germanici ad I. R. ENGAV elementa iur. Germ. ex legibus, ſtatutis et diplomatibus collectum, 1750.

* IV. Er lieſet gemeiniglich 1) über EISENHART. ius Germanicum, im Sommer um 7., im Winter um 8.; ſodann 2) über MASCOV. ius feudorum, im Sommer um 9., im Winter um 10.

§. 71.

§. 71.

Johann Stephan **Pütter**, geb. 1725. Iun. 25. zu Iserlohn in der Grafschaft Mark in Westphalen, studierte seit Ostern 1738. zu Marburg, seit Mich. 1739. zu Halle, seit Mich. 1741. zu Jena, von da er um Mich. 1742. mit Herrn Johann Georg Estor, der damals von Jena nach Marburg berufen ward, wieder nach Marburg gieng. Hier fieng er um Ostern 1743. an zu advociren, und zugleich dem Herrn Burggrafen von Kirchberg, (nachherigen Reichs-Hofrathe und dermaligen Cammergerichts-Präsidenten,) der damals zu Marburg studierte, verschiedene Theile der Rechtsgelehrsamkeit vorzutragen, und, nachdem er im Apr. 1744. licentiat geworden, seit Ostern 1744. öffentliche Vorlesungen zu halten; führte auch immittelst verschiedene Processe an beyden höchsten Reichsgerichten, die ihm Anlaß gaben, öfters sowohl nach Wetzlar, als an das damalige Kayserliche Hoflager nach Frankfurt kleine Reisen zu thun; wie er denn auch 1745. der Wahl und Krönung des jetzigen Kaysers beywohnte. Als er hierauf im Jun. 1746. als prof. iur. extraord. nach Göttingen berufen ward, brachte er, in Gefolg einer dabey genommenen Abrede, seit dem Sept. 1746. noch 8. Monathe zu Wetzlar, und, (in Gesellschaft Herrn Jul. Melch. Strube, und Herrn Joh. Phil. Conr. Falke, jetzo Hofräthe zu Hannover,) nach einigem unterwegens zu Frankfurt, Worms, Manheim, Heidelberg, Heilbronn, Stuttgard, Tübingen, und bey der damaligen Kreysversammlung zu Ulm gemachten Aufenthalte 1. Monath zu Regensburg, und gegen 3. Monathe zu Wien zu; von da er über Prag, Dresden, Leipzig, Wittenberg, Potsdam, Berlin, Magdeburg, Helmstädt, Braunschweig und Hannover nach Mich. 1747. zu Göttingen ankam. Hier ward er ferner 1748. Aug. 1., mit Bewilligung der Marburgischen Juristen-Facultät, Doctor; sodann im April 1749. ausserordentlicher Beysitzer der Juristen-Facultät, und im Dec. 1753.

1753. prof. Iur. ord. Und nachdem er mit Genehmigung
Königlicher Regierung in Angelegenheiten der Stadt Ham=
burg im May 1754. eine Reise nach Hamburg gethan, so=
dann den übrigen Theil dieses Sommers zu Wetzlar, wie
auch zu Frankfurt, Darmstadt, Maynz, Wisbaden,
Schwalbach und Schlangenbad zugebracht; erhielt er fer=
ner im Sept. 1755. die vierte ordentliche Stelle in der Ju=
risten=Facultät, ingleichen im Jun. 1757. die durch des
seel. Hofr. Schmaußen Tod erledigte profeſſionem, iuris
publici, und im Dec. 1758. den Hofraths=Titel. Seit=
dem war er mit Königlicher Genehmigung von Ostern 1762.
bis Ostern 1763. zu Gotha, um daselbst des Herrn Erb=
prinzen, wie auch des Prinzen Augusts Hochfürstlichen
Durchlauchten die Reichshistorie und das Staatsrecht vor=
zutragen; und von der Mitte Febr. bis in die Mitte Aprils
1764. war er mit der Königlichen Wahlbotschaft bey der
Römischen Königswahl zu Frankfurt.

* I. Sein Leben ist beschrieben 1) in AYRER progr. *de
equitibus legum*, 1748., in der Mosheimischen Beschrei=
bung der Feyer von der Anwesenheit des Königs ꝛc. pag.
141-148.; 2) in Weidlichs Rechtsgel. Lex. 2. Th. (1749.)
p. 284-298.; 3) in Weidlichs zuverl. Nachr. von jetzt=
leb. Rechtsgel. 5. Th. (1761.) p. 98-176.

* II. Seine erste Schriften sind: 1) *Diſſ. inaug. de
praeuentione*, atque inde nata praeſcriptione fori, tum
generatim tum in ſpecie, quod ad auguſtiſſima imperii
tribunalia attinet, Marb. 1744. (und mit verändertem Ti=
tel cum praefatione I. G. ESTORIS); 2) Opuſculum *de
augendo apanagio* auctis reditibus natu maximi filii, pe=
nes quem imperium eſt, vulgo primogeniti regentis, cum
praef. I. Ad. KOPPII de incongrua adplicatione paragii
et apanagii improprii ad familias Germanorum illuſtres,
Ien. 1745.; 3) Diſſ. de iure feminarum adſpirandi ad
fideicommiſſa familiae, et de earum renunciatione, quae
fit exſtincta iam ſtirpe maſculina, Marb. 1745.; 4) Joh.
Georg Estors Fortsetzung des gemeinen und Reichsproceſ=
ſes, darinnen eine Anleitung für angehende Advocaten und
Anwälde befindlich, Marb. 1745. 8. (edit. II. 1752, 4.);

5)

5) Stammtafel derer von Casp. Lerch von Dürmstein herrührenden Nachkommen, zu Erläuterung derer Gerechtsamen, welche Herrn Johann Adolph von Ketschau am Lerchischen Fideicommiße zustehen, ꝛc. 1746. fol.

* III. Seine Göttingische Schriften sind: 6) Progr. de neceſſario in academiis tractanda rei iudiciariae imperii ſcientia, Goett. 1748.; (Editio II. de neceſſaria in academiis rei iudiciariae imperii cultura, Lipf. 1749.); 7) *Conspectus rei iudiciariae imperii;* ſigillatim iurium ac praxeos amborum ſupremorum imperii tribunalium, Goett. 1748.; 8) *Elementa iuris Germanici* priuati hodierni, in vſum auditorum, 1748.; (Editio II. emendatior, 1756.); 9) Continuatio conspectus rei iudiciariae imperii ſigillatim iurium ac praxeos supremi tribunalis imperialis aulici, 1749.; 10) Patriotiſche Abbildung des heutigen Zustandes beyder höchsten Reichsgerichte, worinn der Verfall des Reichsjustizweſens, ſammt den daraus bevorstehenden Unheil des ganzen Reichs, und die Mittel, wie demſelben vorzubeugen, erörtert werden, 1749. (nachgedruckt Wetzlar 1756.); 11) Vorbereitung zu einem collegio practico iuris publici, 1749.; 12) Nähere Vorbereitung zur Teutschen Reichs= und Staats=Praxi, nebst Eröffnung einer neuen Art von Vorlesungen über die neuere Reichs=Historie, 1750.; 13) *Elementa iuris naturae,* in vſum auditorum adornata, iuncto ſuo et G. ACHENWALLII ſtudio; 14) Diſſ. de exceptionibus fori declinatoriis in proceſſu mandati S. C. ſpeciatim, an reiectis iis adhuc locum habeant exceptiones ſub= et obreptionis? 15) Beyträge zu der Lehre vom Ursprunge des Reichshofraths, besonders von den Zeiten des K. Max. des I., in den Hanoverischen gelehrten Anzeigen 1750. n. 42. p. 169. ſq.; 16) Vorbereitung zur Kenntniß der vornehmsten Teutschen Staaten; 17) Versuch einiger nähern Erläuterungen des Proceſſes beyder höchsten Reichsgerichte, in einer practischen Sammlung ganz neuer Cammergerichts= und Reichshofraths=Sachen, 1751.; 18) *Introductio in rem iudiciariam imperii,* ſpeciatim quoque in ſtatum ac praxin amborum ſummorum imperii tribunalium, 1752.; 19) Loco libelli reuiſionis wider ein unterm 17ten Febr. 1752. ergangenes Reichshofraths=concluſum Rechtliche Vorstellung der Gerechtsame, welche des weyl. Reichshofraths=Präſidenten, Herrn Grafen Johann Wilhelm von Wurmbrand und Stuppach, dreyen Frau=

Frauen Töchtern in Ansehung deſſen Verlaſſenſchaft zu glei=
chen Theilen mit deſſen hinterbliebenem Herrn Sohne zuſte=
hen; 20) Kurzer Begriff ꝛc. (von eben derſelben Wurm=
brandtiſchen Sache); 21) Staatsveränderungen des
Teutſchen Reichs, von den älteſten bis auf die neueſten
Zeiten im Grundriſſe entworfen, 1753.; (2te ſehr vermehr=
te Auflage: Grundriß der Staatsveränderungen des Teut=
ſchen Reichs, 1755.); 22) Anleitung zur juriſtiſchen
Praxi, wie in Teutſchland ſowohl gerichtliche als auſſer=
gerichtliche Rechtshändel oder andere Canzley=Reichs=und
Staatsſachen ſchriftlich, oder mündlich verhandelt, und in
Archiven beygeleget werden, 1753.; (II. Ausgabe 1758.);
23) Kurzgefaßte Rechtspuncte, worauf es in der Wurm=
brandiſchen Mobiliarverlaſſenſchaftsſache ankömmt, 1753.;
24) *Elementa iuris publici* Germanici, 1754.; (Nachdruck
zu Frankfurt 1754.; Editio legit. II. longe auctior et
emendatior, 1756.; Edit. III. 1760. Die IVte Edition
wird nächſtens zum Vorſchein kommen); 25) Conſpectus
iuris Germanici priuati hodierni nouo ſyſtemate traden=
di, 1754.; 26) Vorläufige Anzeige und Entwurf neuer
Grundſätze des Reichsproceſſes, und der dazu gehörigen
Kenntniß beyder höchſten Reichsgerichte; 27) Verſuch,
die Teutſche Reichshiſtorie durch mehrere Abtheilungen noch
pragmatiſcher einzurichten; 28) Wahrheits=und Acten=
mäßige Vorſtellung des am Kayſerl. und Reichs=Cammer=
gerichte von G. F. Richerz, geweſenen Conrector, gegen
Herrn Burgermeiſter und Rath der Stadt Hamburg ange=
brachten Schul=und Conſiſtorialſache, 1755.; 29) Kur=
ze Erörterung ꝛc. (von eben dieſer Hamburgiſchen Sache);
30) Nähere Zergliederung derer einzelnen Fragen, worauf
es in der Wurmbrandiſchen Mobiliarverlaſſenſchaftsſache
ankömmt, 1756.; 31) Entwurf einer juriſtiſchen En=
cyclopädie; nebſt etlichen Zugaben, I) von der Politik;
II) von Land=und Stadtgeſetzen; III) von brauchbaren
juriſtiſchen Büchern, 1757. (wovon nächſtens eine neue
vermehrte Ausgabe erſcheinen wird); 32) Noua epitome
iuris publici Germanici, ad ſupplenda ſimul et emendan=
da paſſim elementa bis antehac edita; 33) *Noua epito=
me proceſſus imperii* amborum tribunalium ſupremorum;
34) Diſſ. de normis decidendi ſucceſſionem familiarum
illuſtrium controuerſam; 35) Progr. de normarum iu=
ris publici generalium difficultate; 36) Hiſtoriſch=poli=
tiſches Handbuch von den beſondern Teutſchen Staa=
ten 1ſter Theil, von Oeſterreich, Bayern und Pfalz, 1758.;

K

37)

37) Appendix ad I. C. G. FELDMANNI diſſ. inaug. de pri-
uilegiata iurisdictione nobilitatis immediatae ſplendido
corpori in eius officiales competente; continens reſponſum facultatis iuridicae Goettingenſis de eodem argumento; 38) Diſſ. de iure et officio ſummorum imperii
tribunalium circa interpretationem legum imperii; 39)
Progr. de iure et officio iudicis circa interpretationem
priuilegiorum tum iu genere tum ſpeciatim in territoriis
Germaniae; 40) Progr. de iure et officio ſummorum
imperii tribunalium circa interpretationem priuilegiorum
caeſareorum; 41) Rechtliches Bedenken wegen der Erbfolge in denen erledigten Rheingräflich-Dhauniſchen Landen; 42) Zugaben zu ſeiner Anleitung zur juriſtiſchen
Praxi, als deren zweyter Theil; inſonderheit von der Or-
thographie und Richtigkeit der Sprache, und vom Teutſchen Canꜩley-Ceremoniel, 1759.; 43) Diſſ. de querelae nullitatis et appellationis coniunctione; 44) Progr.
theoria generalis de nullitate; 45) Praef. ad Wilh. Herm.
L. B. RIEDESEL ab Eiſenbach Diſſ. de eo, quod iuſtum
eſt circa remiſſionem mercedis in locatione conductione
ob calamitates bellicas, 1760.; 46) Auserleſene Rechts-
Fälle aus allen Theilen der in Teutſchland üblichen Rechtsgelehrſamkeit in Deductionen, rechtlichen Bedenken, Relationen und Urtheilen theils in der Göttingiſchen Juriſten-Facultät, theils in eigenem Namen ausgearbeitet, fol.
(Hierinn finden ſich unter andern obige Deductionen und
Bedenken ſub num. 5. 19. 20. 23. 28. 29. 30. 37. 41.); 47)
Diſſ. de ſummorum imperii tribunalium concurrente iurisdictione, eiusque conflictu in cauſſis antiquioribus ex
ipſorum origine diiudicando; 48) Vollſtändigeres Handbuch der Teutſchen Reichshiſtorie, 1762.; 49) Progr.
de foro delinquentis officialis cancellariae in ſupremo camerae imperialis iudicio; 50) Diſſ. de legum imperii
fundamentalium et ciuilium differentia, 1763.; 51) Kur-
ꜩer Begriff des Teutſchen Staatsrechts, 1764.; 52)
Grundriß der Staatsveränderungen des Teutſchen
Reichs. 3te Ausarbeitung, 1764.; 53) Reſponſum
Goettingenſe in cauſſa comitis de Limburg-Stirum de-
cani Spirenſis contra capitulum et epiſcopum Spirenſem,
(ſo der Herr Graf von Limburg-Styrum drucken laſſen).

*IV. In ſeinen Vorleſungen hat er bisher alle halbe
Jahre 1) das Teutſche Staatsrecht um 11.; 2) die Reichshiſtorie um 3.; 3) die juriſtiſche Praxin um 9.; wie auch
                                            4) im

4) im Sommer den Reichsproceß in abwechselnden Tagen mit der juristischen Praxi ebenfalls um 9.; alles über seine eigne Handbücher vorgetragen. In öffentlichen Vorlesungen wird er künftig abwechselnd bald die juristische Encyclopädie vortragen, bald ein disputatorium halten, bald ein oder ander Reichsgrundgesetz, als den Westphälischen Frieden, die Wahlcapitulation u. f f. erklären, bald einen oder andern Teutschen Staat nach Anleitung seines vielleicht nächstens fortzusetzenden Handbuchs abhandeln.

§. 72.

Christian Friederich Georg Meister, geb. 1718. Iun. 30. zu Weickersheim im Hohenlohischen, studierte seit dem Anfange des Jahrs 1737. zu Altorf und seit dem May 1737. zu Göttingen. Hier ward er 1741. Sept. 18. doctor iuris, 1750. prof. iur. extraord. und assess. facult. iurid., 1754. prof. iur. ord.; 1764. Hofrath.

*I. Seine Lebensbeschreibung findet sich in Gebaueri progr. *de alea et fide*, 1741., und in Weidlichs Rechtsgel. Lex. 2. Th. p. 33–40.

*II. Seine Schriften sind: 1) Epist. de veteribus candidatis, Goett. 1740.; 2) Ausbesserungen und Zusätze zu Herrn Hofrath Glasens bibliotheca iuris naturae et gentium, 1tes Stück, Goett. 1740.; 2tes Stück, 1741.; 3) Diss. de fide, eiusque iure in vsucapione et praescriptione, 1741.; 4) Diss. de iure platearum Brunsuico-Luneburgico; 5) Diss. de falsa probatione processus prouocatorii ex iure Romano, 1742.; 6) Epistola de vtilitate, virtutibus et naeuis historiae litterariae biographicae; 7) Exercitationes iuridicae academicae varii argumenti in Georgia Augusta per hiemem 1742. disputatae, fasciculus primus, 1743. (worinn folgende Abhandlungen befindlich: I) ad Leg. 34. D. de Legibus &c.; II) de cerebrina quarundam in digestis legum obstantia, et: de emendatione legis 25. §. 6. D. de Aedil. Edicto; III) de emendationibus quarundam legum Romanarum destruendis; IV) Num detur ius diuinum positinum vniuersale; V) Triga obseruationum practicarum de iuramentis, suppletorio et purgatorio; VI) de non reuocandis donationibus propter ingratitudinem; VII) Breuis historia historiae iurisprudentiae naturalis; VIII) de iure patrio

dili-

diligentius excolendo &c. ;   IX) Obſeruationes nonnullae de legitima;   X) de principiis cognoſcendi emblemata Triboniani, welche Materie hernach im Jahr 1745.
in einer beſondern Diſſertation umſtändlicher abgehandelt
worden.);   8) Diſſ. de fide tituli filia in vſucapionibus et
praeſcriptionibus, 1743.;   9) Diſſ. ſiſtens continuatam
hiſtoriam hiſtoriae iurisprudentiae naturalis;   10) Progr.
de errore circa titulum eiusque effectu in vſucapionibus
et praeſcriptionibus, 1744.;   11) Diſſ. de principio cognoſcendi emblemata Triboniani, 1745.;   12) Diſſ. no-
tionem iuridicam morae ſiſtens;   13) Progr. vindex et
vas, 1746.;   14) Iohannis MAIERI *hiſtoria caeſarea ob-
ſidionis et expugnationis liberae S. R. I. ciuitatis Nord-
kingenſis in bello tricennali anno 1634. et auctoris vita;*
15) Diſſ. actiones in factum ſiſtens, 1748.;   16) Diſſ.
de iure quod in delictis perſonarum illuſtrium obtinet;
17) Diſſ. vindiciae legislationis Iuſtinianeae de mixto
tempore computando, ad Nou. 119. cap. 8., 1749.;   18)
Bibliotheca iuris naturae et gentium, pars I. 1749.; II. et
III. 1757.;   19) Vorbereitung zu einer Kenntniß der vornehmſten juriſtiſchen Bücher, 1750.;   20) Diſſ. de ſtatu
ciuitatis eiusque iuribus, 1752.;   21) Diſſ. de effectu
erroris in emtione et venditione;   22) *Principia iuris
criminalis* Germaniae communis, auditorum vſibus deſti-
nata, 1755.; (Edit. II. 1760.);   23) Praef. ad L. A.
HANNESEN *ſylloge opuſculorum minorum varii argumenti, 1755.;   24) Progr. de philoſophia iurisconſul-
torum Romanorum ſtoica, in doctrina de corporibus eorumque partibus, 1756.;   25) Orat. de ſtudii iuris Romani chronologici, diligentius excolendi, neceſſitate;
26) Ausführliche Abhandlung des peinlichen Proceſſes in
Teutſchland, I. Theil 1758.; II. 1760.; III. IV. 1762.; V.
1764. Der allgemeine Titel dieſes 1ſten Bandes iſt: Vollſtändige Einleitung zur peinlichen Rechtsgelehrſamkeit in Teutſchland.

* III. Er lieſet 1) alle halbe Jahre über Heineccii elementa inſtitutionum um 11.; wie auch 2) über Iuſt. Henn.
Boehmeri ius digeſtorum täglich 2 Stunden, im Sommer um 8. und 10.; im Winter um 9. und 2.; ſodann 3)
alle Sommer über ſeine principia iuris criminalis um 3.;
auch darneben gemeiniglich 4) ein examinatorium über die
Pandecten.

§. 73.

§. 73.

Gottfried Achenwall, geb. 1719. Oct. 20. zu El-
bingen, studierte seit Ostern 1738. zu Jena, seit Ostern
1740. zu Halle, seit Mich. 1741. wieder zu Jena, und
seit Ostern 1742. zu Leipzig. Von da kam er 1743. nach
Dresden als Hofmeister bey den Söhnen des damaligen
dortigen Canzlers von Gersdorf. Nachdem er aber 1746.
zu Leipzig Magister geworden; begab er sich um Ostern
1746. nach Marburg, und hielt daselbst unter andern
hauptsächlich über die Historie, Statistik, und das Natur-
und Völkerrecht academische Vorlesungen. Um Ostern
1748. folgte er einem mit einigem Gehalte und der Hoffnung weiterer Beförderung verknüpften Antrage, zu Göttingen seine academische Vorlesungen fortzusetzen; ward
auch darauf noch in eben dem Jahre im Sept. Adjunct der
hiesigen philosophischen Facultät, und im Nov. prof. phil.
extraord.; sodann 1751. ausserordentliches Mitglied der
hiesigen Societät der Wissenschaften, (welche Stelle er jedoch nachher wieder niedergelegt). Hiernächst ward er
ferner im Apr. 1753. prof. iur. extraord., im Sept. 1753.
prof. phil. ord., im Jahr 1761. prof. iur. ord., wie auch
im Oct. 1762. doctor iuris. Während dieser Zeit hat er
zwey beträchtliche gelehrte Reisen gethan: 1) von Ostern
bis Mich. 1751. durch die Schweitz und Frankreich über
Straßburg, Basel, Bern, Genf, Lyon, Marsille, Tou-
lon, Montpelier, Nimes, Toulouse, Bourdeaux und
Paris; und 2) von Ostern bis Mich. 1759. nach Holland
und Engelland. S. 1772. IV.

* I. Seine Lebensbeschreibung findet sich in Weidlichs
zuverl. Nachr. von jetzleb. Rechtsgel. 2. Th. (1758.) p.
74-86., und im Böhmerischen progr. *de obligatione domini in renovatione inuestiturae fine difficultate concedenda, 1762.*

* II. Seine Schriften sind: 1) Diff. de iure in aemu-
lum regni, vulgo: praetendentem, *Marb.* 1747.;

R 3 * 2) Diff.

2) Diss. de transitu et admissione legati ex pacto repetendis, *Goetting.* 1748.; 3) Vorbereitung zur Staatswissenschaft der heutigen vornehmsten Europäischen Reiche und Staaten; 4) Diss. in qua notitia rerumpublicarum academiis vindicatur; 5) Abriß der neuesten Staatswissenschaft der vornehmsten Europäischen Reiche und Republiken, 1749; (II. verbesserte Aufl. unter der Aufschrift: Staatsverfassung der Europäischen Reiche im Grundrisse, 1752.; III. Aufl. 1756.; IV. Aufl. 1762.); 6) *Elementa inris naturae*, in vsum auditorum adornata, 1750.; (Edit. II. 1753.; III. 1755.; IV. 1758.; V. 1763.); 7) Entwurf einer politischen Betrachtung über die Zunahme des Goldes und Abnahme des Silbers in Europa, in den Hannov. gel. Anzeigen, 1751. p. 343-351.; 8) Vertheidigung dieser Betrachtung rc. in den Hannov. gel. Anz. 1752. p. 169-184.; 9) Observationum iuris naturalis specimen I-IV., 1754.; 10) Grundsätze der Europäischen Geschichte zur politischen Kenntniß der heutigen vornehmsten Staaten, 1754.; II. Aufl. unter der Aufschrift: Geschichte der heutigen vornehmsten Europäischen Staaten im Grundrisse, 1759.; III. Auflage 1764.; 11) Progr. de veterum Germanorum armis, 1755.; 12) Anzeige von seinen neuen Vorlesungen über die gröffern Europäischen Staatshändel des 17ten und 18ten Jahrhunderts; 13) Entwurf der allgemeineren Europäischen Staatshändel des 17ten und 18ten Jahrhunderts, als der Europäischen Geschichte, 2ter Theil 1756.; II. Aufl. unter der Aufschrift: Geschichte der allgemeinen Europäischen Staatshändel des vorigen und jetzigen Jahrhunderts im Grundrisse, 1762.; 14) Prolegomena iuris naturalis in vsum auditorum, 1758.; 15) Staatsklugheit nach ihren Grundsätzen, 1761.; II. Auflage 1763.; 16) Diss. *inaug. iurid.* de regnis mixtae successionis, 1763.

*III. Er lieset gemeiniglich 1) das Natur- und Völkerrecht um 10.; sodann 2) alle Sommer die Europäische Staaten-Geschichte um 4.; 3) alle Winter über die Staatsverfassung der vornehmsten Europäischen Reiche und Staaten oder die sogenannte Statistik um 4.; hiernächst abwechselnd bald 4) die neuern Europäischen Staatshändel; bald 5) die Staatsklugheit mit Einschluß des Cameralwesens; und zwar alles dieses über seine eignen Handbücher; bisweilen auch 6) über das jetzt übliche Europäische Völker-Recht, auch 7) bisweilen über das allgemeine Staats- und

Völ-

Völker-Recht besonders, ingleichen 8) über Staats-Neuig-
keiten, oder ein sonst sogenanntes Zeitungs-Collegium;
oder 9) über einzelne dahin gehörige Gegenstände z. E. vom
letzten Teutschen Kriege u. s. f.

§. 74.

Gustav Bernhard Becmann, geb. 1720. Dec. 25.
zu Dewiß im Mecklenburg-Strelißischen, studierte seit
dem Febr. 1742. zu Halle. Und nachdem er daselbst nebst
seinem jüngern Bruder, Otto David Hentrich Becmann,
im Jahr 1747. den 3. May den juristischen Doctor-Hut,
und den 13. May die Magister-Würde erlanget, auch seitdem sowohl juristische als philosophische Vorlesungen gehalten; so ward er zu Anfang des Jahrs 1749., gleichfalls
nebst gedachtem seinem Bruder, anfangs ohne den Profes-
sors-Titel, doch mit einigem Gehalte, und der Versicherung einer Beförderung, nach Göttingen berufen. Hier
setzte er darauf seit dem May 1749. seine Vorlesungen fort,
und ward im Frühjahr 1753. prof. iur. extraord., sodann
ferner im Frühjahr 1759. prof. phil. ord., und zu Anfang
des Jahrs 1761. prof. iur. ord.

*I. Seine Schriften sind: 1) Diss. *inaug.* de obligatione mandantis erga mandatarium fines mandati exce-
dentem, Hal. 1747.; 2) Diss. de legato poenae nomine
relicto, Hal. 1748.; 3) Diss. de aequitate priuilegii
odiosi, *Goetting.* 1750.

*II. Es sind aber überdies von ihm in Gemeinschaft
mit vorgedachtem seinem Bruder in Druck gekommen:
1) Gedanken vom Reformiren des Rechts, Halle 1747.;
2) Gedanken vom Gebrauch und Mißbrauch der Exceptiv-
Sätze sowohl überhaupt als besonders in der Rechtsgelahrheit, Göttingen 1749.; 3) Gedanken von der Deutlichkeit und ihren Hindernissen im Vortrage besonders der
Rechtsgelahrheit; 4) De exceptionibus litis ingressum
impedientibus, 1753.; 5) Gedanken von den wahren
Quellen des Rechts der Natur, 1754.

*III.

*II. Außer denen Vorlesungen, die er 1) bisweilen
sowohl über die gemeine als höhere Mathematik anstellt,
lieset er gemeiniglich alle halbe Jahre 2) das Natur-Recht;
3) die Institutionen; 4) die Pandecten über das Böhmerische Handbuch; 5) über G. A. STRVV iurisprudentiam forensem; 6) über die Theorie des ganzen Processes öffentlich,
und 7) privatim ein collegium processuale elaboratorium,
auch wohl 8.) über die Lehre de actionibus, und 9) pri-
vatissimo die iurisprudentiam extraiudicialem. Darneben
lieset er alle halbe Jahre öffentlich in besonderen dazu gesetzten
Stunden 10) bey Gelegenheit des Titels der Pandecten
de origine iuris, in einer Zeit von vier Wochen die historiam iuris; desgleichen 11) bey Gelegenheit des Titels de
vsuris, ebenfalls in vier Wochen, über die Lehre vom interusurio und dessen richtiger Berechnung; und 12) bey
Gelegenheit der beyden letzten Bücher der Pandecten, in
den sogenannten Oster- und Michaelis-Ferien täglich zwey
Stunden über die Lehre von der Appellation und andern
Rechtsmitteln gegen Urtheile, wie auch vom Römischen
Staatsrechte.

§. 75.

Johann Henrich Christian von Selchow, geb. 1732.
Iul. 26. in der Mark Brandenburg, studierte, nachdem er
zu Wernigerode die Schul-Studien geendiget, seit Ostern
1751. zu Göttingen, und ward hier im Jun. 1755. Doctor,
sodann 1757. prof. iur. extraord., 1762. prof. iur. ord.,
und 1764. Beysitzer der Juristen-Facultät.

*I. Sein Leben ist beschrieben in GEDXVERI progr.
de dominica potestate veterum Germanorum, 1757.

*II. Seine Schriften sind: 1) Diss. inaug. de seruitu-
te altius tollendi Romana, eiusque ad Germaniam habitu,
Goett. 1755.; 2) Diss. de matrimonio nobilis, cum vili et
turpi persona, praesertim rustica; 3) De iuribus ex statu ingenuorum in Germania pendentibus liber singularis,
1756.; 4) Elementa antiquitatum iuris Romani publici
et priuati; 5) Institutiones iurisprudentiae Germanicae,
1757.; 6) Progr. de renouatione nobilitatis; 7) Orat. de
iure imperatoris circa concessionem priuilegiorum in territoriis statuum imperii; 8) Grundsätze des Wechselrechts

rechts zum Gebrauch öffentlicher Vorlesungen, 1758.;
9) *Elementa historiae iuris vniuersi per Germaniam* obti-
nentis, 1759.; 10) Abhandlung von den Quellen des
Braunschweig-Lüneburgischen Staats- und Privatrechts,
1760; 11) Diss. de reliquiis iuris manuarii in iure publico et priuato Germanico; 12) Anfangsgründe des
Braunschweig-Lüneburgischen Privatrechts; 13)
Elementa iuris Germanici priuati hodierni ex ipsis fontibus deducta; praemiss. Specim. *bibliothecae iuris prouincialis et statutarii Germanici*, Hannov. 1762.; 14) Juristische Bibliothek von neuen juristischen Büchern und
Abhandlungen. Erster Band 1764. Zweyten Bandes Er-
stes Stück 1765. 15) Grundriß einer pragmatischen Geschichte des Braunschweig-Lüneburgischen Hauses,
Göttingen 1764. 8. (bloß zum Gebrauche der Zuhörer).
Ausserdem hat er in den Jahren 1754. bis 1763. den grösten Theil der Recensionen von neuen juristischen Büchern
und Abhandlungen in den hiesigen gelehrten Anzeigen verfertiget; auch verschiedene Abhandlungen in den Hannöverischen gelehrten Anzeigen eingerückt.

* II. Er lieset 1) alle halbe Jahre über seine *elementa
iuris Germanici*, im Sommer um 9., im Winter um 8;
wie auch 2) über seine *historiam iuris vniuersi* um 2.; sodann abwechselnd 3) über die Braunschweig-Lüneburgische
Historie, oder 4) über das Braunschweig-Lüneburgische
Privat-Recht, beydes nach seinen Grundsätzen; oder 5)
über Nettelbladt *historiam litterariam iuris*; ingleichen
6) über seine Grundsätze des Wechselrechts, 7) über die
neueste Wahlcapitulation 2c.

§. 76.

Justus **Claproth**, geb. 1728. Dec. 30. zu Cassel,
studierte seit Mich. 1748. zu Göttingen, und ward daselbst
1752. Stadt-Secretarius und 1753. Garnisons-Auditeur.
Nachdem er aber diese Stellen um Mich. 1756. niederge-
leget, und im Apr. 1757. pro gradu disputirt; ward er
noch in eben dem Jahre 1757. zum Beysitzer der hiesigen
Juristen-Facultät, wie auch zum Manufactur-Richter ernannt; sodann ferner 1759. prof. iur. extraord., und
1761. prof. iur. ord.

* I. Seine Lebensbeschreibung findet sich in GEBAVE-
RI progr. *de dominica poteſtate veterum Germ.* 1757.

* II. Seine Schriften ſind: 1) Obſeruatio iuridica, de
poena rei contumacis, non reſpondentis ſecundum ius
electorale Brunſuico-Luneburgicum ſpeciatim de poena
confeſſi et conuicti; ad ordinat. ſummi tribun. Cellenſ.
P. II. Tit. X. §. 1. Goett. 1756.; 2) Grundſätze von
Verfertigung der Relationen aus Gerichts-Acten zum
Gebrauch der Vorleſungen, nebſt einer Vorrede von der
Verhältniß der Theorie und Praxis des Rechts; 3) Abhandlungen von den Handwerkern in den Hannöveriſchen
nützlichen Sammlungen, 1757.; 4) Diſſ. *inaug.* de non
vſu decreti D. Marci et poenae priuationis in viam facti
ſtatutae ad L. 13. quod met. cauſſ. et L. 7. C. vnde vi, 1757.;
5) Kurze Vorſtellung von dem Lauf des Proceſſes nebſt
den Entwürfen und nöthigen Formularien, nebſt einer
Vorrede von der Vorbereitung zu denen practiſchen Arbeiten und denen dazu dienſamen Hülfsmitteln; 6) Abhandlung von den Mitteln, wodurch einem durch Krieg
entkräfteten Staate wieder aufzuhelfen ſtehe, 1758.; 7)
Joh. Chriſtian Claproths Sammlungen Vter Theil; von
Ihm herausgegeben und ergänzt; 8) Primae lineae *iurisprudentiae extraiudicialis* theoretico practicae, in vſum
auditorii adornatae, 1759.; 9) Amb. Godfreys Erfindung von geſchwinder Auslöſchung der Feuersbrünſte, aus
dem Engliſchen überſetzt, in den Hannov. Beyträgen 1761.
p. 1619.; 10) Gedanken über die Feuer-Anſtalten, in
den Hannov. Beytr. 1762. p. 1105.; 11) Grundſätze von
Verfertigung und Abnahme der Rechnungen; von Reſcri-
pten und Berichten; von Memorialien und Reſolutionen,
1762.; 12) *Iurisprudentiae heurematicae* pars I. ſectio-
nem generalem et materiam pactorum complectens, 1762.;
pars II. 1765.; 13) Libellus de interuentione, 1763.

* III. Seine gewöhnliche Vorleſungen ſind: 1) über
den Böhmeriſchen Tractat de actionibus; 2) ein collegium practicum elaboratorium; 3) ein relatorium; 4)
über die iurisprudentiam heurematicam und extraiudicialem.

3) Or

3) Ordentliche Lehrer der Arzney-Wissenschaft.

§. 77.

Georg Gottlob **Richter**, geb. 1694. Febr. 4. st. vet. zu Schneeberg in Meissen, studierte seit 1712. zu Leipzig, ward 1714. daselbst Magister, und fieng, nachdem er sich dazu nach den Gesetzen habilitirt, öffentliche Vorlesungen an; studierte aber ferner Medicin, gieng 1716. zur Fortsetzung dieses Zwecks nach Wittenberg, und that 1717. eine gelehrte Reise über Magdeburg, Helmstädt, Braunschweig, Wolfenbüttel, Zell, Hamburg und Lübeck, nach Kiel, allwo er, nachdem er sich dreymal auf dem Catheder gezeigt, Assessor der philosophischen Facultät wurde. Von da begab er sich 1718. nach Leiden, unter andern den berühmten Boerhave zu hören, und zu Ende des Jahrs 1719. zurück nach Kiel, wo er 1720. die Doctorwürde und das Assessorat der medicinischen Facultät überkam, auch daselbst Vorlesungen in medicis, philosophicis und litteris humanioribus hielt, bis er 1728. als Leibmedicus, Hof und Justitz-Rath in die Dienste Ihro jetzigen Königlich Schwedischen Majestät, damaligen Bischofs von Lübeck zu Eutin trat, woselbst er acht Jahre blieb, auch in Gefolge seines Herrn 1729. eine Reise über Wesel, Geldern, Löwen, Brüssel, Mons, Valenciennes, Cambray nach Paris that, und wieder zurück über Brüssel, Mecheln, Antwerpen, Rotterdam, Leiden, Haag, Amsterdam, Utrecht, Osnabrück und Hannover, wo eben damals der König Georg der II. anwesend war, dessen Gnade ihn nachmals zur neuerrichteten Universität nach Göttingen, zwey Jahre vor deren Einweihung 1735. berief, woselbst er Ostern folgenden Jahrs 1736. als Königl. Hofrath, Leibmedicus und *professor medicinae primarius* seine Function antrat. †. 1773. May. 28.

*L

*I. Sein Leben ist beschrieben in Börners Nachrich-
ten von jeßtlebenden Aerzten tom. I. (1749.) p. 145-171.,
und in BRVCKER *pinacoth.* vol. 2. dec. 9. (1752.).

* II. Seine Schriften bestehen in kleinen Werken, dis-
sertationibus, programmatibus und Gedichten. Unter den
Dissertationen sind einige, welche er sich nicht beylegt, mit
einem * bezeichnet. Sie folgen ungefähr in nachstehender
chronologischer Ordnung auf einander: 1) Diss. de ortu
et progressu morum humanorum, Lipf. 1714. 5 2) Diss.
de usu thermarum Carolinarum in morbis ventriculi et
intestinorum, 1715.*; 3) Somnium Arcadis de amico
cauponis Megarici insidiis interfecto, Kil. 1718. ; 4) Diss.
de naturae characteribus in triplici regno*; 5) Diss. de
aequilibrio propensionum humanarum; 6) Diss. de mi-
rabili sanatione mulieris Bremensis secundum naturae leges explicata, 1720.; 7) Diss. de medicina firmis cer-
tisque fundamentis innixa, 1722.; 8) Diss. de medicamentorum efficacia generatim determinanda, Goetting.
1736.*; 9) Progr. de morte sine morbo, tanquam extrema artis salutaris meta; 10) Progr. de caussis insta-
bilis effectus medicaminum; 11) Diss. de lacte infonte,
1737.; 12) Diss. de natura se ipsam nunc vindicante
nunc destruente*; 13) Progr. de iudicio virium medicarum pro variis vegetabilium partibus; 14) Progr. de
celeri ingestorum mutabilitate non semper salubri; 15)
Progr. de prudentia medica ambiguos naturae motus et
crises determinandi; 16) Progr. de naturae apparente
prodigentia ratione seminum, 1738.; 17) Diss. de morbo hypochondriaco, 1739.; 18) Diss. de diuino Hippocratis*; 19) Diss. de salutari frigoris in medicina usu,
1740.*; 20) Diss. de malo hysterico, 1741.; 21) Progr.
de veterum empiricorum ingenuitate; 22) Progr. de
naeuis theoriae medicae; 23) Progr. de vario sensu vocis καιλία; 24) Progr. de morte repentina hominum specie sanorum; 25) Progr. de virtute stomachica vini ca-
lidi; 26) Progr. de purpurae antiquo et nouo pigmento;
27) Progr. de materia et sede podagrae; 28) Progr. de
mania erotica; 29) Diss. de fluxu ventris dysenterico,
1742.; 30) Diss. de medicina ex Talmudicis illustrata,
1743.; 31) Progr. de viis sputi pleuriticorum, 1744;
32) Diss. de scorbuto; 33) Diss. de erysipelate;
34) Progr. de nimia laude haemorrhoidum; 35) Progr.
de Hippocraticis scorbuti antiquitatibus; 36) Progr. de
assue-

affuetudine venena ferendi in drimyphagis; 37) Progr.
de phthifi fine vlcere; 38) Progr. de phthifi neruofa;
39) Progr. vindiciae *Boerhauii* contra cenforem Anglum;
40) Diff. de cunis infantum, inprimis nobiliorum, 1745.;
41) Diff. de cachexia icterica; 42) Diff. de medicina
plagofa, 1746.; 43) Diff. de mufcorum notis et falubritate, 1747. *; 44) Diff. de infolatione f. poteftate
folis in corpus humanum; 45) Diff. de natura morborum per morbos victrice; 46) Diff. de tuffi; 47) Diff.
de medicamentis fpecificis, 1748.; 48) Progr. de du-
plici nouo inflammationum exitu, rigefcendo et defqua-
mando; 49) Progr. de crifibus veterum, earumque proprio tempore; 50) De balneo animali; 51) Diff. de
tenuitate humorum temere laudata, 1750.; 52) Diff.
de cardialgia; 53) Diff. de tremore; 54) Diff. de voce
naturae, fiue fenfibus internis indigentiae corporis ad-
ftrictis, 1751.; 55) Diff. de fpe et praefidiis longaeuo-
rum, 1752.; 56) Diff. de natura, labe et praefidiis memoriae humanae; 57) Diff. de filentio medico; 58)
Progr. de ieiuniorum et nimiae fobrietatis noxis; 59)
Progr. de conftantia fenilis valetudinis; 60) Progr. de
pifcium falutari cibo; 61) Progr. de limitandis laudibus perfpirationis, 1753.; 62) Progr. de falutaris fomni
menfura et tempore; 63) Diff. de iufto febrium mode-
ramine; 64) Diff. de falubritate fructuum horaeorum,
1754.; 65) Diff. de lucubrationum noxis, 1755.; 66)
Diff. de ftatu mixto fomni et vigiliae, 1756.; 67) Progr.
de falutari fitus corporei varietate, eruditis etiam com-
mendanda; 68) Progr. de falutari dormientium fitu;
69) Progr. de lege confuetudinis legibus medicis concilianda; 70) Progr. de morte feruatoris in cruce, (exiit
deinde in forma tractatus triplo auctius 1757. verfum quoque lingua vernacula); 71) Progr. frigus capiti, fotum
caloremque pedibus magis conuenire; 72) Progr. de in-
falubri lactis et vini mifcela; 73) Diff. de fene valetudinis fuae cuftode, 1757.; 74) Progr. de falutari, limi-
tando tamen equitationis exercitio; 75) Diff. de cura
magiftratus circa valetudinem ciuium, 1758.; 76) Diff.
de coctionum praefidiis euacuantium abufu euerfis; 77)
Progr. de medico morientis adfpectum magis quam mortui fugiente, 1759.; 78) Progr. de paralyfi alio fenfu
prifcis alio recentioribus fumta, et ad paralyticos N. Te-
ftam. accommodata; 79) Progr. contra mendaciorum
immunitatem a *Platone* medicis conceffam; 80) Progr.
de

de victus animalis antiquitate et falubritate, 1761.; 81) Diff. de valetudine hominis nudi et cooperti, 1763.; 82) Progr. de ficcis et fobriis, 1764.; 83) Diff. de prifca Roma in medicos fuos haud iniqua; 84) Progr. de commodis fenectutis et inprimis fenili fatietate vitae; Ohne die auß feiner Feder gefloffenen vielen Teutfchen und Lateinifchen Gedichte zu gedenken, von welchen letztern infonderheit die fex querelae de bello nuper apud nos gefto und das Iubilum pacis noch bekannt und in frifchem Andenken find.

*III. Er hält gemeiniglich 1) ein collegium encyclopaedicum; fodann 2) ein diaeteticum; 3) ein pathologicum collegium; ingleichen 4) in materiam medicam und 5) über die praxin cum exercitils clinicis.

§. 78.

Rudolph Augustin **Vogel**, geb. 1724. Mai. 1. zu Erfurt, ftudierte feit 1740. zu Erfurt, feit 1745. zu Leipzig, und erhielt nach einigem Aufenthalt zu Berlin 1747. die Doctorwürde zu Erfurt, wo er feitdem practicirte und academifche Vorlefungen hielt. Um Mich. 1753. kam er als prof. med. extraord. nach Göttingen, und ward hier ferner 1760. prof. med. ord., 1763. Landphyficus, und 1764. Leibmedicus; wie er denn auch in verfchiedene Academien der Wiffenfchaften aufgenommen worden. *T. s. IV. 177.*

*I. Seine Schriften find: 1) Diff. *inaug.* de Larynge humano et vocis formatione, Erf. 1747.; 2) Gedanken von der Hornviehfeuche, Erfurt 1750.; 3) Medicinifche Bibliothek, darinne von den neueften zur Arzeneygelahrheit gehörigen Büchern und Schriften ausführliche Nachricht gegeben, und zugleich nützliche Erfahrungen nebft andern Neuigkeiten bekannt gemacht werden, Iter Band, 10. Stücke, Erf. und Leipz. 1751. 8 ; IIter Band, 10. Stück, daf. 1752. und 1753.; 4) Neue Medicinifche Bibliothek, (eine Fortfetzung des vorigen Werks) Göttingen, I. Band, 6. Stück, 1754., II. Band 1755., III. Band, 1756., IV. Band, 1758., V. Band, 1762 wird nochfortgefetzt); 5) Progr. de incremento ponderis corporum quorundam igne calcinatorum, Goett. 1753.; 6) *Inftitutio-*

tiones chemiae ad lectiones academicas accommodatae, 1755.; (Edit. II. polita et locupletata, Lugd. Bat. et Lipſ. 1757. wovon zu Bamberg 1762. ein Nachdruck geschehen); 7.) De incruſtato agri Gottingensis commentatio phyſicochemica, 1756.; 8) *Hiſtoria materiae medicae* ad nouiſſima tempora producta, Lugd. Bat. et Lipſ. 1758. 8. (welche zu Frf. am Mayn 1762. und zu Bamberg 1764. nachgedruckt worden); 9) Progr. de ſtatu plantarum, quae noctu dormire dicuntur, 1759.; 10) Diſſ. animaduerſiones ſuper morbis incurabilibus, 1760.; 11) Diſſ. de nitro cubico; 12) Practiſches Mineralſyſtem, Lpz. 1762. 8.; 13) Diſſ. terrarum atque lapidum partitio; 14) Diſſ. de rarioribus quibusdam morbis et affectionibus; 15) Diſſ. de nitro flammante; 16) Diſſ. de vomica pulmonum ſine cyſtide; 17) Progr. de verioribus balſami Meccani notis, 1763.; 18) Progr. dubia de vſu circumciſionis medico; 19) Progr. Gottingensium praenotionum penſum I.; 20) Diſſ. de inſania longa; 21) Diſſ. de hydrope pectoris; 22) Diſſ. definitiones generum morborum, 1764.; 23) Diſſ. herniarum communia attributa et partitio; 24) Diſſ. de analyſi medicamentorum ſimplicium chemica ad virtutes ipſorum determinandas hactenus perperam adhibita.

* H. Seine Vorleſungen ſind 1) über die Chemie, wovon er im Winter die Theorie lieſet, und im Sommer practiſche Uebungen und Verſuche anſtellt; 2) über die Mineralogie, jährlich einmal; 3) über die Therapie, nebſt denen dahin unmittelbar einſchlagenden Theilen, als Pathologie, Semiotik, materiam medicam, Pharmacie und Chirurgie, Jahr aus Jahr ein, täglich 2. Stunden.

§. 79.

Philipp Georg Schröder, geb. 1729. Apr. 21. zu Marburg, ein Sohn des dortigen prof. theol. et linguar. orient., Johann Joachim Schröders, ſtudierte ſeit 1743. zu Marburg, anfangs nur in der Abſicht, ſich bloß der Naturkunde und Mathematik zu widmen, worinn er auch nach einigen Jahren Privat-Unterricht gab. Seit 1747. legte er ſich aber auf die Arzney-Wiſſenſchaft, und ſtudierte in ſolcher Abſicht ferner ſeit Mich. 1748. zu Jena, und

ſeit

feit Oſtern 1751. zu Halle. Und nachdem er ſich von Mich. 1751. bis Oſtern 1752. zu Berlin beſonders in der Zerglie= derungskunſt geübet; und den Sommer 1752. zu Witten= berg, Halle, Leipzig und Caſſel zugebracht, um ſowohl von den berühmten Aerzten dieſer Orten, als von deren Cabi= netern und Bibliotheken Nußen zu ſchöpfen; ſo erwarb er im Sept. 1752. zu Marburg den mediciniſchen Doctorhut, und hielt daſelbſt academiſche Vorleſungen, bis er um Mich. 1754. nach Rinteln zur dritten Stelle der dortigen medici= niſchen Facultät als prof. anatom. et chirurg. ord. beför= dert wurde, wo er überdies auch Garniſons=Medicus und Stadtphyſicus ward, und ferner 1756. die ordentliche Profeſſion der Naturlehre, und in der mediciniſchen Facul= tät die zwente, hernach 1759. die erſte Stelle, auch in= zwiſchen abweſend von Marburg aus die Magiſterwürde erhielt. Von Rinteln kam er hernach im Anfange des Jahrs 1763., als prof. med. primarius, wie auch als prof. phyſ. ord., nach Marburg, und erlangte auch da das Stadtphyſicat. Endlich folgte er aber um Oſtern 1764. der Vocation nach Göttingen als prof. med. ord. mit der dritten Stelle in der mediciniſchen Facultät, wo er bald hernach auch praeses collegii chirurgici, und im März 1765. Königlicher Leibmedicus wurde. † 1772 *März*. 14.

*I. Seine Schriften ſind: 1) Diſſ. *inaug.* de con-
uulſionibus ex haemorrhagia oriundis, *Marb.* 1752.;
2) Progr. de foetu in vtero non reſpirante, 1752.; 3)
Progr. de aeris cum ſanguine in pulmonibus commixtione, 1753.; 4) Progr. de experimentis, quae artis medicae rationale exercitium admittit, ſine periculo aegro-
rum inſtituendis, *Rintelii* 1754.; 5) Diſſ. de obeſitate
vitanda, 1756.; 6) Diſſ. de cachexia et hydrope ex
quacunque nimia ſanguinis profuſione facile oriundis;
7) Beſchreibung der Hornviehſeuche, welche ſich im Jahr
1757. in der Grafſchaft Schaumburg befunden, nebſt Vor=
ſchlägen zu deren Abwendung und Cur, 1757.; 8) Diſſ.
praecipua circa pathologiam haemorrhoidum notanda ex-
ponens, 1758.; 9) Progr. de vniuerſali corporum ter-
re-

restrium attractione Newtoniana, generatim spectata, 1759.; 10) Diss. de conuulsionum febrilium in genere spectatarum pathologia et therapia, 1760.; 11) Theses ex variis medicinae partibus collectae, 1762.; 12) Beschreibung der Hornvichseuche der Grafschaft Schaumburg in den Jahren 1761. und 1762. nebst neuen Vorschlägen zu deren Abwendung und Cur, 1762.; 13) Diss. de pleuritidum siccarum differentia, indole et sede, *Marb.* 1763.; 14) Progr. Experimentorum cum bile institutorum, pars I., *Goetting.* 1764.

 * II. In seinen Vorlesungen beschäfftiget er sich vornehmlich mit denenjenigen Theilen der Arzneywissenschaft, welche sich näher auf deren Ausübung beziehen. Oeffentlich pflegt er entweder die allgemeine Lehren der Therapie vorzutragen, oder wichtigere Stücke aus den Schriften der alten Aerzte zu erklären. Seine übrige Lehrstunden sind vorzüglich dem Unterrichte in der Pathologie, Semiotik und besonderen Therapie gewidmet.

§. 80.

David Sigismund August **Büttner**, geb. 1724. Nov. 28. zu Chemnitz in Sachsen, ward nach frühzeitigem Verlust seines Vaters seit 1728. bey seinem mütterlichen Urgroßvater, dem Königlich-Preussischen ersten Leibarzte und Hofrath, Georg Ernst Stahl, zu Berlin erzogen, wo er auch 1735. an dem Königlichen Hofarzte und prof. med. et botan., Michael Matthias Ludolf, einen Stiefvater bekam, dessen Haupt-Studium ihn veranlaßte, daß er sich seit 1737. ebenfalls der Kräuterwissenschaft widmete. Nachdem er von 1736. bis 1740. den Unterricht der damaligen Lehrer am Berlinischen gymnasio, Leonhards Frisch, und Nathanael Baumgartens genossen; legte er sich seit 1740. bey dem collegio medico zu Berlin auf alle Theile der Medicin, besonders auf die Anatomie, und besuchte zugleich fleissig das Hospital de la Charité. Hernach hörte er 1744. zu Helmstädt Heistern, und seit 1745. zu Göttingen Hallern und Brendeln, that auch von hieraus verschie-

L

schiedene botanische Reisen nach der Lüneburger Heide,
dem Harze, und auf die Hessischen Gebürge. Zu Leiden
hörte er hernach 1747. noch Gaubius und Wintern, und
legte sich seitdem weiter zu Berlin auf die Botanik, Praxin, und Hebammenkunst. Wie er aber zugleich fortfuhr,
von Zeit zu Zeit botanische Reisen in Holland zu thun; so
suchte er insonderheit auch fleißig auf der offenbaren See
eine nähere Kenntniß der Seegewächse zu erlangen, da er
denn außer einer ansehnlichen Anzahl Seepflanzen auch die
Entstehungs-Art vieler sonst für Pflanzen gehaltenen Po-
lypen-Gehäuse entdeckte. Diese Entdeckungen legte er
1750. zu London nach einer dahin gethanen Reise der dortigen Societät der Wissenschaften vor, da denn ein Mitglied derselben, John Ellis aus Irrland, solche nachher
unter dem Titel: Essay towards Corallines, mit Kupferstichen, die er auf seine Kosten veranstaltet, nebst einigen
von ihm selbst gemachten Zusätzen, der Welt mitgetheilt
hat. Nachdem er noch 1751. seinen Aufenthalt in Engelland zu einer botanischen Reise nach Nordwallis und auf
die dabey gelegenen Inseln benutzet, auch nachher wieder
einige Zeit zu London mit Besuchung der Hospitäler und
Kranken zugebracht; so begab er sich im Sept. 1752. nach
Paris, wo er wiederum bis ins dritte Jahr die dortigen
Vorlesungen, Kräutergärten, und Hospitäler sich zu Nutze
machte. Als er endlich 1755. nach Berlin zurückkehrte;
ward ihm daselbst 1756. die durch den Tod seines Stief-
vaters erledigte professio med. et botan. ordin. bey dem
dortigen collegio medico - chirurgico anvertrauet, bis er
1760. dem Rufe nach Göttingen als prof. med. et botan.
ord. folgte.

*I. Er hat außer einigen in verschiedenen periodischen
Schriften zerstreueten Anmerkungen eine Enumerationem
plantarum horti Cunoniani, Amst. 1750. 8. drucken lassen.
Ein größeres Werk von algis hat er wegen der Entfernung
von der See bisher noch ruhen lassen. Vorjetzo beschäfftiget er sich unter andern mit einer flora Goettingensi, und
mit

mit einer Beschreibung derer seltensten Pflanzen des hiesigen botanischen Gartens, welche vorhin noch nicht gezeichnet oder bestimmt worden, wovon er schon einen beträchtlichen Vorrath hat.

*II. Seine Vorlesungen widmet er vornehmlich der Botanik sowohl überhaupt, als nach verschiedenen Abtheilungen derselben. Er gibt aber auch darneben Anleitung zur therapia generali und methodo medendi.

§. 81.

Georg Matthiä, geb. 1708. Mart. 20. zu Schwesing ohnweit Husum im Schleswigischen, studierte 1727. und 1728. auf dem gymnasio zu Hamburg, hernach seit 1729. zu Helmstädt, und hielt sich sodann seit 1732. gegen zwey Jahre zu Berlin, und wieder ein Jahr zu Hamburg auf. Nachdem er hernach 1735. eine Zeitlang in seinem Vaterlande praxin medicam getrieben; ward er 1736. bey der hiesigen Bülowischen Bibliothek als custos bestellt, und im Jun. 1741. von der philosophischen Facultät zum Magister, und von der medicinischen zum Doctor ernannt. Worauf er ferner 1755. prof. med. extraord. und 1764. prof. med. ord. geworden.

*I. Sein Leben ist im Richterischen progr. *de naeuis theoriae medicae, 1741.*; und in Börners Nachr. von jetztleb. Aerzten tom. 1. (1749.) p. 856-879. beschrieben.

*II. Seine erste Schriften sind: 1) Jac. Benign. Winslow anatomische Abhandlung von dem Bau des menschlichen Leibes ꝛc. aus dem Französischen übersetzt, mit einer Vorrede und vier Regiftern, IV. Bände, Berlin 1733. 8.; 2) Henr. Franz Le Dran Vergleichung der mancherley Manieren den Stein aus der Blase zu ziehen ꝛc., aus dem Französischen übersetzt, Berlin 1733. 8.; 3) Peter Fauchards Französischer Zahnarzt, aus dem Französischen übersetzt, II. Theile, Berl. 1733. 8.; 4) Jac. Crescent. Garengeot gründliche Abhandlung von den operationibus chirurgicis, aus dem Französischen übersetzt (die 15. letzte Bogen im III. Theil) Berl. 1733. 8.

*III.

* III. Seine Göttingische Schriften sind: 5) Idea professorum academiae Georgiae Augustae, Goett. 1737. 4.; edit. II. auct. et emend. 1738. 4.; 6) Conditor academiae minister, carmen virtutibus illustriss. G. A. de Münchhausen dicatum, 1738. 8.; 7) Ein dreyfaches Register zur Gesnerischen Ausgabe des Quintiliani de institutione oratoria, 1738.; 8) De habitu medicinae ad religiosem commentatio ad Hippocratem, 1739.; 9) De philosophia medici, s. Hippocratis liber de honestate, cum noua versione Latina, notis, et amplissimo commentario; prolegom. de statu medicinae Graecanicae, et de eo in medicina, quod nec dici nec scribi potest, 1740.; 10) Diss. inaug. de praxi medicinali secundum theoriam instituenda, sub praesid. Io. And. Segneri, 1741.; 11) Progr. de vera institutionum medicinae ratione, in exemplo curati morbi, 1742.; 12) Progr. de cognitione veritatis in medicina, 1743.; 13) Ob zu Hippocratis Zeiten die Medicin bereits ganz erfunden gewesen? 1745.; 14) Ob die Christliche Religion einen besondern Nutzen in der Medicin habe? 1745.; 15) Lexicon manuale Latino-Germanicum et Germ. Latinum, 1748.; 16) Beschreibung des Königlich Französischen Naturalien = Cabinets, aus dem Französischen von Buffon, übersetzt, Hamb. und Leipz. 1750. 4.; 17) Bibliotheca Ioach. Opporini, 1754.; 18) Progr. de laude Dei ex Hippocrate, 1755.; 19) Conspectus historiae medicorum chronologicus, 1761.; ohne noch a) der Beyträge zum Gesnerischen thesauro linguae Latinae, besage dessen Vorrede, zu gedenken; wie auch b) vieler Abhandlungen in den Hannoverischen gelehrten Anzeigen, und c) vieler für Candidaten verfertigten Dissertationen.

* IV. In seinen Vorlesungen erkläret er 1) die institutiones medicinae über Heisters Compendium, auf die Art einer ausführlichen encyclopaediae medicinalis; 2) die pathologiam generalem cum semiotica, nach geschriebenen Sätzen; 3) die pathologiam specialem oder einzelne Krankheiten dictando, oder auch zugleich mit der pathologia generali: 4) methodum medendi, oder therapiam generalem, nach dictatis; 5) die therapiam specialem, gleichfalls nach dictatis; 6) die praxin über HEISTERI compendium medicinae practicae; 7) die artem praescribendi formulas medicamentorum über IVNKERI conspectum formularum, oder ex dictatis, wöchentlich 2. Stunden;

ben; 8) den Corn. CELSVM *de medicina*; 9) den HIP-
POCRATEM, besonders seine aphorismos; 10) notitiam
auctorum et librorum medicorum mit Vorzeigung der
Bücher auf der öffentlichen Bibliothek, worneben er endlich
11) auch disputatoria hält.

---

4) Ordentliche Lehrer der Weltweisheit.

---

§. 82.

Samuel Christian **Hollmann**, geb. 1696. Dec. 3.
zu Stettin, studierte, nachdem er die gymnasia zu Stettin
und Danzig frequentirt hatte, 1718. ein halb Jahr zu
Königsberg, und seitdem zu Wittenberg; wo er 1720.
Magister ward. Sodann hielt er 1722. zu Greifswalde,
und seit 1723. zu Wittenberg öffentliche Vorlesungen.
Hier ward er auch 1724. Adjunct der philosophischen Facultät, und 1726. prof. phil. extraord. Um Mich. 1734.
kam er aber als prof. phil. ord. nach Göttingen; und bey
der hier 1751. errichteten Societät der Wissenschaften ward
er nicht nur das erste ordentliche Mitglied der physicalischen
Classe, sondern auch seit 1753. halbjährig abwechselnder
Director der Societät, bis er 1761. seine Stelle in der
Societät niederlegte.

* I. Seine Lebensbeschreibung findet sich in Göttens
jetztleb. gel. Eur. tom. 1. p. 601-604., und in BRVCKER
pinacoth. vol. 2. dec. 7. (1747.).

* II. Seine erste Schriften sind: 1) De stupendo naturae mysterio, anima humana sibi ipsi ignota, diss. I.
Gryphisw. 1722; diss. II. *Vitemb.* 1723.; 2) De harmonia inter animam et corpus praestabilita, diss. H. Vitemb. 1724.; recusae in forma tractatus, *ibid. eod.*;
3) Observationes elencticae in controuersia Wolfiana
disputatori cuidam Halensi (Ioach. Langio) oppofitae;
4) Lacrimae Thorunienses, item das bethränte Thorn,
auctore Coelandro, 1725.; 5) Diss. II. de obligatione

astro-

astronomi Christiani erga scripturam sacram; 6) Diss.
epistolica ad Bülffingerum, in Epistolis amoebaeis de
harmonia praestabilita, postea recusa; 7) Progr. de
comparata scientiarum elegantiorum dignitate, et iusto
cuiuis statuendo pretio, 1726.; 8) Vindiciae huius programmatis; 9) Diss. de iure consequentiarum; 10) Apologia praelectionum in N. T. inprimis Matth. XXVIII. 1.
habitarum, 1727.; 11) Pomum Eridos in fumum abiens,
h. e. verum et falsum in controuersia de notitia hominis
irregeniti; 12) Commentatio philosophica de miraculis;
13) Institutionum philosophicarum in vsum auditorum
conscriptarum tom. I. logicam et metaphysicam complectens; 14) Institutionum philosophicarum tom. II. physicam cum pneumatologia et theologia naturali sistens,
1728.; 15) Epistola tertia in epistolis amoebacis de harmonia praestabilita; 16) Scripta quaedam theologica,
anonymice edita; 17) Diss. II. de reformatione philosophica; 18) Progr. de fructibus ex reformatione Lutheri in studia philosophica redundantibus, 1730.; 19)
De vera philosophiae notione diss. I., 1731.; II. 1733.;
20) Ueberzeugender Vortrag von Gott und der Schrift,
1733. (so hernach etlichemal wieder aufgelegt); 21) Paulo vberioris in vniuersam philosophiam introductionis
tom. I. quo logica et metaphysica continentur, 1734.

*III. Seine Göttingische Schriften sind: 22) Progr.
brutumne esse, an ratione vti praestet, 1734.; 23) Obseruationes de sceletis foliorum, insertae transactionibus
philosophicis nr. 461. et commercio litterario Norimberg.
a. 1735.; 24) Progr. de rerum philosophicarum ad ma-
iorem et certitudinem et consensum reducenda cognitione, 1735.; 25) Wöchentliche Göttingische Nachrichten
nebst allerhand vorangesetzten philosophischen Betrachtungen;
26) De definiendis iustis scientiarum philosophicarum limitibus diss. I. 1736.; II. 1737.; 27) Der Zerstreuer; eine
Wochenschrift, 1737.; 28) Paulo vberioris in vniuersam
philosophiam introductionis tom. II. qui physicam com-
plectitur, 1737.; 29) Progr. de capienda ex exercita-
tionibus academicis vtilitate; 30) Diss. cogitationes po-
steriores de harmonia praestabilita, 1738.; 31) Diss.
aeternitatem successionis expertem nec esse, nec esse
posse; 32) Progr. de inuiiis plerumque nouis verita-
tibus, 1739.; 33) Progr. de diuersis certitudinis humanae generibus, 1740.; 34) Einige über die societatem
ale-

alethophilorum ausgefertigte Briefe, in den Koelerischen
Münzbelustigungen; 35) Institutiones pneumatologiae
et theologiae naturalis tomo III. vberioris introductionis
in philosoph. destinatae, 1741.; 36) Einige Briefe bey
Oeders Anmerkungen über Canzens Tractat von der Un=
sterblichkeit der Seelen; 37) Obseruationes de diuersa
mercurii in barometris eodem tempore et eodem in loco
altitudine, in den Transact. philosoph. Nr. 464.; 38) Primae lineae philosophiae naturalis, 1742.; 39) Progr.
Prudentii, Simplicii, et Philalethis, de eo quod nimium
est in philosophando, dialogus, 1743.; 40) Beschrei=
bung der mit der Kälte angestellten Versuche, in den Göt=
ting. gelehrten Zeitungen; 41) Epistola ad Cromw. Mor-
timerum, reg. soc. Londin. scientiar. de congelatione
subitanea, igne electrico et de micrometro microscopio
applicando, in den Transact. philosophicis, Num. 475.
1744.; 42) Beschreibung der zu den electrischen Esperi=
menten dienlichen Maschinen und Gläser, in den Götting.
gelehrten Zeitungen, 1745.; 43) Schreiben an die A. d.
W. z. B. die Untersuchungen von der Electricität betreffend;
44) Philosophia rationalis, siue logica, multum aucta
et emendata, 1746.; 45) Prima philosophia, seu metaphysica, multum aucta et emendata, 1747.; 46) Ei=
ne Widerlegung des homme machine, in den Götting. gel.
Zeitungen, 1748.; 47) De barometrorum cum aeris et
tempestatum mutationibus consensu, in den transactionibus philosophicis, Num. 492.; 48) Philosophiae naturalis primae lineae, auctius editae, 1749.; 49) Iurisprudentiae naturalis primae lineae, 1751.; 50) De exi-
guo, qui adhuc appareat, obseruationum meteorologi-
carum vsu, im Tomo I. commentariorum societatis regiae scientiarum; 51) Repetitae obseruationes de mercurii in barometris diuersa altitudine. *ibid.*; 52) Ossium
fossilium insolitae magnitudinis, in praefectura Herz-
bergensi repertorum, descriptio, in denselben commentariis soc. reg. scient. 1752.; 53) Philosophiae naturalis
primae lineae multum auctae et emendatae; 54) Obseruationes meteorologicae ab anno 1741. ad annum 1749.
in dem Tomo III. commentariorum soc. reg. scientiarum;
1753.; 55) De corporum marinorum, aliorumque pere-
grinorum, in terra continente origine, *ibid.*; 56) Obseruationes meteorologicae ab anno 1750. ad annum 1753.
in eben den commentariis soc. reg. scient. tom. IV. 1754.;
57) Attractionis historia, cum epicrisi, *ibid.*; 58) Ob-

seruationes meteorologicae anni 1754., 1755., und 59)
annotationes ad Chrift. Mylii obferuationes in montibus
Hercyniae inftitutas; ingleichen 60) loci memorabilis, in
quo ingens ligni foffilis copia reperitur, defcriptio: gehören
zu dem noch nicht gedruckten Tomo V. commentarior. foc.
reg. fcientiarum; 61) Obferuationes meteorologicae
anni 1755. et de terrae motibus, inprimis nupero Vliffi-
ponenfi, 1756.; 62) Paralipomena quaedam de terrae
motu, occafione eius, quem d. 18. Febr. 1756. etiam
hic loci experti fumus; 63) De experimenti Florentini,
circa aquae incondenfabilitatem, quibusdam fallaciis;
64) Leuiores quaedam fymbolae ad illuftrandum refpira-
tionis mechanifmum et vfum, 1758.; 65) De foliorum
in plantis perfectioribus mechanifmo et vfu, 1759.; 66)
Congelationis naturalis et artificialis memorabiliora quaedam phaenomena; 67) Prorectoratus in academia Georgia Augufta durante imperio Gallico maximam partem
geftus; 68) Verfchiedene obferuationes und recenfiones
in den Götting. gelehrten Anzeigen von 1741. bis 1759.
und einigen differtationibus beygefügte Briefe; 69) Montium quorundam memorabilium in vicinia defcriptio,
in den transact. philof. vol. 51.; 70) Sylloge commentationum in regia focietate fcientiarum ab a. 1756. inde
recenfitarum, 1762. Hierinn finden fich obige Schriften
von num. 50. 51. 52. 54 - 66. und überdies noch 71.) Supplementa ad commentationem de corporum marinorum
origine; 72) Philofophiae naturalis primae lineae, auct.
et emendat. 1765.

* IV. In feinen Vorlefungen erklärt er 1) alle halbe
Jahre die Phyfik, gemeiniglich den erften Theil im Winter
um 1., den andern im Sommer um 2.; fodann abwechfelnd
bald 2) die Logik, bald 3) die Metaphyfik, oder 4) die
Moral, wie auch 5) das Recht der Natur.

§. 83.

Johann David **Michaelis**, geb. 1717. Febr. 27.
zu Halle in Sachfen, des dortigen Prof. Chr. Bened. Michaelis älterer Sohn, ftudierte zu Halle feit 1733.; und
ward dafelbft im Oct. 1739. Magifter. Nachdem er hernach auf einer gelehrten Reife 1741. und 1742. 15. Mo-
nas

nahe in Engelland zugebracht, fieng er zu Halle an Vorlesungen zu halten, die er zu Göttingen 1745. anfangs als
Magister fortsetzte, worauf er noch im Jahre 1746. hier
prof. phil. extraord., sodann 1750. prof. phil. ord.
wurde. Bey der hiesigen Societät der Wissenschaften war
er anfangs 1751. Secretarius, welche Stelle er 1756. re-
signirte, und bloß als ordentliches Mitglied, dessen Rechte
schon vorhin mit dem Secretariat verknüpft gewesen waren,
bey der Societät blieb. Hernach ward er 1761. deren Director; wie auch in eben dem Jahre Hofrath.

*I. Seine Schriften sind: 1) Anfangsgründe der
Hebräischen Accentuation, 1741.; 2) Hebräische Grammatik, 1745.; 3) Catalogus bibliothecae Ludewigianae;
4) Diss. de mente et ratione legis Mosaicae usuram pro-
hibentis; 5) Ad leges diuinas de poena homicidii, Diss.
I. 1747.; Diss. II. 1750.; 6) Gedanken von der Genugthuung Christi, Göttingen 1748.; 7) Diss. de prisca
Hierosolyma, 1749.; 8) Clarissa, die 4 ersten Theile,
aus dem Englischen; 9) Paraphrasis und Anmerkungen
über die Briefe Pauli an die Galater, Epheser, Philipper,
Colosser, Thessalonicher, Timotheus, Titus, Philemon,
1750. (Von diesem Buch ist jetzt eine neue sehr vermehrte Ausgabe unter der Presse.); 10) Einleitung in die
göttlichen Schriften des neuen Bundes. (Von diesem Buche ist jetzt eine vermehrte Ausgabe unter der Presse, die
vollständiger ist, als die in Engelland herausgekommene Uebersetzung); 11) Progr. von der Verpflichtung der Menschen die Wahrheit zu reden; 12) Orat. die Ursache, warum der Meißnische Dialect in Teutschland herrsche, 1751.;
13) Poetische Umschreibung des Predigerbuchs Salomons.
(Hievon ist 1762. eine verbesserte Ausgabe gedruckt); 14)
Gedanken über die Lehre der Heil. Schrift von der Sünde,
als eine der Vernunft gemässe Lehre, 1752. (Hievon
wird eine neue Ausgabe gedruckt werden); 15) Diss. argumenta immortalitatis animarum ex Mose collecta;
16) Praef. ad commentarios societ. regiae scientiarum
Goetting. tom. I. ad annum 1751.; 17) Commentatio
de cherubis, in commentariis soc. reg. scient.; 18) Diss.
de Iehoua ab Aegyptiis culto, ibid.; 19) Vorrede von
dem Geschmack der Morgenländischen Dichtkunst, zu J. F.
Löwens poetischen Nebenstunden, Leipz.; 20) Commentatio

tatio de battologia ad Matth. VI. 7., 1753.; 21) Entwurf der typischen Gottesgelahrtheit; 22) Praef. ad
commentarios soc. reg. scient. Goett. tom. II. ad annum
1752.; 23) Commentationes de siclo ante exilium Ba-
bylonicum; 24) Vorrede ad relationum de libris nouis
fascicul. V.; 25) Moses, ein Gedicht, in den Hamburgischen Beyträgen 1753.; 26) Praef. ad commeat. societ.
reg. scient. tom. III. ad annum 1753.; 27) Orat. de de-
fectibus historiae naturalis ac philologiae, itinere in Palae-
stinam Arabiamque suscepto sarciendis, 1754.; 28) Diss.
specimen nouae versionis Corani in parte Surae II.   29)
Curae in versionem Syriacam actuum apostolicorum, 1755.;
30) Abhandlung von den Ehegesetzen Mosis, welche die
Heyrathen in die nahe Freundschaft untersagen; 31) Diss.
II. ad Marc. X. 42. et XV. 25. ac Ioh. XIX. 14.   32) Beurtheilung der Mittel, die man anwendet, die ausgestor-
bene Hebräische Sprache zu verstehen, 1756.; (Ist auch
in das Holländische übersetzt von Herrn de la Villette,
Utrecht 1762.); 32) Diss. lex Mosaica Deut. XXII. 6. 7.
ex historia naturali et moribus Aegyptiorum illustrata,
1757.; 33) Progr. paralipomena contra polygamiam;
34) Orat. de connubiis aliarum scientiarum cum philologia orientali; 35) Roberti Lowth de sacra poesi Hebraeorum praelectiones, cum notis et epimetris, 1758.
1761. (Diese Noten und Zusätze sind in England besonders gedruckt, Oxon. e typographeo Clarendoniano,
1763.); 36) Syntagma commentationum, 1759.; der
Inhalt ist ausser denen schon unter num. 5. und 15. bemerkten Schriften: Beschreibung einiger alten deutschen
Bibelübersetzungen, (deutsch); Briefe von der Schwierigkeit der Religionsvereinigung, (deutsch); Orat. de ea Germaniae dialecto, qua in sacris faciundis et libris scriben-
dis vtimur; De troglodytis, Seiritis et Themudaeis;
De nomadibus Palaestinae; De combustione et huma-
tione mortuorum apud Hebraeos; 37) Critisches Collegium über die drey wichtigsten Psalmen von Christo, den
16, 40. und 110, 1759.; 38) Compendium theologiae
dogmaticae, 1760.; 39) Neue Ausgabe der Essai sur
l'heure des marées dans la mer rouge, mit Anmerkungen; 40) Progr. memoria Elisabethae Caritatis ex Eber-
hardis, coniugis Gesneri, 1761.; 41) Progr. memoria
Ioh. Matthiae Gesneri, scripta nomine academiae Goettingensis; 42) Sur l'influence des opinions sur le langage, et du langage sur les opinions, dissertation qui a
rem-

remporté le prix de l'academie royale des sciences et belles lettres de Prusse, en 1759. 1762.; 43) Erklärung des Briefes an die Hebräer, I. Theil; 44) Progr. de principio indiscernibilium; 45) Orat. de magnitudine eius, quod nunc geritur, belli, inter ipsa solemnia academiae anno 1762. die XI. Octobris in templo academico habita; 46) Fragen an eine Gesellschaft gelehrter Männer, die auf Befehl Jhro Maj. des Königs von Dännemark nach Arabien reisen; 47) Récueil des questions etc. Idem liber, 1763.; 48) Entwurf der typischen Theologie, zweyte Ausgabe; 49) Commentationes societ. reg. scientiar. Goettingensi oblatae; Sie enthalten: Commentat. de Theraphis; De censibus Hebraeorum; De exsilio decem tribuum, cum epimetro; De natura et origine maris mortui, cum epimetro; De nitro Plinii; De nitro Hebracorum, seu ברית ; De Syrorum vocalibus ex Ephraemo; De paradoxa lege Mosaica, septimo quouis anno omnium agrorum ferias inlicente; 50) Zerstreute Anmerkungen über das Gedächtniß. In den Hannöverischen Beyträgen; 51) Vorschlag, wie man die Frage untersuchen könne, ob die Einbildungskraft der Mutter einen Einfluß in die Gestalt der Frucht habe, eben das.; 52) Von der Zeit, da die Völker die Kunst noch nicht gehabt haben, Feuer anzuzünden. Hannöv. Magazin 1763. 3tes Stück; 53) Von dem Alter der Brenngläser oder Brenn-Crystalle, desgleichen von einigen andern Mitteln, Feuer hervor zu bringen, eben das. 4tes Stück; 54) Von Witwen-Cassen. Hannöv. Magazin 1764.; 55) Erklärung des Briefes an die Hebräer, 2ter Theil 1764.; 56) Einleitung in das Neue Testament. Vermehrte Ausgabe 1765. Auch sind noch unter der Presse: 57) Arabische Grammatik und Chrestomathie; 58) Syrische Chrestomathie; 59) Antiquitates Hebraicae.

* II. Er lieset 1) öffentlich 2. Tage in der Woche um 9. gemeiniglich ein collegium criticum über einen Theil des alten Testaments; sodann 2) an den übrigen Tagen in eben der Stunde exegetisch über ein Buch des neuen Testaments; hernach 3.) um 10. ein Hebräisches Collegium, gemeiniglich von einem halben Jahre zum andern abwechselnd a) über das I. Buch Mose, b) über die übrigen Bücher Mose, c) über die sogenannten historischen Bücher zusammen, d) über die Psalmen, e) über den Jesaias; ferner 4) die Hebräischen Antiquitäten, oder auch 5) das Mosaische Recht, und
6) die

6) die übrigen morgenländischen Sprachen, so daß er a) das Syrische, b) das Arabische, und c) das Chaldäische und Rabbinische, jedes in besonderen halben Jahren nach einander vorträgt. Darneben erklärt er 7) alle 2½ Jahre eine genauere Hebräische Grammatik, und von Zeit zu Zeit auch wohl 8) auf besonderes Verlangen und vermöge besonderer Concession die Dogmatik oder theologische Moral.

§. 84.

Andreas Weber, geb. 1718. Mart. 27. zu Eisleben, studierte seit Ostern 1738. zu Jena, seit Mich. 1740. zu Leipzig, und endlich zu Halle, wo er 1742. Magister wurde, und philosophische, mathematische, und philologische Vorlesungen hielt, auch 1749. prof. philos. extraord. ward. Er folgte aber bald darauf im Jahr 1750. dem erhaltenen Rufe nach Göttingen als prof. phil. ord.

* I. Seine erste Schriften sind: 1) Diss. de spatio vicaria temporis mensura, Ien. 1739.; 2) Diss. de differentia spirituum ex actionibus illorum eruta, Ien. 1740.; 3) Diss. de cognitione spiritus finiti circa mysteria, Hal. 1742.; 4) Beweis, daß eine wahre Religion bey unseren Umständen nothwendig einen geoffenbarten Glauben erfordere, der auf eine göttliche Genugthuung gegründet ist, Frankf. und Leipz. 1745.; 5) Daß ein Gottesverleugner bey seiner Gottesverleugnung dennoch verbunden sey gottesfürchtig zu leben, Halle 1745.; 6) Daß Gott denen gefallenen Menschen eine Offenbarung habe geben müssen, wird erwiesen, und die Merkmale derselben, vermittelst welcher sie von allen andern fälschlich davor gehaltenen unterschieden, und die heilige Schrift nur vor die einige wahre Offenbarung gehalten werden kann, werden ausgeführet, Frankf. und Leipz. 1746.; 7) Die Uebereinstimmung der Natur und Gnade sowohl überhaupt als auch insbesondere in allen zum Räthe Gottes von unserer Seeligkeit erforderlichen Lehren des Christenthums, Frankf. und Leipz. 1748-1750. IV. Bände.

* II. Seine Göttingische Schriften sind: 8) Progr. de persuasione foecunda malorum tristissimorum matre, Goett. 1750.; 9) Der Weise (Ein Progr.) 1750.; 10)

Sammlung einiger Predigten, 1752.; 11) Zwo Predigten, 1755.

* III. In ſeinen Vorleſungen erklärt er alle halbe Jahre 1) die Logik um 9.; 2) die Metaphyſik im Sommer um 7., im Winter um 10.; 3) die reine Mathematik um 2.; ſodann abwechſelnd 4) die Moral, oder 5) das Recht der Natur; wie auch 6) Logik und Metaphyſik zuſammen in einer Stunde.

§. 85.

Abraham Gotthelf Käſtner, geb. 1719. Sept. 27. zu Leipzig, ein Sohn des dortigen prof. iur. Abr. Käſtners, beſuchte ſchon ſeit 1729. ſeines Vaters Vorleſungen, und bediente ſich, nach 1731. erhaltener academiſchen Matrikel zu Leipzig, auch des Unterrichts der übrigen dortigen Lehrer ſowohl in der Rechtsgelehrſamkeit, als in der Philoſophie und ſchönen Wiſſenſchaften, und vorzüglich in der Phyſik und Mathematik. Nachdem er ſchon 1733. Notarius und 1735. Baccalaureus geworden, ward er 1737. von der Juriſten-Facultät zu Leipzig als candidatus iuris examinirt, und von der philoſophiſchen Facultät zum Magiſter ernannt, worauf er 1739. anfieng philoſophiſche und mathematiſche Vorleſungen zu halten, und 1746. prof. matheſ. extraord. zu Leipzig wurde. Um Oſtern 1756. kam er als prof. matheſ. et phyſ. ord. nach Göttingen, und ward zugleich ein ordentliches Mitglied der hieſigen Societät der Wiſſenſchaften; iſt auch überdies ein Mitglied der Königlich Schwediſchen und Preuſſiſchen Academien der Wiſſenſchaften, insgleichen der Churfürſtlichen Geſellſchaft nützlicher Wiſſenſchaften zu Erfurt, wie auch des Bononiſchen Inſtituts, und der academiae Auguſtae zu Perugia; ſodann Aelteſter der Königlichen Deutſchen Geſellſchaft zu Göttingen, und Mitglied der Leipziger Deutſchen Geſellſchaft, der daſigen Geſellſchaft der freyen Künſte, und der Jenaiſchen lateiniſchen und Teutſchen Geſellſchaften.

*I.

* I. Seine **Leipziger Schriften** sind: 1) Theses philosophicae, Lipf. 1736.; 2) Diff. theoria radicum in aequationibus; 3) Commentatio de iuftitia eiusque fpeciebus ad Ariftot. Ethic. Nicom. V., Lipf. 1737.; 4) Diff. aequationum fpeciofarum refolutio Newtoniana per feries, 1743.; 5) Diff. de refolutione aequationum differentialium per feries, ad Newtonii method of fluxion, Prob. II.; 6) Demonftratio theorematis binominalis, 1745.; 7) Demonftratio theorematis Harrioti de numero radicum verarum et falfarum in aequationibus; 8) Progr. cautio in quantitatum infinite paruarum neglectu obferuanda, exemplis quibusdam illuftrata, 1746.; 9) Solutio problematis ab Eulero propofiti de inuenienda curua continua, quae radios ex dato puncto incidentes poft duas reflexiones eidem puncto reddat. Solutio edita Oct. 1746., Analyfis Nou. 1742., in actis eruditorum Lipfienfibus; 10) Demonftratio theorematis Cotefiani de magnitudine apparente etc. obiecti mediantibus quotcunque lentibus aut fpeculis vifi, iisdem actis eruditor. Lipfienf. inferta; 11) Progr. pro iuftitia calculi interufurii Leibnitiani, 1747.; 12) Progr. fpecimina phyficae iurisprudentiam illuftrantis, 1748.; 13) **Cadwallader Coldens Erklärung der erften wirkenden Urfache in der Materie, und der Urfache der Schwere, aus dem Englifchen, mit Anmerkungen;** 14) **Beluftigung der Vernunft, aus dem Franzöfifchen;** 15) Progr. gradus et menfuram probabilitatis dari, 1749.; 16) *Reflexions fur l' origine du plaifir, où l' on tache de prouver l' idée de Des Cartes, qu' il nait toujours du fentiment de la perfection de nous mêmes, i. ven memoires de l' acad. royale de Pruffe;* 17) Progr. de reftitutione mutui mutato pecuniae valore, 1750.; 18) Prima, quae poft inuentam typographiam prodiit, Euclidis editio, defcripta in epiftola ad Cardin. Quirinum; 19) De lege continui in natura; 20) Progr. catoptricae analyticae fpecimen de focis et aberrationibus, 1751.; 21) *Differtation fur les devoirs, qui refultent de la conviction, que les evénemens fortuits dependent de la volonté de Dieu; Pièce, qui a remporté le prix propofé par l' acad. de Pruffe pour 1751.;* 22) **Hellots Färbekunft, aus dem Franzöfifchen, Altenb. 1751.;** 23) Diff. de aberrationibus lentium fphaericarum, in commentar. foc. reg. fcientiarum Goetting. tom. I. p. 185.; 24) Diff. theorema arithmeticum demonftratum, *ib.* p. 198.; 25) Diff. de aberrationibus ob diuerfam refrangibilitatem, *ibid.* tom. II. p. 183.;

26)

26) Progr. perspectiuae et proiectionum theoria generalis et analytica, 1752.; 27) De habitu matheseos et
physicae ad religionem, epist. ad Card. Quirinum, 1752.;
28) Progr. vectis et compositionis virium theoria eui-
dentius exposita, 1753.; 29) Epistola ad Cardinalem
Quirinum; 30) Om geometriska aberrationer. Abhand=
lung von den Irrthümern, die beym Feldmessen entstehen,
wenn man aus Winkeln, wo kleine Fehler sind begangen
worden, die Seiten schließt; in den Abhandl. der Königl.
Schwed. Akad. der Wissenschaften; 31) Progr. gnomonica analytica, 1754.; 32) Des Herrn von Rohr phy=
sikalische Bibliothek, mit vielen Zusätzen und Verbesserun=
gen; 33) Vollständiger Lehrbegriff der Optik, nach Herrn
Roberth Smiths Englischen, mit Aenderungen und Anmer=
kungen, Altenb. 1755.; 34) Joh. Lulofs Einleitung zu
der mathematischen und physischen Kenntniß der Erdkugel,
aus dem Holländischen, Göttingen 1755.; 35) Vermischte
Schriften, Altenb.; 36) Anfangsgründe der Handlung,
aus dem Französischen. Leipz.

*II. Seine Göttingische Schriften sind: 37) Progr.
vnde plures insint radices aequationibus sectiones angulorum definientibus, *Goetting.* 1756.; 38) Orat. de eo,
quod studium matheseos facit ad virtutem; 39) Progr.
matheseos et physicae idea generalis in vsum lectionum
encyclopaedicarum; 40) Progr. formulam Cardani aequationum cubicarum radices omnes tenere, 1757.;
41) Neue Versuche und Bemerkungen einer Gesellschaft in
Edimburg, aus der Arzeneykunst und übrigen Gelehrsam=
keit, aus dem Englischen, 2. Bände, Altenburg, 1757.;
42) Progr. theorema binominale generaliter demonstra-
tum, 1758.; 43) Progr. infiniti nomii ad potentiam in-
definitam eleuati formula; 43) Anfangsgründe der Arith=
metik, Geometrie, ebenen und sphärischen Trigonometrie
und der Perspectiv, 1758.; zweyte Ausgabe 1763.; 45)
Der Holländischen Gesellschaft der Wissenschaften zu Harlem
Abhandlungen, 1. Th. Altenb. 1758.; 46) Anfangsgründe
der angewandten Mathematik; der mathematischen An=
fangsgründe II. Theil 1759.; 47) Zwo Elegien, Göttin=
gen 1759.; 48) Ueber den Werth der Mathematik als ein
Zeitvertreib betrachtet, an den Herrn von St. Saphorin;
49) Anfangsgründe der Analysis endlicher Größen, der
mathemat. Anfangsgr. III. Th. I. Band 1760.; 50) An=
fangsgründe der Analysis des Unendlichen, derselben III.
Th.

Th. 2. Band, 1761.; 51) Einladungsschrift zu einer Rede des Herrn Joh. von Döring, auf Anordnung des damaligen Prorectors der Göttingischen Universität, 1762.; 52) Elogium Tobiae Mayeri, lectum in consessu societ. reg. scientiarum Goettingensis d. 13. May 1762. 53) Elogium Ioh. Georg. Roedereri, recitatum in consessu soc. reg. scient. Goett. d. 18. Febr. 1764. 54) Der Königl. Schwedischen Academie der Wissenschaften Abhandlungen, vom 3ten Bande an, aus dem Schwedischen übersetzt; wie denn auch einige Theile der allgemeinen Geschichte der Reisen, aus dem Englischen; Barre Geschichte von Teutschland, aus dem Französischen; Montesquiou von den Gesetzen, aus dem Französischen; Ein Theil von der Pamela, und der erste vom Grandison, aus dem Englischen, von ihm übersetzt sind.

*III. In seinen Vorlesungen erklärt er alle halbe Jahre die mathesin puram und adplicatam, wie auch die Algebra, und bisweilen noch besonders die Astronomie. Oeffentlich hat er bisher immer des Sommers die Experimental=Physik, des Winters einige Theile der Naturgeschichte, zuweilen auch die mathesin forensem vorgetragen. Auch pflegt er disputatoria über philosophische Sätze zu halten.

§. 86.

Otto David Henrich **Becmann**, geb. 1722. Iun. 29. zu Dewitz im Mecklenburg=Strelitzischen, studierte seit dem Febr. 1742. zu Halle. Und nachdem er daselbst nebst seinem ältern Bruder, Gustav Bernhard Becmann (§. 74.), im Jahr 1747. den 3. May den juristischen Doctor=Hut, und den 13. May die Magister=Würde erlanget, auch seit dem sowohl juristische als philosophische Vorlesungen gehalten; so ward er zu Anfang des Jahrs 1749., gleichfalls nebst gedachtem seinem Bruder, anfangs ohne den Professors=Titel, doch mit einigem Gehalte, und der Versicherung einer Beförderung, nach Göttingen berufen. Hier setzte er darauf seit dem May 1749. seine Vorlesungen fort, und ward im Frühjahr 1753. prof. phil. extraord., und im Frühjahre 1759. prof. phil. ord.

*I.

*I. Auffer denen in Gemeinschaft mit seinem Bruder herausgegebenen Schriften (§. 74. II.) sind von ihm alleine zum Vorschein gekommen: 1) Diss. *inaug.* de feudo emto sub pacto de retrouendendo, *Hal.* 1747.; 2) Diss. de exspectatiuis feudalibus earumque collisione, *Goetting.* 1753.

*II. Er lieset alle halbe Jahre 1) über Engav elementa iuris canonici, im Sommer um 9., im Winter um 10.; 2) über Mascov ius feudorum, im Sommer um 2., im Winter um 3.; 3) über Engav elementa iuris criminalis, im Sommer um 3., im Winter um 8.; 4) die Logik über Corvinum, im Sommer um 10., im Winter um 9.; 5) die Metaphysik über Crusius, im Sommer um 7., im Winter um 4.; bisweilen auch 6) die Moral über Crusius im Sommer um 8.; und 7) öffentlich gemeiniglich die Cosmologie und Pneumatologie, Dienstags und Freytags um 1.

§. 87.

Johann Christoph **Gatterer**, geb. 1727. Iul. 13. in der Nürnbergischen Festung Lichtenau, studierte seit Ostern 1747. zu Altdorf, wo er 1751. Magister ward, und Vorlesungen hielt. Im Oct. 1752. ward er Lehrer der vierten Classe am gymnasio zu Nürnberg, wo er hernach 1755. zur dritten Classe, und 1756. zum Conrectorate, zugleich aber auch als Professor der Reichshistorie und Diplomatik am auditorio publico befördert wurde. Im Sept. 1759. kam er nach Göttingen als ordentlicher Lehrer der Geschichte; ward auch 1759. ein Ehren-Mitglied der Altdorfischen, und 1762. ein ordentliches Mitglied der hiesigen Königlichen Teutschen Gesellschaft, ingleichen 1765. ein ordentliches Mitglied der hiesigen Societät der Wissenschaften.

*I. Seine Lebensbeschreibung findet sich in Wills Nürnb. Gel. Lex. tom. 1. p. 510. sq.

*I. Seine erste Schriften sind: 1) Theses *inaug.* ex omni philosophia selectae, Alt. 1751. 2) Orat. de insigni prouidentia diuini Numinis numinumque terrestrium

M   in

in fouendis tuendisque mufis;   3) Diff. (*pro loco*) de
adornanda in pofterum Germania facra medii aeui, 1752.;
4) De ludo equeftri ab Henrico VI. Imp. a. 1197. Norimbergae celebrato ac de nobilitatis diplomate ab eodem Imp.
patriciis Norimb. conceffo, itemque de figillo peruetufto
Herdegeni Holzfchuheri, epiftola. (Die Abhandlung
vom Tutnierſpiel des K. Heinrichs VI. hat Herr M. Joh.
Chph. Martini in feinem Thefauro differtationum hifto-
ricarum, maximam partem rariffimarum, T. I. P. I. (Nor.
1763. gr 8.) wieder auflegen laſſen); 5) Nachricht von
der Ausgabe einer Abhandlung de nobilitate patriciorum
in Germania; (Nach dieſem Entwurfe iſt hernach pars generalis hiftoriae Holzfchuherianae von ihm ausgearbeitet
worden);   6) Hiftoria genealogica dominorum Holz-
fchuherorum ab Afpach etc. cum codice diplomatico mul-
tisque figuris in aes incifis, Nor. 1755. fol. (Der 2te
Tomus dieſes groſſen Werkes, dem gleichfalls ein ſehr rei-
cher codex diplomaticus beygefügt iſt, liegt bey der Holz-
ſchuberiſchen Familie ſeit 1758. zum Drucke fertig);   7)
Die 7. letzten Münzbogen, nebſt der Vorrede von dem 22ten
Th. der Köbleriſchen Münzbeluſtigungen, die er nach des
ſel. Prof. Köblers Tode auf Anſuchung des Verlegers 1756.
ausgearbeitet. An den übrigen Stücken dieſes Theils hat
er, wie er in der Vorrede erinnert, keinen Antheil;   8)
Progr. de Gunzone, Italo, qui faeculo X. obfcuro in
Germania pariter atque in Italia eruditionis laude floruit,
ad illuftrandum rei literariae ftatum faec. X., Nor. 1756.;
9) Oratio de artis diplomaticae difficultate, quum munus publici profefforis capefferet, 1756. habita, nunc
vero in vfum praelectionum publicarum edita, multis-
que obferuationibus locupletata, Nor. 1757.   10) Handbuch der neueſten Genealogie und Heraldik, Nürnb. gr. 8.
Von dieſem Buche hat er die Ausgaben von 1759. bis 1764.
beſorget. An der Ausgabe für das Jahr 1765. hat er keinen Antheil.

＊III. Seine Göttingiſche Schriften ſind: 11) Progr.
de Ludouico IV. Infante, Germaniae rege impubere,
Goett. 1759.;   12) Handbuch der Univerſalhiſtorie nach
ihrem geſamten Umfange von Erſchaffung der Welt bis
zum Urſprunge der meiſten heutigen Reiche und Staaten,
1761. (IIte Ausgabe 1765.);   13) Abriß der Heraldik oder
Wappenkunde. (Iſt dem num. 10. gedachten Handbuche
im J. 1763. und 1764. in zwoen Hälften beygefügt. Ganz
                                                     ſteht

steht dieser Abriß in der Ausgabe für das J. 1765. „wie‐
wohl er dießmal ohne Vorwissen und Durchsicht des Ver‐
fassers gedruckt worden); 14) Handbuch der Universal‐
historie, nach ihrem gesamten Umfange: des 2ten Theils
1ster Band, 1764.; 15) Abriß der Universalhistorie, 1765.;
16) Elementa diplomaticae vniuersalis, cum sigg.

*IV. Seine Vorlesungen sind vorzüglich der Universal‐
historie, und den historischen Hülfswissenschaften, als der
Chronologie, Geographie, Heraldik, Numismatik und
Diplomatik gewidmet.

§. 88.

Johann Philipp Murray, geb. 1726. Iul. 30. zu
Schleswich, ward seit 1735. zu Stockholm erzogen, als
wohin sein Vater, D. Andreas Murray, damals als
Prediger bey der Teutschen Gemeinde berufen ward. Er
studierte seit Ostern 1743. zu Königsberg, seit Mich. 1746.
zu Upsal, und seit Mich. 1747. zu Göttingen, wo er
1748. Aug. 1. bey Anwesenheit des Königs Magister, so‐
dann 1750. Secretarius der Königlichen Teutschen Gesell‐
schaft, 1754. Adjunct der philosophischen Facultät, im
Febr. 1755. prof. phil. extraord., 1762. Secretarius der
Königlichen Societät der Wissenschaften, und in eben dem
Jahre prof. phil. ord., wie auch 1764. ordentliches Mit‐
glied der Societät der Wissenschaften wurde. † 1776, d. 12 Januarii

*I. Seine Schriften sind: 1) Diss. inaug. de decoro
Numinis, sub praesid. Ge. Henr. Ribou. Goetting. 1748.;
2) Trauerrede auf Adam Henr. Rhoden, 1751.; 3) Trauer‐
rede auf Herrn D. Oporin, 1753.; 4) Trauerrede auf
die Frau Prof. Soph. Eleon. Achenwallinn, geb. Walthe‐
rinn, 1754.; 5) Diss. in Horatianum: sapere aude;
6) Diss. in Senecae: extendamus vitam; 7) Pet. Kalms
Reise nach dem nördlichen America, aus dem Schwedischen
übersetzt, I. Th. 1754.; II. 1757., 8) Diss. de numero Ca‐
rolorum Sueciae regum, non duodenario, sed senario,
1755.; 9) Nordbergs Anmerkungen zur Geschichte Carls
des XII., aus dem Schwedischen übersetzt, 1755. (und hin‐
ter der Voltairischen Lebensbeschreibung dieses Königs
1756.); 10) Urkunden über die Ausübung der Grundge‐

setze

ſeẕe vom Schwediſchen Reichstage 1755., aus dem Schwe=
diſchen überſeẕt, 1756.; 11) D. Serenius geſammelte
Zeugniſſe der Heiden, und vornehmlich des Fl. Joſephus
von Jeſu, aus dem Schweb. überſeẕt, 1758.; 12) Progr.
de animatis per magnos homines ciuium ingeniis atque
virtute, 1763.; 13) Epiſt. ad Gerh. Meermannum de
origine chartae lineae, inter obſeruationes de orig. char=
tae lin. ab eo collectas, 1764.; 14) Einleiẕung in die
Geſchichte der Europäiſchen Staaten (iſt im Druck).

*II. Seine gewöhnliche Vorleſungen betreffen 1) die
Teutſche Wohlredenheit, 2) die Geſchichte der vornehm=
ſten Europäiſchen Staaten, 3) die Reichshiſtorie, 4) die
Braunſchweig=Lüneburgiſche Geſchichte. Darneben pflegt
er aber von Zeit zu Zeit auch noch andere Gegenſtände ab=
wechſelnd abzuhandeln, als 5) die geſammten ſchönen Wiſ=
ſenſchaften nach der Einleitung von Batteux und Ramler;
6) die Geſchichte dieſes Jahrhunderts; 7) eine ausführ=
lichere Geſchichte beſonderer Staaten; 8) die Geſchichte
der ſchönen Wiſſenſchaften und Künſte; 9) die Geſchichte
vorzüglich berühmter Leute; 10) die Geſchichte der Ba=
taillen, ſeit 300. Jahren; 11) das neueſte aus der politi=
ſchen Geſchichte und der ſchönen Litteratur; 12) die Teut=
ſchen Alterthümer; 13) eine Encyclopädie der geſammten
hiſtoriſchen Wiſſenſchaften; 14) die Geographie; 15) die
Mythologie.

§. 89. 26 *Trgl*

Chriſtian Gottlieb **HEYNE,** geb. 1729. zu Chemniẕ
im Erzgebürge, ſtudierte von 1748. bis 1752. zu Leipzig,
und kam 1753. in Dienſte des Premier=Miniſters Gra=
fen von Brühl zu Dresden, anfangs als Canzeliſt, her=
nach als Bibliothecarius bey deſſen Bibliothek, worauf er
nachher zugleich auch als Bibliothecarius bey der Königli=
chen Bibliothek zu Dresden befördert, auch immittelſt 1757.
von Leipzig aus abweſend zum Magiſter ernannt ward.
Im Jun. 1763. kam er, als prof. ord. eloqu. er poeſ. und
Bibliothecarius, an des ſeel. Hofr. Gesners Stelle, nach
Göttingen, wo er zugleich ein ordentliches Mitglied der
Societät der Wiſſenſchaften ward.

*L.

*I. Seine erste Schriften sind: 1) Diff. de iure prae-diatorio, sub praesid. I. A. Bach, Lipf. 1752.; 2) Die Begebenheiten des Chöreas und der Callirrhoe vom Chariton aus dem Griechischen übersetzt, 1753. (ist wieder aus dem Teutschen ins Russische übersetzt vom Herrn Ackimow); 3). Albii Tibulli, quae exstant carmina nouis curis casti-gata illustrissimo Dno, Dno Henrico Comiti de Brühl in-scripta, Lipf. 1755.; 4) Epicteti enchiridion Græce et Latine, cum scholiis Græcis nunc primum e bibliotheca regia Dresdensi vulgatis et nouis animaduersionibus, Dresd. et Lipf. 1756.; 5) Allerneueste acta publica; oder vollständige Sammlung aller der Schriften, Decla-rationen, Verordnungen etc. die durch Veranlassung des Ein-marsches der K. Preussischen Truppen in Sachsen und Böh-men öffentlich bekannt gemacht worden, mit historischen Ein-leitungen I-V. Band 1757-1760. 4.; 6) Kritisches Ver-zeichniß der Bücher und Kupferstiche etc. Erster Band, War-schau und Dresden 1760. 8.; 7) Verschiedne Abhand-lungen im Dresdnischen Magazin und anderen periodi-schen Schriften; 8) Dactyliothecae vniuersalis signorum exemplis nitidis redditae chilias tertia; expressit, ordi-nauit, edidit, Phil. Dan. LIPPERT, stilum accommoda-uit C. G. H. Lipf. 1763.

*II. Seine Göttingische Schriften sind: 9) Orat. adi-tialis de veris bonarum artium litterarumque incremen-tis ex libertate publica, Goett. 1763.; 10) Progr. de mo-rum vi ad sensum pulchritudinis quam artes sectantur; 11) Progr. de genio saeculi Ptolemaeorum; 12) Oratio in anniuersariis inaug. et de pace habita; 13) Progr. ad S. memoriam Georgii II. celebrandam de iudicio, quod defunctis Aegyptiorum regibus subeundum erat; 14) Oratio sanctae memoriae Georgii II. habita; 15) Progr. quo disputantur nonnulla ad Simonidis versus, in quibus, virum bonum constantem esse, difficile esse asseritur, 1764.; 16) Progr. quo disputantur nonnulla de efficaci ad disci-plinam publicam priuatamque vetustissimorum poetarum doctrina morali; 17) Memoria Chph. Aug. Heumanni; 18) Memoria Io. Dau. Heilmanni; 19) Progr. quo pro-luduntur nonnulla ad quaestionem de caussis fabularum, seu mythorum veterum physicis; 20) Progr. quo deli-bantur nonnulla in vitae humanae initiis a primis Graeciae legumlatoribus ad morum mansuetudinem sapienter in-stituta, 1765.

* III. In seinen Vorlesungen erklärt er 1) von Zeit zu Zeit bald diesen bald jenen Lateinischen oder Griechischen Schriftsteller, als den Virgilium, Heliodum, Sophoclem xc.; 2) die Griechischen und Römischen Alterthümer, die rem antiquariam, oder einzelne Theile derselben, als die Aufschriften geschnittener Steine oder alter Münzen u. d. g.; Er hält auch 3) Uebungen im Lateinischen Stile theils nach ERNESTI initiis rhetoricis, theils mit Verbindung der lectionis cursoriae des Liuii oder eines der Ciceronischen Bücher; ausser was 4) noch für besondere Uebungen mit den Mitgliedern des seminarii philologici im Disputiren, wie auch in Ausarbeitungen und Auslegungen angestellt werden.

§. 90.

Lüder **Kulenkamp**, geb. 1724. Dec. 8. zu Bremen, studierte am dortigen gymnasio von 1740. bis 1747., und seitdem zu Frankfurt an der Oder. Nachdem er 1749. als Vicarius das Amt eines Predigers zu Burg im Magdeburgischen ein Jahr lang verrichtet hatte; ward er 1750. als Prediger nach Bremen berufen. Von da folgte er 1755. dem Rufe als reformirter Prediger und prof. phil. extraord. hieher nach Göttingen, wo er ferner 1764. prof. phil. ord. wurde, nachdem er inzwischen 1760. der hiesigen reformirten Kirche zum Besten eine Reise in Holland gethan.

* I. Seine Schriften sind: 1) Diss. de Nisroch idolo Assyriorum, ad illustrationem 2 Reg. XIX. 37. et Ies. XXXVII. 38.. *Brem.* 1747.; 2) Zwo Predigten, von den Absichten Gottes bey einem allgemeinen Strafgerichte, und den Verbindlichkeiten, zu welchen die Befreyung von demselben uns verpflichtet, Göttingen 1758.; 3) Predigt, daß grosse Begebenheiten unserer Aufmerksamkeit würdig sind, 1759.; 4) Predigt von der wahren Grösse eines Fürsten, 1763.

* II. Unter der Feder hat er ein specimen observationum et emendationum in etymologicum magnum; von welchem Werke er Willens ist, eine vollständige Ausgabe

zu

zu besorgen. Zu diesem Ende hat er bereits das im Jahr 1293. geschriebene Etymologicum, so in der Wolfenbüttelischen Bibliothek vorhanden, und ihm von da her auf einige Monathe mitgetheilet worden, benutzet, welches er mit demjenigen, das sich zu Utrecht findet, fast in allen Stücken übereinstimmend gefunden. Er hat überdies das aus den Albertischen Anmerkungen über den Hesychius bekannte Lexicon MStum Cyrilianum von Bremen her zu seinem Gebrauche erhalten; ingleichen noch zwey glossaria inedita, worunter eines das bekannte Botleyanische ist, welches vormals dem Thomas Gale gehöret hat. Und wie er keine Mühe noch Kosten sparet, um zur Vollständigkeit des Werks noch mehrere Hülfsmittel zu bekommen; so wird er jeden ferneren Beytrag hiezu mit Dank erkennen.

*III. Seine Vorlesungen hat er vorzüglich der Erläuterung Griechischer, sowohl poetischer als prosaischer Profan-Scribenten gewidmet.

§. 91.

Georg Christoph Hamberger, geb. 1726. Mart. 28. zu Feuchtwang im Anspachischen, studierte seit 1746. zu Göttingen, wo er 1747. custos bibliothecae, 1751. Magister, 1755. prof. phil. extraord., 1763. prof. phil. et hist. litt. ord. und zweyter Bibliothecarius wurde. † 1773. feb.

*I. Seine Schriften sind: 1) Diss. *inaug.* de ritibus, quos Romana ecclesia a maioribus suis gentilibus in sua sacra transtulit, Goetting. 1751.; 2) Nachricht von dem Q. Sectanus, und seinen Satyren, in den Hannöv. gel. Anz. 1752. S. 549.; 3) Vitri historia ex antiquitate eruta, in comment. soc. reg. scient. Goett. tom. IV. p. 484., und eine Französische Uebersetzung in dem Journal étranger, 1761.; 4) De pretiis rerum apud veteres Romanos disputatio; 1754.; 5) Zuverlässige Nachrichten von den vornehmsten Schriftstellern von Anfang der Welt bis 1500. I. Th. Lemgo 1756.; II. 1758.; III. 1760; IV. 1764.; 6) Goguet Untersuchung von dem Ursprunge der Gesetze, Künste und Wissenschaften, übersetzt, I. Th. Lemgo 1760.; II. 1761.; III. 1762.

*II.

* II. Seine Vorlesungen bestehen theils 1) in einem jährlichen cursu, worinn die Geschichte der Wissenschaften und schönen Künste von ihrem Ursprunge an, nach ihren verschiedenen Verbesserungen und Veränderungen, und derselben Ursachen, erzehlet, und von den Beförderern derselben die gehörige Nachricht ertheilet wird. Außer diesem allgemeinen collegio giebt er 2) auch besonders Unterricht in der Geschichte einzelner Wissenschaften nach dem Juvenel de Calencas, und Herrn Prof. Bertram; sodann 3) in der Bücherkenntniß, sowohl überhaupt, als insbesondere 4) von den seltenen Büchern; oder auch 5) in biographiam eruditorum; ingleichen 6) lieset er über Koelers Anweisung vor gelehrte Reisende.

§. 92.

Christian Wilhelm **Büttner**, geb. 1716. Febr. 27. zu Wolfenbüttel, ward anfangs der Apotheker-Kunst gewidmet, und hielt sich in solcher Absicht seit 1729. zu Leipzig, 1733. ein Jahr zu Breslau, 1734. nach einer Reise durch Böhmen, Mähren, Ober-Ungarn und Polen, ein Jahr zu Frankfurt an der Oder, 1735. ein Jahr zu Coppenhagen auf. Um seiner Begierde zur Kenntniß fremder Länder und ihrer Naturgaben, auch Bewohner und Sprachen ein Gnüge zu thun, reisete er ferner um Ostern 1736. von Helsingör ab zu Schiffe nach Stockholm, und von da nach Upsal, sodann gegen Ende des Sommers durch das nördliche Schweden nach Drontheim und weiter nach Bergen. Von hier kam er nach einer 14. tägigen Seefahrt zu Edinburg an, wo er einen Monath blieb, und dann wieder zu Schiffe nach Neucastel, hernach weiter zu Lande über Oxford nach London reisete, auch zum Theil den Winter noch mit Umherreisen in Engelland zubrachte. Nachdem er hierauf im Frühjahre 1737. von Harwich nach Helvoetsluis übergesetzt, begab er sich über Roterdam und den Haag nach Leiden, wo er den Sommer hindurch unter andern den Unterricht des berühmten Boerhave sich zu Nuße machte. Sodann kehrte er über Utrecht, Ams

ster

sterdam, Oldenburg, Bremen, Verden und Hannover
nach Wolfenbüttel zurück, wo er seitdem blieb, bis ihn
1748. die Anwesenheit des hochseeligen Königs reißte, eine
Reise hieher nach Göttingen zu thun. Hier bewog ihn
hernach die Bibliothek und übrige Einrichtung seinen Aufenthalt fortzusetzen, und der hiesigen Lehrer Unterricht insonderheit zu seinem Hauptzwecke der Kenntniß der Naturgeschichte noch weiter zu benutzen, zu deren Erweiterung
ihm eine nachher von seinem Vater ererbte beträchtliche
Naturalien-Sammlung gute Dienste that. Wie er sich
nun endlich entschloß, hier mit seinem Unterrichte in der
Naturgeschichte und Chemie wieder andern zu dienen; so
ward er 1755. zum Königlichen Commissarien, wie auch
von der Teutschen Gesellschaft zu ihrem ordentlichen Mitgliede, von der Societät der Wissenschaften zum ordentlichen Zuhörer, und von der philosophischen Facultät zum
Magister ernannt; worauf er ferner 1758. prof. phil. extraord., 1762. ausserordentliches Mitglied der hiesigen
Societät der Wissenschaften, und 1763. prof. phil. ord.
geworden.

*I. Im Druck ist noch nichts eigenthümliches von ihm
erschienen, ausser daß er Millers Gärtners-Calender aus
dem Englischen, und Smelins Lebenslauf aus dem Lateinischen übersetzt hat. Er ist aber mit einer auf verschiedene
Weise zu verfassenden verglichenen Vorstellung aller zu jetzigen Zeiten bekannten Sprachen beschäfftiget, welche er
besonders auf die Naturgeschichtskunde anzuwenden sucht,
und nach und nach Stückweise in Druck zu geben Willens ist.

*II. In seinen Vorlesungen vertheilt er den ganzen Um-
fang der Naturgeschichte dergestalt in vier Perioden, daß
einem jeden der drey Natur-Reiche ein halbes Jahr, und
das vierte der Kenntniß der hieher gehörigen Schriftsteller
gewidmet ist; wie er denn auch Anweisung zur ausübenden
Chemie gibt, und, wenn es verlangt wird, zur Kenntniß
alter und neuer Münzen.

§. 93.

Christian Adolf Klotz, geb. 1738. zu Bischofswerda in Meissen, studierte zu Leipzig, und hielt 1761. zu Jena Vorlesungen über den Horaz. Im Jahr 1762. ward er zu Göttingen prof. phil. extraord., und 1763. prof. phil. ord. Er ist aber im Begriff, jetzt (um Ostern 1765.) einem Rufe nach Halle, als dortiger Hofrath und prof. phil. ord. zu folgen.

*I. Seine Lebensbeschreibung findet sich in Theoph. Chph. Harles *vitis philolog.* vol. I. p. 170-211.

*II. Seine erste Schriften sind (ausser mehr als 150. Recensionen in den Actis eruditorum Lipsiensibus): 1) Carmen in excidium ruinamque Zittaviae d. 23. Iul. 1757. funditus euerfae, Goerl. 1758.; 2) Diff. pro M. T. Cicerone adverfus Dionem Caffium et Plutarchum, Goerl.; 3) Epiftola de quibusdam ad Homerum pertinentibus, Lipf.; 4) Carminum liber vnus, Lipf. 1759.; 5) Mores eruditorum, Altenb. 1760.; 6) Genius feculi, Altenb.; 7) Opuscula poëtica, Altenb. 1761.; 8) Oratio pro Lipfii Latinitate, Ienae in confeffu focietatis Latinae d. 20. April 1761. recitata, Ien.; 9) Libellus de minutiarum ftudio et rixandi libidine grammaticorum quorundam; 10) Animaduerfiones in Theophrafti characteres ethicos; 11) Oratio folemnis de dignitate, iucunditate et vtilitate ftudiorum humanitatis, Ienae die natali focietatis Latinae recitata; 12) Oratio panegyrica in diem natalem fereniff. Principis Vinarienfis Annae Amaliae; 13) Antiburmannus; 14) Diff. de felici audacia Horatii, 1762.; 15) Elegiae; 16) Funus Petri Burmanni fecundi in Belgio; 17) Ridicula litteraria, Altenb.; 18) Diff. de nemoribus in tectis aedium Romanarum; 19) Oratio Ienae d. 11. Sept. a. 1762. recitata; Accedit epiftola ad viros doctos in Germania, Ien.

*III. Seine Göttingische Schriften sind: 20) Progr. de populari dicendi genere, 1762.; 21) Oratio profeffionis philofophiae in academia Goettingenfi extra ordinem adeundae cauffa d. 15. Nou. a. 1762. habita; 22) Diff. de verecundia Virgilii, 1763.; 23) Mifcellanea critica, Trajecti Batau.; 24) Diff. vindiciae Torquati Taffi; 25) Tyrtaei quae reftant omnia, collecta et commentario

rio illuſtrata, 1764.; 26) Vindiciae Q. Horatii Flacci; Accedit commentarius in carmina poetae; 27) Acta litteraria, Altenb.; 28) Stratonis aliorumque veterum poetarum Graecorum epigrammata nunc primum edita; 29) Epiſtolae Homericae.

*IV. In ſeinen Vorleſungen pflegte er die Regeln des guten Geſchmacks und der Critik nach den Muſtern Griechiſcher und Lateiniſcher Poeten zu erklären, auch in der Wohlredenheit und in Antiquitäten Unterricht zu geben.

---

5) Auſſerordentlicher Lehrer der Gottesgelahrtheit.

§. 94.

Gottfried Leß, geb. 1736. Ian. 31. zu Coniß im Polniſch=Preuſſen, ſtudierte von 1750. bis 1757. zu Königsberg, Jena und Halle; und da er ſich ſeit 1757. zu Danzig aufhielt, ward er 1761. am dortigen gymnaſio prof. theol. extraord. Als er 1763. eine gelehrte Reiſe nach Holland und Engelland that; ward ihm bey ſeiner Durchreiſe zu Hannover eine profeſſio theol. extraord. bey hieſiger Univerſität angetragen, welche er nach ſeiner Rückkunft aus Engelland um Mich. 1763. antrat.

*I. Seine Lebensbeſchreibung findet ſich im Bertlingiſchen progr. zu ſeiner Introduction beym Danziger gymnaſio, und in Joh. Dan. Titius Nachricht von denen Gelehrten, welche aus der Stadt Coniß abſtammen, p. 65. ſq.

*II. Seine Schriften ſind (auſſer dem, was er an Baumgartens Nachrichten von merkwürdigen Büchern, und an Krafts theol. Bibliothek mitgearbeitet): 1) Disquiſitio, quomodo venefica Endoraea Saulem regem viſo Samuele agnoſcere potuerit? Ien. 1755.; 2) Die Ehre der Bekenntniß=Bücher der evangeliſch=Lutheriſchen Kirche, Leipz. 1758.; 3) Progr. de theologia comparatiua, Gedan. 1761.; 4) Diſſ. de Chriſto αυτοδια, pars I. 1761., II. 1762.; 5) Progr. natal., quo de Ioh. XVII. 3. diſputantur nonnulla, *Goetting.* 1764.

*III.

* III. In seinen Vorlesungen trägt er 1) beständig die Dogmatik vor, und wechselt übrigens 2) mit der Polemik, 3) der theologischen Moral, 4) der Kirchenhistorie, und 5) mit exegetischen Vorlesungen. Darneben hat er zu seinen öffentlichen Lehrstunden noch besondere Gegenstände ausgesetzt als 6) den Beweis der Wahrheit der Christlichen Religion, oder 7) cursoria über das alte und neue Testament, oder 8) exegetica über einzelne Bücher der Bibel. Er hält auch überdis 9) examinatoria und 10) disputatoria.

6) Ausserordentlicher Lehrer der Rechte.

§. 95.

Christian Hartmann Samuel Gatzert, geb. 1740. Jun. 4. zu Meinungen, studierte seit Ostern 1757. zu Göttingen, wo er um Ostern 1760. eine Stelle im seminario philologico erhielt; und im März 1764. Doctor, im Oct. 1764. prof. iur. extraord. wurde.

* I. Seine Lebensbeschreibung ist in AVRER progr. *de impuberibus ad nullum iusiurandum admittendis*, Goetting. 1765.

* II. Seine Schriften sind: 1) Diss. *inaug*. Prodromus commentationis historico-iuridicae de mutuo nummario post pecuniae mutationem ad mentem legum peregrinarum pariter atque domesticarum restituendo, 1764. (Von der Commentation selber ist der erste Theil, welcher die Alterthümer und ausländischen Rechte begreift, bereits unter der Presse); 2) Commentatio iuris exotici historica de iure communi Angliae, *of the common Law of England*, 1765.; Ohne der von ihm verfertigten Register zum Pütterischen Handbuch der Reichshistorie zu gedenken, und der juristischen Artikel, die er seit Ostern 1763. in hiesigen gelehrten Zeitungen verfertigt.

* III. Seine Vorlesungen hat er vorzüglich dem Römischen Rechte, und der so genannten iurisprudentiae elegantiori gewidmet, wie auch der juristischen Gelehrten-Geschichte.

7) Auf

7) Außerordentliche Lehrer der Arzneywissenschaft.

---

§. 96.

Johann Andreas Murray, geb. 1740. Ian. 27. K. vet. zu Stockholm, studierte seit 1756. zu Upsal, und that 1759. in die südliche Provinzen von Schweden und nach Coppenhagen eine Reise, die er vorzüglich der Beobachtung natürlicher Merkwürdigkeiten und oeconomischer Erfindungen widmete. Im Jahr 1760. begab er sich nach Göttingen, und, nachdem er noch den Unterricht der hiesigen Lehrer benutzt, fieng er um Ostern 1763. auf erhaltene besondere Erlaubniß an hier in der Botanik wieder andern Unterricht zu geben, und ward darauf im Aug. 1763. Doctor, und im Apr. 1764. prof. med. extraord.

* I. Seine Lebensbeschreibung ist in Vogel *Goettingenf. praenotionum penfo I.* 1763.

* II. Seine Schriften sind: 1) Enumeratio vocabulorum quorumdam, qnibus antiqui linguae Latinae auctores in re herbaria vſi ſunt, Stockholm 1756.; 2) Verschiedene Uebersetzungen von Rosen von Rosenstein Abhandlungen von den Kinderkrankheiten, (welche nächstens zusammen Lateinisch herauskommen werden); 3) Schulz Abhandlung von der Einpfropfung der Pocken, aus dem Schwedischen. (Sie ist in das 1. und 2. Stück des 26ten Bands des Hamb. Magazins eingerückt.); 4) Commentatio de vermibus hominis Elephantiaſi Graecorum affecti. (Der Götting. Soc. der Wiſſ. im Jahr 1762. vorgelesen; aber noch ungedruckt.); 5) Diſſ. *inaug.* de fatis variolarum inſitionis in Suecia, Goett. 1763.; 6) Kalms Reise nach dem nördlichen Amerika, IIIter Theil 1764., aus dem Schwedischen übersetzt; 7) Recenſionen von Schwedischen Büchern in der Vogelischen medicinischen Bibliothek, (womit künftig fortgefahren wird); 8) Progr. de arbuto vua vrſi, 1765.

* III. Seine Vorlesungen hat er vorzüglich der Botanik gewidmet, womit er beym Botanisiren auch die Insecten

cten = Renntniß zu vereinigen sucht. Er trägt aber auch überdis die Historie der medicinischen Gelahrtheit vor, ingleichen bald die Pathologie, bald andere Theile der medicinischen Wissenschaften.

§. 97.

Henrich August **Wrisberg**, geb. 1739. Iun. 20. zu St. Andreasberg auf dem Harze, studierte seit 1757. zu Göttingen, wo er im Sept. 1762. Prosector wurde, auch im Winter 1763. kraft besonderer Concession die Anatomie und Physiologie öffentlich lehrete. Nachdem er hierauf im März 1764. die Doctorwürde erlangete, that er vom Apr. bis in Dec. 1764. noch erst eine gelehrte Reise über Nürnberg und Regensburg nach Wien, von da über München, Augsburg, Stuttgard, Tübingen, Carlsruh, Straßburg, Luneville, Nancy und Chalons sur Marne nach Paris, von da er über Cambray, Lille, Mons, Brüssel, Löwen, Antwerpen, Rotterdam, Delft, Haag, Leiden, Amsterdam, Utrecht, Osnabrück und Hannover nach Göttingen zurückkehrte. Hier trat er nunmehro die ihm schon im May 1764 aufgetragene prof. extraord. med. et artis obstetriciae an, und ward ferner im Febr. 1765. zum prof. anatomiae ernannt.

* I. Seine Lebensbeschreibung ist in RICHTER progr. *de siccis et sobriis*, 1764.

* II. Seine Schriften sind: 1) Progr. de respiratione prima nervo phrenico et calore animali, 1763.; 2) Diss. *inaug.* descriptio anatomica embryonis observationibus illustrata, 1764.; 3) Satura observationum de animalculis infusoriis, 1765. 8.; 4) Progr. de quibusdam momentis insitionem variolarum spectantibus; 5) Oratio inaug. sistens physiologiam errores quosdam expurgantem.

* III. Zu seinen Vorlesungen gehören vorzüglich 1) die öffentlichen anatomischen Demonstrationen derjenigen Theile des menschlichen Körpers, die unter seiner Anweisung sind präparirt worden; 2) die Physiologie über Hallers

Handbuch; 3) die Hebammenkunst über Röderers Elementa; 4) die medicina forensis über den Ludewig; 5) die Chirurgie über den Heister oder Ludewig; 6) die Augenkrankheiten über den St. Yves; 7) die Osteologie über Böhmers Handbuch.

---

8) Ausserordentliche Lehrer der Weltweisheit.

---

§. 98.

Rudolf Wedekind, geb. 1718. zu Horst im Hannoverischen, studierte seit Mich. 1735. zu Rinteln, seit Mich. 1737. zu Göttingen. Hier wurde er 1740. Magister, und darauf Conrector zu Nordheim, kam aber 1741. nach Göttingen als Conrector an die hiesige Stadtschule zurück, wovon er hernach 1753. Director, auch darneben immittelst 1746. Adjunct der hiesigen philosophischen Facultät, vorher aber auch Secretär, und nachdem Senior der Teutschen Gesellschaft, sodann 1750. prof. phil. extraord., ingleichen 1763. Pfarrer bey der hiesigen ~~lieben Frauen~~ Albani Kirche geworden.

* I. Seine Lebensbeschreibung findet sich in Bildermanns actis scholasticis, wie auch im Leipziger grossen Universal=lexico, und in Leonhardi Programmate bey seiner Amtseinführung in Göttingen.

* II. Seine Schriften sind: 1) Diss. qua latine scripturo Latine cogitandum esse ostenditur, 1740.; 2) Progr. cansae discriminis humanarum inter se animarum, 1741. (ed. II. 1742.); 3) Eine Standrede, 1741.; 4) Diss. syllogismus veri non inuentor, 1745.; 5) Diss. (pro loco) de insuperabilibus in philosophia, 1746.; 6) Diss. de maiestate; 7) Vermischte Beyträge zum Nutzen und Vergnügen; Eine moralische Wochenschrift, I. Th. 1746; II. 1747.; 8) Diss. de obligatione ciuium erga principem tyrannum, 1748.; 9) Commentatio de vsu philologiae in philosophia; 10) Vorrede (von der Einrichtung und Absicht der Cosmographischen Societät zu

Nürn-

Nürnberg) zu Leo Geographie, Lemgo 1748.; 11) Ver-
gnügte Abendstunden. Eine moralische Wochenschrift, 3.
Bände, Erfurt 1748. 1749. 1750.; 12) Tractat von gelehrten Kaufleuten, worinn zugleich von dem gegenwärtigen Zustande der Teutschen Gesellschaft in Göttingen Nachricht ertheilet wird, 1749.; 13) Die Pedanterey im
Kriege, Rinteln 1749. 4. (vermehret wieder aufgelegt Erfurt 1750. 8.); 14) Vorrede zu der Fräulein von Donop
Schönheiten Pyrmonts, zwepte Aufl. 1750.; 15) Der
Hagestolz. Eine moralische Wochenschrift, 3. Theile, Erfurt 1751. 1752.; 16) Antwortsschreiben an den Herrn
Hofr. von Loen, über einige seiner Meinungen, Frf. 1752. 8.;
17) Die Welt. Eine moralische Wochenschrift, 2 Theile, Erf.
1753.; 18) Eisenharts kleine Schriften, I. Band, mit einer
Vorrede von dem Mißbrauche der mathematischen Methode
in der Rechtsgelahrtheit, Erfurt 1753.; II. mit einer Vorrede: ob die zu gezwungene methodisch- und mathematisch-
oder die zu unordentlich und gar ohne Regel schreibende
Schriftsteller, dem gemeinen Wesen nachtheiliger? 1754.;
19) Progr. de gerundiuis, 1754.; 20) Progr. Gedanken von Ferien, 1755.; 21) Deutsch-Latein- und Franzö-
sisches Titularbuch nach dem neuesten Gebrauche, 1757. 8.;
22) Diatriba de Iani Caecilii Freii philosophia Druidum,
eiusque vita et opusculis, 1760.; 23) Neujahrspredigt,
eine Betrachtung des Namens Jesu, der an die Verdamniß
und Seligkeit erinnert, 1760.; 24) Zwo Fragen: ob die
menschliche Seele unsterblich? Und, wo ihr Aufenthalt
nach dem Tode sey? 1762.

*III. Seine Vorlesungen widmet er theils philosophi-
schen Wissenschaften, die er einzeln oder nach der Gottsche-
dischen oder Ernestischen Anleitung in einem so genannten
cursu vorträgt; theils philologischem Unterrichte im Teutschen, Lateinischen und Griechischen.

§. 99.

Johannes Tompson, geb. 1693. Apr. 25. zu London, begab sich, nachdem er viele Jahre auf Reisen in
den meisten Theilen von Europa zugebracht, im Jahr
1731. nach Helmstädt, und gab daselbst vier Jahre lang
Unterricht in der Englischen und Italiänischen Sprache.
Im Jan. 1735. ward er als Lector publicus der Englischen

schen Sprache hieher nach Göttingen berufen, und ward seitdem hier im Aug. 1751. prof. phil. extraord., bekam auch überdies im Aug. 1762. den Rang eines prof. phil. ord.

* I. Er ließ im Jahre 1737. eine Sammlung auserlesener Stellen aus den besten Englischen Schriften sowohl in Prosa als Gedichten unter dem Titel: Miscellanies, drucken, wovon seitdem die II. Auflage mit dem zweyten Theile vermehrt, 1746., die III. 1755. erschienen, und die IV. nächstens wieder mit vielen auserlesenen Zusätzen zum Vorschein kommen wird.

* II. Er beschäfftiget sich beständig mit dem Unterrichte in der Englischen Sprache, welchem er täglich mehrere Stunden widmet.

§. 100.

Isaac von Colom du Clos, geb. 1708. zu Müncheberg einer Französischen Colonie in der Mittelmark, studierte seit 1721. im Joachimsthalischen gymnasio zu Berlin, wo er zugleich sich den Unterricht der Lehrer des Französischen gymnasii illustris zu Nuße machte; und nachdem er hernach noch einige Zeit zu Frankfurt an der Oder zugebracht, ward er zu Berlin vom Ober-consistorio examinirt, und als candidatus ministerii mit der Freyheit zu predigen aufgenommen. Er studierte aber ferner noch zu Jena, wie auch zu Leiden, und 1729. zu Bremen. Im Jahr 1730. ward er vom Fürsten Georg Albrecht von Ostfriesland zum Unterrichte seines damaligen Erbprinzen Carl Edzards berufen, der ihn hernach, als er 1734. zur Regierung gekommen war, 1735. zum geheimen CabinetsSecretär, wie auch bald darauf zum bibliothecario ernannte. Er folgte aber, nach Abgang dieses Fürsten, im Nov. 1744. einem Rufe nach Ilfeld als Lector linguae Gallicae am dortigen gymnasio, von da er im Jul. 1747.

N   als

als Lector publicus linguae Gallicae nach Göttingen kam. Hier ward er seitdem den 1. Aug. 1748. Magister, und im Aug. 1751. prof. phil. extraord., erhielt auch im Jan. 1764. den Rang eines prof. phil. ord. Er war schon zu Ilseld ein Mitglied der Nürnbergischen Cosmographischen Gesellschaft, und ward ferner 1747. ein Mitglied der hiesigen, wie auch 1749. der Helmstädtischen, und 1752. der Bremischen Teutschen Gesellschaften, verwaltete auch bey der hiesigen das Secretariat von 1748. bis 1758.

* I. Seine Lebensbeschreibung findet sich in der Beschreibung der Anwesenheit des Königs 1748. p. 199.

* II. Seine Schriften sind: 1) *Reflexions sur les petits enfants*, Auric 1741. (ed. II. Nordhaus. 1745.); 2) Ioh. Schild de Chaucis nobilissimo veteris Germaniae populo, (von ihm herausgegeben) Auric 1742.; 3) *Deux fois cinquante deux histoires choisies de la Bible* par Jean Hübner, *traduites de Allemand*, Aur. 1743. (nachgedruckt Leyden 1747.); 4) J. F. Ravinga Ostfriesische Chronica von 1106. bis 1661. (aus dem Platt-Teutschen übersetzt, und von Christi Geburt bis 1106., und von 1661. bis 1744. ergänzt), Aurich 1745.; 5) *Principes de la langue Françoise*, Nordhaus. 1745. (II. vermehrte Aufl. Götting. 1749.; III. 1757.; W. verbessert und ganz umgearbeitet, 1765.); 6) Teutsch- und Französisch Titularbuch, IVte Aufl. Nordhausen 1747.; V. vermehrt und mit einem Vorberichte vom Briefschreiben und vom Ceremoniel, 1752.; VI. mit Vorsetzung seines Namens, 1756.; VII. 1760.; VIII. 1763.; 7) *Reflexions et Remarques sur la manière d'écrire des lettres, sur les règles du stile, et sur la versification Françoise*, 1749., ed. II. augm. 1750.; III. 1754.; IV. 1763.; 8 *Représentation impartiale de ce qui est juste à l'égard de l'élection d'un Roi des Romains*, à la Haye 1751. (übersetzt von der Schmaussischen Schrift § 27. f. n. 26.); 9) Nachricht von der Evangelisch-Reformirten Kirche zu Göttingen, nebst der Rede, welche bey Legung des Grundsteins ist gehalten worden, 1752. (ins Holländische übersetzt, Amsterd. 1753.); 10) *Le génie, la politesse, l'esprit et la délicatesse*

teſſe de la langue Françoiſe par l'auteur de l'éloquence du
tems, (mit Zuſätzen und Regiſtern.) 1755.; 11) Model-
les de lettres ſur toutes ſortes de ſujets, I. Th 1760.; II.
1761.; ed. II. 1764.; 12) Uebungen zur Anwendung der
Grundſätze und der Schreibart der Franzöſiſchen Sprache,
1761.

* III. Seine **Vorleſungen** ſind: 1) ein collegium fundamentale, oder ein curſus linguae Gallicae über ſeine
num. 5. und 12. angeführte Schriften; 2) ein collegium
manuductorium ad ſtilum über num. 7. und 11.; 3) ein
collegium conuerſatorium oder *Aſſemblée Françoiſe* um
ſich im Sprechen und in der Critik der Franzöſiſchen Sprache zu üben. Worneben er 4) priuatiſſime Franzöſiſche
practica im ſtilo, oder auch 5) über SNEEDORF *Eſſai du
ſtile des Cours* hält, ingleichen 6) öffentlich bald einen pro-
ſaiſchen, bald einen poetiſchen Franzöſiſchen Dichter erkläret; auch endlich 7) gemeiniglich im Sommer geographi-
ſche, und 8) im Winter heraldiſche privat-Vorleſungen
hält.

§. 101.

Johann Tobias **Koeler**, geb. 1720. Jan. 17. zu Altdorf, ein Sohn des ſeel. Prof. Joh. Dav. Koͤlers (§. 34.)
ſtudierte ſeit 1735. zu Göttingen, und, nachdem er in den
Jahren 1740 - 1743. eine Reiſe ins Vogtland und in Sach-
ſen gethan, fieng er 1750. an, zu Göttingen hiſtoriſche
Vorleſungen zu halten, ward auch hieſelbſt 1755. Magiſter, und 1759. prof. phil. extraord.

* I. Seine **Schriften** ſind: 1) Nachricht von dem Leben
und Schriften Wigulejus Hunds, 1750.; 2) Vertheidigung der Oberpfalz gegen die Verunglimpfungen des Herrn
Prof. Gottſcheds; 3) Beytrag zu dem Münzrechte der
Gräfen Reuß, 1755.; 4) Wintarus, primus inter Germanos artis ſalutaris peritia celebris Caroli M. Francorum
regis medicus illuſtratus, 1757.; 5) Diſſ. de Entio ſiue
Henrico Friederici II. Imp. notho, rege Sardiniae, S. R.
I. per Italiam vicario; 6) Obſeruationes de Triscame-
rario

rario Imperatoris, 1758.; 7) Vollständiges Ducaten=
Cabinet, I. Theil 1759.; II. 1760.; 8) Nachricht vom
Pabste Johann dem XXI. oder Peter Hispanus, 1760.;
9) Blainville Reisebeschreibung, aus dem Französischen,
I. Th. 1764.; 10) Clarks, Großbritannischen Gesandt=
schafts=Predigers zu Madrid, Briefe vom gegenwärtigen
Zustande in Spanien (sind unter der Presse). Darneben
hat er an den vier letzten Bänden von seines seel. Vaters
Münzbelustigungen grossen Antheil, und viele Aufsätze in
den Hannoverischen gelehrten Anzeigen verfasset.

* II. In seinen Vorlesungen erklärt er 1) die Geschich=
te der vornehmsten Europäischen Staaten, oder auch 2)
die Reichshistorie, ingleichen 3) die Braunschweig=Lüne=
burgische Historie, sodann 4) die Diplomatik, 5) die Nu=
mismatik, 6) die Heraldik, und 7) die nützlichste Art, ge=
lehrte Reisen anzustellen.

§. 102.

Albrecht Ludewig Friedrich Meister, geb. 1724. zu
Weickersheim im Hohenlohischen, studierte seit 1743. zu
Göttingen, 1747. 1748. zu Leipzig, und seit 1749., als
Hofmeister, wieder zu Göttingen. Hier wurde er 1753.
Magister, und 1764. prof. phil. extraord.

* I. Seine Schriften sind: 1) Diss. inaug. Instrumentum scenographicum, Goetting. 1753.; 2) Observationes variae circa visum et oculum institutae, 1757.; 3)
Diss. de torculario Catonis vasis quadrinis instructo ad locum difficillimum de re rust. cap. XVIII-XXII. illustran-
dum, 1763.; 4) Progr. de erroribus, qui à situ instrumenti non librato angulorum mensuram ingrediuntur,
1764.

* II. Er lieset alle halbe Jahre 1) die reine Meßkunst,
2) die bürgerliche und Kriegs=Baukunst, und 3) die Per=
spectivkunst; sodann 4) alle Sommer die practische Geometrie, wie auch 5) von Zeit zu Zeit einen ganzen cursum
mathematicum, oder noch besonders 6) den Bauanschlag,
oder 7) die Optik, oder 8) die Algebra.

§. 103.

§. 103.

Johann Andreas Dieze, geb. 1729. Sept. zu Leipzig, legte sich in seinen academischen Studien daselbst seit 1749. sowohl auf die Rechte, als auf die schöne Wissenschaften und heutige Sprachen, und hielt, nach 1752. erlangter Magisterwürde, zu Leipzig Vorlesungen über die Alter= thümer, und alte Geschichte, wie auch über die Staaten= geschichte, und über verschiedene Theile der alten und neuen Litteratur. Hernach besuchte er einige der vornehmsten Städte in Teutschland, und, nachdem er sich zuletzt einige Zeit in Dresden aufgehalten; begab er sich zu Ende des Jahrs 1756. nach Göttingen, und gab hier in verschiede= nen Theilen der Litteratur und der kritischen Kenntniß ver= schiedener Sprachen Unterricht. Darauf wurde er im Oct. 1762. Secretär bey der hiesigen Teutschen Gesellschaft, im Nov. 1763. Custos bey der Bibliothek, und im Nov. 1764. prof. phil. extraord.

*I. Unter seinem Namen ist nur seine Diss. *inaug.* de forma imperii a Constantino M. recte atque sapienter mu- tata, Lips. 1752. gedruckt; Er hat aber sonst verschiedene Werke übersetzt, die ohne seinen Namen gedruckt sind.

*II. Seine Hauptbeschäfftigung macht er aus der alten und neuen Litteratur, und denen dahin einschlagenden Kenntnissen. In einem collegio trägt er daher die Regeln der schönen Wissenschaften vor, mit denen er die Exempel aus den berühmtesten Schriftstellern alter und neuer Zeiten verbindet; In einem andern lehrt er die Geschichte der schönen Wissenschaften und freyen Künste, als der Mahle= rey, Schnitzkunst, Tonkunst 2c. Zu beyden gedenkt er mit der Zeit eigne Handbücher zu liefern.

N 3

9) Aca=

9) Academischer Oberbaucommissarius.

§. 104.

Jóhann Michael Müller, geb. 1723. Iul. 1. zu Altendorf an der Lumde im Hessen-Darmstädtischen, studierte von 1740. bis 1744. zu Giessen, wo er zuletzt selbst schon mathematische Vorlesungen zu halten anfieng. Um gute Gebäude zu sehen und beurtheilen zu lernen that er 1745. eine Reise in verschiedenen Gegenden von Teutschland, und 1746. 1747. in Italien. Nachdem er sodann 1748. in den Gegenden von Hamburg den Anfang gemacht, die Direction über verschiedene Gebäude zu führen; ward er im Dec. 1750. zur Aufsicht der hiesigen academischen Gebäude und der Klosterämter im Fürstenthum Göttingen als Königlicher Baucommissarius bestellt. Und wie er zugleich die Erlaubniß erhielt, hier öffentliche Vorlesungen zu halten, so eröffnete er solche um Ostern 1751. und ward 1764. zum Königlichen Oberbaucommissarien ernannt.

* I. Seine Schriften sind: 1) Progr. in quo praestantissimum in scientiis et vita communi matheseos adplicatae vsum monstrat, Goetting. 1751.; 2) Progr. de recta et commoda adplicatione normae ad delineationes chartarum geometricarum, 1753.; 3) Anzeige von dem Zusammensetzen und Gebrauche des Graphometers, 1763.

* II. In seinen Vorlesungen gibt er alle halbe Jahre zur bürgerlichen und Kriegs-Baukunst Anleitung, wie auch jeden Sommer zur übenden Meßkunst, und von Zeit zu Zeit sowohl zur reinen als angewandten Mathematik nach ihren einzelnen Abtheilungen oder auch zusammengenommen.

B) Pri-

B) Privat=Docenten nach der Ordnung der Facul=
täten und ihrer hier angefangenen Vorle=
sungen.

§. 105.

Juristische Privat = Docenten sind dermalen hier:
I) Michael Lorenz Willig, zweyter Bürgermeister und Vice=
syndicus der Stadt Göttingen (a); II) D. Johann Hen=
rich

(a) M. L. Willig, geb. 1715. Mart. 17. zu Greifswal=
de, studierte seit 1730. anfangs Theologie zu Greifswalde,
und seit Mich. 1732. zu Jena, wo er sich vornehmlich auf
die Historie, Mathematik, Philosophie und heutige Spra=
chen legte. Nachdem er hernach 1735. als Hofmeister ein
Jahr in Liefland zugebracht, kam er 1736. nach Göttingen,
und befliß sich hier vornehmlich der Rechtsgelehrsamkeit,
gab aber zugleich Unterricht in der Mathematik und im Fran=
zösischen und Italiänischen. Um Mich. 1743. fand er Ge=
legenheit, zu Gibichenstein bey Halle mit Amts= und Ge=
richts=Sachen umzugeben, und half darneben dem seel. D.
Baumgarten an der Uebersetzung der beyden ersten Theile
von der allgemeinen Welthistorie. Im Frühjahre 1744.
ward er als Stadt=Secretarius nach Göttingen zurückbe=
rufen, und ward seitdem hier ferner 1752. Vicesyndicus,
und 1763. zweyter Bürgermeister. Er hat vom Febr. bis
Sept. 1743. die hiesige gelehrte Zeitungen verfertiget, und
von 1748. bis 1753. nebst anderen daran gearbeitet. So=
dann hat er die gründliche Vorstellung der Reesischen allge=
meinen Rechnungs=Regel, I. Band 1759., II. 1760 her=
ausgegeben, auch sonsten verschiedene Schriften aus dem
Englischen übersetzt, und viele Aufsätze in den Hannoveri=
schen gelehrten Anzeigen drucken lassen. Seine academische
Arbeiten bestehen seit mehreren Jahren in einer Anweisung
zur gerichtlichen und aussergerichtlichen Praxi.

N 4 (b.)

rich Falkenhagen (b); III) D. Joachim Christoph
Bellmann (c); IV) D. Christian Ludewig Richard,
Senator zu Göttingen (d); V) D. Eberhard Haber-
nikkel (e).

(b) J. H. Falkenhagen, geb. 1720. in der Graffschaft
+ Hoya, studierte zu Helmstädt und Göttingen, und zwar
hier zum Theil als Hofmeister und so, daß er zugleich hier
studierenden Engelländern mit Unterricht in Wissenschaften und Sprachen diente. Nachdem er 1753. eine Diss. inaug. de habitu status integritatis ad statum familiae in re
tutelari spectato gehalten, und Doctor geworden; hat er
sich zwar hauptsächlich der Rechtspraxi gewidmet; fährt
aber doch zugleich fort, von Zeit zu Zeit in der practischen
Rechtsgelehrsamkeit, oder auch in der Englischen Sprache
Unterricht zu geben.

(c) J. C. Bellmann, geb. 1729. Mart. 17. zu Lüneburg, studierte seit 1751. zu Göttingen, erhielt hier im
Febr. 1755. facultatem legendi, und ward im Nov. 1755.
Doctor, nach gehaltener Diss. inaug. ad L. 42. D. de re
iud., sive de effectu sententiae ad omissa in restitutione
fructuum, expensarum et usurarum. Er lieset gemeiniglich über die Institutionen, den so genannten kleinen Struv,
und die Pandecten, wie auch über den gerichtlichen und auf-
sergerichtlichen Proceß, ingleichen eine catechesin iuris ciuilis, zu welchen letztern beyden Vorlesungen er ein eignes
Handbuch herauszugeben Willens ist. Auch pflegt er überdis wohl das Teutsche Recht zu erklären.

(d) Chr. Ludw. Richard, geb. 1728. Apr. 26. zu Neuwied, studierte seit Mich. 1747. zu Göttingen, und dispu-
tirte hier im Oct. 1756. über theses ex vario iure zu Er-
langung der Doctorwürde. Nachdem er schon zuvor in der
Französischen und Italiänischen Sprache Unterricht gegeben; fuhr er nach seiner Promotion nicht nur damit fort,
sondern hielt auch priuatissime collegia über die Logik, das
Recht der Natur, die Pandecten, das Lehnrecht und das
peinliche Recht. Seitdem ist er zwar im Febr. 1763. als
Senator in hiesigen Stadtrath gekommen; er wendet aber
doch seine übrige Zeit noch jezo zu Fortsetzung gedachter
academischen Arbeiten an.

(e)

(e) Eb. Habernikkel, geb. 1730. Febr. 16. in der Herr-schaft Gimborn in Westphalen, studierte 1751. zu Halle, und seit 1752. zu Göttingen, wo er 1759. Doctor ward. Seine Schriften sind: 1) Elementa iuris Romani, Goetting. 1757. 4.; 2) Vertheidigung der Pandecten-Metho-de, Leipz. 1758. 8.; 3) Diss. *inaug.* de methodo iuris pri-uati, quo per Germaniam vtimur, Goett. 1759.; 4) In-stitutiones iuris Romani, 1764. 8. In seinen Vorlesun-gen trägt er das reine und ungemischte Römische Recht nach einer systematischen Lehrart vor, und hält ausserdem verschiedene collegia practica und examinatoria.

§. 106.

Unter den hiesigen Aerzten, die nicht Profossoren sind, ist dermalen keiner, der nebst der Praxi zugleich academischen Unterricht gibt, als Johann David Grau (a).

(a) Er ist geb. 1729. zu Volkstädt bey Rudolstadt, stu-dierte seit 1748. zu Jena, und ward daselbst, nachdem er ein Jahr zu Dresden gewesen, 1756. Doctor und Magi-ster, worauf er zu Jena medicinische Vorlesungen hielt, die er seit 1763. hier fortsetzt. Seine Schriften sind: 1) Diss. de plethorae caussis et effectibus, *Ienae* 1756.; 2) De mutationibus ex aëris calore diuerso in corpore humano oriundis, 1758.; 3) De genuina febres continuás cu-randi ratione in vniuersum, 1760.; 4) ἰχνογραφία πα-θολογίας; 5) De medicamentorum consolidantium agen-di modo et vsu, 1761.; 6) De prognosi status morbosi rite formanda; 7) De secretione corporis humani in ge-nere, 1762.; 8) De pure vero; 9) De medicamento-rum suppurantium agendi modo et vsu, Erford. 1763.; 10) Heterodoxe Sätze aus der Arzney-Gelahrheit, Jena; 11) De vi vitali specimen primum, *Goetting.*; 12) Ab-handlung von den Wundmitteln überhaupt; 13) De li-quore amnii, 1764.; 14) De hydropis ascitis semiolo-gia; 15) Anfangsgründe der Hebammenkunst; 16) Ab-handlung von den Erweichmitteln, nebst einer Vorrede

von der Nothwendigkeit und Nützlichkeit der philosophischen
Erkenntniß in der Arzney-Gelahrheit, 1765.

§. 107.

Philosophische Privat-Docenten sind: I) M. Friedrich
Wilhelm Stromeyer, Superintendent der Harstischen
Inspection, und Prediger an den Kirchen zu St. Nicolai
und zum Kreuß allhier (a); II) M. Johann Paul Eberhard (b); III) M. Johann Michael Kern, Adjunct
der

(a) Fr. W. Stromeyer, geb. 1712. Mart. 18. zu Göttingen, studierte seit 1732. zu Jena, und seit 1734. zu Göttingen, wo er bey der Inauguration 1737. Magister, sodann 1739. pastor adiunctus des hiesigen geistlichen ministerii und Vicarius an der Kreußkirche, hernach 1742. Pastor an der Nicolai-Kirche wurde, wozu ihm 1760. das
Predigt-Amt an der Kreuß-Kirche, und 1764. die Super-
intendentur der Harstischen Inspection beygelegt ward.
Seine Schriften sind: 1) Diss. inaug. de habitu erroris
ad felicitatem errantis, Goetting. 1737.; 2) Diss. de
vaticinio Iacobi in Issacharitas, Gen. XLIX. 14. 15., 1738.
Worneben er 3) zu der Kraftischen theologischen Bibliothek
verschiedene Beyträge geliefert, und 4) seit 1747. ein Mitarbeiter an den hiesigen gelehrten Zeitungen ist. Er hat
seit 1737. theils über die Philosophie, theils über die Griechische und Hebräische Sprache Vorlesungen gehalten, die
er noch jeßo fortseßt, so viel es seine übrige Amtsarbeiten
gestatten.

(b) J. P. Eberhard, geb. 1723. Ian. 23. zu Altona,
wo sein Vater, Christoph Eberhard, Vicepräsident war,
(der sich durch eine Theorie de longitudine maris inuenienda, wovon die Originalschrift auf der Königlichen Bibliothek zu Hannover aufbehalten wird, bekannt machte, und
vom Czaar Peter dem I. bestimmt war, seine Theorie
durch eine Seereise von Kamtschatka aus nach America zu
bewähren, da aber der Tod dieses Monarchen die bereits zu
Er-

der hiesigen philosophischen Facultät (c); IV) M. Mat
thias

Erbauung einer Flotte zu Kamtschatka ertheilten Befehle
rückgängig machte,) ward nebst seinem ältern Bruder von
seinem Vater selbst auf Universitäten geführt, anfangs nach
Giessen, und von da nach Göttingen, sodann nach Helmstädt, Halle, und nochmals nach Göttingen. Hierauf ward
er zwar vom regierenden Herrn Grafen von Stolberg-Wer-
nigerode zum Architecten ernannt; Aber aus Neigung zum
academischen Leben fieng er zu Helmstädt an, Privat-Stunden in der Baukunst und Italiänischen Sprache zu halten,
die er, nach einigem Aufenthalte zu Leipzig, hernach zu
Halle fortsetzte. Endlich ward er 1753. von Hannover aus
veranlaßt, zu Göttingen mathematische Vorlesungen zu
halten; erhielt auch 1762. allhier die Magisterwürde.
Seine Schriften sind: 1) Beschreibung einer neuen Meß-
tafel, Halle 1753. 8.; 2) De nouo transportatoris vsu,
Goetting. 1754. 4.; 3) Versuch über die Kriegsbaukunst,
aus dem Französischen übersetzt. Auch hat er 4) zwey
kleine Landchärtchen von den hiesigen Gegenden, hauptsächlich zum Gebrauch der Botanisirenden, in Kupfer gestochen. Die Gegenstände seiner Vorlesungen sind: 1) die
bürgerliche Baukunst; 2) die Kriegsbaukunst; 3) das
Feldmessen; 4) die Mechanik; 5) der Mühlen- und
Brückenbau; 6) die Artillerie und Feuerwerkerey; 7) die
Kunst Modelle zu verfertigen; 8) die mathesis pura, und
9) die Abendländische Sprachen.

(c) J. M. Kern, geb. 1731. Aug. 6. zu Preßburg,
studierte zu Göttingen, und ward hier im Nov. 1755. Magister, hielt auch hier philosophische und im Lateinischen
und Griechischen philologische Vorlesungen, bis er 1757.
in sein Vaterland zurückgieng, wo er am gymnasio docirte,
auch in der Teutschen evangelischen Kirche predigte und ca-
techisirte. Im Jahr 1764. reisete er nach erhaltener Erlaubniß wieder nach Göttingen, ward hier Adjunct der philosophischen Facultät, und hielt hier abermals, philosophische und philologische Vorlesungen. Seine Schriften
sind: 1) Diss. Dei filium patri esse ὁμοούσιος, antiqui ecclesiae doctores in concilio Antiocheno vtrum negarint?
prae-

thias Butschany (d);   V) M. Jeremias Nicolaus Eyring, Subconrector an hiesiger Stadtschule und zweyter
Custos bey der Universitäts-Bibliothek (e).

praeside Feuerlino, *Goetting.* 1755.; 2) Diſſ. *inaug.* ac-
centuum veterum Graecorum genuina pronuntiatio, praeside Gesnero, 1755.; 3) Diſſ. Epicuri prolepſeis ſiue
anticipationes ſenſibus demum adminiſtris hauſtae, non
vero menti innatae, 1756.; 4) Diſſ. vtrum ſpiritus vl-
lius ſpatii lociue capax ſit, 1757.; 5) Artis poëticae
elementa verſibus concluſa, *Piſonii* 1761., 6) Das
Feuer = und Waſſerberühren Römiſcher Brautleute, Preßburg 1762.; 7) Artis variandi inſtitutiones, 1763.; 8)
Die Geſchichte und ſittliche Beurtheilung der Schämen,
1764; 9) Das offene Herz eines Knechtes Jeſu, bey dem
Abſchiede aus ſeinem Vaterlande; Eine heilige Abſchieds=
rede; 10) Diſſ. Stoicorum dogmata de Deo P. I. C. I.,
Goetting. d. 17. Oct. 1764.

(d) Matth. Butschany, aus Altſol in Ungarn gebürtig, ſtudierte zu Göttingen, ward daſelbſt im März 1757.
Magiſter, und hielt mathematiſche und philoſophiſche Vorleſungen. Seine Schriften ſind: 1) Diſſ. II. de fulgure
et tonitru ex phaenomenis electricis, Goetting. 1757.;
2) Anfangsgründe der Algebra, nebſt derſelben Anwendung auf die Rechenkunſt, 1761. Seine bisherige Vorleſungen wird er nicht mehr fortſetzen.

(e) J. N. Eyring, geb. 1739. Iun. 25. zu Eyrichshof
im Canton Baunach in Franken, ſtudierte ſeit 1756. am
academiſchen gymnaſio zu Coburg, und ſeit 1759. zu Göttingen, wo er 1760. ein Mitglied des ſeminarii philologici,
ſodann 1762. Subconrector an der hieſigen Schule, und
1763. darneben zugleich Custos bey der hieſigen Univerſi-
täts-Bibliothek wurde. Seine Schriften ſind: 1) Gedanken zur Vertheidigung derer, die ohne Reichthum ſtudieren,
Göttingen 1761.; 2) Chreſtomathia tragica, Aeſchyli,
Sophoclis et Euripidis tres integras tragoedias complectens, 1762.; 3) Diſſ. *inaug.* de virtutibus hiſtorico-
rum

, rum veterum et recentium inter se comparatis; 4) Des
Dr. Clephane, Io. Andr. Peyssonell's und Hillary's Nachrichten vom Aussaße der Araber ec. aus dem Englischen
übersetzet, im Hannov. Magaz. 1762. 1763. 1764.; 5) Diss.
de historiae vniuersalis apud Graecos Romanosque et no-
stros iam scriptores diuersa ratione, 1763.; 6) Narratio de scholis suis cum virorum quorundam illustrium le-
ctissima subole institutis. Zu seinen academischen Beschäfftigungen hat er sich vorzüglich die Griechische und
Lateinische Litteratur erwehlet.

§. 108.

Zu Ergänzung eines beträchtlichen Theils der ausländi-
dischen Litteratur gehöret schließlich noch Iulius Robertus
Sanmartino di Sanseuerino, der seit 1764. mit Vorlesungen über die Italiänische Sprache und Litteratur, auch
natürliche Historie, und Landes-Oeconomie seine Dienste
der hiesigen Universität gewidmet.

*I. Er ist geb. 1722. Dec. 30. in Toscana, und nach-
dem er zu Bononien studiert, auch zu Modena unter dem
berühmten Muratori, sodann seit 1742. in seinem Vaterlande sich der Litteratur, und absonderlich der Poesie be-
flissen, ist er 1754. nach Braunschweig gekommen, wo er
Professor am Carolino geworden, und den Durchlauchtigsten Prinzen Friedrich, Henrich und Wilhelm, Unterricht
gegeben. Von da ist er nach ausgebrochenem Kriege zum
Unterrichte des Königlich Schwedischen Kronprinzen nach
Stockholm berufen worden, von da er nach einem jährigen Aufenthalte in sein Vaterland zurückgekehrt, bis er
1760. nach Paris, und 1764. zur Römischen Königswahl
nach Frankfurt, sodann hieher gekommen.

*II. Seine Schriften sind: 1) verschiedene Gedichte,
die er seit 1742. in verschiedenen Sammlungen eindrucken
lassen; 2) Etliche Gedichte, so zu Braunschweig gedruckt
sind,

ſind, unter den Titeln: *Il tempió della Gloria*, *Il Genio di Carlo*, *Il tempio tella Fama*; 3) *L' arte della guerra* aus den *Oeuvres de Sansſouci* überſetzt; 4) *Le génie de la Litterature Italienne*, II. vol. 8.; 5) *Hiſtoire de la vie de Petrarche*, *Laura*, *Bianca Capello*, *Caſtruccio Antelminellio*, *Americo Veſpuccio*; 6) *Gli Eliſ*, *Poema per la coronazione del Ré de' Romani*, Franckf. 1764.; 7) *L' Horazio al Ponte*, Gotting. 1765.

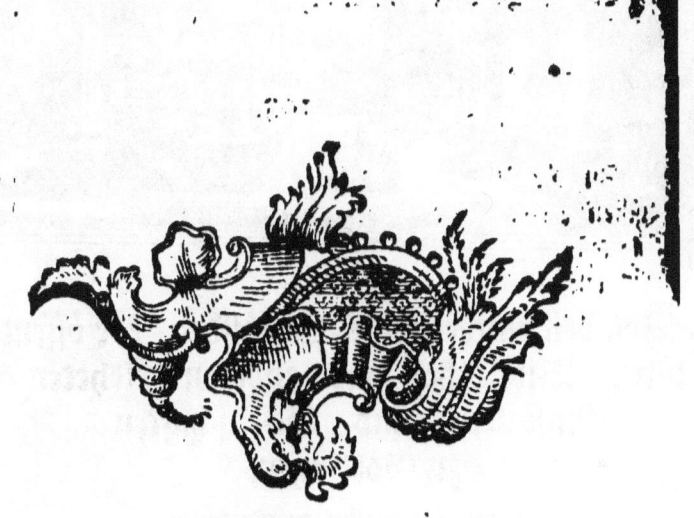

V. Von

V. Von den Universitäts-Gebäuden, der öffentlichen Bibliothek und anderen gelehrten Anstalten und Gesellschaften zu Göttingen.

---

1) Von denen zum collegio academico gehörigen Universitäts-Gebäuden; und denen damit verbundenen gelehrten Anstalten.

---

§. 109.

Zu den öffentlichen Universitäts-Handlungen ist I) die ehemalige Pauliner-Kirche (§. 9.) als die nunmehrige Universitäts-Kirche bestimmt, worinn alle Sonn-

und

und Feyertage Vormittags von halb zehn bis eilf Uhr, Nachmittags von halb zwey bis drey Uhr öffentlicher Gottesdienst, (jedoch ohne Administration der Sacramenten, als welche den Stadt-Parochien überlassen ist,) gehalten wird. Sodann geschiehet alle halbe Jahre, ordentlicher Weise jedesmal den 2. Jan. und den 3. Jul., allhier der feyerliche Prorectorats-Wechsel, und jeden 17. wird das Andenken der im Jahr 1737. geschehenen Einweyhung hier mittelst öffentlicher Reden und Promotionen, wie auch des Lobgesanges: Herr Gott dich loben wir, gefeyert; wie denn auch andere einzelne feyerliche Promotionen und Reden hier geschehen können.

* Der Bau dieser Kirche ist Gothisch, aber einer der vollkommensten in dieser Art. Sie ist hell und frey gebauet, und die sonst eckelhaften Auszierungen sind mit vieler Sorgfalt vermieden, so daß man es leicht für ein neueres Gebäude ansieht. Der innere Raum des Schiffs ist 110. Fuß lang, und 30. breit. Das Chor ist 60. Fuß lang, und 30. breit. Das Schiff ist nach seiner Länge mit zwey Reyhen freystehender Säulen vertheilet, wovon jede Abtheilung mit 5. Kreutz-Gewölben, so wie auch das Chor mit 5. Gewölben überwölbet ist, welche mit denen vom Mittelschiff gleichlaufend geordnet sind. Die Kanzel ist zu Ende des Chors gegen das Eck der mittägigen Seiten-Untertheilung des Schiffs auf eine Corinthische Säule angebracht. Die Porkirchen schliessen sich beynahe in gleicher Höhe um das ganze Mittelschiff. Dem Chore gerade gegen über ist eine grosse vollständige Orgel aufgestellt, deren Bühne in einer Bogenschweifung so angebracht ist, daß eine zweyte Porkirche schicklich daran fortgeführt werden kann.

§. 110.

Unmittelbar an der Universitäts-Kirche, an deren mitternächtlichen Seite, stößt II) das eigentlich so genannte Collegien-Gebäude, so ein Viereck ausmacht, das aus vier ansehnlichen Gebäuden also zusammengesetzt ist, daß solche in der Mitte einen viereckten gleichseitigen Hof von

62.

62. Fuß einſchlieſſen. In dieſem Gebäude ſind in dem unteren Theile gleich an der Erde drey öffentliche Hörſäle, worunter der juriſtiſche der gröſte iſt, ſo auch zu anderen allgemeinen academiſchen Reden gebrauchet wird. In dem obern Stockwerke war anfangs nur ein Saal, über dem juriſtiſchen Hörſaale, der öffentlichen Bibliothek gewidmet, und in dem übrigen Platze waren das mediciniſche Auditorium, die Concilien- und Secretarien-Stube, und die Carcers angelegt. Wie aber der Büchervorrath immer gröſſer geworden, ſo hat man ſchon 1748. das mediciniſche Auditorium mit dazu genommen, und endlich 1764. dieſes ganze Stockwerk für die Bibliothek in eins zuſammengezogen, ſo daß es nunmehro vier in ihren Fugen zuſammentretende Säle ausmacht, aus deren einem man in den andern gehet, ohne daß ſie durch Wände unterſchieden ſind.

* Die Länge des Collegien-Gebäudes beträgt gegen Mittag und Mitternacht 140. Fuß, gegen Morgen und Abend 120. Fuß. Der ganze Grundbau beſtehet aus feſten Gewölben, die ſich 6. Fuß hoch über den äuſſern Hof ſchlieſſen. Ueber den Gewölben iſt eine Balkenlage in einer Höhe von 18. Fuß. Jeden Hörſaal theilen zwey Reyhen freyſtehender Corinthiſcher Säulen nach der Länge in drey Theile, wovon der mittelſte den ungleich breitern Haupttheil ausmacht. Die Chöre, worauf die Catheder ſtehen, und der Prorector, die Grafen, Profeſſoren, Doctoren, Magiſters 2c. ihre Plätze haben, ſind etwas erhöhet; und gegen dem Catheder über iſt an dem andern Ende jedes Hörſaals ein Chor zur Muſik im Fall feyerlicher Reden geordnet. Ueber der Rückwand des Catheders im juriſtiſchen Hörſaale iſt das Bildniß Königs Georgs des II., als des Stifters der Univerſität, aufgeſtellt. Um der Bibliothek einen bequemern Zugang zu verſchaffen, wird vor dem Collegien-Gebäude, wo der Eintritt in das juriſtiſche Auditorium iſt, jetzt noch ein Vorbau gemacht, der ſowohl zur Zierde als zum Nutzen dienen wird.

O §. 111.

§. 111.

Vor Errichtung der Universität waren in dem Bezirke des jetzigen Collegien-Gebäudes einige königliche Häuser für die Wohnungen der Lehrer des gymnasii bestimmt, deren drey seitdem an einzelne Professoren käuflich überlassen worden. Von selbigen ist aber III) noch eines, so gegen Mitternacht dem juristischen Hörsaale gerade gegen über liegt, übrig geblieben, dessen Bewohnung dem seel. D. Heumann bis an sein Ende gestattet worden. In diesem wird nunmehro der Platz, den in dem eigentlichen Collegien-Gebäude die Bibliothek weggenommen, vollkommen ersetzt, indem hier nicht nur Concilien- und Secretarien-Stube, ingleichen Carcers, und Wohnung des Auditorien-wärters, sondern auch noch ein im Winter zu heitzendes Auditorium, Modell-Kammer, Wacht-Stube u. s. w. bequemen Platz finden, wie denn auch hier nunmehro im Durchgange des Hauses die schwarzen Breter besser angebracht werden.

2) Von der öffentlichen Bibliothek.

§. 112.

Die erste Grundlage der hiesigen Bibliothek (wovon sie ursprünglich den Namen der Bülowischen Bibliothek bekommen,) rühret von dem ehemaligen königlichen Geheimen Rathe und Großvogte, Herrn Joachim Henrich Freyherrn von Bülow her, welcher einen auserlesenen Büchervorrath von 8912. Bänden gesammlet hatte, den

er

er seinen Testaments=Erben zum Gebrauch der Nachkom=
menschaft beständig beyzubehalten anbefohlen, jedoch so,
daß er ihnen frey gelassen, im Fall sie sich mit dessen Er=
haltung nicht selbst beladen wollten, denselben zu des Lan=
des Besten anderweit anzuwenden. Daher denn die Frey=
herrlichen Erben dafür gehalten, daß sie sothanem letzten
Willen kein besser Gnüge leisten könnten, als wenn sie die=
sen ansehnlichen Bücherschatz durch eine gerichtliche Schen=
kung der hiesigen Universität zuwendeten; wie sie denn
gleich beym ersten Anfange der Universität diese rühmliche
Absicht würklich ins Werk gerichtet (a).

(a) Göttingische Geschichte in der Vorrede des Iten
Theils.

§. 113.

Diese Bülowische Bibliothek ist bald anfangs mit dem
Büchervorrathe des vormaligen hiesigen gymnasii von 708.
Bänden, und mit einem Königlichen Geschenke von 2154.
Büchern, so sich in der Bibliothek zu Hannover doppelt
gefunden, ansehnlich vermehret worden. Worneben seit
dem Anfange der Universität aus einem Theile der Inscri=
ptions=Gelder, aus einigem Beytrage von dem Ertrage
der hiesigen Bücher=Auctionen, aus dem hiesigen Verlage
und Drucke u. s. w. einige beständige Zuflüsse für die Bi=
bliothek bestimmt, auch zum Theil schon sehr ansehnliche
Geschenke von hohen und freygebigen Händen hinzu=
gekommen sind. Jedoch das wichtigste hat bisher in ei=
ner anhaltenden ausserordentlichen Vermehrung bestan=
den, da aus Königlicher Gnade und durch die mehr als
väterliche unermüdete Vorsorge des bisherigen Curators
der Universität, des Herrn Cammerpräsidenten Freyherrn
von Münchhausen Excellenz, von Jahren zu Jahren diese

Bibliothek dergestalt angewachsen, daß nunmehro, nach Abzug einer grossen Zahl Dubletten, (von denen man vor einigen Jahren eine besondere Auction gehalten,) die Zahl der würklich vorhandenen Bände sich vorjetzo (1765.) auf 60. tausend belauft, und die Zahl der Tractaten, deren oft mehrere in einem Bande sind, leicht 90. bis 100. tausend betragen mag.

* I. Unter den Geschenken kann sich die hiesige Bibliothek schon einer freygebigen Gnade von mehreren gekrönten Häuptern rühmen. Von Ihro Kayserl. Majestät ist sie mit den Monnoyes en argent et en or du cabinet de l'Empereur, von des Königes in Spanien Majestät mit den Pitture d'Ercolano, von des Königes in Dänemark Majestät mit dem Regenfußischen Conchylienwerk, von einem ehrwürdigen König Stanislaus mit der History a starego y nowego Testamento beschenket worden.

* II. Von anderen Geschenken ist das ansehnlichste, womit der Herzog von Newcastle und der Ritter Pelham die Universität beehret haben; von jenem nehmlich das Journal of the House of the Lords, ein Manuscript von 102. Bänden in fol.; von letzterem das gedruckte Journal of the House of Commons. Einen grossen Theil der Bibliothek hat die Universität auch der eignen Freygebigkeit ihres Curators unmittelbar zuzuschreiben. Die übrigen gelehrten Geschenke rühren zum Theil von ihren eigenen Verfassern her, als vom Cardinal Quirini, vom Admiral Anson, vom Ritter Sloane, und von anderen Englischen Gelehrten, als Pringle, Coltee Ducarell, Snelling; desgleichen von dem Freyherrn von Senkenberg, von der Lübe, und andern.

* III. Den beträchtlichsten Zuwachs hat bisher ein beständiger Ankauf gemacht, da sowohl aus Buchläden als aus Auctionen, besonders aus Holländischen, wie auch aus Engelland von dem Oßbornischen Vorrath, und mittelst vielfältiger Italiänischer Transporte, Jahr aus Jahr ein Bücher angeschaffet worden. Wie denn ein jeder von den hiesigen Professoren die Erlaubniß, oder vielmehr die Obliegenheit hat, wenn er eines wichtigen Buches benöthiget ist,

ist, so noch mangelt, solches anzuzeigen, damit für dessen Anschaffung gesorget werden könne.

§. 114.

Das vornehmste Augenmerk bey dieser academischen Bibliothek ist jederzeit das nützliche und der Gebrauch gewesen, welchen besonders die hiesigen Professores, auch andere Gelehrte, und Studierende davon machen können. Da sich hiedurch ein unermeßliches Feld eröffnet, indem alle Disciplinen und Wissenschaften in ihrem Plan eingeschlossen sind; so wird, mit möglicher Vorbeylassung der gemeinen und gewöhnlichen Handbücher, und anderer, entweder unbeträchtlicher, oder doch solcher Bücher, mit welchen alle Buchläden und Privat-Bibliotheken überschwemmet sind, am meisten auf solche Werke und Schriften gesehen, welche nicht eine jede Privat-Person sich anschaffen kann oder will; als wohin hauptsächlich grosse oder kostbare Werke, als grosse Sammlungen, oder ausländische, schwer zu erhaltende, und seltene Schriften zu rechnen sind; denn in so fern, als diese letztere von irgend einigem Nutzen seyn können, kommen sie allerdings in vorzügliche Betrachtung; ob gleich übrigens bey dieser Bibliothek auf das, was sonst als Liebhaberey oder ein gewisser Luxus in dieser Art nicht selten ist, eigentlich nicht gesehen wird. So weitläuftig dieser Plan auch ist, so ist es durch die erleuchtete Vorsorge unsers Mäcens und durch die Wahl der zur Bibliothek gesetzten Männer doch dahin gebracht worden, daß in keinem Fache die vornehmsten Hauptbücher leicht vermisset werden, hingegen die nur auf einige Weise beträchtlichen Werke gewiß größtentheils bey der Hand sind; und es wird überdies nichts versäumt, um bey jeder günstigen Gelegenheit einzelne Fächer auch mit kleineren Schriften so viel möglich vollständig zu machen.

* I. Man kann zwar hier in Anführung einzelner Werke, die ohnedem in jeder offenen Bibliothek voraus gesetzt werden, als der Thesaurorum, Museorum, Collectionum, Actorum, Operum, u. s. f. sich nicht einlassen, da sie ohnedem vom Ganzen keinen vollständigern Begriff geben, und für Bücherverständige völlig überflüssig sind, allenfalls aber ein vollständiges Bücher=Verzeichniß von der ganzen Bibliothek wohl ein besonderes Werk verdiente. Um jedoch von der Einrichtung der Bibliothek nach ihren Hauptfächern nur einige Proben zu geben; so ist vorzüglich auf die Universal=Historie und auf die allgemeine Europäische Geschichte mit ihren verschiedenen Theilen desto grösserer Fleiß gewandt worden, je schwerer solche ausländische Werke, worinn gröstentheils dieser Theil der Gelehrsamkeit enthalten ist, von einzelnen Gelehrten angeschafft werden können. Am meisten hat man aber in der Englischen Geschichte, selbst bis in der Geschichte einzelner Provinzen, das Glück gehabt, es zu einer grössern Vollständigkeit zu bringen, als es sonst einer andern Teutschen Bibliothek leicht möglich seyn dürfte, so wie überhaupt in allen übrigen Fächern auch ausser der Englischen Geschichte die besten Englischen Schriften von jeden andern Theilen der Gelehrsamkeit hier vorzüglich anzutreffen sind. Ausser dem besondern Vorzuge, den der Besitz des oberwehnten Geschenks der Parlaments=Acten dieser Bibliothek giebt, wäre eine vollständige Folge von den Sammlungen derer Scriptorum rerum Anglicarum, insbesondere die Historici Hearnii, die Collections of State Papers, Rymer's Foedera, et Acta publica Angliae und die ganze Statistik von Engelland hier anzuführen, wenn man sich hier auf das Einzelne einlassen könte. Nächst der Englischen Geschichte ist aber auch die Französische, sodann die Italiänische sehr beträchtlich, so wie die Italiänische Litteratur in denjenigen Theilen, welche in Italien vorzüglich cultivirt werden, einen sehr schönen Theil der Bibliothek ausmacht. Auch die Spanische und Portugiesische Geschichte verdient wegen sehr schätzbarer und seltener Stücke, womit sie versehen ist, erwehnt zu werden.

* II. Auf eine eben so vorzügliche Weise ist die natürliche Geschichte und Naturlehre besetzet, welche theils eine Lieblings=Classe der Bibliothek ausmacht, theils wegen

gen der Kostbarkeit der in dieselbe gehörigen Werke einen
vorzüglichen Platz in einer jeden öffentlichen Bibliothek erwartet, so daß es nicht erst angemerkt werden darf, daß
die Philosophical Transactions vollständig mit dem Abrid-
gment, die Memoires de l'academie des sciences beyde
Ausgaben, nebst so vielen andern Sammlungen von Schriften der gelehrten Gesellschaften hier beysammen sind. Ausser den gedruckten und mit Kupfern versehenen Werken,
wovon die meisten illuminirt sind, ist ein herbarius viuus
von 6. Bänden, ein herbarius viuus, welchen der ehemalige Herr Leibmedicus von Hugo gesammlet gehabt, nach
der Tournefortischen Methode eingerichtet, in 50. Bänden,
imgleichen ein von eben demselben gesammleter hortus ma-
labaricus viuus in 12. grossen Bänden ausser dem gedruckten horto malabarico, vorhanden. Gleichfalls ist in der
medicinischen Classe, wo doch auch die alten Griechischen
und Lateinischen Aerzte in Betrachtung kommen, auf die
Anatomie und Physiologie vorzüglich gesehen. Auch die
Mathematik, Astronomie und Architectur hat ihre Vorzüge,
nebst der Oeconomie, Politik 2c.

* III. Die Gelehrten-Geschichte ist mit den beträchtlichsten Werken, unter andern mit den besten Teutschen,
noch mehr aber mit den beträchtlichsten ausländischen gelehrten Journalen versehen. Die ganze antiquarische
Classe ist mit einer mehr als gemeinen Sorgfalt zu einem
gewissen Grade der Vollständigkeit gebracht. Von Inschriften ist die ganze Suite der Sammlungen, selbst bis
in die verschiedenen Ausgaben, z. E. von den marmoribus
Oxoniensibus, von den geschnittenen Steinen, alles was
von einigem Belang ist, nebst der Lippertischen Dactylio-
thek; in der Numismatik alle die Werke Golzii, Augustini etc. die Thesauri numismatum, das Museo Farnese
vom Pedrusi etc. und überhaupt die zu den Alterthümern
gehörigen kostbaren Werke, als des Gorii, Maffei, Bel-
lorii und Bartoli etc. auch die neuesten, als: die Ruins of
Palmyra, Ruins of Balbec, le Roi Ruines des monumens
de la Grece, Stuart's Antiquities of Athens, Adams Ruins
of Diocletian's Palace at Spalatro, Barbault etc. vorhanden.
Ferner haben die so genannten auctores classici sowohl Griechische als Lateinische hier einen grossen Rang, da nicht nur
die besten alten und neuen, sondern auch eine Anzahl der

ältesten und seltensten Ausgaben und von verschiedenen, als
dem Aristoteles, Hesychius, Suidas, Etymol. M. Stob-
baeus etc., ganze, von vielen anderen beynahe ganze Suiten zusammen gebracht sind.

*IV. Nebst einem reichen Vorrath von Reisebeschrei-
bungen und geographischen Werken ist nicht nur überhaupt
eine sehr ansehnliche Sammlung von Atlanten, worunter
der Blaewische schön colorirt ist, sondern von einzelnen
Landcharten noch eine ganz besondere Sammlung vom
seel. Rath Franz in 53. Bänden vorhanden, welche aus
lauter Suiten der Charten bestehet, und in der Absicht, eine Geschichte der Landcharten zu bewerkstelligen, gesammlet ist. In der Heraldik ist nebst den meisten Hauptwer-
ken in allen Sprachen ein kostbar colorirtes Exemplar von
des Palliot Indice armorial vorhanden. Auch in der Diplomatik wird nicht leicht ein erhebliches Werk mangeln.

*V. Von grösseren Sammlungen einzelner Werke
oder Suiten von Schriften einzelner Gattungen unterscheiden sich im theologischen Fache vornehmlich die Bibel-
Sammlung, die Commentatores, Patres, worunter viele
der ältesten Ausgaben sind, die Kirchenhistorie, die Concilien Sammlungen, die Antiquitates ecclesiasticae, die
scriptores de veritate religionis christianae, die scriptores heterodoxi, deistici, naturalistae, etc.; Im Juristischen die Werke der ICtorum elegantiorum, das ius pro-
uinciale, und darunter besonders das Englische und Französische, sodann eine ansehnliche Sammlung von Consiliis,
Responsis, Obseruationibus etc. Im iure publico verdienet eine Sammlung von ohngefähr 1200. Bänden Deductionen, zu welcher ein aus des ehemaligen Cammerge-
richts-Assessors von Ludolf Verlassenschaft 1744. erkaufter
Vorrath die erste Anlage war, eine besondere Aufmerksamkeit. In der Französischen Geschichte kömmt eine
Sammlung von 1018. Piecen, welche zur Geschichte des
Cardinal Mazarin gehören, in 14. Quartbänden, und in der
Teutschen Geschichte eine Sammlung von Leichenpredigten
auf Adeliche in 503. Bänden vor, welche aus Barings
Beytrag zur Hannoverischen Kirchen- und Schulhistorie,
S. 120. der Vorrede, bekannt ist. Auch die Sammlung
von Disputationen und kleinen Schriften ist nicht hinban-
.ge-

geſetzt worden.　Auſſer einer beträchtlichen Anzahl von theologiſchen, beſonders exegetiſchen, findet ſich eine Sammlung von den zu den Pietiſtiſchen Streitigkeiten gehörigen Schriften, in 12. ſtarken Quartbänden und eine andere Sammlung von kleinen in der Janſeniſtiſchen Streitigkeit herausgekommenen Schriften in 57. Octavbänden. An juriſtiſchen Diſputationen wird eine Sammlung von 200. Bänden bey der Juriſtiſchen Facultät aufbehalten. Eine andere Sammlung findet ſich auf der Bibliothek von den Leidiſchen Inaugural = Diſputationen ſeit 1684., ingleichen an mediciniſchen Diſputationen eine Sammlung, welche über 200. Bände geht.

* VI. Ungeachtet das Nützliche der eigentliche Geſichtspunct bey der Bereicherung dieſer Bibliothek geweſen iſt; ſo kann ſie ſich doch eines anſehnlichen Vorraths von ſeltenen und alten Bibliothek = Stücken rühmen, welche auch einem bloſſen Bücher = Liebhaber nicht gleichgültig ſeyn dürfte.　Nach einer mit einigen Catalogis librorum rariorum angeſtellten Vergleichung hat ſich gefunden, daß zwey Drittheile derer in ſolchen als rar angegebenen Schriften vorhanden ſind.　An alten Drucken und monumentis typographicis aus dem 15ten Jahrhundert zehlt ſie über 400. Stücke, von denen ein groſſer Theil in Maroqein gebunden iſt.

* VII. Auf Handſchriften, deren Ankauf beſondere glückliche Gelegenheiten vorausſetzet, hat man noch nicht ſein Abſehen gerichtet.　Solche, welche keinen innern Werth haben, zu ſammlen, hat man der Einrichtung der Bibliothek nicht gemäß befunden.　Gleichwohl ſind auſſer verſchiedenen andern, die mehr der Gewohnheit, als des Nutzens wegen, in Bibliotheken zu ſeyn pflegen, ferner auſſer einer Anzahl Landes = Chroniken, beſonders Bremiſchen und Verdiſchen Landes = Verordnungen, Verträgen ꝛc. einige zwanzig Arabiſche, verſchiedene Chineſiſche, einige zwanzig Lateiniſche, vor dem ſechszehenten Jahrhundert, geſchriebene Handſchriften vorhanden, und unter dieſen ein Horatius chartaceus (vid. Gesner. praef. ad Horatium); ein A. Gellius ſec. XV. fol. membr.;　Vulgatus interpres ſec. XIV. 8. membranae tenuiſſimae nitidis picturis ornatus; Volumen ſcriptorum S. Ephrem. Diac. Caeſarii Epiſcopi.

　S. Ba-

S. Basilii et Smaragdi, fol. membr. emtum in vsum Monasterii S. Mariae ad muros Hildesienses a. 1309.; Liber VI. Decretalium cum apparatu Io. Monachi a. 1298. fol. membr. cui adiunctus Io. Andreae Comment. ad VI. Decretal.; Amelgardus Presb. Leod. de rebus gestis Caroli VII. G. R. et Ludouici filii nondum editus fol. chartae. (vid. I. A. FABRICII isag. in notit. hist. Gall. p. 64. 66.); Apographum Chronici Alberici Triumfontium Monachi (S. Hambergers zuverl. Nachr. v. Schriftst. part. 4. p. 381.); Poggii Florentini liber de varietate fortunae scriptus 1450. (S. HEVMANN *poecile* tom. 2. p. 95. sq.) und ein Sachsenspiegel; Ferner eine Sammlung von Schriften in der Rathmannischen Controvers von 6. Bänden in fol.; Zwey Bände Heraldische Sammlungen Herrn Kroll von Freyen; Drey Exemplare von Bodini colloquio heptaplome de abditis rerum sublimium, worunter eines das Exemplar ist, welches der Prof. Koch besessen, und mit Leibnitii, Conringii und Gerh. Molani codicibus verglichen hatte; Ein volumen epistolarum Reinesii inedit. etc.

* VIII. Insonderheit verdient hier endlich noch erwehnt zu werden eine auf hiesiger Bibliothek befindliche schätzbare Sammlung von actis publicis, welche der ehemalige Präsident in dem hohen Rathe zu Brüssel, unter der Regierung Carls des Fünften, Viglius Zuichemus, besessen hat, in 22. Bänden in fol. Sie betreffen hauptsächlich die Geschichte von Teutschland und den Niederlanden in der ersten Hälfte des sechzehenden Jahrhunderts; enthalten aber doch auch vidimirte Abschriften von Urkunden aus dem 11. 12. 13. 14. und 15ten Jahrhundert, viele Handbriefe von dem Bischof zu *Arras*, und nachmaligen *Cardinal Granvella* an den *Zuichemus*; Original Responsa von verschiedenen collegiis, auch einzelnen ICtis, als Marian. Socinus, Andr. Alciatus, Augustin. Berous etc. in den Streitigkeiten der Königin Maria, mit ihrem Bruder Ferdinando etc. *Reineri Documani* Lib. de origine, nominibus et prouerbiis veterum Frisiorum etc.

§. 115.

§. 115.

Der größte Vortheil von dieser Bibliothek bestehet in dem freyen und unbeschwerten Gebrauch, welchen jedem Mitgliede der Universität von den darauf vorhande-nen Büchern zu machen vergönnt ist; ein Vorzug, den ihr schwerlich irgend einige Bibliothek in Teutschland, noch auch vielleicht in anderen Gegenden streitig machen dürfte; und bey allen Beschwerlichkeiten und nachtheiligen Umstän-den, welche ein so freyer Gebrauch besonders kostbarer Wer-ke nach sich zieht, hat man doch den wahren Vortheil, wel-chen eine solche Anstalt, sowohl für Professoren, als für Studierende haben muß, allen andern Betrachtungen vorgezogen. Jedes Mitglied der Academie kann also in Ansehung des freyen Gebrauchs die Bibliothek bey-nahe als die Seinige ansehen, indem dieser Gebrauch weiter nicht, als was die gute Ordnung unumgänglich erfordert, eingeschränkt, und vielleicht selbst von eini-gen Unbequemlichkeiten weniger begleitet ist, welche der Besitz eigenthümlicher Bücher sonst mit sich zu führen pfleget.

* I. Ordentlicher Weise wird die Bibliothek täglich geöff-net, und zwar Mittwochs und Sonnabends von 2. bis 5.; die übrigen Tage von 1. bis 2. Uhr, welche Zeit über jeder-mann den Zutritt und die Erlaubniß hat, sich nach Belie-ben ein Buch zum Lesen oder Aufschlagen geben zu lassen. Hierüber sind gewisse von Königlicher Regierung bestätigte Gesetze abgefasset. Sodann kann ein jeder Professor oder hier angesessener Gelehrter sich die jedesmal benöthigten Bücher gegen einen über jedes Buch besonders ausgestellten Schein zum Gebrauche auf einige Tage nach Hause kommen lassen. Und eben diesen Vortheil genießen auch die hier Studierenden, so fern sie nur einen mit der Unterschrift ei-nes der hiesigen Professoren versehenen Zettel über jedes Buch abgeben.

* II.

* II. Was die zum Behuf der Bibliothek-Arbeiten bestellte Personen anbetrifft, so stand die Bibliothek seit ihrer ersten Anlegung unter der Aufsicht des seel. Hofr. Gesners. Dazu kam zuerst 1736. der jetzige Prof. Matthiä erst als amanuensis und 1738. als custos bibliothecae, welchem 1747. der jetzige Prof. Hamberger an die Seite gesetzet ward. Nach des seel. Gesners Tode, dessen Treue, Fleiß und grosser Einsicht auch die Bibliothek vieles zu danken hat, ward dem Hofrath Michaelis eine Zeitlang die Aufsicht übertragen, bis 1763. an des seel. Gesners Stelle, mithin auch zum Bibliothecariate der Prof. Heyne berufen ward, und darauf im December 1763. auch die Direction der Bibliothek erhielt. Um eben diese Zeit ist der Prof. Hamberger zum zweyten Bibliothecar ernannt und im Jun. 1763. der Magister Eyring erst zu einer besondern Arbeit, und nachmals als zweyter Custos, sodann im November 1764. der jetzige Prof. Dieze als ordentlicher Custos bestellt, hingegen der Prof. Matthiä, seit dem 26. Januar 1764. zum Emeritus erklärt worden, ohne doch von allen Bibliotheksgeschäften und Verrichtungen noch befreyet zu seyn.

§. 116.

Was endlich die wahre technische Einrichtung der Bibliothek anbetrifft, so würde deren ausführliche Beschreibung hier zu weitläuftig seyn. Doch ist gewiß, daß auch die Einrichtung und Ordnung einen der wesentlichsten und seltensten Vorzüge dieser Bibliothek ausmacht. Ueberhaupt stehen die Bücher nach den Materien, und nach einer gewissen Ordnung der verschiedenen Disciplinen und Wissenschaften, deren jede wiederum nach einer systematischen Ordnung eingetheilt ist, und doch so, daß die Unterabtheilungen gleichwohl die Folge der Formate nicht vermengen. Ein Real-Catalogus von einer grossen Zahl Bände enthält eigentlich die Hauptgrundlage von der Ordnung, wie die Bücher aufgestellt sind. Nebst demselben

wird

wird noch ein alphabetischer Catalogus der Namen der
Verfasser und Bücher, und ein Accessions-Catalogus oder
Repertorium, in welchem sie nach der Ordnung und Masse,
als sie anlangen, eingetragen werden, fortgeführet, und
alle diese catalogi sind und werden so eingerichtet, daß sie
eine gegenseitige Beziehung auf einander haben.

* I. Von dem Real-catalogo ist ungefähr die Art der
Anlage aus einem Aufsatze des Prof. Matthiä in den Hannoverischen gelehrten Anzeigen 1755. p. 785. bis 864. incl.
abzunehmen. Von den übrigen besonderen Catalogirungen,
als der Disputationen, Deductionen u. s. f., wie auch von
den weiteren Anstalten, um bey einem so weitläuftigen Werke die Ordnung zu erhalten, und selbst von der Einrichtung wegen Ausleyhung und Wiederempfangs der Bücher rc.
würde hier der Raum fehlen die genaueren Umstände zu
melden.

* II. Von dem überhaupt bereits (§. 110.) beschriebenen
Platze und der äusserlichen Einrichtung der Büchergestelle
ist hier nur noch so viel zu gedenken, daß die Höhe des vier-
fachen Saals, worinn die Bibliothek stehet, 15. Fuß beträgt, da denn vom Fußboden bis an die Decke zehen Lo-
cate von verschiedener Grösse nach den verschiedenen For-
maten der Bücher angebracht sind. In der Mitte des
Saals laufen andere freystehende Repositorien von gleicher
Höhe fort; und in der westlichen und östlichen Ecke stehen
grosse Rastelen und Tische mit untergesetzten Locaten zur
Bequemlichkeit für diejenigen, welche sich der gereichten Bücher bedienen; die Wand der östlichen Seite ziert das in
Lebensgrösse von Boye gemahlte Bildniß unsers unsterbli-
chen Curators in dem Mantelkleide, das er als Wahlge-
sandter bey der Wahl Kaysers Carls des VII. getragen.
Der Eingang zur Bibliothek ist noch zur Zeit von der östlichen Seite; bis der grössere Eingang von der Hauptseite fertig seyn wird, der mittelst eines Vorbaues vor dem
Collegien-Gebäude bereits im Werke ist (§. 110.*).

* III. Doch um noch einige nähere Abbildung von der
äusserlichen Einrichtung der Bibliothek zu geben, mag
nach-

nachſtehender Grundriß, nebſt der dazu gehörigen Erläuterung, dienen, wo zugleich die Stelle, wo der neue Eingang kommen wird, mit * bemerket iſt.

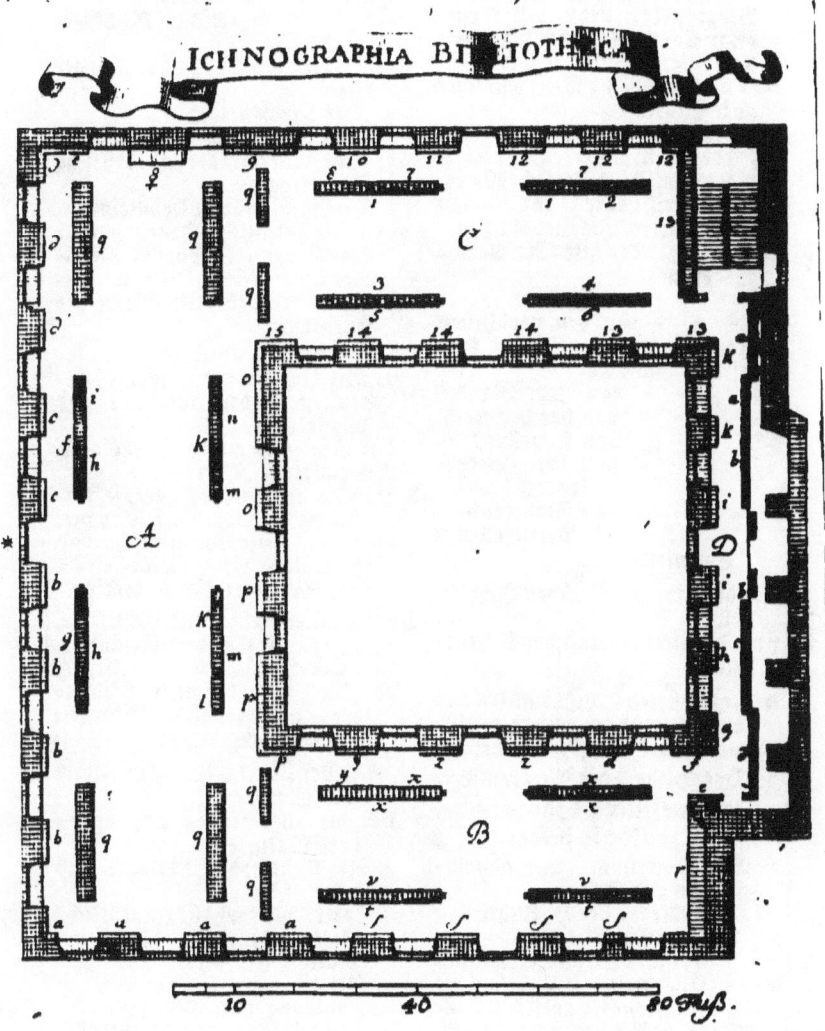

Erläuterung des Grundrisses von der Bibliothek.

A. Der nördliche Saal hauptsächlich mit Historie besetzt.

aaaa. Einleitung zur Geschichte, Geographie, nebst den Reisebeschreibungen Chronologie, Genealogie, Heraldik, Diplomatik.

bbbb. Allgemeine Weltgeschichte und Statistik.

cc. Geschichte u. Sammlungen der Friedens= u. anderer Tractate ꝛc. auch vermischte historische Werke.

ddd. Schriftsteller von alten Denkmälern und Gebräuchen.

e. Geschichte der alten Reiche und Staaten.

f. - - - von Italien.

g. - - - von den nördlichen Reichen, Ungarn, Türkey, Asia Africa, America

hh. - - - von Teutschland.

i. - - - von der Schweiz.

kk. - - - von Engelland

l. - - - von den Niederlanden.

mm. - - - von Frankreich.

n. - - - von Portugall und Spanien.

oo. die alten Griechischen Schriftsteller.

ppp. die alten Lateinischen Schriftsteller.

q...q.Rastelen u.Tische unten mit Locaten versehen, und mit voluminueusen Sammlungen besetzt.

☿ Das Bildniß des Curators Exc.

B. Der westliche Saal, ganz mit Theologie besetzt.

r. Bibelsammlung, und philologia und critica sacra.

ssss. Ausleger der H. Schrift.

tt. Dogmatische Theologie.

vv. Patres und Kirchenscribenten.

xxxx. Allgemeine und besondere Kirchengeschichte nebst den Concilien, und Kirchengebräuchen.

yy. Streittheologie.

zz. Sittenlehre, Casuistik, Pastoraltheologie.

e. Homiletik, Ascetik.

C. Der östliche Saal, enthält auf denen in der Mitte stehenden Repositorien.

1.1. Die bürgerliche Rechtsgelahrheit.

2. Das Lehnrecht, und Privatrecht.

3. Das Kirchenrecht

4. Das Land= und Stadtrecht.

5. Das allgemeine, und Teutsche Staatsrecht.

6. Die Samlung von Deductionen.

7.7. Die juristische Praxin, nebst Decisionen, Responsis, Consiliis, Obseruation., Disceptar. etc.

8. Zusammengedruckte Werke der Juristen.

An der Ostseite.

9. Die Quellen der Arzneygelahrheit, nebst der Anatomie und Physiologie.

10. Die allgemeine Pathologie, Semiotik, Diätetik.

11. Die allgemeine Therapie, Materia medica, Pharmacie, Chymie.

12.12.12. Die medicinische und chirurgische Praxin, Medicinam forensem, vermischte Werke.

An der Querwand, und Westseite.

13.13.13. Die Gelehrtengeschichte.

14.14.14. Die Philologie u. Critik.

15. Die Werke der neuern Philologen, und vermischte Schriften in allerley Sprachen.

D. oder der schmale Saal enthält

aa. die Mathematik.

bb. die allgemeine, und besondere Naturlehre.

c. die Philosophischen, alte und neue, Secten.

d. Logik, Metaphysik, natürliche Gottesgelahrheit, Recht der Natur, Moral.

e. Politik.   f. Oeconomie.

g. Handlung und Gewerbe.

h. Schreibkunst, Mahlerey, Bildhauerey, Musik, Tanz= Fecht= Kriegskunst.

ii. Dichtkunst.   kk Redekunst.

§. 117.

§. 117.

Noch eine ansehnliche Sammlung von etlichen tausend Bänden hauptsächlich zur Civil= und Kriegsbaukunst gehöriger mathematischen, physischen und Kunst=Bücher, auch Orts= und Städte=Beschreibungen, ingleichen iconographischer und Kupferwerke von Kupferstücken und Handzeichnungen, nebst einem ungemein beträchtlichen Vorrath von mathematischen und physischen Instrumenten und Modellen hat die Bibliothek von der unter den Lebendigen nur mit Vorbehalt des Nießbrauchs gerichtlich vollzogenen Schenkung des Herrn Johann Friedrichs von Uffenbach, Kayserlichen Raths, Exconsuls, Protoscabins und Senators der freyen Reichsstadt Frankfurt zu erwarten; Einer Freygebigkeit von einer so edlen und gemeinnützigen Art, die sich den Beyfall aller Zeitgenossen nicht weniger zu versprechen hat, als sie, bey einem ewig fortdaurenden Nutzen für das Publicum, ein stets rühmliches Andenken bey der Nachwelt erhalten wird.

* Von diesem Herrn von Uffenbach S. Joh. Bernh. Müllers Beschreibung des gegenwärtigen Zustandes der Stadt Frankfurt am Mayn (1747.) p. 192., und des neuen gelehrten Europa 10. Theil p. 544. sq. Er ist geb. 1687. Mai. 10., ein Bruder des seel. Herrn Zacharias Conrad von Uffenbach, an dessen Reisen, wovon ein Theil der Beschreibung 1753. gedruckt ist, er gleichen Antheil gehabt. Von seiner Stärke in der Baukunst hat er bey dem Frankfurter Brückenbau und an seinem eignen Hause untrügliche Proben abgelegt. Von seiner übrigen Kenntniß und von seinem Geschmacke in Künsten und Wissenschaften wird selbst die Sammlung, die er durch die gemeinnützige Stiftung für hiesige Bibliothek bestimmt hat, ein immerwährendes Denkmaal abgeben. S die Götting. gel. Anzeigen 1764. p. 249. und das progr. academ. (von Christ. Gottl. HEYNE) de efficaci ad disciplinam vetustissimorum poetarum doctrina morali, 1764.

3) Von

3). Von den einzelnen Facultäten und denen damit verbundenen besonderen gelehrten Anstalten.

§. 118.

Nach der gewöhnlichen Eintheilung einer Universität in die theologische, juristische, medicinische und philosophische Facultät begreift eine jede von diesen vier Facultäten im weitern Verstande alle öffentliche Lehrer, wie sie mit dem Prädicate eines professoris theologiae, iuris, medicinae oder philosophiae, ordinarii oder extraordinarii, begabet sind. Aber sofern eine Facultät nur als ein Collegium angesehen wird, das vermöge der kayserlichen und königlichen Privilegien berechtiget ist, academische Würden zu ertheilen, bestehet eine jede Facultät nur aus einer gewissen Anzahl ordentlicher Professoren, unter welchen abwechselnd einer Decanus ist, dem der Vortrag in allen Facultäts-Sachen, und die eigentliche Promotion nebst der Ausfertigung des dabey gewöhnlichen programmatis und diplomatis oblieget. Es sind aber überdies mit den Facultäten noch verschiedene besondere gelehrte Anstalten verbunden, die hier noch eine nähere Beschreibung verdienen.

a) Von der theologischen Facultät, und denen damit verbundenen Anstalten des Waysenhauses, eines Prediger-collegii, und eines seminarii theologici.

§. 119.

Die theologische Facultät ist eigentlich auf drey ordentliche Mitglieder fundirt, deren Zahl aber auch wohl mit einem oder andern vermehrt wird, unter welchen das

Der

Decanat jährlich den 1. October abwechselt.   Nebst den theologischen Promotionen wird von diesen auch die Ausfertigung der theologischen Bedenken besorget.   Und unter dem Vorsitz des jedesmaligen Prorectors formirt die theologische Facultät mit Zuziehung der ersten ordentlichen Professoren von den drey übrigen Facultäten eine eigne Kirchen-Deputation zu Besorgung derer Sachen, welche die Universitäts-Kirche oder auch zur Universität gehörige pia aeraria betreffen.

§. 120.

Die Predigt in der Universitäts-Kirche ward anfangs wechselsweise von den professoribus theologiae gehalten, bis nachher ein besonderer Universitäts-Prediger angesetzt worden, in welcher Stelle nach einander die Professoren Kortholt, Kraft, Förtsch, und letz bisher gesorget sind. *Zachariae*

> * Zum Vorsingen und zur Orgel werden von der Kirchen-Deputation zwey studiosi erwehlet, deren jeder dafür jährlich 50. rthlr. zu geniessen hat.

§. 121.

Seit 1748. ist unter der Aufsicht der theologischen Facultät ein Waysenhaus errichtet worden, das zwar, insonderheit da es von den Drangsalen des Krieges nicht verschont geblieben, einer thätigern Beyhülfe milder Hände noch sehr benöthiget ist, jedoch unter andern der Universität schon dazu dienet, daß studiosi theologiae sich hier im Catechisiren üben können.

> * I. Der Ursprung des Waysenhauses rührt eigentlich von einer Armenschule her, welche der hochgebohrne Reichsgraf Reuß Herr Heinrich der XL. bey Dero auf hiesiger Universität seit 1737. geführten Studien (§. 13. u. 13.) gestiftet, und bey Ihrer Abreise von hier sämmtlichen professoribus

bus theologiae empfohlen haben, nachdem vorher schon 1738. von Ihro hochgräflichen Gnaden ein Rescript der königlichen Regierung ausgewürket worden, worinn dieselbe dieses heilsame Werk auf alle mögliche Weise zu befördern sich erkläret, und die Aufsicht über diese Schule der theologischen Facultät aufgetragen hatte.

* II. Im Jahre 1743. kam es mit dieser Armenschule durch milde Gaben einiger Wohlthäter schon so weit, daß mit derselben vorerst der Anfang eines kleinen Waysenhauses verknüpft werden konnte, indem man eine eigne Stube miethete, und unter der Aufsicht einer Waysenmutter bald 6. bald 8. Knaben darinn versorgte. Wie aber gedachte Facultät durch mehrere Wohlthäter die Anstalt zu erweitern, und ein eignes Waysenhaus zu bauen, besonders durch den seel. Rath von Wrisберg zu Einbeck, der wegen seiner ansehnlichen Beysteuer als der vornehmste Stifter des Waysenhauses anzusehen ist, ermuntert wurde; so ist im Jahr 1748. nach erhaltener Genehmigung der königlichen Regierung ein eigenes Gebäude für die Waysen auf dem Masch in der Lauenau aufgeführet worden, wozu man den Platz nebst einem daran stossenden Garten erkauft hat.

* III. Von dieser Zeit an ist das Waysenhaus bloß durch milde Gaben erhalten worden; Es hat zwar nach und nach einige Vermächtnisse christlicher Wohlthäter erhalten, die man als Capital ausgethan hat; so sich jedoch bis jezo noch nicht höher als auf 575. Rthlr. erstreckt. Vor dem Kriege sind darinnen 24 bis 26. Kinder in Unterricht, Kost und Kleidung unterhalten worden. Da es aber im Kriege den feindlichen Truppen anfangs zu einem Magazine, und nachher zu einem Lazareth eingeräumt werden mußte, hat die Zahl der Kinder bis auf 14. vermindert werden müssen, und nach hergestelltem Frieden noch nicht höher als auf 18. wieder gebracht werden können.

* IV. Ueber alle im Waysenhause befindliche Personen ist ein Inspector gesetzt, der zugleich die Kinder im Christenthum unterrichtet, und für ihre Erziehung sorget. Unter diesem stehen zwey junge Leute, die sich zu Schulmeistern vorbereiten wollen, und deswegen Präparanden genannt werden. Diese müssen die Kinder im Buchstabiren und Lesen, im Christenthum, im Schreiben und Rechnen unterrichten, auch sowohl bey der Arbeit der Kinder, die

im

im Wollenspinnen besteht, als in Freystunden eine beständige Aufsicht auf sie haben. Sodann ist ein Waysenvater, ingleichen eine Waysenmutter bestellt, welche die Haushaltung und Rentlichkeit der Kinder zu besorgen haben. Endlich ist auch die Einrichtung getroffen, daß studiosi theologiae, wenn sie sich bey dem Decano der theologischen Facultät deshalber melden, sich durch Unterweisung der Waysenkinder im Catechisiren üben können.

§. 122.

Damit sich studiosi theologiae sowohl im Predigen als im Catechisiren üben können, wird aus einer gewissen Zahl derselben ein eignes Prediger-Collegium unterhalten, welche nach der Reyhe des Sonntags Nachmittags in der Universitäts-Kirche predigen, und Mittwochs Nachmittags eben daselbst die Kinder, welche in der mit dem Waysenhause verknüpften Armenschule unterrichtet werden, catechisiren, sodann nach geendigtem Gottesdienste von den übrigen Gliedern dieses collegii, und zuletzt vom anwesenden professore theologiae censirt werden.

* Die Mitglieder dieses Prediger-collegii werden in der Zahl von 9. bis 13. angenommen, damit die Uebung einen weder zu oft, noch zu selten treffe. Die Censur, worinn sonst alle professores theologiae unter einander abgewechselt, ist seit kurzem dem Universitäts-Prediger, Prof. Leß, alleine aufgetragen worden. Hieher gehört auch die Heilmannische Schrift: der Prediger und seine Zuhörer ꝛc. (§. 20. e. n. 27.).

§. 123.

Endlich ist vermöge einer ganz neuen königlichen Stiftung vom März 1765. noch ein besonderes theologisches Repetenten-Collegium errichtet, so aus einigen studiosis theologiae und einem ihnen vorgesetzten Inspectore bestehen soll, welche auf etliche Jahre besondere Pensionen zu geniessen haben, um nach Endigung ihrer academischen
Stu-

Studien durch Repetition der wichtigsten theologischen Collegien zum Dienst der Kirche oder auch zu theologischen Lehrämtern näher vorbereitet zu werden.

* I. Bey dieser neuen Einrichtung hat man auf die bekannte Anstalten zu Tübingen einige Rücksicht genommen, wovon unter andern in den Weimarischen actis hist. eccl. tom. 2. p. 554. mehrere Nachricht zu finden.

* II. Das Hauptwerk wird darinn bestehen, daß über die wichtigsten Theile der Gottesgelahrtheit der Vortrag der ordentlichen Lehrer in besonderen Stunden wiederholet wird. Wobey den Repetenten besonders anempfohlen seyn soll, daß sie sich nicht durch eigne neue und ungeprüfte Einfälle oder durch weitläuftiges bloß trockenes Wissen zu unterscheiden suchen, sondern sich lediglich an der heiligen Schrift, den symbolischen Büchern, wie auch vorzüglich an den Schriften alter Theologorum, und an dem darnach allenfalls zu prüfenden Vortrage ihrer Lehrer halten sollen. Worneben der Inspector theils täglich cursoria über das alte und neue Testament, theils wöchentlich eine oder andere Stunde examinatoria aus den symbolischen Büchern, und disputatoria über die neueren Streitigkeiten sowohl mit den Feinden der Christlichen Religion überhaupt, als über die innerlichen insonderheit, unentgeltlich mit den Repetenten halten wird.

* III. Die höchste Direction dieser neuen Stiftung bleibt der königlichen Landes-Regierung vorbehalten, von welcher auch alle Stellen darin alleine vergeben werden. Die in Gegenwart des Orts erforderliche Aufsicht ist theils der theologischen Facultät überhaupt, theils noch näher einem einzelnen Mitgliede derselben, als dermalen vorerst dem D. Walch, aufgetragen. Demnächst wird ein besonders dafür besoldeter Inspector bestellt, wozu vorerst der Adjunct Kern (§. 107. III.) ernannt ist.

* IV. Der theologischen Facultät soll alle halbe Jahre von jedem Repetenten ein schriftlicher theologischer Aufsatz eingeliefert werden. Den Repetitionen wird von Zeit zu Zeit der aus der Facultät bestellte Director, oder auch derjenige Lehrer, dessen Vortrag hier wiederholet wird, beywohnen.

* V.

* V. In die Zahl der Repetenten sollen nur solche studiosi aufgenommen werden, die sich wenigstens schon 2. bis 3. Jahre auf Academien aufgehalten, und durch Fähigkeit, Fleiß, Wissenschaft, Sittsamkeit und guten Vortrag vor andern hervorgethan haben.   Nach vorgängiger Prüfung soll sie jedesmal die theologische Facultät der königlichen Landes-Regierung vorschlagen.   Und da für einige dieser Repetenten ansehnliche Pensionen auf etliche Jahre bestimmt sind; so können die übrigen Mitglieder dieses collegii sich nicht nur Hoffnung machen, mit der Zeit ebenfalls darinn einzurücken, sondern es wird auch insgesammt auf diejenigen, so sich hier als Repetenten hervorgethan, in künftigen Beförderungen vorzüglich gesehen werden.

* VI. Sollten auswärtige collatores ansehnlicher beneficiorum verlangen, daß ihre beneficiati in diese nähere Aufsicht und nützliche Uebungen nicht nur als Zuhörer, sondern auch als würkliche Repetenten mit aufgenommen werden, und solches an ein Mitglied der theologischen Facultät oder an den Inspectorem gelangen lassen; wird man nach Maaßgabe obgedachter Erforderniße sich jedesmal möglichst willfährig finden lassen.

b) Von der Juristen-Facultät und dem damit verbundenen Spruchs-collegio.

§. 124.

Die Juristen-Facultät, sofern darunter dasjenige Collegium verstanden wird, das berechtiget ist, die Würde eines Doctors oder Licentiaten der Rechte zu ertheilen, bestehet nur aus vier Mitgliedern, unter welchen das Decanat nach einander herumgehet, und jährlich den 18. Sept. gewechselt wird; da denn jedesmal der Decanus den Vorsitz hat, und nach gehörigem examine und nach gehaltener lectione cursoria und disputatione inaugurali die Promotion verrichtet, auch die gewöhnliche Einladungsschrift dazu abfasset, und das Doctor- oder Licentiaten-Diploma ausfertiget.

* Die

* Dieses collegii Mitglieder sind seit dem Anfange der Universität gewesen: 1) Gebauer seit 1734.; 2) Brunquell 1735. Mart. - Mal.; 3) Reinhardt 1735-1743.; 4) Mascov 1735-1739.; 5) Treuer 1734-1743.; 6) Wahl 1743-1755.; 7) Ayrer seit 1737.; 8) Böhmer seit 1742.; 9) Pütter seit 1755., wovon der erste und die drey letzten noch jetzo das Collegium ausmachen.

§. 125.

Ein anders ist die Juristen-Facultät, so fern sie als ein Spruchs-Collegium über die von Obrigkeiten eingesandte Acten Urtheile zu sprechen, oder auf andere Anfragen rechtliche Bedenken zu ertheilen hat. Dieses Collegium bestehet zwar ebenfalls ordentlicher Weise aus den vier ordentlichen Mitgliedern der Facultät; es können aber auch andere, und mehrere Beysitzer darinn seyn. Und es hat mit den Sächsischen Universitäten hier die Einrichtung gemein, daß nicht, wie an andern Orten der jedesmalige Decanus, sondern ein auf beständig hierzu bestellter Ordinarius die Distribution der Acten und die Revision der Ausfertigungen, nebst dem Vorsitz im collegio, und der sonst erforderlichen Direction hat.

* I. Dieses Spruchs-Collegium versammlet sich ordentlicher Weise alle Wochen zweymal, Mittwochs und Freytags, Nachmittags um vier Uhr, da denn alle eingeschickte Sachen nach einander referirt und collegialisch erwogen werden; worauf sodann ein jeder Referent nach dem einmüthig oder auch durch Mehrheit der Stimmen gefaßten Schlusse den Aufsatz macht, den der Ordinarius revidirt und signirt, hernach der Actuarius mundirt, und nach abermaliger Revision des Ordinarii weiter ausfertiget, und das Concept demnächst ins Archiv der Facultät beyleget.

* II. Die Unterschrift, deren sich das Spruchs-Collegium zu bedienen pflegt, ist: „Ordinarius Senior, und „sämmtliche Assessores der Juristen-Facultät auf der Kö„niglich Großbritannischen und Churfürstlich Braunschweig-„Lüneburgischen Georg-Augustus-Universität zu Göttin„gen.“ Wornach hinwiederum die Aufschrift leicht einzurich-

richten, wiewohl die Sachen auch richtig einlaufen, wenn allenfalls nur: „ An die Juristen = Facultät zu Göttingen," darauf geschrieben wird. Das honorarium, so nach den Umständen jeder Sache bestimmt wird, pflegt von den Acten, die mit der Post einlaufen, von hiesigem Postamte ausgelegt, und mit demjenigen, das die Sache wieder abliefert, berechnet zu werden. Daher weiter nicht nöthig ist, die Sachen an jemanden besonders hier zu addressiren.

* III. Das Ordinariat haben nach einander verwaltet 1) Brunquell 1735. Mart. - Mai.; 2) Reinharth 1735 - 1743.; 3) Wahl 1743 - 1755.; 4) Gebauer seit 1755. Beysitzer der Facultät sind nach einander gewesen 1) Gebauer seit 1734.; 2) Mascov 1735 - 1739.; 3) Senkenberg 1735 - 1738.; 4) Sellius 1735 - 1736.; 5) Ayrer seit 1736.; 6) Böhmer seit 1740.; 7) Joh. Chr. Claproth 1741 - 1748.; 8) Pütter seit 1749.; 9) Meister seit 1750.; 10) Scip 1750 - 1752.; 11) Just. Claproth seit 1757.; 12) v. Selchow seit 1764. Actuarius der Juristen = Facultät ist von deren Anfange her noch jetzo Johann Henrich List.

* IV. Das Archiv der Facultät, worinn alle an selbige erlassene Schreiben nebst dazu gehörigen Anlagen, und die Concepte aller hiesigen Urtheile und Bedenken sorgfältig aufbehalten werden, hat einen eignen Platz in dem untern Theile des Collegien = Gebäudes; wo zugleich eine beträchtliche Sammlung von juristischen Dissertationen, auch Deductionen und Statuten in Verwahrung gehalten wird, wovon der Actuarius den catalogum und die Besorgung hat.

c) Von der medicinischen Facultät und denen damit verbundenen gelehrten Anstalten.

§. 126.

In der medicinischen Facultät, worinn gemeiniglich drey ordentliche Mitglieder Sitz und Stimme haben, wechselt das Decanat jährlich den 2. Jenner. Dieses Collegium ist theils mit den medicinischen Promotionen und da-

zu

zu gehörigen examinibus, theils mit Ausfertigung medici-
nischer Bedenken beschäfftiget, in welchen letzteren gemeiniglich der jedesmalige Decanus die Feder führt.

> * Dieser Facultät ordentliche Mitglieder sind bisher ge-
> wesen: 1) Richter seit 1736.; 2) Albrecht 1734-1736.;
> 3) Haller 1736-1753.; 4) Segner 1735-1755.; 5)
> Brendel 1753-1758.; 6) Roederer 1754-1763.; 7) Zinn
> 1755-1759.; 8) Vogel seit 1760.; 9) Schröder seit
> 1764.

§. 127.

Zur Anatomie ist seit 1738. ein besonderes Gebäude
errichtet, auch solche Anstalt getroffen, daß es nicht leicht
an Cadävern fehlet, und bereits eine ansehnliche Sammlung von Präparaten vorhanden ist.

> * I. Vom Anfange dieser Anstalten und von den Halleri-
> schen Verdiensten um dieselbe kann Zimmermanns Leben
> des Herrn von Haller p. 162. sq. nachgesehen werden.

> * II. Das Gebäude, so zum anatomischen Theater neu
> errichtet ist, liegt an dem botanischen Garten vor dem
> Weender Thore, und hat 60. Fuß in der Länge, 40. in der
> Breite. Es enthält fünf zur Anatomie eingerichtete geräu-
> mige Zimmer, von welchen der Hörsaal und das Arbeits-Zim-
> mer gegen Mitternacht, der Demonstrir-Saal, die Prä-
> paraten- und zweyte Arbeits- oder Injections-Cammer ge-
> gen Mittag gelegen sind.

> * III. Der Demonstrations-Saal ist ein rechtwinklicht
> gleichseitiges Vierek auf einer Linie von 30. Fuß und 2.
> Stockwerk oder 28. Fuß Höhe, und ist in einem halben
> Kreyse so geordnet, daß 7. Subsellia übereinander folgen,
> und ohngefähr 200. Zuhörer bequemen Raum haben. Der
> Demonstrir-Tisch steht in der Mitte des Theaters, und ist
> nach allen Seiten beweglich. Zur Erleuchtung dieses Saals
> sind die Fenster nach Art einer freyen Laterne ausgeschwei-
> fet und so eingerichtet, daß das Licht von allen Seiten, und
> besonders von oben her frey, und ungehindert ohne einigen
> Schatten zu geben auf das Theater fällt, und solches hin-
> länglich erleuchtet.

* IV. Um an Körpern zur Anatomie so viel möglich immer nöthigen Vorrath zu haben, ist mittelst königlicher Verordnung die Anstalt getroffen, daß im Durchschnitt von 6 Meilenweges um die Stadt herum, alle hingerichtete, verunglückte, todtgefundene, oder durch Selbstmord umgekommene Personen, sodann uneheliche Kinder und deren Mütter, ingleichen Arme, die ohnentgeldlich beerdigt werden müssen, oder die sonst, um ihren Körper nach dem Tode zu diesem Gebrauch zu geben, einige Penston genossen haben, und alle Verstorbene aus dem hiesigen Hospital ꝛc. auf die Anatomie geliefert werden müssen, womit es schon so weit gekommen, daß, wie Zimmermann von Hallers Zeiten bezeuget, jeden Winter 30. bis 40. Körper vorräthig gewesen.

* V. Wie das Hauptwerk von der Anatomie nur im Winter geschehen kann, so wird es damit so gehalten, daß den ganzen Tag ein jeder studiosus medicinae nach seinem Gefallen selbst präpariren, und unter der Aufsicht des professoris anatomiae, welcher ihm dazu alle Anleitung giebt, sich alle Theile der Anatomie bekannt machen kann. Des Nachmittags werden im öffentlichen Hörsaal theils präparirte Theile vorgezeiget, theils physiologische Versuche angestellt. Auch pfleget den Theologen und Juristen in einer andern Stunde die Anatomie noch wohl besonders gelesen zu werden.

* VI. Die Aufsicht und das Directorium von der Anatomie ist in denen Händen des professoris anatomiae, der einen Prosector und Castellan unter sich hat. Von erstern sind Albrecht 1734-1736., Haller 1736-1753., Röderer 1753-1763., Schröder 1764., Wrisberg 1765. auf einander gefolgt. Als Prosector sind Huber, Rollin, Winkler, Trendelenburg, Noreen, Dethlef, Roederer, Müller, Wagler, Wrisberg und Sommer, eine Zeitlang bey der Anatomie gewesen. Als Zeichner haben Rollin und Kaltenhöfer der Anatomie beträchtliche Dienste geleistet, wie davon die Hallerischen und Roedererischen Icones zur Probe dienen. S. auch Zimmermanns Leben des Herrn v. Haller p. 163.

* VII. Bey Errichtung des hiesigen anatomischen Theaters hat man zugleich für einen schönen Vorrath von anatomischen und chirurgischen Instrumenten gesorgt. Und

nach-

nachdem insonderheit durch Hallers und Roederers Vorsorge nach und nach eine ansehnliche Sammlung von merkwürdigen anatomischen Präparaten veranstaltet worden, so bestehet dieses Cabinet nunmehro aus drey Haupt-Abtheilungen: 1) Aus der Classe von osteologischen Präparaten, worunter die schöne Suite von Skelets derer kleinsten Embryonen, verschiedene Skelete von Thieren, als Bären, allerley Vögeln, die mit Färberröthe gefüttert worden, und von vielen kränklichen Knochen, besonders merkwürdig sind; 2) aus der Classe der trockenen ausgespritzten Sachen von allen Theilen, die zur Fortpflanzung, zum Umlauf des Gebluts und zur Nahrung gehören; 3) aus der Sammlung derjenigen Sachen, welche frisch in Weingeist erhalten werden, unter welchen die Suite von den kleinsten Embryonen, die von einem Monath in dem vollkommenen Ey, bis zur Vollständigkeit, fast durch alle Grade durchgeht, eine der seltensten Sammlungen ist.

§. 128.

Zum Dienst der Kräuterkunde ist seit 1739. zwischen dem Weender und Albaner Thore unmittelbar unter dem Walle ein botanischer Garten angelegt, den seiner Größe nach wenige in Teutschland übertreffen dürsten.

*I. Von der ersten Anlage dieses Gartens will ich die Zimmermannische Lebensbeschreibung des Herrn von Haller reden lassen. Nachdem daselbst p. 162. gemeldet worden, wie die Regierung den Garten mit grossen Unkösten in Stand setzen lassen, und Haller 1739. die erste Saamen darinn ausgestreuet; so heißt es daselbst weiter p. 165.: „ Der „ überaus weitläuftige Garten nahm von einem Jahre zum „ andern mächtig zu. Neben den gewöhnlichen Pflanzen, „ die man insgemein in medicinischen Gärten aufhebet, hatte „ Herr Haller eine Sammlung der seltensten Pflanzen, die „ in der Schweiz und auf dem Harze wachsen, in demsel- „ ben zusammen gebracht. Sein überaus grosser Brief- „ wechsel, der sich von Petersburg bis in Spanien, und „ manchmal über Rußland bis in China erstreckte, und „ seine genaue Verbindung mit den besten Kräuterkennern „ lieferte ihm eine Menge von Saamen, die er allemal mit „ dergleichen Münze, auf eine angenehme Art, bezahlen „ konnte. Die Regierung schaffte wohlgelegene Glashäu-
„ ser,

„ser, und alle zu einem Garten erforderlichen Nothwen=
„digkeiten an; es wurden auch eine Menge Zeichnungen
„von Pflanzen verfertiget, womit die botanischen Abhand=
„lungen des Herrn Hallers hin und wieder, und insonder=
„heit sein grosses Werk von den Schweitzerischen Pflanzen,
„vorzüglich prangen.   Die Regierung übernahm die
„sämmtlichen Unkosten, und der Herr Haller konnte es
„bey dem Herrn von Münchhausen, als einem Liebhaber
„und Beschützer aller nützlichen Wissenschaften, so weit
„bringen, daß dieselben von einem Jahre zum andern ver=
„grössert wurden."

* II. An dem botanischen Garten ist in einer Linie mit
dem Gebäude, worinn das anatomische Theater ist, zugleich
auf königliche Unkosten ein Haus zur freyen Wohnung des
Lehrers der Botanik gebauet worden; und in dem anato=
mischen Gebäude selber ist theils noch ein Platz zur Oran=
gerie, theils eine Wohnung für den Universitäts=Gärtner,
an der andern Seite des Gartens aber unter dem Walle
das Glashaus angebracht.   Seit Hallers Zeiten ist die
Aufsicht des Gartens nebst der professione botanices dem
Prof. Zinn 1753-1759, und seit 1760. dem Prof. Dav.
Sigm. Aug. Büttner anvertrauet worden.

* III. Vorjetzo beläuft sich die Zahl der Gewächse unge=
fähr auf 2000.   Und wie besonders darauf gesehen wird,
daß die nützlichsten und nöthigsten zusammengepflanzet und
in richtiger Ordnung erhalten werden; so kann ein Arzney=
beflissener leicht in Zeit von 8. Tagen über 300. von solchen,
die in der Medicin gebraucht werden, dem äusserlichen nach
hier kennen lernen.

§. 129.

Zum Unterricht in der Hebammenkunst ist ein be=
sonderes Hospital in dem Armen=Spital zum Kreutze (am
Geißmar=Thore) angeleget, und der Aufsicht eines pro=
fessoris artis obstetriciae anvertrauet.

* I. Die erste Anlage ist 1751. auf Hallers Veranlas=
sung vom seel. Leibmed. Roederer besorget, und völlig nach
dem Muster des accouchir=Zimmers im Bürger=Spitale
zu Straßburg eingerichtet worden.   An Roederers Stelle
hat 1764. der Prof. Wrisberg die Aufsicht über dieses Ho=
spi=

spital bekommen. Ausserdem wird jedesmal aus der Zahl der Studierenden einer als Oeconomus bestellt, und eine Wärterinn angenommen, die im Hospitale selber wohnet.

* II. Damit es an Gebährenden nicht fehle, so haben die schwangern Personen, die sich hier anmelden, allerhand Vortheile theils vor der Niederkunft, theils in der Geburt, und dem nachher zu haltenden Wochenbette, theils auch in Ansehung der Taufe des Kindes, an Wartung, Betten, Holz, Licht und Gelde zu geniessen; Wie man denn bisher schon 6. Personen auf einmal hat können ihr Wochenbette halten lassen, und zu mehrerer Erweiterung bereits Verfügungen gemacht sind. Auch Hebammen, die sich in der Absicht hieher begeben, können hier Gelegenheit zu ihrem Unterrichte finden.

§. 130.

Da ferner eine besondere Universitäts-Apotheke hier vorhanden ist; so stehet auch solche unter der Aufsicht der medicinischen Facultät, die deswegen nach ihrem Belieben Visitationen darinn anstellen kann, obgleich übrigens das Eigenthum dieser Apotheke und des auf Kosten der Landschaft dazu errichteten ansehnlichen Hauses der Professoren Wittwen-fisco gewidmet ist.

§. 131.

Endlich sind seit 1750. auch die hiesigen Wundärzte in ein geschlossenes Amt gebracht, welchen seitdem einer von den professoribus medicinae als praeses collegii chirurgici vorgesetzt wird.

* Auf Hallern, der zuerst diesen Auftrag erhielt, ist darinn der seel. Leibmed. Roederer 1753-1763., und seit 1764. der jetzige Leibmed. Schröder gefolget.

d) Von

d) Von der philosophischen Facultät, und denen damit verbundenen gelehrten Anstalten.

§. 132.

Die philosophische Facultät, zu deren Umfange nicht nur die eigentliche Weltweisheit, sondern auch Mathematik, Historie, Philologie, Critik, Alterthümer und schöne Wissenschaften gerechnet werden, bestehet aus 8., zuweilen auch wohl überdies noch aus ein oder andern überzehligen ordentlichen Mitgliedern, worunter gemeiniglich etliche zugleich Mitglieder von einer der drey andern Facultäten zu seyn pflegen. In dieser Facultät wechselt das Decanat jährlich den 2. Jul.

§. 133.

Unter den besondern Anstalten, die in den Umfang der philosophischen Facultät einschlagen, und einzelnen Gliedern derselben zur Vorsorge und zum vorzüglichen Gebrauche anvertrauet sind, kömmt zuerst das seit 1751. errichtete Observatorium nebst denen dazu bestimmten Instrumenten und Zubehören in Betrachtung.

* I. Die erste Anlage dieser Sternwarte besorgte der jetzige Geh. Rath von Segner, an dessen Stelle 1755-1762. Mayer, 1762. 1763. Lowitz, 1764. Kästner die Aufsicht darüber bekommen, welchem letztern der Leser folgende nähere Beschreibung zu danken hat.

* II. Das Observatorium befindet sich am mittägigen Ende der Stadt, so daß ihm die Aussicht nach Mittage zu nur durch die entlegenen Berge begränzt wird, welche etwa drey Grade vom Horizonte wegnehmen. Nordwärts hat es keine hohen Häuser in der Nähe, daß auch dahin die Aussicht so frey ist, als man zu den auf dieser Seite nöthigen Beobachtungen verlangen kann. Bekanntermassen beobachtet man die himmlischen Körper ordentlich nicht,

wenn

wenn fie dem Horizonte febr nabe find, und die Fälle, wo
man dazu genöthiget ift, ereignen fich febr felten; das wird
die Frage beantworten, welche zuweilen von neugierigen,
die das Obfervatorium befeben, gefchiebt: ob es auch boch
genug fey? wegen der angeführten Lage ift das Obfervatorium auch von der Unbequemlichkeit anderer Sternwarten,
welche auf der Nordfeite der Städte liegen, frey, die zuweilen Rauch und dergleichen Hinderniffe in der Gegend
des Himmels finden, wo die himmlifchen Begebenheiten
ordentlich vorfallen.

  * III. Zum Grunde des Obfervatorii hat man einen von
den runden Thürmen in der Stadtmäuer gewehlt, welche
vor diefem zur Vertheidigung dienten. Man hat darauf einen
Saal erbauet, wo die Werkzeuge zum Obferviren befindlich
find, und auch felbft obfervirt werden kann. Will man etwas
dergleichen unter freyem Himmel verrichten, fo laffen fich die
Werkzeuge gleich aus dem Saale auf einen Gang fchaffen,
der ihn rings herum umgiebet. Ueber dem Saale befindet fich noch ein Boden unter dem Dache, wo ein Fenfter
gegen Mittag noch eine weitere Ausficht giebt. Unter dem
Saale ift ein Stübchen angebracht, welches zur Bequemlichkeit des Beobachters dienen könnte, wenn er die Zeit
einer himmlifchen Begebenheit abwarten muß. Zu einer
ordentlichen Wohnung war der Platz nicht zulänglich.

  * IV. Das vornehmfte Werkzeug ift ein Mauer-Qua-
drant, von John Bird in London verfertiget, und dem
zu Greenwich, wie folcher in Smith's compleat Syftem of
optick's befchrieben wird (B. III. ch. 7.), völlig ähnlich.
Er hat acht Englifche Fuß im Halbmeffer, und ift an einem einzigen groffen Steine fo befeftiget, daß fich fein
Fernrohr, welches ohngefehr eben die Länge hat, in der
Mittagsfläche drehet; das Fernrohr ift von ausnehmender
Güte. Es faßt über 1. Grad. Im gemeinfchaftlichen Brenn-
puncte beyder Gläfer geht ein Faden fenkrecht auf die Mittagsfläche, und auf diefem ftehen fünf andere fenkrecht, die
alfo Stücke von Stundenkreifen, wie jener ein Stück eines auf
die Mittagsfläche fenkrechten Kreifes, vorftellen. Der mit-
telfte der fünfe, ift in der Mittagsfläche, die Entfernung jedes Fadens vom nächften beträgt 7½ Minute. Man kann alfo
beym Durchgange der Sonne durch die Mittagsfläche zehn
Antritte, fünf von jedem Rande an jedem Faden, und zugleich
die Höhe der Sonne, bequem beobachten. Bey Sternen hat
man

man fünf solche Beobachtungen nebst der Höhe. Die Zeiten giebt eine Uhr an, die gleich am Quadranten steht, daß der Beobachter die Pendulschläge sehen und hören kann. Für grosse Höhen läßt sich eine Klappe über dem Quadranten, vermittelst einer Stange, die der Beobachter gleich bey dem Quadranten ergreifen kann, aufstossen, daß man den Himmel gerade über sich entdecket, und eben so wieder zu machen. Bey geringen Höhen dienet ein Fenster. Vermittelst dieses Quadrantens hat der seel. Prof. Mayer ein sehr vollständiges und richtiges Verzeichniß der Fixsterne im Thierkreyse verfertiget. Es befindet sich unter den noch ungedruckten Abhandlungen der königlichen Societät der Wissenschaften.

* V. Weil man den Quadranten in seiner jetzigen Stellung nur gegen Mittag zu brauchen kann; so ist am gegen über stehenden Ende des Saales auch ein Stein in der Absicht gesetzt worden, daß man den Quadranten daran bringen könne, nordliche Höhen damit zu nehmen. Eben daselbst stehet auch noch eine Pendul=Uhr; Beyde Uhren sind von dem geschickten Künstler, dem hiesigen Rathsherrn Kampe, nach der Art, wie Marinoni de Spec. Dom. die seinige beschreibt, verfertiget. Sie gehen 4. Wochen lang. Eine andere etwas schlechtere Pendul=Uhr ist auch noch vorhanden.

* VI. Ferner findet sich hier ein beweglicher messingener Quadrant 1. Fuß im Halbmesser mit einem Fernrohre von Herr Kampen. Im Fernrohre ist ein Mikrometer vom seel. Prof. Mayer, nach seiner Erfindung verfertigt. (Cosmogr. Nachr. 1748.). Das gröste vorhandene astronomische Fernrohr ist 12. Englische Fuß. Die Gläser sind nebst den Fassungen in England verfertiget. Noch eins ist von 6. Fuß, das eine blecherne hinten erweiterte Röhre hat, das erweiterte Mikrometer, nach des Herrn von Segner Angeben Comm. soc. reg. scient. Goett. tom. 1. p. 27. zu fassen. Es ist aber gegenwärtig kein Mikrometer dabey. Ein sehr schönes de la Hirisches Mikrometer ist von John Bird auch mit dem Zusatze, den Smith System of optiks art. 87. §. Lehrbegriff der Optik III. B. X. C. 138. §. Bradleyen zuschreibt, Herr de la Lande aber bey Bevis zu London, an einem alten Hevelischen Mikrometer gesehen hat (astron. art. 1878.). Es kann an das zwölffüssige Fernrohr gebracht werden. Auf der Erde zu gebrauchen

sind

sind zwey vortreffliche Fernröhre von Giuseppe Campani vorhanden; das längste von 30. Römischen Palmen (etwa 20½ Parifer Fuß), das kürzere von 7. Fuß; Imgleichen 2. Tubi binoculi. Auffer den nöthigen Geftellen zum Gebrauche der langen Fernröhre sind auch noch zwey Machinae parallaticae da.

* VII. Der seel. Prof. Mayer hatte sich bekanntermaffen sehr mit dem Monde beschäfftiget, und selbst eine Mondskugel zu verfertigen unternommen. Der Grund davon sollte ein planisphaerium des Mondes seyn, das er nach seinen Beobachtungen gezeichnet hatte, und daraus die Segmente zu Ueberziehung der Kugeln sollten gezeichnet werden. Er hat die meisten dieser Segmente gezeichnet hinterlaffen; auch sind einige schon in Kupfer gestochen. Dies alles ist von königlicher Regierung nach seinem Tode gekauft worden, und wird auf dem Observatorio verwahrt. Die Zeichnungen vom Monde übertreffen an Richtigkeit und Schönheit alle bisher bekannt gemachte. Zugleich sind durch eben die gnädige Fürsorge viele Bände Manuscripte des seel. Mayers auch zum Gebrauch auf der Sternwarte beybehalten worden, die theils eigene oder zu gewiffer Absicht gesammlete Beobachtungen, theils astronomische, und auch andere mathematische Unterfuchungen enthalten.

* VIII. Der Professor Kästner, dem das Observatorium jetzo anvertrauet ist, hat zufälliger Weise die Bequemlichkeit einer sehr nahen Wohnung dabey erhalten, welches künftig den Gebrauch davon ihm und andern erleichtern kann. Es entstehet auch daraus der Vortheil, da er selbst mit Fernröhren, Machina Helioscopica u. d. g. verforgt ist, daß himmlische Begebenheiten, die etwa eine gröffere Menge von Zuschauern zusammen bringen, in seiner Wohnung bequem können betrachtet, und dadurch diejenigen vollkommen befriediget werden, die bey dem eigentlichen Observiren, wovon sie keine Kenntniß haben, nicht mehr Vergnügen finden, und doch hinderlich seyn würden.

§. 134.

Auffer denen eigentlich zur Astronomie gehörigen Werkzeugen finden sich auf dem Observatorio (als an dem Platze, wo sie am bequemsten können gebraucht und etwa Fremden gewiesen werden) auch noch verschiedene physische und

Q

ma-

mathematische Instrumente, die grossentheils von dem Freyherrn von Bülow herrühren, der zur Universitäts-Bibliothek den Grund gelegt hat, und von ihm auf seinen Reisen mögen seyn gesammlet worden; welche insgesammt zu der Zeit, da sie angeschafft worden, die besten in ihrer Art gewesen, obgleich freylich verschiedene dieser Art jetzo mit neuen Verbesserungen verfertiget, einige auch jetzt nicht mehr für so wichtig gehalten werden, als sonst. Doch sind seitdem auch noch verschiedene von Wichtigkeit hinzugekommen.

*I. Zum Bülowischen Vorrathe gehören, nebst einem Astrolabio, wie es sonst zur Astronomie gebraucht worden, eine Menge Sonnenuhren von allerley Gattung, an deren vielen Materie und Arbeit kostbar sind. Besonders ist eine darunter, ihrer Schönheit und ihrer sinnreichen Erfindung wegen, sehenswerth. Es stehet auf ihr: fait par J. Rowley, maitre mechanique du Roy. Man drehet einen Kreis, der jeden Stundenkreis vorstellt, so lange bis sich das Sonnenbild, das von einem Holländischen Fernrohre gemacht wird, auf einer blechernen Scheibe dahinter zeigt: das Fernrohr muste zuvor nach der Abweichung der Sonne gestellt seyn. Mit dem Stundenkreise drehen sich vermittelst Räderwerks zween Weiser herum, welche die Stunden und Minuten zeigen.

*II. Auch finden sich hier verschiedene einfache und zusammengesetzte Microscope von allerley Art, Perspective, Camerae obscurae, Hohlspiegel u. s. w., welche ebenfalls von dem Bülowischen Vorrathe herrühren.

*III. Noch gehört zu den physischen Werkzeugen eine Luftpumpe mit zween stehenden Cylindern, nebst einem ansehnlichen Vorrathe der zu allerley Versuchen nöthigen Maschinen, und eine electrische Maschine; künstliche Knigthische Magnete mit vielem Zubehör, alles aus England; zu den mathematischen aber, ein Kasten mit sehr vielen sauber gearbeiteten und zum Theil sonst seltenen Instrumenten von Jacob Lusuerg zu Rom 1687. verfertiget. Ingleichen drey saubere Modelle in Gyps von der Bilfingerischen Manier zu fortificiren.

§. 135.

§. 135.

Seit einiger Zeit findet sich auch die bekannte Rechen-Maschine von des Herrn von Leibniz Erfindung hier, die er selbst in den Miscellan. Berol. p. 317. beschrieben, (wovon eine ziemlich schlechte Uebersetzung in Leupolds theatro arithm. geom. cap. 10., und eine ebenfalls aus den Miscell. Berol. genommene, aber weder getreue noch zierliche Abbildung bey Leupold VIII. Taf. befindlich ist.) Nach diesen Nachrichten sollte man glauben, daß das Werk bey allem darauf gewandten Fleiße und Gelde, (so auf 20. und mehr tausend Rthlr. angegeben wird,) nie zu Stande gekommen sey. Nachdem aber dem Herrn Prof. Kästner eine genauere Untersuchung der Maschine aufgetragen worden; so hat sich befunden, daß Leibniz von Erreichung seiner Absichten nicht so weit entfernt gewesen, sondern die Maschine würklich zu Stande gebracht.

* Zu einer vollständigen Beschreibung der Maschine wäre eine weitläuftige Abhandlung mit verschiedenen Abbildungen nöthig, die vielleicht noch vom Herrn Prof. Kästner zu erwarten seyn wird. Bis dahin hoffe ich manchen Lesern einen Dienst zu thun, wenn ich folgende mir gütigst von ihm mitgetheilte vorläufige kurze Beschreibung hier einrücke:

„ * I. Aus denen bisher von dieser Maschine bekannten Nachrichten weiß man, daß sie einen beweglichen und einen unbeweglichen Theil hat. Der erstere wird vermittelst einer Schraube, die längst der Maschine hingeht, an dem letzteren verschoben. In ihm liegen queer über die Maschine acht Wellen, an deren jeder ein messingenes Getriebe mit zehn Triebstöcken fest ist, die aber nicht von gleicher Länge sind, sondern Stufenweise zunehmen, daß ein solches Getriebe wie eine Wendeltreppe oder Schnecke um seine Welle vorstellt.

* II. In dem unbeweglichen Theile der Maschine parallel mit den nur erwähnten Wellen liegen andere, deren jede eine verticale runde Scheibe hat, um deren Rand die Ziffern 0; 1; ... 9. stehen. Jede solche Welle hat auch ein

Sterz-

Sternrad, mit zehn Zähnen, in welches eines von den Getrieben (I.) eingreifen und davon viel oder wenig Zähne
fortschieben kann, nachdem die Welle dieses schneckenför-
migen Getriebes vor= oder hinterwärts geschoben ist, daß
von seinen Triebstöcken viel oder wenig anstossen. Man
sieht leicht, daß hierdurch auf dem Rande der Scheibe diese oder jene Zifer zu oberst kommen wird, und das würde
ohngefähr begreiflich machen, wie sich einzelne Zifern darstellen liessen.

*III. Zum Rechnen aber gehört, daß bey Summen,
Producten, u. d. g. was über 9. beträgt, auf die gehörige
Art durch Zifern höherer Stellen ausgedrucket wird. Wie
dieses bewerkstelliget wird, durch Worte begreiflich zu machen, wäre ein ganz vergebenes Unternehmen. Ich kann
also hier nur so viel sagen, daß zwischen jedem Paare Wellen mit verticalen Scheiben (II.) eine Welle ihnen parallel liegt, die mit zweyerley besonders gebildeten Rädern
versehen ist, und dieser Absicht gemäß, die Bewegung aus
einer Scheiben=Welle in die andere bringt. Ich werde
wohl dieses den Uebertrag nennen dürfen, wie Leibnitz in
der Sprache, in welcher er hievon am meisten geschrieben
hat, sich des Wortes Transport bedienet.

*IV. Aus den verschiedenen Leibnitzischen Aufsätzen, die
mir mitgetheilt worden sind, ersehe ich, daß ihm die Erreichung dieses Endzwecks die gröste Mühe gemacht, und
daran aim meisten von ihm verbessert worden. Es ist aber
darunter kein Aufsatz, welcher die Sache so beschreibt, wie
sie in der vorhandenen Maschine ist. Ein Papier, auf dem
er zu Hannover 1685. die Maschine beschrieben, wie er sie
1674. zu Paris verfertigen lassen und da vor sich gehabt,
schien mir vollkommene Nachricht zu versprechen, ich fand
aber bald, daß es mit der vorhandenen Maschine, zumal
in diesem wichtigen Umstande nicht übereinstimmet, und
Leibnitz selbst eben darinnen Verbesserungen unternommen
hatte. So verhält es sich mit allen übrigen hieher gehörigen Leibnitzischen Papieren, die zum Theil nicht einmal die
Einrichtung der Maschine, sondern die Vortheile, welche
sie geben könte, betreffen; was die Maschine in ihrem jetzigen Zustande beschreibt, ist nicht vorhanden, und man
muß sie also, wie man überhaupt Natur und Kunst am besten kennen lernt, aus eigener Betrachtung und Untersuchung, nicht aus Schriften kennen lernen. Der Wellen
mit

mit Scheiben (II.) sind 16. und wenn jede Scheibe eine
Zifer zu oberst zeigt; so lässt sich dadurch eine Zahl von
16. Zifern darstellen.   In den Misc. Ber. wird die Maschine
auf Producte von 12. Zifern eingeschränkt.   Es sind auch
in der Abbildung, in einer Platte, welche die Maschine bedeckt, nur 12. Oefnungen angedeutet, durch welche man
Zifern wie 0; 1; . . . . siehet, welches eben solche Zifern oben auf den Rändern der verticalen Scheiben sind.
Ich mutbmasse daher, dass gegenwärtiges noch weiter erstreckte Exemplar der Maschine, wo nicht neuer, als vom
Jahre 1710. ist, da die Misc. Ber. heraus kamen, wenigstens seitdem einen Zusatz erhalten hat.

    * V. Die Wellen der schneckenförmigen Getriebe (I.)
sind an ihren Enden mit Zähnen versehen, in welche Getriebe, die an vertical stehenden Wellen befindlich sind, eingreifen, und dadurch diese Schnecken, wie in (II.) gemeldet
wird, vorwärts und hinterwärts schieben.   Dieser Wellen
sind acht, sie sind mit Griffen, vermöge deren man sie dre-
bet, horizontalen Scheiben, auf den die zehn Zifern stehen,
und Weisern, die man auf jede Zifer stellen kann, versehen.
Ein horizontales Blech, das längst der Maschine hingeht,
bedeckt das meiste dieser Einrichtung, die Wellen durchboh-
ren es in acht Stellen, und ihre Griffe sind über dem
Bleche.   Es hat acht Kreise mit den Zifern, um jede
Welle einen, und in jedem eine Oefnung, durch welche die
Zifer auf der untern Scheibe der Welle zum Vorscheine
kommt.   Diese acht Kreise mit ihren Oefnungen und Zifern durch sie zeigen sich in der angeführten Abbildung.
Und so kann man, wenn die Maschine übrigens bedeckt ist,
die Weiser so stellen, dass jedes schneckenförmige Getriebe
gegen das Sternrad, in das es eingreift, die gehörige
Stellung hat.   Weil aber auch dieses (I. V.) im beweglichen Theile der Maschine ist, so kann man vermöge (I.)
einerley schneckenförmiges Getriebe bald an diese, bald an
jene der Wellen mit verticalen Scheiben bringen, nachdem
es die Rechnung erfodert, wenn man z. E. eine Zahl mit
einer Zifer des Multiplicators multiplicirt hat, und sie
nun mit der nächst höhern multipliciren will.   In den oft
angeführten Nachrichten beziehet sich etwas auf dieses Ver-
fahren.

    * VI. Die Zähne der Wellen mit den Schnecken und die
Getriebe der verticalen Wellen, von denen ich in vorigem
Absatze geredet habe, sind nicht alle gar zu gut gearbeitet.

Es sollte allemal ein Getriebe von zehn Triebstöcken in zehn Zähne nach einander eingreifen können; aber nicht an jedem Stücke sind zehn Zähne vorhanden, und in einigen Getrieben sind nicht alle zehn Triebstöcke gefeilt worden. Ueberhaupt ist die Maschine nicht so richtig und sauber gearbeitet, als man es jezo auch nur von einem mittelmässig geschickten und fleissigen Künstler erwarten würde, und einiges bey ihrer Verrichtung scheint mir einer baldigen Gefahr, verderbt zu werden, ausgesetzt, wenn die Maschine im Ernst oft solte gebraucht werden. Z. E. dienen messingene federharte Bleche, die bey dem Uebertrage (III.) alle Augenblicke in Räder einfallen, und wieder von ihnen aufgehoben werden. Uebrigens ist nirgends in der Maschine ein Plaz, wo man urtheilen könnte, daß sich noch was hinzusetzen liesse, eine einzige Stelle ausgenommen, von der offenbar etwas weggenommen ist, das da gewesen ist. Es ist ein Stück, das mit andern vorhandenen die Maschine aufzuhalten dient, wenn ein gewisser Theil der Rechnung vollendet ist."

§. 136.

Endlich sind schon seit geraumer Zeit einige beträchtliche Modelle in einer eignen Modell-Kammer hier aufbehalten worden, die vor kurzem einen ansehnlichen Zuwachs erhalten, und mit der Uffenbachischen Bibliothek (§. 117.) noch eine weitere Vermehrung zu gewarten hat.

*I. Die seit vielen Jahren hier schon vorhanden gewesene Modelle sind vornehmlich folgende: Eine hydraulische Maschine, wo von drey Wasserrädern eines vier Pumpen, das zweyte ein Schöpfrad, das dritte ein Paternosterwerk treibet; eine Holländische Papiermühle; das Lehrgespärre von einem Bogen der Londner Westmünster-Brücke; die Kippe zu Legung des Grundes bey dieser Brücke, nebst dem Pump- und Zugwerke u. s. w. Diese Modelle sind aus Mangel gehöriger Aufsicht nicht im vollkommensten Stande erhalten worden, doch nicht weiter beschädigt, als daß sie ohne allzugrosse Kosten wieder hergestellt werden können.

*II.

* II. Seit kurzem ist diese Sammlung durch die Freygebigkeit Königl. Regierung ansehnlich vermehrt, und bey dieser Gelegenheit dem Professor Kästner eine Aufsicht darüber aufgetragen worden.   Zu diesen Vermehrungen gehören: Ein sehr sorgfältig ausgearbeitetes halbes Polygon einer Rimplerischen Vestung; ein Feldgestänge mit Kehrrade, Göpel, Schachtstollen u. s. w.; eine Teutsche Windmühle; eine Schneidemühle; verschiedene einfache zur Mechanik und Hydraulik gehörige Maschinen.

§. 137.

Ein vorzüglich schätzbares Modell von einem Englischen Kriegsschiffe hat seit mehreren Jahren, als ein Geschenk von des hochseeligen Prinzen von Wallis Königlicher Hoheit, auf der Bibliothek einen Platz, so noch besonders verdient mit Kästnerischer Feder hier beschrieben zu werden.

„* I. Es ist ein Schiff vom ersten Range, hat drey Verdecke, und führt hundert Canonen. Alles was an einem würklichen Schiffe dieser Art zu sehen ist, Mast, Seegel, Tauwerk, Anker u. s. w. findet sich hier im Kleinen, in den gehörigen Verhältnissen, sehr richtig und sauber vorgestellt, selbst die Bildhauerey, mit welcher das äussere des Schiffes gezieret ist. Die kleinen Canonen sind von Metall, liegen auf ihren Schifflavetten, und die in den obern Lagen sind wie gehörig von etwas kleinerem Caliber als die untern, welches ich nur als eine sogleich in die Augen fallende Probe der genau beobachteten Verhältnisse anführe. Unter den verschiedenen Flaggen, zeigt sich auf dem Fockemast die Englische Admirals=Flagge, im rothen Felde ein goldner Anker schregrechts gelegt, mit einem goldnen Taue, das durch den Ankerring angeschlagen ist, umschlungen. Auf dem obersten Verdecke liegt eine Chalouppe. Man kann die beyden obern Verdecke zusammen abheben, und so verschiedenes im innern des Schiffes, was theils zum Gebäude, theils zur Regierung desselben gehört. die Stange des Steuerruders, die stehende Winde, die Pumpen u. s. w. sehen.

* II. Eine ausführlichere Beschreibung würde dem, der sie verstehen könte, nichts neues sagen. Es wird also zulänglich seyn, einige Abmessungen beyzufügen, daraus sich

die

die Grösse des Modells beurtheilen läßt. Ich habe mich dabey des Englischen Maasses bedient, weil ich glaubte, daß die Verhältnisse der abgemessenen Dinge sich in diesem Maasse, nach dem sie im grossen verfertigt werden, leichter würden wahrnehmen lassen. Eine Genauigkeit, die sich an dem öffentlichen Orte, wo das Schiff steht, nicht erhalten liesse, oder die erfodert hätte, dasselbe mehr zu zergliedern als ich wagen durfte, wird man von diesen Abmessungen nicht erwarten, und sie war auch zu der angeführten Absicht völlig unnütz.

Länge des Schiffs vom Vordersteven zum Hintersteven - - - - 3′ Fuß 9 Zoll

Breite auf dem obern Verdeck im dritten Theile der Länge von vornen nach hinten zu = — 9 —

Tiefe vom Oberverdecke bis zu unterst in den Raum - - - - = — 9 —

Tiefe des Raumes allein - - - = — 5 —

Länge des Kiels - - - 3 — 2 —

Wenn irgendwo an diesem Modelle angezeiget wäre, was man dabey für ein verjüngtes Maaß statt des wahren genommen hat, so liessen sich daraus die Gröffen an einem würklichen Schiffe bestimmen; mir ist keine solche Anzeige vorgekommen, ausser den Zahlen am Vordertheil und am Hintertheil, welche die jedesmalige Tiefe des Schiffes im Wasser nach Fussen angeben. Nach dieser Bemerkung urtheile ich, daß 6. Zoll am Modelle etwa 22. Fuß würkliches Maaß bedeuten möchten, welches für die wahre Länge des hier vorgestellten Schiffs ohngefähr 146. Fuß geben würde. Wenn bey dieser Nachricht etwas zu erinnern seyn sollte, wird man es ihrem Verfasser zu gute halten, da er nie Gelegenheit gehabt, Schiffe anders, als aus Büchern, oder sonst obenhin beobachteten Modellen kennen zu lernen."

§. 138.

Zu einem andern Fache von denen in den Umfang der philosophischen Facultät einschlagenden Anstalten gehört das philologische Seminarium, wovon ich eine kürze Beschreibung aus der Feder des Herrn Prof. Heyne, als jetzigen professoris eloquentiæ, hier liefere.

„* I. Das Seminarium philologicum ist eine Auswahl von neun Studiosis, vornehmlich solchen, die sich der Gottestesgelahrheit gewidmet, welche unter der besondern Inspection des professoris eloquentiae stehen, sich dessen Rath, Unterricht, Leitung und Direction bey Einrichtung ihrer Studien, Wahl ihrer Collegien und Privatstudien u. s. w. bedienen sollen, insbesondere aber von ihm Unterricht und Anweisung sowohl in den *Humanioribus* und schönen Wissenschaften überhaupt, als vorzüglich in den zu einem guten Schulmann erforderlichen Kenntnissen und Wissenschaften zu erhalten angewiesen sind. Zu diesem Ende wird bey Besetzung dieser Stellen nicht auf die Dürftigkeit und die Glücksumstände der sich dazu meldenden Personen gesehen; für solche Studirende ist schon auf andere Weise durch Stipendia und Freytische gesorgt; sondern es werden nur solche *Subjecta* dazu in Vorschlag gebracht und gewählt, welche nach vorhergehender genauer Prüfung, und nachdem sie einige Zeit über den Inspector durch Ausarbeitungen, Proben und nähere Bekanntschaft in Stand gesetzt haben, von ihnen urtheilen zu können, theils gute natürliche Fähigkeiten und gute Sitten äussern, theils in den *Humanioribus* bereits so weit gekommen sind, daß ihnen der Unterricht des Seminarii von einigem Nutzen seyn kann, ausserdem aber Lust, Eifer und einen redlichen Vorsatz zeigen, es in den schönen und besonders in den Schulwissenschaften zu einer gewissen Vollkommenheit zu bringen.

*II. Diese Seminaristen sind gehalten, täglich einige Stunden humanistische Collegia zu hören; der prof. eloq. aber hält ihnen noch insbesondere ein Collegium unentgeldlich, in welchem sie im Interpretiren, Lateinisch Schreiben, Reden und Disputiren geübet und angewiesen werden, und zu dem Ende nach der Reihe einen alten Schriftsteller grammatisch und kritisch selbst erklären, und über eine in diese Art der Wissenschaften einschlagende Materie einen gut Lateinisch geschriebenen Aufsatz ausarbeiten und vertheidigen müssen.

*III. Um diese Seminaristen zu unterstützen und in Stand zu setzen theils einige humanistische Collegia über die ordentlichen und gewöhnlichen hören, theils ein gutes Buch sich anschaffen zu können, ist ihnen von Sr. Kön. Maj. jährlich ein Stipendium, jedem 50. Rthlr. ausgesetzet, und sie haben ausserdem bey sich ereignenden Vacanzen sowohl in der Schule als Kirche eine vorzügliche Hoffnung vor andern befördert zu werden.

* IV. Durch diese überaus gemeinnützige Anstalt wird theils bewirkt, daß jederzeit auf der Universität eine Anzahl solcher Studirenden vorhanden ist, welche sich auf eine vorzügliche Weise den *Humanioribus* widmen, theils und vornehmlich daß gute und tüchtige Schulleute gezogen werden, und die Landschulen sich von daraus mit den erforderlichen *Subjectis* benöthigtenfalls versorgen können; wodurch diesem herrlichen *Instituto* ohnedem die nöthige Aufmunterung ertheilt werden muß, ja auch bewerkstelliget werden kann, daß es immer noch genauer auf das Schulwesen eingerichtet wird. Ausserdem kann der Seminarien Unterricht aber auch selbst für diejenigen von Vortheil seyn, welche einmal zu Besetzung der Stellen bey Schulen mit Rath oder That an die Hand gehen sollen; welcher Vortheil um desto wichtiger ist, da von guter Einrichtung der Schulen ein grosser Theil des allgemeinen Wohls und des Flors der Universität abhänget. Man kann übrigens auch noch die Churfürstl. Braunschweig-Lüneburgische Schulordnung p. 207-222. hievon nachsehen."

---

4) Von der Königlichen Societät der Wissenschaften zu Göttingen.

---

§. 139.

Da der Hauptzweck einer Universität nicht sowohl auf neue Erfindungen, als auf einen vollständigen und gründlichen Unterricht in allen Theilen der Gelehrsamkeit gerichtet ist; so sind andere gelehrte Gesellschaften, die hinwiederum nicht den Unterricht, sondern die Bereicherung der Wissenschaften mit neu entdeckten Wahrheiten zum Gegenstande haben, an sich davon sehr unterschieden; und zu dieser letztern Gattung gehören die in neuern Zeiten hauptsächlich an königlichen Höfen errichtete sogenannte Societäten der Wissenschaften, die sich insonderheit die Erweiterung derer Kenntnisse, welche ausser der Religion und

Rechts-

Rechtsgelehrsamkeit in Ansehung des ganzen menschlichen Geschlechts von allgemeinem Nutzen sind, zur vereinigten Beschäfftigung gewehlet haben. Wenn inzwischen eine Universität mit einer solchen Anzahl Lehrer besetzt ist, daß ein jeder sich nur auf einzelnere Theile der Gelehrsamkeit einschränken darf, und daß er ausser denen Stunden, die er zum Unterrichte anwenden muß, noch Zeit erspahren kann, in denenjenigen Wissenschaften, die er andern vorzutragen hat, seine eigene Einsichten zu erweitern; so können mit einer solchen Universität gar füglich mehrere gelehrte Gesellschaften, die noch weiter, als auf den Unterricht der Jugend gehen, verbunden werden. In solcher Betrachtung ist von weyl. König Georg dem II. unterm 23. Febr. 1751. die Königliche Societät der Wissenschaften zu Göttingen gestiftet worden.

* I. Wie die ersten Vorschläge zu dieser Societät im Jahr 1750. von weyl. Herrn Günther von Bünau, damaligem Oberappellations-Rathe zu Zelle, nachherigem Reichs-Cammergerichts-Assessor zu Wetzlar, geschehen, und wie darauf auf Veranlassung unsers Mäcens, dem auch diese Stiftung ihr Leben zu danken hat, der Herr von Haller, einen ganz neuen Entwurf gemacht, der nachher zur Würklichkeit gebracht worden, ist in Zimmermanns Leben des Herrn von Haller p. 279. sq. nachzusehen.

* II. Der Anfang ihrer ordentlichen Versammlungen war den 23. Apr. 1751., womit seitdem monathlich fortgefahren wurde. Ihre erste öffentliche Zusammenkunft hielt sie den 10. Nov. 1751. an dem Gebuhrtstage ihres Stifters in dem grossen juristischen Hörsaale, wo sie mittelst einer öffentlichen Rede, und Bekanntmachung ihrer Mitglieder, wie auch der ersten Preisfragen feyerlich eingeweyhet wurde. S. die Götting. gel. Zeit. 1751. p. 1129-1135.

§. 140.

Die Einrichtung dieser Societät der Wissenschaften ist so gemacht, daß sich ihre Bemühungen nicht nur auf Mathematik und Naturlehre, sondern nach dem Beyspiel der
con

londonschen Societät der Wissenschaften auch auf Historie
und Litteratur erstrecken. Sie ist daher in drey Classen
eingetheilt: 1) die physicalische, welche ausser der eigentlichen Physik die Anatomie, Chemie, Botanik, und die
ganze Naturgeschichte begreift; 2) die mathematische,
wohin alle Grössen, die Gesetze der Bewegung, und die
Astronomie gehören, und 3) die historische und philologische, wohin man die alte Philologie, die alte und mitt-
lere Geschichte, und die Kenntniß entlegener und nicht gnug
bekannter Länder rechnet. Ausser den Ehren-Mitglie-
dern, wozu Gelehrte von hohem Range erwehlt werden,
sind die übrigen Mitglieder sowohl auswärtige als einhei-
mische nach solchen Classen unterschieden. Von einheimischen, welche in jedem Monathe den ersten Sonnabend
Nachmittags um 3. Uhr ihre Zusammenkünfte halten, ist
eine gewisse Zahl ordentlicher Mitglieder mit Besoldung
versehen, und dargegen verpflichtet, auf bestimmte Zeiten
Vorlesungen zu halten, woran die ausserordentlichen wie
auch die auswärtigen Mitglieder weniger gebunden sind.
Andere auswärtige Gelehrte, welche der Gesellschaft Proben ihres Fleisses und ihrer Geschicklichkeit geliefert haben,
werden als Correspondenten angenommen. Auch können jüngere Gelehrten, die sich Studierens halber, oder
auch als Privat-Docenten hier aufhalten, als beständige
Zuhörer einen Zutritt zu den Versammlungen der Gesellschaft erlangen, um sowohl durch den freundschaftlichen
Umgang mit den Lehrern als durch eigne Ausarbeitungen
ihre Gaben zu zeigen und anzuwenden. Die ganze Gesellschaft hat einen beständigen Präsidenten, und in dessen
Abwesenheit einen Director; sodann einen Secretär, der
gemeiniglich zugleich die Vorzüge eines ordentlichen Mit-
gliedes zu geniessen hat. Sowohl diese als die übrigen
Mitglieder werden von der königlichen Regierung ernannt,
wozu jedoch die Vorschläge von der Societät geschehen
können.

*L.

*I. Das Secretariat der Societät haben nach einander verwaltet: 1) Joh. Dav. Michaelis 1751-1756.; 2) Ge. Chph. Hamberger 1756-1761.; 3) Abr. Gotth. Kästner 1761. 1762.; 4) Joh. Phil. Murray seit 1762.

*II. Ausserordentliche Mitglieder sind bisher gewesen: I) In der physicalischen Classe: 1) Joh. Ge. Roederer 1751-1760.; 2) Joh. Gottfr. Zinn 1753-1758.; 3) Ge. Mor. Lowitz 1755-1759.; 4) Joh. Henr. Gottl. von Justi 1755-1757.; 5) Chr. Wilh. Büttner seit 1762.; II) In der mathematischen Classe: 1) Tob. Mayer 1751-1753.; 2) Joh. Fried. Unger 1759. 1760.; 3) Alb. Lud. Friedr. Meister seit 1764.; III) In der historischen Classe: 1) Gottfr. Achenwall 1751-1762.; 2) Joh. Mich. Franz 1755-1762.

*III. Die bisherigen ordentlichen Mitglieder sind: I) In der physicalischen Classe: 1) Sam. Chr. Hollmann 1751-1760.; 2) Joh. Ge. Roederer 1760-1763.; II) In der mathematischen Classe: 1) Joh. Andr. v. Segner 1751-1753.; 2) Tob. Mayer 1753-1762.; 3) Abr. Gotth. Kästner seit 1755.; III) In der historischen Classe: 1) Joh. Matth. Gesner 1751-1761.; 2) Joh. Dav. Michaelis seit 1751.; 3) Chr. Wilh. Fr. Walch seit 1763.; 4) Chr. Gottl. Heyne seit 1763.; 5) Joh. Phil. Murray seit 1764.

*IV. Präsident der Societät ist seit deren Errichtung bisher Albrecht von Haller. Seit dessen Abreise 1753. ist die in Anwesenheit zu führende Direction erst abwechselnd dem seel. Hofr. Gesner und dem Prof. Hollmann, hernach 1761. ersterm alleine, und nach dessen Tode 1761. Aug. dem Hofr. Michaelis aufgetragen worden.

*V. Auswärtige Mitglieder sind theils in des Königs Teutschen Ländern, theils aus andern Ländern. Von jenen sind die bisherigen Mitglieder I) der physicalischen Classe: Paul Gottl. Werlhof, Königl. Hofrath und Leibmedicus zu Hannover seit 1751.; II) der historischen Classe: 1) Dav. Ge. Strube, Canzley-Director zu Hannover, seit 1751.; 2) Chr. Ludw. Scheidt (§. 28.) 1751-1761.; 3) Fried. Esaias von Pufendorf, Oberappellations-Rath zu Zelle, seit 1751.

*VI.

* VI. Von andern Ländern sind die bisherigen auswärtigen Mitglieder der Societät: I) In der physicalischen Classe: 1) Joh. Ge. Gmelin, Prof. zu Tübingen 1751.-+1755.; 2) Joh. Fried. Meckel, Prof. der Anatomie zu Berlin seit 1751.; 3) Hans Sloane Ritter Baronet, Königl. Leibmedicus zu London, seit 1752.; 4) Johann Geßner, Canonicus zu Zürich, seit 1755.; 5) Jac. Sigm. Waitz, Hochfürstl. Hessischer Cammerrath zu Cassel, 1755-1764.; 6) Franz Maria Claudius Richard de Hautesierq, Königl. Französischer oberster Feldmedicus, seit 1761.; 7) Anton Graf Montanari, Patricius zu Verona, seit 1764. II) In der mathematischen Classe: 1) Abr. Gotth. Kästner, damals Prof. zu Leipzig 1751-1755.; 2) Joh Fried. von Uffenbach, Senator zu Frankfurt am Mayn (§. 117.), seit 1751.; 3) Sam König, Rath der verwittibten Prinzessinn von Oranien, 1751-+1757.; 4) Peter Wargentin, Secr. der Academie der Wissensch. zu Stockholm, und Ritter vom Nordstern=Orden, seit 1754.; 5) Nic. Ludw de la Caille, Prof. zu Paris, 1758-+1762.; 6) Joh. Hieron. Franc. de la Lande, Königl. Französ. censor librorum, seit 1764.; III) In der historischen Classe: 1) Joh. Aug. Ernesti, Prof. zu Leipzig, seit 1751.; 2) Carl Wilhelm Loys de Bochat, Unterstatthalter zu Lausanne, 1751-+1754.; 3) Henr. Christian Freyherr von Senkenberg, Reichshofrath zu Wien, seit 1752.; 4) Joh. Casp Hagenbuch, Prof. zu Zürich 1754-+1764.; 5) Franz Dom. Häberlin, Hofr. und Prof. zu Helmstädt, seit 1759.; 6) Gerh. Meermann, Rath und Syndicus der Stadt Rotterdam, seit 1762.; 7) Gregor. Majansius, Edler zu Valencia in Spanien, seit 1763.; 8) Johann Winkelmann, Abt, Präsident des collegii der Alterthümer zu Rom, seit 1764.

* VII. Die bisherigen Ehren=Mitglieder sind: 1) Aug. Wilh. von Schwicheldt, Königlicher Geheimer Rath zu Hannover, seit 1751.; 2) Friedr. Carl von Hardenberg, Königl. Geheimer Rath zu Hannover, 1751-+1763.; 3) Burch. Christ. von Behr, Königlicher Geheimer Rath zu London, seit 1751.; 4) Joh. Lorenz von Mosheim, Canzler der Universität zu Göttingen (§. 15.), 1751-+1755.; 5) Günther von Bünau, Oberappellations=Rath zu Zelle, hernach Cammergerichts=Assessor zu Wetzlar (§. 139, I.), 1751-1758.; 6) Henrich. Reichsgraf von Bünau, Röm. Kays. und Königl. Poln. Geheimer.Rath, damals Statthal-

halter des Herzogthums Eisenach, seit 1751-✝ 1761.;
7) Georg Graf von Macclesfield, Präsident der Soc. der
Wiss. zu London 1753-✝ 1764.; 8) Arnold Ludw. Marquis de Lostange, Königl. Französ. Maréchal de Camp;
9) Jac. Sig. von Waiz, Hochfürstl. Heßischer Geheimer
Rath zu Cassel, seit 1764.

   * VIII. Die bisherigen Correspondenten der Societät
sind: 1) Johann Friedrich Camerer, Königl. Dän. Kriegs-
rath zu Rendsburg, seit 1751.; 2) Joh. Philipp Lorenz
Withof, Prof. zu Hamm, seit 1752.; 3) Georg Christian
Oeder, Prof. zu Coppenhagen, seit 1752.; 4) Joh. Gottfr.
Zinn, D. med. 1752-1753.; 5) Christlob Mylius 1752.
✝ 1753.; 6) Sam. Luther Geret, Secr. des Rathscoll.
zu Thorn, seit 1752.; 7) Jonas Sidreen, D. med. und
Adj. der med. Fac. zu Upsala, seit 1752.; 8) Balth. Sprenger, Prof. der Klosterschule zu Maulbronn, seit 1753.;
9) Johann David Hahn, Prof. zu Utrecht, seit 1753.;
10) Johann Castiglione, Prof. zu Berlin, seit 1753.;
11) Joh. Peter Rathlauw, Stadt = und Landebir. zu Amsterdam, seit 1753.; 12) Peter Dettleff, D. med. seit
1753.; 13) Joh. Stephan Bernard, D. med. zu Amsterdam, seit 1753.; 14) Joh. Mich. Meisner, Geheimer
Canzleysecr. zu Hannover, 1754-✝ 1763. 15) Elias
Bertrand, Pastor zu Bern, seit 1754.; 16) Joachim
Bechtold Freyherr von Bernsdorf seit 1754.; 17) Xaver
Manetti, Aufseher des Kayserl. Gartens zu Florenz, seit
1755.; 18) Peter Forstäl, Königl. Dän. Prof. 1756-
✝ 1763. in Arabien; 19) Carl Allion, D. med. zu Turin,
seit 1757.; 20) Carl Hisingh aus Schweden, Königl.
Französ. Lieutenant, seit 1757.; 21) Carl Henr. Runge,
Pastor der Reform. Gemeine zu Zelle, seit 1757.; 22)
Joh. Henr. Lambert, aus Mühlhausen in der Schweiz, seit
1757.; 23) Carl Bonnet zu Genev, Mitgl. der Kön. Ge-
sellsch. zu London und Bologna, seit 1757.; 24) Philipp
Friedr. Gmelin, Prof. zu Tübingen, seit 1757.; 25) Peter Gabry, D. iur. und Mathem. im Haag, seit 1758.;
26) Joseph Benevenuto, D. med. zu Lucca, seit 1758.;
27) Anton Cap de Villa, Prof. der Math. zu Valencia
in Spanien, seit 1759.; 28) Joseph Ludew. Roger, D.
med. Hospitalmed. bey der Französ. Armee 1760. ✝ 1761.;
29) Abrah. Friedr. Rückersfelder, D. theol. und Prof. zu
Deventer, seit 1760.; 30) Carsten Niebuhr, aus Hadeln,
Kön. Dän. Ingenieurlieutenant, seit 1760.; 31) Friedr.

Sa-

Samuel von Schmidt, Markgräsl. Badendurl. Hofrath, seit 1760.; 32) Emanuel Gottlieb von Haller; Secretär der Direction der Salzwerke im Bernischen, seit 1760.; 33) Marcus Antonius Caldani, D. med. und Prof. zu Padua, seit 1760.; 34) August Ludewig Schlözer, aus Franken, Prof. und Adjunct der Kayserl. Akad. der Wissensch. zu Petersburg, seit 1761.; 35) Joh. Ulrich Bilguer, Königl. Preuss. Generalchirurgus, seit 1761.; 36) Joh. Friedr. Hartmann, Hospital = Registrator zu Hannover, seit 1761.; 37) Carl Gottlieb Wagler, D. med. und Prof. zu Braunschweig, seit 1761.; 38) N. N. de Mars, Königl. Franz. Kriegscommissarius und erster Commis bey dem Kriegsdepartement, seit 1761.; 39) Alexander Guido Pingré, Canonicus und Bibliothecar im Kloster der heiligen Genoveva zu Paris, seit 1761.; 40) Johann Wilkinson, D. med. zu London, seit 1761.; 41) Rizzi Zannoni, Lehrer der Mathem. in Paris, seit 1761.; 42) Gotthilf Christian Reccard, Lehrer bey der Realschule in Berlin, seit 1761.

* IX. Ordentliche Zuhörer (hospites ordinarii) sind bisher gewesen: 1) Joh. Phil. Murray, 1751-1762.; 2) Joh. Friedr. Camerer, 1751.; 3) Christ. Wilh. Büttner, 1751-1762.; 4) Eobald Tozze, jetzt Prof. zu Büzow, seit 1751.; 5) Carl Friedr. Meisner, jetzt Rector bey dem gymnasio zu Ilefeld, seit 1752.; 6) Sam. Luther Geret, jetzt Secr. des Raths zu Thorn, seit 1752.; 7) Friedr. Christian von Haven, hernach Königl. Dän. Prof. seit 1752. † 1763. in Arabien; 8) Jonas Sidreen, D. med. und Adjunct der medic. Facult. zu Upsala, 1752. 9) Balth. Sprenger, jetzt Prof. der Klosterschule zu Maulbronn, 1752.; 10) Johann David Hahn, jetzt Prof. zu Utrecht, 1752.; 11) Carl von Lobse, jetzt Königl. Poln. und Churfürstl. Sächsischer Landshauptmann, seit 1752.; 12) Joh. Andr. Severin Henrici, aus Berlin, seit 1752.; 13) Ge. Chph. Hamberger, 1753-1756.; 14) Johann Friedr. Gruner, seit 1755.; 15) Conr. Henrich Runge, jetzt Doct. und Past. der Ref. Gem. zu Zelle, 1756. 1757.; 16) Friedr. Wilh. Klärich, Hofmedicus und Physicus zu Göttingen, seit 1755.; 17) Albr. Ludw. Friedr. Meister, jetzt ausserord. Prof. der Weltw. und Mitgl. der Societät 1757-1764.; 18) Joh. Andreas Dietze, jetzt ausserord. Prof. der Weltw., seit 1759.; 19) Joseph Ludw. Roger, hernach Hospitalmed. bey der Fr. Armee, 1759.†1761.

* X.

* X. Das Siegel der königlichen Societät enthält einen Springbrunnen, mitten in einem schönen Garten, dessen Wasser, in einem starken Strahl, in die Höhe schießt, und in einem weiten Bassin wieder aufgefangen wird, nebst der Ueberschrift: Fecundat et ornat. Im Abschnitte stehet: Sigill. Soc. Reg. Scientiarum Gotting.

§. 141.

In den ordentlichen monathlichen Versammlungen der Societät besteht die Hauptbeschäfftigung in der jedesmaligen Vorlesung eines ihrer Mitglieder, sodann in der Anzeige sonst etwa vorgefallener Merkwürdigkeiten; wobey außer den ordentlichen Zuhörern auch einzelne Studierende den Zutritt bekommen können, wenn sie sich nur vorher je desmal bey dem Director oder Secretär der Gesellschaft deshalber melden.

* I. Zum Orte der Versammlungen der Societät, die vom Anfang in des Präsidenten oder Directors Hause gehalten worden, ist nunmehro ein besonderer Saal in dem ehemaligen Heumannischen Hause (§. 111.) bestimmt, der zugleich der Universität als ein öffentlicher Hörsaal dient, so im Winter geheitzet werden kann. In eben dem Hause wird die Societät künftig ihr Archiv und ein Naturalien-Cabinet haben, als zu welchem letztern und zu etlichen anderen zu ihrem Zwecke dienlichen Sammlungen sie schon einige Anlage gemacht hat.

* II. Die Vorlesungen der Societät, so von ihren Mitgliedern gehalten oder eingeschickt worden, sind von Anfang an einer jährlich in Druck zu gebenden Sammlung bestimmt gewesen, wovon auch die vier ersten Jahrgänge unter dem Titel: Commentarii societatis regiae scientiarum Goettingensis tom. I. ad annum MDCCLL., Goettingae 1752.; tom. II. ad a. MDCCLII., 1753.; tom. IIL ad a. MDCCLIII., 1754.; tom. IV. ad a. MDCCLIV., 1755. 4. in Druck erschienen. Wie aber der Abdruck des fünften Theils über gewisse Irrungen, so mit dem Verleger entstanden, unterbrochen worden, und seitdem der Druck der folgenden Theile wegen des Krieges und sonsten noch nicht von neuem in Gang gebracht werden können; so haben

ben inzwischen die einzelne Mitglieder der Societät die Erlaubniß erhalten, ihre seit 1756. bis 1762. gehaltenen Vorlesungen besonders drucken zu lassen, wohin die oben von
Michaelis (§. 83. I. n. 49.) Hollmann (§. 82. III. n. 70.)
und Gesner (§. 35. e.) angeführten Werke zu rechnen sind.

* III. Die Abhandlungen, welche auswärtige Mitglieder und Correspondenten einschicken, werden ebenfalls bey
den Versammlungen der Societät öffentlich verlesen; und,
wenn die Verfasser sie besonders zum Druck befördern, erlaubet sie den Gebrauch ihrer Vignette dazu. Auf die Art
sind neulich gedruckt worden: 1) Johann Friedrich
Hartmanns, Registrators bey der Königl. Hospitalcasse zu
Hannover, Anmerkungen über die nöthige Achtsamkeit bey
Erforschung der Gewitter=Electricität, Hannov. 1764. 4.
mit Kupfern; 2) The Case of Mr. Winder, who was
cured of a paralysis by a flash of lighting, wrote by
John Wilkinson M. D., communicated to the Society
of Gottingen; mit einer Teutschen Uebersetzung vom Prof.
Kästner, Gött. 1765. 8.

§. 142.

Für fremde Ausarbeitungen ist jährlich 1) eine Schaumünze von 25. Ducaten auf eine von der Societät nach
Ordnung der Classen jedesmal bestimmte, gemeiniglich
zwey Jahre voraus bekannt gemachte Aufgabe zum Preise
gesetzt, und 2) noch ein Preis von 50. Rthlrn. ist jährlich
zur Belohnung einer vorzüglich wohl ausgearbeiteten Abhandlung ausgesetzt, welche über einen in die Grenzen der
Societät einschlagenden Gegenstand von einem hiesigen jun-
gen Gelehrten oder Studierenden der Societät überreicht
wird. Die Zuerkennung dieser Preise und die Bekanntmachung der neuen Preisfragen geschiehet in einer feyerlichen Versammlung, die jährlich im November gehalten zu
werden pfleget, wozu verschiedene Mitglieder der Universität und andere Fremde mit eingeladen werden.

* I. Die Schaumünze von 25. Ducaten hat im Avers
das geharnischte Brustbild Königs Georgs des II., als des
Stifters der Societät, mit der Umschrift: Georgius II.
D. G.

D. G. Mag. Bri. Fr. et Hib. Rex. F. D. ; im Revers eine ſitzende, und das Geſicht nach der Rechten kehrende Minerva, die ſich mit dem linken Arme auf ihren Schild lehnet, und in derſelben Hand den Speer hält, in der rechten aber einen Lorbeerkranz darbietet; mit der Ueberſchrift: Decora merenti: im Abſchnitt: Praemium Societ. Reg. Scient. Gotting.

* II. Mit den Preisſchriften wird es von Auswärtigen ſo gehalten. Sie ſind, in Lateiniſcher Sprache und leſerlich geſchrieben, an die Societät der Wiſſenſchaften zu ſenden; müſſen aber insgeſammt vor dem Anfang des Octobers eingelaufen ſeyn. Niemand kann den Preis durch ſeine Ausarbeitung ſuchen, der auf einige Art in der Geſellſchaft iſt. Der Verfaſſer verſchweigt ſeinen Namen, legek auch nicht einmal, wie ſonſt wohl gewöhnlich, ein verſiegeltes Zettelchen bey, darauf ſein Name ſtehe; ſondern an deſſen Stelle nimmt er zwey Zettel von gleicher Gröſſe, ſchreibt auf beyde einerley Denkſpruch, und ſchickt beyde zugleich ein, den einen ganz, und den andern halb zerriſſen; den ganzen nebſt der einen Hälfte des zweyten Zettels legt er ſeiner Schrift bey; die andere Hälfte aber behält er, und meldet ſich mit Beylegung derſelben, wenn er aus den gelehrten Zeitungen erſiehet, daß ſein Denkſpruch den Preis erhalten habe.

* III. Die bisherigen Preisfragen der Societät ſind geweſen: 1) Aufs Jahr 1753. phyſ. de ortu oui ſeminini veri: an in corpore luteo naſcatur? quo tempore in animalibus de eodem corpore exeat? quid veſiculae ouariæ huic ouo et toti generationis negotio vtilitatis praeſtent? 2) 1754. math. Modorum, qui hactenus reperti ſunt, machinas per fluida in gyrum agendi, ſi non omnes, praecipuas tamen enumerare; effectus, actione fluidæ apud eorum quemlibet productos, oſtendere, experimento confirmare; qui modus reliquis praeferendus ſit, quouis reſpectu colligere; atque in his omnibus non eorum tantum, quae eſſentialia ſunt machinis, ſed illorum quoque, quae extrinſecus incidunt, nulla arte ſeparanda, rationem habere. Hievon iſt der Preis im Jahr 1755. Herrn Johann Albrecht Euler, zu Berlin, zuerkannt worden, deſſen Abhandlung hernach zum Druck gekommen unter der Aufſchrift: Enodatio quaeſtionis: quomodo vis aquae aliusue fluidi, cum maximo lucro, ad molas cir-

cum-

cumagendas, aliaue opera perficienda impendi poffit,
Goettingae 1756. 4.; 3) 1755. hift. de chartae, ex lin-
teis concerptis, contufis, maceratis confectae origine,
antiquiffimoque vfu docere vera, certa, fiue argumentis
rerum, five teftibus idoneis comprobata, eademque nondum dicta Leoni Allatio, Mabillonio, Montfalconio,
Bagfordo, recentioribusque aliis. Diefen Preis hat erhalten Herr Johann Daniel Slad, churfürstlich Pfälzischer
geistlicher Abministrations-Registrator zu Heidelberg;
4) 1756. phyf. Die physicalische Aufgabe vom Jahre
1753., unter geboppeltem Preise, wiederholt. 5) 1757.
math. Accuratam theoriam prodere duritiei ac tenaci-
tatis corporum, inprimis liquorum et lapidum, cuius
ope, quouis cafu operis ex his materiis conftructi robur
ac firmitas defiuiri, atque ad menfuram reuocari poffit;
6) 1758. hift. Proferre e monumentis certae fidei notitiam legum, quibus conftitutum fit, quis admitti de-
beat ad torneamenta, quis ab illis excludi? 2. oftende-
re, vtrum qui nobilitatem torneamentis idoneam demon-
ftrauerit, eadem etiam probauerit canonicam? et con-
uerfa vice, an quis canonica nobilitate probata eo ipfo fe
quoque ad torneamenta admittendum oftenderit? 3. an-
tiquiffimum exemphim inueftigare probatae ex armorum
infignibus nobilitatis canonicae; · 7) 1759. phyf. Cauf-
fam rubei in fanguine coloris demonftrare; 8) 1760.
math. An hemifpheria telluris, boreale et auftrale, fimi-
lia fint? et an omnibus meridianis terreftribus eadem fit
figura? 9) 1761. hift. Defcriptionem pagi antiqui exhibere, in quo iam fita eft Gottinga, ea quidem ratione, vt verum illius nomen et fines, nominaque etiam
prifca vicorum, arcium, montium, fluminum, rel.
quae ad illum relata fuere, e monumentis fide dignis,
demonftrentur; 10) 1762. Bey den fortwährenden und
noch befürchteten Kriegsunruhen war keine Frage aufgegeben worden; 11) 1763. phyf. Hiftoriam naturalem ver-
mium lucentium tradere, in qua illorum diuerfae fpecies
recenfeantur, corpufculi articuli et inteftina defcriban-
tur, illorum vfus demonftretur, pars lucens inprimis
follicite examinetur, et curate definiatur, qua aetate,
quo fexu, et in quem finem pars ifta luceat. 12) 1764.
math. Quantum attractio montium ingentium valeat ad
directionem grauium mutandam determinare, et methodum, rem experiundo cognofcendi, aut, fi fieri poffit,
obferuatione ipfas exhibere; 13) 1765. hift. Mercatu-
rae

rae, antiquis temporibus, et medio aeuo, ex Oriente, per mare Caspium et Pontum Euxinum, factae, accuratior illustratio; 14) 1766. phyf. Cum quasdam plantarum varietates credant botanici a diuerforum generum commixtione (vt animalia hybrida) nafci: illam quaeftionem experimentis, non coniecturis, decidere; et fi confirmetur veritas fufpicionis huius, ad leges fimul, quas fequuntur iftae varietates, attendere. Es hat aber die Societät auffer den beyden bey den Jahren 1754. 1755. bemerkten Preisschriften bisher noch nicht weiter das Glück gehabt, den Preis austheilen zu können.

* IV. Den Preis von 50. Rthlrn. haben bisher folgende Schriften erhalten: 1) 1754. Ge. Chph. HAMBERGER *de pretiis rerum apud veteres Romanos;* 2) 1756. Io. Andr. Seuer. HENRICI disquifitio *de figillo pacis Wenceslai regis Rom., quod bibliotheca regia Hannouerae feruat;* 3) 1757. Alb. Lud. Fried. MEISTERI *obferuationes circa vifum et oculum inftitutae;* 4) 1758. Io. Tob. KOELERI diff. *de origine tegumentorum in galeis,* (ins Teutsche überfetzt in den Hannöv. Beytr. 1762. p. 946. fq.); 5) 1763. Car. Gottl. WAGLERI *noua offa dealbandi methodus;* 6) Henr. Aug. WRISBERG fatura obferuatiorum *de animalculorum infuforiorum genefi et indole.*

§. 143.

Ueberdies sind jährlich noch zwey Preise, jeder von einer Schaumünze von 12. Ducaten, so das Intelligenz Comtoir zu Hannover auszahlt; auf die beste Beantwortung zwey oeconomischer Fragen gesetzt, deren Bestimmung und Beurtheilung ebenfalls der hiesigen Societät der Wissenschaften anvertrauet ist. Von diesen Preisen wird einer in der ordentlichen Seßion im Julius, der andere in der feyerlichen Versammlung im November ausgetheilt. Die Fragen werden gemeiniglich ein Jahr vorher bekannt gemacht. Die Ausarbeitungen müssen wenigstens vor dem 1. Jun. oder vor dem 1. Oct. einlaufen. Die gekrönte Schriften, bisweilen auch ein und andere, so denselben an die Seite zu setzen, werden in denen mit den Han-

noverischen Anzeigen verbundenen gelehrten Sammlungen
abgedruckt.

*.I. Diesen Ausarbeitungen wird ein Denkspruch vorge=
setzt; der Name aber in einem mit diesem Denkspruch be=
zeichneten versiegelten Zettel angezeiget; welcher nicht an=
ders erbrochen wird, als wenn die Schrift den Preis erhält.
Man hat alles zu vermeiden, woraus irgend der Verfasser,
vor Eröffnung dieses Zettels, errathen werden könnte.
Anz. 1753. S. 917.

* II. Die Schaumünze von 12. Ducaten ist, wie die vo=
rige (§. 142. I.); nur enthält sie im Revers eine stehende,
nach der linken Seite schauende Minerva, die in der rechten
Hand den Speer führt, und mit der linken einen Kranz
über allerley gelehrtes Geräth, an welches auch ihr eige=
ner Schild gelehnet ist, hält, mit der Ueberschrift: Auro
pretiosior omni.

* III. Die Schriften selbst werden Teutsch abgefaßt, so
viel möglich in einem deutlichen und nicht unangenehmen,
doch auch nicht in gezwungen schönem Vortrage. Ihr übri=
ges gröstes Verdienst soll in Kürze und Erfahrungen, Rich=
tigkeit und Brauchbarkeit, bestehen. Hingegen wird alle
Weitläuftigkeit verbeten; sonderlich die, welche Belesen=
heit und Gelehrsamkeit zeigen soll. Man verlangt auch
nicht Untersuchungen von den Ursachen der Erfahrungssätze,
welche so gar durch Einmischung allerley unerweislicher Hy=
pothesen die Societät hindern könnten, den Preis zu erthei=
len, weil sie sich fürchten muß, daß andere ihr diese Hy=
pothesen aufbürden, als hätte sie dieselben gebilliget. Man
sucht bloß Vortheile zum Besten der Oeconomie, die geprüft
und zuverlässig sind. S. die Götting. gel. Anzeigen 1754.
p. 842. sq., 1756. p. 1274.

* IV. Die bisherige oeconomische Preisfragen sind
folgende gewesen: 1) 1752. Nov. Welches sind die Kenn=
zeichen eines tüchtigen und beständigen Torfs? und woran
kann man die denselben tragenden Gegenden von denen un=
terscheiden, die eine schlechte Art hervorbringen. Man be=
gehrt auch solche Oerter in der Nähe von Göttingen zu wis=
sen, wo ein tüchtiger und dem Holländischen gleichkommen=
der Torf zu finden ist. Diesen Preis erhielt der Amtsau=
ditor L. C. Bansen, zu Neustadt am Rübenberge. Seine
Abhandlung stehet in den Hannov. gelehrten Anzeigen 1752.

S.

S. 1246. f.; 2) 1753. Iul. Warum ist das Salz an vielen Orten kleinkörnig, schmierig, und zum Einsalzen der Fische untauglich? und mit welchen Mitteln kann man diesen Fehlern abhelfen, und das Salz in trocknen, grossen und harten Krystallen, und zu allen Fischen, selbst dem Heringe, tüchtig erhalten? Diesen Preis erhielt der Königl. Preussische Geheimerath und Salzgraf zu Halle, Johann Christoph v. Dreyhaupt. Hann. gel. Anz. 1753. S. 986. f.; 3) 1753. Nov. Was giebt es in hiesigen Königl. Teutschen Landen für Gewächse, deren Gebrauch zu den Manufacturen, oder anderen menschlichen Bedürfnissen noch unbekannt ist? 4) 1754. Iul. Wie ist der Mauerkalk am besten zuzubereiten, daß er im Winde und Wetter daure? Diese Frage ward für den Iul. des nähesten Jahres, unter verdoppeltem Preise, nochmals aufgegeben; 5) 1754. Nov. Ist kein anderes Mittel, eine gute Gerberlohe zu machen, als aus den Eichen= oder anderen Baumrinden, und auf die Art das Holz zu schonen? Diesen nachher verdoppelten Preis erhielten a) Israel Walthers, Pfarrer der Reform. Gemeine zu Westhofen in der Pfalz; b) Johann Christoph Hennicke, Gräfl. Hohenlohischer Hofrath und Leibarzt zu Oehringen. Hannöv. nützl. Samml. 1755. S. 1546. f. S. 1551. f. 6) 1755. Iul. Die wiederholte Frage vom Mauerkalke. Diesen Preis erhielt Herr M. Christoph Gottfried Jacobi, Gräfl. Wernigerobischer Bibliothekar. Hannöv. nützl. Samml. 1755. S. 1250. f.; 7) 1755. Nov. Was für ein nützlicher Gebrauch ist von der sogenannten Herzbergischen Erde zu machen? 8) 1756. Iul. Was für ein nützlicher Gebrauch ist von der schwarzen Moorerde, die sonderlich im Lüneburgischen häufig ist, zu machen? 9) 1756. Nov. Wie wird die Seeländische Crappe gebauet? und wie kann diese Pflanze in den zunächst der See gelegenen Gegenden mit Nutzen gebauet werden? Diesen Preis erhielt Nicolaus Kulenkamp, Schönfärber zu Bremen, Hannöv. nützl. Samml. 1757. S. 18. f.; 10) 1757. Iul. Worinn bestehet der Vorzug des Schwedischen Eisens? Was ist der Fehler des Teutschen? und wie kann man demselben abhelfen? 11) 1757. Nov. Die Art und Weise, aus dem Weid eine dem Indigo nahe kommende Farbe zuzubereiten. Diesen Preis erhielt abermals Nic. Kulenkamp, Hannöv. nützl. Samml. 1758. S. 210. f.; 12) 1758. Iul. Kann man nicht gesundes und auf etliche Wochen haltbares Brod aus Cartoffeln backen? Kann man

ein

ein haltbares Mehl daraus bereiten? Diesen Preis erhielt Johann Daniel Titius, der Mathem. ordentl. Prof. zu Wittenberg, Hannöv. nützl. Samml. 1758. S. 914. f.; 13) 1758. Nov. Befördert die Einweichung des Getraides und dazu dienliche Mischungen sehr die Fruchtbarkeit desselben? und wie weit kann man den Dünger dabey erspahren? Diesen Preis erhielt M. Johann August Schlettwein zu Jena. Hannöv. nützl. Samml. 1758. S. 1538.; 14) 1759. Iul. Hat man nicht ein leichtes Mittel, Seile und Tauen aus der gewöhnlichen Materie stärker und dauerhafter zu machen, als nach der gemeinen Art der Seiler? 15) 1759. Nov. Ist ein künstliches, durch Versuche bewährtes, Mittel auszufinden, unsere Landwolle an Güte, Feine und Weichheit, der Spanischen, oder wenigstens der Englischen, gleich zu machen? 16) 1760. Iul. Die wahre Natur und Cur des Rostes im Getraide; 17) 1760. Nov. Wie ist das Bauholz, durch Benetzen und Bestreichen mit gewissen Feuchtigkeiten, zuzurichten, daß es nicht leicht Feuer fängt? Wie ist dieser Anstrich zu machen, daß er nicht zu kostbar wird, wenigstens einige Jahre hält, ohne abzufallen, oder wo es erfordert wird, ohne allzugrosse Kosten erneuret werden kann? Diesen Preis erhielt Joh. Friedrich Glaser, D. med. ordentlicher Stadt- und Amtsphysicus zu Susla. Hannöv. Beytr. von 1761. S. 1322 f. Diese Schrift ist hernach auch noch besonders von ihrem Verfasser herausgegeben worden, Hildb. 1762. 8.; 18) 1761. Iul. Ist die Eintheilung des Ackerbaues in gewisse Felder der Landwirthschaft zuträglich? oder ist vielmehr die Englische Art des Ackerbaues, nach welcher jedermann erlaubt ist, seinen Acker jährlich nach seinem Gefallen zu nutzen, und so gar mit einem lebendigen Zaune zu umgeben, vorzüglicher? 19) 1761. Nov. Geräth das im Herbste oder Frühjahre abgeschälte Holz, welches dem Sommer durch auf dem Stamme noch stehen bleibt, besser? und wird es fester, wenn der Stamm des Baumes ganz geschälet, oder die Schale nur etliche Schuhe hoch von der Erde rund herum abgelöset, oder ein schlangenförmiger Gürtel von der Schale um den Baum gelassen wird? 20) 1762. Nov. Ist es für die Vermehrung der Einwohner eines Landes vortheilhafter, die Gemeinheiten aufzuheben, und einem jeden, der daran Theil hat, oder auch neuen Anbauern davon ein verhältnißmässiges Stück eigenthümlich zu seinem alleinigen Gebrauch und Befriedigung ein-

einzuräumen? oder iſt es vorzüglich, ja vielleicht der Huth und Weide halber nothwendig, wenn die Gemeinheiten auf dem Fuſſe gelaſſen werden, wie ſie jezo ſind. Dieſen hernach zum Nov. 1763. verdoppelten Preis erhielten a) Friedrich Wilhelm Weiſſenborn, aus dem Gothaiſchen; b) Johann Auguſt Schlettwein, nunmehriger Markgräfl. Baden-Durlachiſcher würklicher Cammer- und Polizey-Räth zu Carlsruhe. Hannöv. Magazin 1764.; 21) 1763. Iul. Sollte in hieſigen Landen nicht die Schaafzucht in der Maaſſe zu verbeſſern ſeyn, daß durchgängig, oder doch an den dazu dienlichen Orten, Schaafe gehalten werden, die feinere Wolle tragen, als diejenigen, die man bisher von unſeren Schäfereyen erhalten? Was ſind es für Hinderniſſe, welche dieſer Verbeſſerung im Wege ſtehen? Können ſolche gehoben werden? Und wie iſt es anzufangen, wenn man die Hinderniſſe abkehren will? Welches ſind die Gegenden, die zu dieſer Verbeſſerung ſich ſchicken? und wo kann ſolche gar nicht angebracht werden? Dieſen Preis erhielt ebenfalls der Cammerrath Schlettwein zu Carlsruhe; 22) 1764. Iul. Bewährte Vorſchläge zur Anlegung recht guter Wittwencaſſen. Dieſe Frage iſt aufs Jahr 1765. zum Iul. unter gedoppeltem Preiſe wieder aufgegeben; 23) 1764. Nov. Wie ſind die Wieſen durch künſtliche Wäſſerungen am bequemſten und kräftigſten zu verbeſſern? 24) 1765. Nov. Wie kann man die Bienenſtöcke vor den ſchädlichen Raupen bewahren? 25) 1766. Iul. Die wirkſamſten Mittel, die Einwohner eines Landes zum Fleiſſe, oder zu dem, was man im Franzöſiſchen Induſtrie nennet, zu bewegen; 26) 1766. Nov. Läßt ſich keine gelbe färbende Materie ausfinden, die ſo beſtändig als Krappe und Waid ſey?

---

5) Von geſellſchaftlich ausgearbeiteten periodiſchen Schriften, inſonderheit von den Göttingiſchen gelehrten Anzeigen.

§. 144.

Seit dem Anfange der Univerſität ſind mehrmalen willkührlich vereinigte Geſellſchaften zuſammengetreten, um

R 5   perio-

periodische monathlich oder sonst zu gewissen Zeiten herauszugebende Schriften zu verfertigen. Unter diesen sind insonderheit die seit 1739. bis hiehin fortgeführten Göttingische Zeitungen, oder, wie sie seit 1753. überschrieben worden, Anzeigen von gelehrten Sachen zu einer dauerhaftern Fortwährung gediehen.

* I. Den ersten Anfang der hiesigen gelehrten Zeitungen machte mit dem Anfange des Jahrs 1739. der damalige hiesige Prof. von Steinwehr (§. 53.). Hernach wurden sie 1741. vom seel. Hofr. Treuer (§. 26. c. n. 96.), 1743. Febr.-Sept. von M. L. Willig (§. 105. a), sodann vom jetzigen Braunschweigischen Prof. Oeder, und seit 1745. von einer Gesellschaft hiesiger Professoren fortgesetzt, bis im Apr. 1747. der Herr von Haller die Direction davon übernommen. Seitdem ist mit dem Anfange des Jahrs 1753. selbst der Verlag, den bisher eine Buchhandlung gehabt, nebst der Aufsicht über diese Wochenschrift der hiesigen Societät der Wissenschaften anvertrauet, die Direction aber seit der Abreise des Herrn von Haller vom Hofr. Michaelis besorget worden. Doch ist jener auch abwesend einer der stärksten Mitarbeiter geblieben. Und nebst ihm sind die übrigen Mitarbeiter seither gewesen der Superintendent Stromeyer in theologischen Recensionen; der Burgermeister Willig 1748-1753. in juristischen; der seel. Hofrath Scheid 1748-1761. in historischen; der seel. Hofr. Geßner in philologischen, auch historischen; der Hofr. Michaelis in philologischen, auch philosophischen und theologischen; der D. Walch in theologischen; der D. Büsching in geographischen; der Prof. von Selchow 1754-1763. in juristischen; der Prof. Kästner in mathematischen und philologischen; der Prof. Gatterer seit 1762. in historischen; der Prof. Gatzert seit 1764. in juristischen Artikeln; ohne einzelner Recensionen zu gedenken, die dann und wann von andern hiesigen Lehrern verfertiget worden, ohne daß solche zu den ordentlichen Mitarbeitern zu rechnen sind.

* II. Nach der jetzigen Einrichtung kommen wöchentlich drey Stücke, jedes von einem halben Bogen, heraus, wozu jährlich ein zweyfaches Register nebst zwey Titeln geliefert wird, um jeden Jahrgang in zwey Bänden abgetheilt binden zu können. Hier wird dafür jährlich eine halbe Pistole gezahlt, und auf der Post, wenn es posttäglich von hier

hier verschickt wird, noch ein Gulden darüber fürs Couver=
tiren. Auch können einzelne Defecte jedes Stück von einem
halben Bogen für 1. Ggr. (ein ganzer Bogen für 2 Ggr.)
bey hiesiger Zeitungs=Expedition auf der Post, oder auch
beym D. Richard ergänzt werden.

* III. Die innere Einrichtung gibt grossentheils schon
der Name einer gelehrten Zeitung zu erkennen. Wodurch
sich die hiesige vorzüglich von andern unterscheide, ist in
den Vorreden zu den Jahren 1747. und 1753. umständli=
cher vorgelegt worden, und noch mehr kann man die Sache
selber reden lassen. An Zufluß von neuen Büchern hat sich
diese Anstalt einer anderwärts kaum nachahmlichen Vor=
sorge zu rühmen (§. 113. III.). Doch gilt noch jetzt, was
1753. im ersten Stücke dieser Anzeigen in folgenden Aus=
drücken bekannt gemacht worden: ,, Sollte, wie es bis hie=
,, her oft geschehen, jemand einige Neuigkeiten zusenden
,, wollen, so verachten wir das Vertrauen der Verfasser
,, und Buchhändler so wenig, als wir einen Tribut von je=
,, mand verlangen. Nur müssen wir, da keine Buchhand=
,, lung mehr einige besondere Verbindung mit unserm Wo=
,, chenblatte hat, unumgänglich bitten, daß man alles
,, Postfrey einsenden möge, da gar keine Casse zu den
,, Frachten da ist, und es unbillig scheint, dem Director
,, die Last dieser Auslage aufzubürden." Auch werden alle
Vertheidigungen, als welche dem Leser fast allemal unan=
genehm sind, ingleichen alle Buchhändler=Nachrichten
von Bücher=Preisen, Pränumerationen u. d. g. hier ver=
beten.

* IV. Zu ausführlicheren Auszügen aus den wichtig=
tigsten neueren Schriften ward im Jahr 1752. ebenfalls in
gewisser Verbindung mit der hiesigen Societät der Wissen=
schaften eine Lateinische periodische Schrift unter dem Titel:
Relationes de libris nouis bestimmt, wovon alle Viertel=
jahre ein Fascikel von 18. Bogen herauskommen sollte, wie
denn auch bis in den vierten Jahrgang 1752-1755. drey=
zehn Fascikeln im Druck erschienen, dessen in gleichem
Schicksaale mit den commentariis Societatis (§. 141.) bis=
her unterbrochene Fortsetzung niemanden gleichgültig seyn
kann, wer sich erinnert, daß Mosheim, Strube, Pusen=
dorf, Haller, Scheidt, Gesner, und Michaelis die Feder
darinn geführet,

* V.

* V. Eine ähnlche periodische Schrift ward schon 1737. in Teutscher Sprache unter dem Titel: Abriß von dem neuesten Zustande der Gelehrsamkeit, hier angefangen, so 1744 mit dem 16ten Stücke geschlossen ist, und zusammen 2. Octavbände ausmacht. Als eine Fortsetzung davon erschien 1746. eine so genannte „Göttingische Bibliothek, „ darinnen der gegenwärtige Zustand der Gelahrheit in und „ ausserhalb Teutschland prüfend vorgestellt wird." Aber auch davon erfolgte schon 1747. mit dem dritten Theil der Schluß in einem Octavband von 290. Seiten.

* VI. Noch in anderer Absicht, nicht sowohl Recensionen, als eigne vermischte Abhandlungen zu liefern, wurden 1736. Parerga siue accessiones ad omnis generis eruditionem angefangen, und 1738. mit vier Büchern, die zusammen einen Octav-Band ausmachen, geschlossen. Darinn finden sich *Lib. I.:* 1) Io. OPORINI gloria obscurioris de Messia testimonii prophetici; 2) G. S. TREVER obseruatio de significatu honorum, qui in feudorum concessione commemorantur; 3) Mart. CRVSII obseruationes in iudicium reuisorum de libro Gallico: *histoire du peuple de Dieu;* 4) Io. Matth. GESNERI editio duarum epistolarum Lipsii, et duarum Ios. Scaligeri; 5) G. MASCOVII praeteritus institutus ad L. 3. C. de inoff. test.; 6) S. C. HOLLMANN de vermiculis seu animalculis seminalibus; 7) C. A. HEVMANN dissertatio apologetica pro Dauide omnis turpitudinis notis insignito a Baelio; 8) Responsio Carbonis ad quaestionem Maioris: ad Romani ad vnumquemque nummum formandum nouo typo vsi sint? 9) Io. Christoph. KOECHER de vera academiae notione; 10) C. A. HEVMANN obseruatio, qua numero Iureconsultorum eximitur Minucius Felix; 11) Eiusdem Diss. de hostili Iudaeorum excussione pulueris ad Actor. XIII. 51.; *Lib. II.:* 1) D. G. STRVBEN obseruatio de officio litonico; 2) G. S. TREVER monstrum arbitrarii iuris territorialis, a legibus Imperii e Germania profligatum; 3) G. C. GEBAVER de Plinii loco hist. nat. lib. III. cap. 16.; 4) H. C. SENKENBERG de occasu inferioris Alsatiae Landgrauiorum, siue Comitum de Werde; 5) Eiusd. de communibus decretis summorum imperii dicasteriorum, vulgo gemeinen Bescheiden; 6) I. C. HARENBERG de Metim et Rephaim, hoc est: Thmuitis et Pharbaethitis, Esa. XXVI. 14. 19.; 7) F. H. WITZENDORF de etymo et primordiis Lune-

burgi, cum notulis A. B.; 8) Christoph. SANDII et Petri Dan. HVETII epistolae quaedam amoebaeae inedi-tae, ex museo Magni CRVSII; 9) Nodi Quintilianei propositi a I. M. GESNERO; 10) S. Bonifacii epistola visionalis, emendata et atro carbone notata a C. A. HEV-MANNO; 11) C. A. HEVMANN interpretatio initii canonis sexti concilii Nicaeni; *Lib. III.*: 1) Tres veteres epistolae de Ioanne Hiltenio, nunc primum editae a C. A. HEVMANNO; 2) I. A. SEGNER Diss. de tubis capillaribus vitreis; 3) C. A. HEVMANN noua illustratio historiae sacrae de Melchisedeco; 4) Gottingensia quae-dam circa initia saeculi XVI. eruta a I. M. GESNERO; 5) Error historicus ex vita Alberti Vrsi sublatus a. C. D.; 6) G. S. TREVERI iuris feudalis vniuersalis paedia; 7) E. F. Parergon Botdingicum, vom Botdingssteine zu Stabe; 8) H. C. SENKENBERG coniecturae de Gün-thero, Ligurini scriptore supposititio; 9) D. G. STRV-BEN obseruatio de vestitu vasallorum; 10) Variantes lectiones a Io. Mich. HEVSINGERO a. 1736. descriptae e codice MS. Gothano Lactantii; Accedunt animaduer-siones et Heusingeri et C. A. HEVMANNI; 11) Iusti Mart. GLAESENERI Disquisitio, de testimoniis Iudaeo-rum pro veritate roligionis christianae cautae allegandis; 12) C. A. HEVMANN Dionysius, Siciliae rex, segrega-tus a numero magistrorum; *Lib. IV.*: 1) G. H. memo-ria Henrici Minnike, Hildeshemii a. 1225 ignis suppli-cio adfecti; 2) I. K. indiculus doctrinarum, ob quas Augustae Vindelicorum a. 1393. complures ciues ignis supplicium sustinuerunt; 3) Io. Fried. BERTRAMI, theo-logi in aula Ostfrisica, periculum exegetico-criticum sistens meteorismum fanaticum ad Luc. XII. 20.; 4) L. P. K. consultatio de scribenda bibliotheca Slauonica; 5) Io. Andr. DANZII oratio habita d. 30. Mart. 1708. de Tryphone Iustini Martyris collocutore; 6) Lud. Mart. KAHLE annuli rarissimi et antiquissimi in Anglia adser-uati descriptio; 7) Eiusd. obs. περὶ οἴνου ἐσμυρνισμένου ad Marc. XV. 23.; 8) Eiusd. epist. de editione rarissima indicis librorum prohibitorum et expurgatorum; 9) C. A. HEVMANN de bibliotheca Pauli apostoli 2. Tim. IV. 13.; 10) Andr. Conr. WERNERI, gymnasii Stadensis rectoris, obseruatio philologica de nomine אברך Iose-pho honoris ergo imposito, Gen. XLI. 43.; 11) I. B. de LANA epist. de noua arte typographica, edita a. C. A. HEVMANNO.

6) Von

6) Von der Königlichen Teutschen Gesellschaft zu Göttingen.

§. 145.

Nach Art derer vorhin schon auf anderen Universitäten, besonders zu Leipzig und Jena, bekannt gewordenen Teutschen Gesellschaften hat sich auch hier schon im Jahre 1739. auf Veranlassung und unter dem Vorsitz des seel. Hofrath Gesners eine solche Gesellschaft zur Cultur der Teutschen Sprache vereiniget, und unterm 27. Jan. 1740. von königlicher Regierung die Bestätigung ihrer Gesetze, nebst allen Freyheiten und Rechten, die eine solche Gesellschaft zu Erhaltung ihres Endzwecks nöthig hat, erlanget. Worauf sie den 13. Febr. 1740. allhier feyerlich eingeweyhet worden, und seitdem nicht nur beständig im Gange geblieben, sondern auch seit 1762. den Umfang ihrer Bemühungen noch etwas weiter ausgedehnet hat, indem sie denselben überhaupt in der Teutschen Litteratur setzt, und darunter nicht nur die Sprache, Beredtsamkeit und Dichtkunst, sondern auch die Länderkunde, Geschichte, Alterthümer und Rechte unsers Vaterlandes begreift.

* I. Bey der ersten Einrichtung der hiesigen Teutschen Gesellschaft waren junge Studierende deren ordentliche Mitglieder; und Ehrenglieder hiessen alle diejenigen, welche einen Character führeten. Man hat aber nachher befunden, daß eine solche Verfassung theils das Ansehen einer Gesellschaft zu erhalten, nicht dienlich, theils auch bey dem kurzen Aufenthalte der Studierenden auf der Universität zu vielen Abwechselungen unterworfen seyn würde. Wie nun auch ohnedem die Gesellschaft allmälig sich erweitert, und endlich öffentliche und ordentliche Lehrer der Universität sich als ordentliche Mitglieder in diese Gesellschaft begeben: so hat man nothwendig einige neue Einrichtung treffen müssen, vermöge deren nunmehro die Teutsche Gesellschaft ihre Mitglieder nach folgenden Classen unterscheidet:

bet: 1) Ehren-Mitglieder sind Personen von hoher Geburt und Würde, denen es gefällig gewesen, sich mit der Gesellschaft zu verbinden; 2) Freye Mitglieder sind berühmte Gelehrten oder andere distinguirte Personen, welche die Absicht der Gesellschaft durch ihr Ansehen und gegebene Beyspiele oder Muster befördern, ohne sich zu Arbeiten verbindlich zu machen; 3) Ordentliche Mitglieder sind solche, die wegen ihrer Stärke in einem Theile der Teutschen Litteratur, vornehmlich in der Geschichte des Vaterlandes, oder als Redner und Dichter bekannt sind, und durch eine nähere Verbindung mit der Gesellschaft sich zur Theilnehmung ihrer Arbeiten anheischig gemacht haben; 4) Ausserordentliche Mitglieder sind geschickte junge Gelehrte, die sich entweder durch öffentliche Schriften in ein oder andern hieher gehörigen Wissenschaften mit Beyfall gezeiget haben, oder sonst grosse Hoffnung für die Zukunft von sich geben. 5) Beysitzer sind Studierende von besonderer Fähigkeit, denen nach übergebener Probe der Zutritt zur Gesellschaft verstattet worden, um sich in Ausarbeitungen und öffentlichen Vorträgen unter freundschaftlicher Beurtheilung der ordentlichen und ausserordentlichen Mitglieder zu üben.

*II. Seit ihrer Stiftung verehret diese Gesellschaft den Herrn Grafen Henrich den XI. älteren Reussen 2c. regierenden Grafen zu Obergraitz, als ihren Obervorsteher, und Se. Exc. den Herrn Geheimen Rath Burchard Christian von Behr zu London als ihren Oberältesten. Die Stelle eines Präsidenten, die der seel. Hofr. Gesner bekleidet, ist seit dessen Tode nicht wieder besetzet. Jetzt führt der Profr. Kästner, als Aeltester den Vorsitz, und die übrigen hiesigen ordentlichen Mitglieder sind jetzt der Prof. Claproth, der Prof. Colom, der Prof. Joh. Phil. Murray, der Prof. Gatterer, der Prof. Christ. Wilh. Büttner und der Prof. Heyne; und der Prof. Dieze ist dermalen Secretär der Gesellschaft.

*III. Die Reyhe der Aeltesten dieser Gesellschaft ist seit ihrem Ursprung folgende: 1) Burch. Chr. von Behr, jetziger Oberältester 1738. Mai–Sept.; 2) M. Bröstädt (§. 42. II.) 1738–1740.; 3) Friedr. Chr. Reubour (§. 41. I.) 1740–1744.; 4) Joh. Chr. Claproth (§. 29.) 1744–1748.; 5) Rud. Wedekind (§. 98.) 1748–1756.; 6) Abr. Gotth. Kästner seit dem Sept. 1762.

*IV.

* IV. Das Secretariat haben nach einander verwaltet: 1) Carl Ludwig Harding 1738. 1739.; 2) Aug. Gesenius 1739. 1740.; 3) Phil. Ernst Hölty 1740-1742.; 4) Rud. Wedekind 1743-1745.; 5) Ge Wilh. Oeder 1745. Febr. Mart.; 6) Rud. Wedekind 1745-1748.; 7) Isaac von Colom 1748-1758.; 8) Gerh. Christ. Otto Hornbostel 1748. 1749.; 9) Just Friedr. Veit Breithaupt 1749-1751.; 10) Joh. Phil. Murray 1750-1762.; 11) Joh. Andr. Dieze seit 1762.

* V. Die Gesellschaft hält wöchentlich Sonnabends Nachmittags ihre Zusammenkunft, worinn von ihren Mitgliedern solche Aufsätze, die dem Zwecke der Gesellschaft gemäß sind, vorgelesen, und beurtheilet werden. Von Zeit zu Zeit hält sie feyerliche öffentliche Versammlungen. Sie hat ihre eigne Bibliothek, die schon aus einem beträchtlichen Vorrath von solchen Werken bestehet, die zur Teutschen Litteratur gehören. Ihr Siegel enthält einen in der Luft schwebenden Genius, der ein Senkbley herabläßt, mit der Ueberschrift: Ungezwungen und richtig, und der äussern Umschrift: Siegel der Deutschen Gesellschaft in Göttingen.

* VI. Wenn man von den Schriften dieser Gesellschaft hätte eine Auswahl machen, und zum Druck befördern wollen; könnten schon ansehnliche Werke von ihr gedruckt seyn. Bisher aber sind nur einzelne Ausarbeitungen ihrer Mitglieder zum Druck gekommen. Wohin unter andern die Gesnerischen Einladungsschriften und Reden zu rechnen sind, die den größten Theil der 1756. zusammengedruckten Gesnerischen kleinen Teutschen Schriften ausmachen, und noch verschiedenes von der Geschichte dieser Gesellschaft an die Hand geben können. Noch mehrere Nachricht von ihrer ehemaligen Verfassung hat der Prof. Wedekind gegeben in einer Vorrede zu Gottl. Christ. Schmalings Ilfelds Leid und Freude, Göttingen 1748. 4., und in einem Schreiben an Joh. Christ. Cuno zu Amsterdam 1749. (S. 98. II. n. 12.).

7) Von

7) Von der neu errichteten historischen Academie zu Göttingen.

————————————

§. 146.

Erst seit kurzem (1764. Oct. 25.) hat sich auf Veranlassung und unter Direction des Prof. Gatterers eine Gesellschaft hiesiger Lehrer und Studierenden zu einer neuen historischen Academie vereiniget, deren Absicht theils auf Ausarbeitung historischer Schriften, auch Teutscher Uebersetzungen alter Griechischen und Lateinischen Geschichtschreiber, theils insonderheit auf die Cultur der Diplomatik und auf Bereicherung aller historischen Wissenschaften durch Hülfe der Urkunden, theils endlich auch auf Anlegung verschiedener Cabineter zum Behuf der Geographie, Heraldik, Numismatik und Diplomatik gerichtet ist.

* I. Von diesen Cabinetern, wovon schon eine beträchtliche Grundlage vorhanden ist, und wozu von auswärtigen und einheimischen Mitgliedern fernere gemeinnützige Beyträge zu hoffen sind, ist z. E. das diplomatische Cabinet dazu bestimmt, um mit der Zeit eine so viel möglich vollständige Sammlung aller zur Diplomatik gehörigen Dinge beysammen zu haben, als allerley Arten von Papier und andern Schreibmaterialien, sodann ganze Sammlungen von Alphabeten, Canzlerszeichen, monogrammatibus, Siegeln, und ganzen Urkunden, theils in Originalien, theils auch nur in Zeichnungen und Kupferstichen.

* II. In dem Wappen-Cabinete sucht man alle nur irgend aufzutreibende Wappen, und insonderheit richtige Zeichnungen und Abdrücke von Münzen und Siegeln, welche Wappen enthalten, zusammen zu bringen. Und da man sich angelegen seyn läßt, alle einzele Stücke, so viel möglich, aus der ersten Hand zu bekommen; so hofft man dadurch mit der Zeit unzählige Unrichtigkeiten verbessern zu können, die in den bisherigen Wappenbüchern zu finden, und immer aus einem in das andere herübergetrogen sind. Je geringer die Mühe und der Aufwand ist, so einzelne Beyträge dieser Art verursachen; je grösser ist die Hoffnung, daß dieses Cabinet auch von andern, die nicht zu dieser Academie gehören, werde bereichert werden.

* III. Bey dem Münz- und Medaillen-Cabinete wird nicht sowohl auf den Werth des Metalls, als auf die Vollständigkeit und Brauchbarkeit zur historischen Benutzung gesehen. Es darf also nur aus Abgüssen in Zinn oder Bley bestehen. Doch werden auch Originalien, zumal so viel möglich von den wichtigsten Hauptgattungen, nicht ausser Acht gelassen werden. Auch sollen sonst allerley Kunstsachen, als Kupferstiche, Mahlereyen, Zeichnungen, Modelle u. d. g. zu einem Kunst-Cabinete, ingleichen Naturalien aus den drey Reichen der Natur zu einem Naturalien-Cabinete, gesammlet werden.

* IV. Bey allen diesen Sammlungen ist die Hauptabsicht dahin mit gerichtet, daß hiesige Studierende, die sich zu dem Ende mit der Academie verbinden, durch den Zutritt zu ihren Versammlungen und Cabineten Gelegenheit haben können, richtige und brauchbare Begriffe von solchen Sachen zu erlangen, die nicht wohl möglich sind, ohne sie in ganzen Suiten nach einander gesehen zu haben. Daher auch Studierende, als Beysitzer oder auch als ausserordentliche Mitglieder in diese historische Academie aufgenommen werden, wenn sie auch gleich nach geendigten academischen Jahren an den Arbeiten der Academie nicht alle mehr Antheil nehmen können.

* V. Zu den ordentlichen Mitgliedern sind vorzüglich hiesige Lehrer bestimmt, als bisher der Prof. Gatterer, als Urheber und Director dieser historischen Academie, und von andern, wie sie nach einander beygetreten sind, der Prof. von Colom, der Prof. Chr. Wilh. Büttner, der Prof. Kloß, der Prof. Dav. Sig. Aug. Büttner, der Prof. Matthiä, und der Prof. Koeler, wie auch der Mag. Epring. Von Auswärtigen werden nur solche zu ordentlichen Mitgliedern aufgenommen, deren Gelehrsamkeit in historischen Wissenschaften entweder schon bekannt, oder mittelst eingeschickter Probschrift bewiesen ist. Personen von hohem

und

und niederm Adel, und solche, die höhere Ehrenstellen bekleiden, werden theils als Ehren=Mitglieder, theils als freye Mitglieder aufgenommen.

*VI. Die ordentlichen Versammlungen dieser Gesellschaft werden wöchentlich in dem Hause ihres Directors gehalten, wo auch die Cabinete wöchentlich in Beyseyn des Directors und Secretärs geöffnet und erläutert werden. Das von der königlichen Regierung genehmigte Siegel dieser Academie stellt die Historie mit ihren Hülfswissenschaften unter dem Bilde eines mit Lorbeeren gezierten sitzenden Frauenzimmers vor, so ein verfallenes steinernes Denkmaal mit Inschriften vor sich hat, in der Rechten eine Schreibfeder, in der Linken ein zum Theil beschriebenes Buch hält, und den rechten Arm auf einen Globus lehnt, wobey eine Stammtafel, ein Diplom mit Siegeln, ein Füllhorn mit ausgeschütteten Münzen 2c., ein mit Helm und Helmkleinodien gezierter Wappenschild, und eine aufgerollte Landcharte zu sehen sind, mit der Umschrift: Sigillum academiae historicae Goettingensis.

VI. Von

VI. Von der Einrichtung der Vorlesungen und anderer academischen Beschäfftigungen.

1) Von der Einrichtung der academischen Vorlesungen überhaupt.

§. 147.

Nach einem alten Herkommen pflegt man die academischen Lehrstunden in öffentliche und Privat-Vorlesungen einzutheilen. Jene, welche eigentlich ein jeder öffentlicher Lehrer von Amts wegen zu halten verbunden ist, werden gemeiniglich besonderen Theilen oder Gattungen von Wissenschaften und Disciplinen gewidmet. Für letztere, worinn die Hauptwissenschaften vorgetragen werden, wird von jedem Zuhörer ein bestimmtes Honorarium entrichtet. Oeffentliche Vorlesungen können zwar auch in öffentlichen Hörsälen gehalten werden, so aber gar selten geschiehet. Ein jeder hält ordentlicher Weise seine Vorlesungen in seinem Hause.

*I. Noch eine Art von collegiis priuatissimis wird von den Privat-Vorlesungen unterschieden, wenn nur einer, oder doch nur eine bestimmte Zahl weniger Zuhörer eine Lehrstunde nimmt, wo ausserdem keine andere Zuhörer mehr zugelassen werden.

*II. Die meisten Vorlesungen werden in Teutscher Sprache gehalten, und bestehen in einem freyen mündlichen Vortrage, der jedesmal in Zeit einer Stunde genau eingeschränkt ist, damit keine Lehrstunde die andere hindere; wie denn jeder Studierender die freye Wahl hat, jedes halbe Jahr seine täglich zu besuchenden Lehrstunden nach seinen Absichten und Umständen zu bestimmen.

*III.

*III. Zu solchen Lehrstunden, worinn auch dem Zuhörer Gelegenheit gegeben wird, seine Fähigkeit an Tag zu legen, sind einige besondere collegia, als examinatoria, disputatoria, practica u. d. g., die von Zeit zu Zeit in jeder Facultät gehalten werden, gewidmet.

*IV. Auch sind seit einiger Zeit hier besondere encyclopädische Vorlesungen eingeführt, worinn eine allgemeine Einleitung theils in die Gelehrsamkeit überhaupt, theils in jede Hauptwissenschaften vorgetragen, und sowohl der Umfang als die beste Lehrart derselben gezeiget wird.

§. 148.

Alle sowohl öffentliche, als Privat-Vorlesungen werden ordentlicher Weise von halben Jahren zu halben Jahren erneuert, und jedesmal einige Wochen vorher durch einen gedruckten catalogum praelectionum angezeiget; worneben eine noch vollständigere Anzeige nach Ordnung der Wissenschaften in den Göttingischen gelehrten Anzeigen kurz vor Ostern und Michaelis eingerückt wird. Die Sommer-Vorlesungen nehmen 14. Tage nach Ostern, die Winter-Vorlesungen 14. Tage nach Michaelis ihren Anfang.

*I. Soviel es nur immer möglich ist, richten sich alle Docenten so ein, daß die Sommer-Vorlesungen unmittelbar vor oder gleich nach Michaelis, und die Winter-Vorlesungen in den nächsten Tagen vor oder nach Ostern zu Ende gehen. Diese Zwischenzeit nach dem Schlusse der alten, und vor dem Anfange der neuen Vorlesungen ist die einzige Zeit einiger Ruhe für die Lehrer; indem sonst ausser den Sonn- und Feyertagen selbsten weder Hundstags- noch Brunnen- noch Jahrmarkts- oder andere dergleichen Serien gewöhnlich sind, auch kein Tag in der Woche von Vorlesungen ausgenommen ist, indem die meisten 6. Tage in der Woche gelesen werden. Oder wenn auch ein oder andere Disciplin wöchentlich etwa nur 4. oder weniger Stunden erfordert, so pflegt doch eben der Docent die übrigen Tage wieder anderen besonderen Vorlesungen zu widmen.

*II. Selbst in der Zwischenzeit nach dem Schluß der alten, bis zum Anfange der neuen halbjährigen Vorlesungen

G 3   pfle-

pflegen manche Lehrer noch besondere Lehrstunden zu halten. Und da bisweilen einige neu ankommende sich verspäten, so pflegen einige Vorlesungen deswegen wohl eine Woche später angefangen zu werden, zumal nachdem Ostern früher oder später einfallen. Doch thun Fremde wohl, wenn sie ihre Herreise so einrichten, daß sie vor Ablauf der 14 Tage nach Ostern oder Michaelis hier seyn können.

2) Theologische Vorlesungen.

§. 149.

Die Glaubens-Lehre oder sogenannte Dogmatik er-klärt 1) der Consist. R. Feuerlein von Zeit zu Zeit über sein eigen Lehrbuch in einem halben Jahre; 2) D. Walch über seines Vaters Lehrbuch und die von ihm selbst herausgege-bene lateinische Tabellen um 8., im Sommer die erste, im Winter die andere Hälfte; 3) D. Förtsch um 2. und 4) Prof. Leß um 8.; beyde letztere über des seel. Heil-manns Lehrbuch, und der letzte im Winter die erste und im Sommer die letzte Hälfte. Auch lieset 5) zuweilen der Hofr. Michaelis vermöge besonderer Erlaubniß königlicher Regierung über sein compendium theologiae dogmaticae priuatissime, dergleichen 6) auch wohl vom Prof. Kulen-kamp aus gleichmässiger Erlaubniß vor die reformirten Stu-diosos theologiae geschiehet.

* Nebst der Dogmatik werden die Hauptstücke der Glaubens-Lehre nach Anleitung der evangelischen symboli-schen Bücher, oder die so genannte symbolische Theologie, 1) von Zeit zu Zeit vom Consist.R. Feuerlein, und 2) alle zwey Jahre öffentlich vom D. Walch, über das vom letz-tern ganz neuerlich herausgegebene compendium theolo-giae symbolicae gelesen.

§. 150.

§. 150.

Die theologische Moral lieset 1) von Zeit zu Zeit der Consist. R. Feuerlein über eigne Sätze; 2) alle anderthalb Jahre (doch nur in halbjährigen Vorlesungen) der D. Walch, über seines Vaters Lehrbuch und über seine eigne Tabellen um 4.; und 3) Prof. Leß über eigne Grundsätze alle Sommer um 5.; bisweilen auch wohl 4) vermöge besonderer Concession der Hofrath Michaelis.

> * Hieher gehören auch die Vorlesungen, welche der D. Walch von Zeit zu Zeit öffentlich 1) über besondere Gewissens=Fälle, oder die so genannte Casuistik, ingleichen 2) über das Teutsche Kirchen=Staatsrecht nach eignen Grundsätzen zu halten pfleget; sodann 3) die Pastoral= Theologie, so der D. Förtsch bisweilen vorträgt.

§. 151.

Die ganze Polemik lieset 1) D. Walch alle anderthalb Jahre, ein ganzes Jahr um 4. nach den Partheyen der Atheisten, Naturalisten, Juden, Socinianer, Fanatiker, Indifferentisten, welche zur ersten; der Römisch=Catholischen, Reformirten, Arminianer und Griechen, die zur zweyten Hälfte gehören, über seines Vaters Lehrbuch und seine Lateinische Tabellen; und 2) nach der Ordnung der Glaubensartikel erklärt sie der Prof. Leß um 5. über Baumgartens Lehrbuch ebenfalls ein Jahr.

> * Einzelne Streitigkeiten, z. E. mit den Socinianern, handelt der CR. Feuerlein in öffentlichen Stunden, oder in disputatoriis ab. Und von der Wahrheit der Christlichen Religion wider die neuern Freygeister, pflegt der Prof. Leß von Zeit zu Zeit öffentliche Vorlesungen zu halten.

§. 152.

Exegetische Vorlesungen 1) über das alte Testament hält 1) der Hofr. Michaelis um 10. gemeiniglich in

der

der Abwechselung, daß er a) in einem halben Jahre das erste Buch Mose, b) im folgenden die übrigen vier Bücher Mose, sodann c) das Buch der Richter, die Bücher Samuelis, der Könige und der Chronik in einem halben Jahre zusammen, d) die Psalmen, bisweilen auch mit Hinzufügung der Sprüchwörter, und e) den Jesaias erkläret; worneben er bisweilen 2) ausserordentlich über einzelne Bücher privatim oder privatissime lieset; wie dann auch 3) der Prof. Leß bisweilen über einzelne Theile des A. T. exegetische Vorlesungen hält.   II) Aus dem neuen Testamente erklärt 1) der Hofr. Michaelis alle halbe Jahre um 9. ein Buch, oder auch mehrere kleine Briefe zusammen. Desgleichen werden von Zeit zu Zeit 2) vom Consist. R. Feuerlein, 3) vom D. Walch, 4) vom D. Förtsch, 5) vom Prof. Leß, 6) vom Prof. Wedekind, und 7) vom Adjunct Kern exegetische Vorlesungen über einzelne Theile des N. T. gehalten.

* Die Hermeneutik erklärt der D. Förtsch; und so genannte cursoria sollen künftig über das alte und neue Testament vom Adj. Kern und den theologischen Repetenten gehalten werden (§. 123. II.).

§. 153.

Die Kirchenhistorie lieset 1) zuweilen der Consist. R. Feuerlein, und 2) beständig der D. Walch um 11. über sein eigen Lehrbuch, so, daß er im Sommer die älteren, im Winter die mittleren und neueren Zeiten bis zu Ende des XVII. Jahrhunderts abhandelt.   Ueber das XVIII. Jahrhundert pflegt er von Zeit zu Zeit besondere öffentliche Vorlesungen zu halten.

* Auch pflegt der D. Walch bisweilen 1) einem alten Griechischen oder Lateinischen Kirchenvater, ingleichen 2) den Christlichen Alterthümern öffentliche Lehrstunden zu widmen.

§. 154.

§. 154.

Noch besondere Vorlesungen werden 1) vom D. Walch alle zwey Jahre öffentlich um 7. über die natürliche Theologie (welche ausserdem bisweilen auch vom Prof. Hollmann und Prof. Weber besonders vorgetragen wird,) ingleichen 2) vom Consist. R. Feuerlein über die Encyclopädie der Theologie, 3) vom D. Walch über die Gelehrten-Geschichte der Theologie, wie auch 4) über die Gelehrten-Geschichte der Kirchenhistorie, und 5) vom Prof. Wedekind über die Gelehrten-Geschichte der Bibel gehalten. Desgleichen pflegt 6) der Prof. Leß Mittwochs um 1. ein disputatorium zu halten, dergleichen 7) der Consist. R. Feuerlein öffentlich, und 8) der D. Walch priuatissime mit einem examinatorio zu verbinden pfleget.

§. 155.

Der theologischen Praxi sind endlich vorzüglich die Vorlesungen des D. Förtsch gewidmet, als 1) homiletische, worinn er nach Anleitung seines Lehrbuchs zum Predigen Anweisung gibt; 2) catechetische, worinn er ebenfalls nach eignem Lehrbuche theils die catechetischen Wahrheiten bestimmt, und erkläret, theils die Methode zu catechisiren zeigt; wohin 3) auch noch seine Pastoralcollegia gehören, und 4) noch andere Uebungen in Prediger-Arbeiten, die er noch besonders mit einigen Zuhörern anzustellen pfleget.

---

3) Juristische Vorlesungen.

§. 156.

Die gewöhnlichen Vorlesungen über die Institutionen werden hier 1) alle halbe Jahre vom Hofr. Meister,

und

und 2) vom ältern Prof. Beemann, wie auch 3) vom D. Bellmann; sodann 4) gemeiniglich des Sommers vom Hofr. Böhmer, und zwar von allen diesen um 11. und über Heineccii elementa iuris ciuilis secundum ordinem inſtitutionum gehalten. 5) Ueber den Text der Inſtitutionen pflegt von Zeit zu Zeit der Geh. Juſt. R. Gebauer zu leſen, und ſich darueben ſeines in dieſer Abſicht geſchriebenen Buchs: Ordo inſtitutionum (§. 67. n. 57.) dabey zu bedienen.

* Die Anfangsgründe des Römiſch-Juſtinianeiſchen Rechts in einer natürlichern Ordnung und in ſeiner Lauterkeit unvermiſcht von anderen Rechten vorzutragen, hat der D. Habernikkel in ſeinen inſtitutionibus iuris Romani einen Verſuch gemacht, worüber er alle halbe Jahre um 11. zu leſen pfleget (§. 105. e.).

§. 157.

Die Pandecten lieſet 1) bisweilen noch der Geh. Juſt. R. Gebauer über LVDOVICI compendium. Sonſt werden ſie alle halbe Jahre 2) vom Hofr. Böhmer, 3) vom Hofr. Meiſter, und 4) vom Prof. Beemann dem ältern, wie auch 5) vom D. Bellmann und 6) vom D. Habernikkel täglich 2. Stunden, im Sommer um 8. und 10., im Winter um 9. und 2., über Iuſt. Henn. BOEHMERI ius digeſtorum geleſen. Auch pflegen alle dieſe, ingleichen der Prof. Gaßert, noch beſondere examinatoria über die Pandecten zu halten; und der D. Richard hat einer Auswahl von den wichtigern Materien aus den Pandecten beſondere Lehrſtunden gewidmet.

§. 158.

Da der ſo genannte kleine Struv, oder Ge. Ad. STRVVII iurisprudentia in der Ordnung vor den Pandecten, und in der Vollſtändigkeit vor den Inſtitutionen einen Vorzug hat; ſo werden auch darüber 1) von Hofr.

Ay

Ayrer, 2) vom ältern Prof. Beemann, 3) vom Prof. von Selchow, 4) vom D. Bellmann, und zwar vom er- ſtern um 9. oder 11., von den drey letztern im Sommer um 7., im Winter um 8., Vorleſungen angeſtellt.

§. 159.

Ueber die Römiſchen Alterthümer oder vielmehr über das alte Römiſche Staats- und Privat-Recht hat bisher der Prof. von Selchow nach Anleitung ſeiner ele- mentorum antiquitatum Romanarum von Zeit zu Zeit Vor- leſungen gehalten; welche künftig der Prof. Gaßert fort- ſetzen wird, der ſich überhaupt die iurisprudentiam ante- iuſtinianeam vorzüglich angelegen ſeyn läſſet.

§. 160.

Das canoniſche Recht lehret 1) der Hofr. Böhmer alle Winter um 10. über ſeine principia iuris canonici, und 2) der jüngere Prof. Beemann alle halbe Jahre, im Sommer um 9., im Winter um 10. über ENGAV. cle- menta iuris canonici; beyde nach Anleitung derer Bücher, worüber ſie leſen, ſo, daß nicht nur das päbſtliche, ſon- dern auch das proteſtantiſche Kirchen-Recht, nebſt der überhaupt in Teutſchland üblichen Kirchen-Verfaſſung, darinn vorgetragen wird; wie dann auch des D. Walchs Vorleſungen über das ius publicum ecclesiaſticum (§.150.*) noch hieher gerechnet werden können.

§. 161.

Das Lehnrecht erklärt 1) bisweilen der Geh. Juſt. R. Gebauer über das mit Anmerkungen von ihm heraus- gegebene Schilteriſche Compendium; ſodann lieſet es 2) der Hofr. Böhmer alle Sommer um 2. über ſeine principia iuris feudalis; 3) der Prof. Riccius im Sommer um 9.,

im

im Winter um 10. und 4) der jüngere Prof. Becmann im Sommer um 2., im Winter um 3. über MASCOV. iura feudorum.

§. 162.

Das peinliche Recht lehrt 1) der Hofr. Meister im Sommer um 3. über sein eignes Handbuch, und 2) der jüngere Prof. Becmann im Sommer um 3., im Winter um 8. über ENGAV. elementa iuris criminalis.

§. 163.

Das Teutsche Privat-Recht (ius Germanicum) lieset 1) der Prof. Riccius im Sommer um 7., im Winter um 8. über EISENHART elementa iuris Germanici, und 2) der Prof. von Selchow im Sommer um 9., im Winter um 8. über sein eigenes Handbuch; welcher letztere 3) noch besondere Vorlesungen über das Wechselrecht ebenfalls nach seiner Anleitung zu halten pfleget.   Auch wird künftig 4) der jüngere Prof. Becmann das Teutsche Polizey-Recht über HEYMANNI ius politiae erklären.

> * Den Landeskindern zum Besten erklärt überdies der Prof. von Selchow gemeiniglich im Winter um 4. seine Einleitung zum Braunschweig-Lüneburgischen Privat-Rechte.

§. 164.

Das Teutsche Staatsrecht pflegt 1) der Hofr. Ayrer von Zeit zu Zeit über das Schmaußische compendium iuris publici zu lesen, welches 2) künftig auch vom Prof. von Selchow geschehen wird. 3) Der Hofr. Pütter trägt es nach seinem eignen Handbuche vor, und wird es künftig nur alle Winter lesen. Die zu diesen Vorlesungen gewidmete Stunde ist um 11.

● Ab-

* Abwechſelnd wird künftig der Hofr. Pütter noch beſondere Vorleſungen über einzelne Reichsgrundgeſetze, als den Weſtphäliſchen Frieden, die Wahlcapitulation ꝛc.; ſodann über das Privat-Recht der Fürſten (ius priuatum principum), oder andere einzelne Theile des Staatsrechts, oder auch über einzelne beſondere Teutſche Staaten halten. Ueber die Wahlcapitulation lieſet auch der Prof. von Selchow; ingleichen über das Braunſchweig-Lüneburgiſche Staats-Recht.

§. 165.

Das Staatsrecht und die politiſche Kenntniß der vornehmſten heutigen Europäiſchen Reiche und Republiken oder die ſo genannte Statiſtik wird vom Prof. Achenwall nach Anleitung ſeines Grundriſſes alle Winter um 4. vorgetragen. Worneben derſelbe von Zeit zu Zeit ſowohl über das allgemeine Staats- und Völkerrecht, als über das jetzt übliche Europäiſche Völkerrecht, ingleichen über die Staatsklugheit mit Inbegriff des Finanz- und Cameralweſens beſondere Vorleſungen zu halten pfleget.

* Wenn man damit in Verbindung ſetzt, was theils ebenfalls vom Prof. Achenwall im hiſtoriſchen Fache über die Europäiſche Staatengeſchichte, und noch beſonders über die neueren Europäiſchen Staatshändel, theils vom Hofrath Pütter, vom Prof. Murray und vom Prof. Koeler über die Reichshiſtorie, theils von beyden letztern und vom Geb. Juſt. R. Gebauer ebenfalls über die Europäiſche Geſchichte, theils vom Prof. Gatterer und vom Prof. Koeler über die Geographie, Heraldik, Numismatik und Diplomatik, und theils endlich beſage des vorigen §. über das Teutſche Staatsrecht hier geleſen wird; ſo dürfte ſchwerlich von allen ſolchen Diſciplinen, welche man in einer eignen Staats-Academie zuſammen faſſen würde, hier etwas erhebliches abgehen, zumal wenn man noch hinzufügt, was zu practiſchen Uebungen noch der Hofr. Pütter, der Prof. Murray und der Prof. von Colom für Anleitung zu geben pflegen.

§. 166.

§. 166.

Die Theorie des Processes erklärt 1) der ältere Prof. Becmann in öffentlichen Vorlesungen alle halbe Jahre Mittwochs und Sonnabends um 1. über das vierte Buch des Engauischen Handbuchs vom canonischen Rechte. Auch werden 2) mit Ausarbeitungen verbundene practische Vorlesungen über den Proceß theils ebenfalls vom ältern Prof. Becmann, theils 3) vom Prof. Claproth, theils 4) vom Prof. Gaßert, theils 5) vom Bürgermeister Willig, theils 6) vom D. Falkenhagen, theils 7) vom D. Bellmann, theils 8) vom D. Habernickel gehalten.

* I. Verschiedene von diesen letzteren, als der Bürgermeister Willig und der D. Bellmann erstrecken ihre practische Anleitung auch auf die aussergerichtliche Praxin, welcher vom ältern Prof. Becmann und vom Prof. Claproth noch besondere Lehrstunden gewidmet werden. Auch pflegen noch relatoria vom Hofr. Ayrer und vom Prof. Claproth; ingleichen eigne Vorlesungen über das Böhmerische Buch de actionibus vom Prof. Claproth und von jüngern Prof. Becmann, und noch besondere Vorlesungen über die Lehre vom interusurio vom ältern Prof. Becmann gehalten zu werden.

* II. Was die besondere Einrichtung dieser practischen Vorlesungen anbetrifft, sofern sie mit Ausarbeitungen verbunden sind; so läßt z. E. der Prof. Claproth 1) in seinem practico elaboratorio aus würklich geführten Acten alle Aufsätze durch den ganzen Proceß machen, auch den Inquisitions = und Concurs = Proceß ausarbeiten. 2) Im relatorio läßt er erst aus einzelnen Schriften zu Abfassung der Decrete nach der Ordnung des Processes mündlich referiren und das nöthige decretiren; sodann läßt er aus würklich geführten Acten schriftliche Relationen verfertigen. 3) Bey seinem Vortrage über die von ihm herausgegebene iurisprudentiam extraiudicialem und heurematicam gibt er seinen Zuhörern Gelegenheit Verträge zu verfertigen.

* III. Ueber den Reichsproceß, oder den Proceß der beyden höchsten Reichsgerichte, so zugleich die Grundlage aller Teutschen Proceß = Ordnungen ausser Sachsen enthält, lieset der Hofr. Pütter alle Sommer, dreymal die Woche
um

um 9, nach ſeiner nova epitome proceſſus imperii. Und zur juriſtiſchen Praxi gibt er eine nach ſeinem Lehrbegriff dergeſtalt eingerichtete Anleitung, daß er, ohne einen beſondern theoretiſchen Vortrag nach Art der ſonſt gewöhnlichen acade- miſchen Vorleſungen zu thun, bloß von einer Stunde zur andern neuen Stoff zur Arbeit gibt, und bey den gemachten Arbeiten nöthige Erinnerungen macht. Zu dem Ende hat er ſeit mehr als 20 Jahren aus allen ihm vorgekommenen Acten eine Auswahl gemacht, und auſſer dem, was in ſei- ner practiſchen Sammlung von Cammergerichts- und Reichshofraths-Sachen, und in ſeiner Sammlung von Deductionen, wie auch in ſeiner Anleitung zur juriſtiſchen Praxi (§. 71. num. 17. 22. 42. 46.) enthalten, und mit dabey gebraucht wird, theils ganze Acten ſo viel möglich von allerley verſchiedenen Gattungen und Ländern, theils einzelne Eheberedungen, Teſtamente, Kauf- und andere Contracte, ingleichen Protocolle, Berichte, Reſcripte, Ge- ſchichtserzehlungen mit Rechtsfragen, Rechtliche Bedenken und Relationen, wie auch Schreiben groſſer Herren und Collegien ꝛc. zum Theil in Originalien geſammlet, zum Theil abſchreiben, und endlich zum Theil auch an ſtatt der Abſchriften in gewiſſer Anzahl bloß für die Zuhörer be- ſtimmter Exemplare drucken laſſen. Durch dieſe Hülfs- mittel hat er es ſchon ſeit mehreren Jahren dahin ge- bracht, daß fleiſſige Zuhörer in einem halben Jahre 50. bis 60. (einige neuerlich noch bis auf 90. und mehrere) verſchie- dene Aufſätze von allerley Gattungen über lauter unter- ſchiedene und nicht erdichtete Rechtsfälle gemacht haben. Wobey in der Ordnung von leichteren zu ſchwereren Arbei- ten fortgeſchritten, und was bey jeden etwa zu erinnern mündlich angezeiget wird. *Auf ſolche Art läßt er anfangs Klagelibelle in Protocolle verwandeln, kurze Geſchichts- Erzehlungen aus einzelnen Schriften oder mündlichen Vor- trägen, ingleichen tabellariſche Grundriſſe aus Eheberedun- gen, Contracten, Teſtamenten u. d. g., entwerfen, auch mündlich vorgetragene Klagen protocolliren. Hernach wer- den erſt über allerley Fälle und Rechtsfragen ſchriftliche Bedenken gemacht, und mündlich Stimmen abgelegt; ſo- dann aus vollſtändigen Acten ſchriftliche Relationen abge- faßt, die hernach mündlich vorgetragen werden, womit bis zu Ende des halben Jahres fortgefahren wird, ſo daß man- cher 15. 20. und mehr Relationen macht, und ein jeder we- nigſtens einmal mündlich referirt. Zwiſchen durch werden aber noch Supplihen, Libelle, Exceptions- und andere

pro-

proceſſualiſche Schriften, auch Contracte, Berichte, Reſcripte, Schreiben groſſer Herren u. d. g. abgefaſſet. Und zum Beſchluß wird einem jeden noch Gelegenheit gegeben, eine Defenſionsſchrift und eine Deduction zu verfertigen. Dieſes practiſche Collegium wird wöchentlich drey Stunden, alle Sommer um 9., abwechſelnd mit dem Reichsproceß, alle Winter um 3. geleſen.

§. 167.

Die Geſchichte des Rechts (hiſtoria iuris) wird 1) von Zeit zu Zeit vom Geh. Juſt. R. Gebauer über eigne geſchriebene Sätze, 2) vom Hofr. Ayrer über das Koppiſche Handbuch, 3) vom Prof. von Selchow über ſein eignes Handbuch, und 4) vom Prof. Gatzert nach Kopps Anleitung vorgetragen; oder es werden auch einzelnen Theilen der Rechtsgelehrſamkeit eigne Vorleſungen über ihre Geſchichte gewidmet, wie z. E. der Hofr. Ayrer bisweilen die Hiſtorie des Staatsrechts, der ältere Prof. Becmann den Titel der Pandecten de origine iuris, und der Prof. Gatzert die Hiſtorie des Rechts der Natur beſonders zu erklären pflegt.

§. 168.

Die juriſtiſche Gelehrten-Geſchichte (hiſtoria litteraria iuridica) wird auſſerdem nach Anleitung des Eiſenhartiſchen Handbuchs vom Hofr. Ayrer, oder über das neuere Nettelblattiſche Werk vom Prof. von Selchow, oder vom Prof. Gatzert noch beſonders erkläret, welcher letztere auch wohl einzelne Stücke davon, z. E. der neueren Rechtsgelehrten Leben und Schriften, in beſonderen Lehrſtunden vorträget.

§. 169.

Eine juriſtiſche Encyclopädie und Methodologie pflegt von Zeit zu Zeit der Hofr. Pütter nach ſeinem eignen Entwur

wurfe vorzutragen. Und eine juriſtiſche Logik (logicam
ſpeciatim adplicatam ad iurisprudentiam) iſt der D. Richard zu leſen erbötig. Zu Diſputir-Uebungen pflegen von
Zeit zu Zeit der Hofr. Ayrer, Hofr. Pütter, und Prof. Gaßert
beſondere Stunden anzuſetzen, da denn entweder eigene
Sätze dazu entworfen, oder, wie es der Hofr. Pütter einzurichten pflegt, die anzufechtenden Sätze aus deſſen Büchern dem Opponenten jedesmal zu wehlen geſtattet werden.

* Das Recht der Natur iſt unter den philoſophiſchen
Vorleſungen zu ſuchen, wiewohl es hier auch unter der juriſtiſchen Lehrfreybeit mit begriffen iſt, und auf ſolche Art
z. E. vom Geh. Juſt. R. Gebauer bisweilen über das Gund-
lingiſche Compendium geleſen wird.

4) Medicinische Vorlesungen.

§. 170.

In der Anatomie ertheilt der Prof. Wrisberg auf
dem anatomiſchen Theater Unterricht, und zwar dergeſtalt,
daß er die Stunden, da es an Leichen fehlt, mit der Oſteo-
logie nach dem Böhmerſchen Handbuche ausfüllt. Die
Phyſiologie, worinn er den Halleriſchen primis lineis fol-
get, hat er jederzeit für den Sommer beſtimmt. Darneben wird die Phyſiologie auch vom D. Grau geleſen.

§. 171.

Zur Pathologie in der Verbindung mit der Semiotik gehören 1) die Vorleſungen des Hofr. Richters nach
Boerhaaves Inſtitutionen. 2) Der Leibm. Vogel trennt
dieſe Diſciplinen von einander, und lieſet über die allgemeine Pathologie und Semiotik nach ſeinen Manuſcripten,
über die ſpecielle Semiotik aber nach Lomms Obſeruationi-

T bus

bus medicinalibus. 3) Beydes lehrt der Leibm. Schröder nach ſeinen eigenen Grundſätzen; ſo wie 4) der Prof. Matthiä nach ſeinen Dictaten, und 5) der jüngere Prof. Murray nach dem Ludwigiſchen Handbuche, wie auch 6) der D. Grau. Ueberdem will 7) der Prof. Wrisberg die Augenkrankheiten nach dem St. Yves beſonders abhandeln.

§. 172.

Die Materia medica wird 1) von dem Hofr. Richter über ſeine Sätze vorgetragen; wobey derſelbe nebſt der natürlichen Beſchreibung der Simplicium, der Erörterung ihrer Beſtand-Theile nach der Chemie, den Erfahrungen der Aerzte von ihren Würkungen, zu Ende Formeln anzugeben, auch ſowohl die Simplicia als die vornehmſten praeparata ſeinen Zuhörern vorzuzeigen pflegt. 2) Der Leibmed. Vogel legt hierinn ſein eigenes Werk zum Grunde, und macht zugleich die Simplicia ſelbſt bekannt; Auch ſetzt er 3) die allgemeinen Wirkungen der Arzneymittel jährlich einmal öffentlich auseinander. 4) Der Prof. Dav. Sig. Aug. Büttner trägt die materiam medicam des Pflanzenreichs nach dem Linnäiſchen Werke vor; und künftig wird 5) auch der jüngere Prof. Murray, ſo wie 6) der D. Grau die materiam medicam erklären.

* Im Sommer widmet der Prof. D. S. A. Büttner noch eine beſondere Lehrſtunde den officinellen Pflanzen, als deren jährlich über 300. friſch, nach ihrer natürlichen Verwandtſchaft geordnet, in dem botaniſchen Garten zu ſehen ſind, worneben er diejenigen, ſo in Gärten nicht gezogen werden können, aufgetrocknet vorzeiget; Da er denn die Kräfte ſolcher Pflanzen und ihre Würkungen im menſchlichen Körper erklärct. Beſonders bemüht er ſich, die Möglichkeit, aus der bloſſen botaniſchen Aehnlichkeit und Verwandtſchaft der Pflanzen unter ſich, und aus ihren in die Sinne fallenden Eigenſchaften ihre Würkungen auf den menſchlichen Körper vorher zu beſtimmen, und das innerliche unſichtbare Kraftweſen derſelben zu entdecken. Auch
pflegt

pflegt er neue, in den Apotheken noch nicht aufgenommene Gewächse, deren Würkungen erst neulich bekannt geworden, mit vorzuzeigen, und aus Erfahrungen zu beurtheilen.

§. 173.

In der Chemie stellt 1) der Leibmed. Vogel alle Sommer in seinem laboratorio Experimente an, und erklärt 2) im Winter die Theorie davon nach seinem Lehrbuche. Auch gibt 3) der Prof. Chr. Wilh. Büttner gleichmässige Anweisung zur ausübenden Chemie, und wie er solche ebenfalls mit Experimenten bestätigt, so sucht er insonderheit zu zeigen, wie selbige zum Schlüssel zur Erkenntniß der innersten Natur der Dinge diene.

* I. Des Leibmed. Vogels chymische Sommer-Vorlesungen sind so eingerichtet, daß er in jeder Stunde einen oder zwey Versuche macht, um seinen Zuhörern einen chymischen Satz oder ein merkwürdiges Phänomenon dadurch begreiflich oder kennbar zu machen; wobey er sich an keine Ordnung bindet, ausser, daß er die Versuche nur so auf einander folgen läßt, wie einer durch den andern verständlich wird. Versuche, die längere Zeit, als eine Stunde erfordern, nimmt er an besondern Tagen vor, macht aber die Vorbereitung dazu in den ordentlichen Lehrstunden. Wenn auf solche Art den Sommer hindurch die chymischen Wahrheiten und Handgriffe bey den Arbeiten erlernt worden; so folgen alsdenn jedesmal das folgende halbe Jahr obgedachte theoretische Vorlesungen.

* II. Weil die Chemie hauptsächlich eine Kenntniß der Fossilien erfordert, so lieset der Leibmed. Vogel des Jahrs einmal die Mineralogie, wobey er alle Arten der Fossilien in Natur zeiget. Mit der Metallurgie beschäfftiget er sich nur, wenn es besonders verlangt wird; Er thut aber, so oft es die Umstände erlauben, mit einigen seiner Zuhörer eine Reise auf den Harz, und läßt sie dorten die wichtigsten metallurgischen Operationen im grossen sehen.

§. 174.

Zur Erlernung der Pharmacie findet man bey dem Leibmed. Vogel Gelegenheit, indem er abwechselnd das Würtenbergische und Brandenburgische Apothekerbuch erkläret. Und die Kunst Recepte zu schreiben wird vom Hofr. Richter und Prof. Matthiä nach geschriebenen Sätzen gelehret, wie auch vom D. Grau.

§. 175.

Mit der Diätetik beschäfftiget sich der Hofr. Richter, und macht sie durch die beygebrachten vielen Beyspiele aus den Alterthümern und classischen Schriftstellern um so viel angenehmer, wobey ihm seine eigenen Dictaten zum Leitfaden dienen.

§. 176.

Die Therapie oder medicinische Praxis wird 1) vom Hofr. Richter nach Boerhavens Aphorismen abgehandelt, womit er jedesmal ein Jahr zuzubringen pfleget. 2) Der Leibmed. Vogel lieset ebenfalls ein Jahr darüber täglich zwey Stunden nach Anleitung seines eignen Manuscripts. Desgleichen trägt 3) der Leibmed. Schröder sowohl die allgemeine als besondere Therapie, jene öffentlich, diese in Privat-Stunden vor, so daß er auf die letztere täglich zwey Stunden wendet, und sich nicht an gewisse Bücher bindet. Endlich kann man 4) die allgemeine Therapie auch beym Prof. D. S. A. Büttner hören, und 5) beym Prof. Matthiä, der überdies 6) auch die besondere Therapie nach dem Heisterischen compendio medicinae practicae lehret.

*I. Ausser diesen Vorlesungen hält der Hofr. Richter noch ein besonderes casuale, welches so eingerichtet ist, daß derjenige von den Zuhörern, den die Reyhe trifft, eine Ausarbeitung über den aufgegebenen casum verfertiget, wel-

welche von den übrigen in Censur genommen wird; da denn hernach beydes die Ausarbeitung und die Censuren von ihm beurtheilet werden, und zuletzt der casus von ihm selbst ohne Rücksicht auf die Ausarbeitung entwickelt wird.

* II. Desgleichen hat der Leibmed. Vogel seit dem Anfange des Jahrs 1764. ein besonderes collegium clinicum errichtet, und dazu Mittwochs und Sonnabends eine Stunde ausgesetzt, in welcher sich arme Kranke aus der Stadt und vom Lande versammlen, oder Abgeordnete schicken, und ihre Noth klagen, da denn ihre Krankheiten untersucht, und kürzlich erkläret, sodann die nöthigen Arzneyen verschrieben werden. Die, so in der Stadt bettlägerig sind, werden hernach von ihm selbst, oder von etlichen Zuhörern besucht, zu welchem Ende ein jeder von den Zuhörern eine gewisse Anzahl Kranke übernimmt, nach deren Umständen er sich erkundiget, und davon Bericht abstattet. Aufs Land werden gemeiniglich des Sonnabends kleine Reisen angestellt, wenn sich wichtige und sehenswürdige Patienten finden. Ueber das Befinden der Kranken werden von den Zuhörern Tagebücher geführet, und zuletzt in ein besonderes Buch eingetragen. Diejenigen, so dieses Collegium mithalten, tragen vierteljährig etwas gewisses zu Bezahlung der Arzneyen bey, welche den Kranken von der Universitäts-Apotheke verschrieben werden. Wenn chirurgische Uebel vorfallen, ist der Universitäts-Chirurgus Tolle jedesmal mit gegenwärtig, und besorget in diesem Stück, was ihm aufgetragen wird.

§. 177.

In der Wundarzney unterrichtet 1) der Hofr. Richter nach den Boerhaavischen Aphorismen; und 2) der Leibmedicus Vogel nach der Heisterschen kleinern Chirurgie, und dieser stellt dabey Operationen an Cadavern an, daher er den Winter dazu wehlet. Auch will 3) der Prof. Wrisberg dieselbe nach Heisters oder Ludwigs Anleitung vortragen.

T 3   §. 178.

§. 178.

Die Hebammenkunst lehrt der Pref. Wrisberg nach dem Rödererschen Werke, des Sommers. Die Uebungen in dem Accouchirhospital setzt er aber das ganze Jahr durch fort. Auch werden vom D. Grau hierüber Vorlesungen gehalten.

§. 179.

Die gerichtliche Medicin wird 1) von dem Leibmed. Vogel nach seinen Dictaten, 2) vom Prof. Wrisberg nach dem eben herausgekommenen ludwigschen Handbuche gelesen.

§. 180.

Der Botanik widmet 1) der Prof. Dav. Sig. Aug. Büttner beydes im Sommer und im Winter verschiedene Stunden. Im Winter pflegt er die Fundamente dieser Wissenschaft zu erklären, und des Sommers demonstrirt er die Pflanzen selbst. Sonnabends von 2. Uhr an gehet er botanisiren; und theilt auch Mittwochs und Sonnabends von 11–12. die Pflanzen aus dem botanischen Garten, denjenigen, welche ein Herbarium sammlen, mit. 2) Der jüngere Prof. Murray bedient sich bey seinen botanischen Vorlesungen der linnäischen Schriften, da er in abwechselnden Stunden des Ritters von Linne philosophiam botanicam erklärt, und nach seinem Natursystem Demonstrationen hält. Zu den Excursionen hat er gleichfalls den Sonnabend von 2. Uhr an bestimmet.

*I. Ueber die in die Oeconomie einschlagenden Gewächse und Küchenkräuter hält der Prof. D. S. A. Büttner noch besondere Vorlesungen, worinn er ihre Arten und Abänderungen, und ihre Cultur und Würkungen, auch nach dem besondern Verhältnisse zum hiesigen climate erkläret.

*II. Die Corallen und sogenannten Thierpflanzen, wie auch die algas oder Seegräser pflegt er noch besonders im
Win-

Winter vorzunehmen, und die daran gemachten Entdeckungen mitzutheilen, wozu ihm seine auf Reisen gemachte beträchtliche Sammlung guten Stoff gibt.

§. 181.

Eine medicinische Encyclopädie trägt 1) der Hofr. Richter, nach seinen eigenen Sätzen vor; wobey er zugleich zur Kenntniß der besten medicinischen Schriftsteller Anleitung gibt. 2) Einen ähnlichen Abriß der Medicin theilt der Prof. Matthiä, nach dem Heisterschen Handbuche (Compendium institutionum s. fundamentorum medicinae) mit, und pflegt denselben, wenn es verlangt wird, mit einer Demonstration des Skelets anzufangen.

§. 182.

Die Historie der Medicin lehrt der Prof. Matthiä nach seinem eigenen Werke (Conspectus medicorum chronologicus). Eben so lieset 2) der jüngere Prof. Murray über die besten medicinischen Bücher, und richtet sich hieben nach Kestners bibliotheca medica, doch so, daß er eine Wahl der Schriftsteller trifft, und die neuesten hinzufügt. Hieher gehört 3) ein besonders Collegium, das er über die auserlesensten medicinischen Schriftsteller von dem Jahre 1760. an, deren Werke er zugleich vorzeigt, und über die neuesten, insonderheit practischen, Erfindungen der Aerzte hält; womit er 4) bisweilen einige in neuern Zeiten berühmt gewordene Materien, als von der Inoculation der Blattern, von den Giften, von dem Nutzen der Electricität in der Medicin, von den Würmern im menschlichen Leibe u. s. w. verbindet.

*I. Verschiedene wichtigere Stücke aus den Schriften der alten Aerzte, besonders des Hippocrates, erkläret 1) der Leibmed. Schröder; wie auch 2) der Prof. Matthiä, welcher abwechselnd über den Celsus und Hippocrates lieset. Beyde leisten dieses in öffentlichen Vorlesungen.

* II. Im Disputiren über medicinische Sätze werden 1) bey dem Hofr. Richter, 2) bey dem Prof. Matthia und 3) dem jüngern Prof. Murray Uebungen angestellt.

5) Philosophische Vorlesungen.

§. 183.

Eine philosophische Encyclopädie oder Einleitung in die ganze Philosophie wird gemeiniglich im Sommer vom Prof. Hollmann in öffentlichen Vorlesungen Mittwochs und Sonnabends um 9. vorgetragen.

§. 184.

Die Logik lehrt 1) der Prof. Hollmann alle Sommer um 9.; 2) der Prof. Weber alle halbe Jahre um 9.; 3) der jüngere Prof. Beemann im Sommer um 10.; im Winter um 9. Beyde letztere über Corvins Logik, der erstere über sein eignes Handbuch.

§. 185.

Die Metaphysik wird 1) bisweilen auch noch vom Prof. Hollmann, beständig aber 2) vom Prof. Weber, Sommers um 7., Winters um 10., und 3) vom jüngern Prof. Beemann um 4. über Crusius, gelesen.

* I. In öffentlichen Lehrstunden wird 1) vom Prof. Hollmann bisweilen die Ontologie, 2) vom Prof. Weber die empyrische Psychologie, 3) vom jüngern Prof. Beemann die Cosmologie und Pneumatologie, 4) vom D. Walch die natürliche Theologie vorgetragen. Auch lieset 5) bisweilen der Consist. R. Feuerlein eine metaphysicam sacram, worinn er die Anwendung der alten und neuen Ontologie auf die Dogmatik und Polemik zeiget.

* II.

* II. Ein befonderes Collegium pfleget der Prof. Weber zu halten, worinn er die Logik und Metaphyfik zufammen in einem kürzern Vortrage in einem halben Jahre, täglich eine Stunde, zu Ende bringt.

§. 186.

Die Moral pflegt 1) der Prof. Hollmann im Winter um 11., und 2) der Prof. Weber um 3., wie auch 3) der jüngere Prof. Beemann im Sommer um 8. zu lefen. Das Recht der Natur liefet 1) bisweilen der Geh. Juft. R. Gebauer um 11. über das Gundlingifche, 2) der Prof. Achenwall um 10. über fein eignes, und 3) der ältere Prof. Beemann im Sommer um 9., im Winter um 10., über das Wolfifche Compendium. Die Politik wird von Zeit zu Zeit theils vom Prof. Achenwall, theils vom Prof. Weber gelefen.

§. 187.

Von der Phyfik liefet 1) der Prof. Hollmann im Winter um 1. den erften, im Sommer um 2. den zweyten Theil, 2) der Prof. Käftner erkläret gemeiniglich des Sommers um 10. in öffentlichen Vorlefungen viermal die Woche Eberhards erfte Gründe der Naturlehre.

§. 188.

Zur Naturgefchichte gibt der Prof. Chr. Wilh. Büttner eine folche Anleitung, daß er deren ganzen Umfang in vierterley halbjährige Vorlefungen abtheilet, in deren dreyen die drey Natur-Reiche erkläret, und in der vierten die vornehmften Schriftfteller von der Naturgefchichte bekannt gemacht werden.

* I. Bey feinem Vortrage fucht er alles durch Vorzeigung der Sachen felbft und ihrer richtigften Abbildungen zu erläutern, wozu er fowohl von Büchern und Zeichnungen, als von Naturalien einen beträchtlichen Vorrath eigenthüm-

thümlich besitzt. In diesem Vorrathe finden sich z. E. 1) aus dem Mineral=Reiche die mehresten Arten der verschiedenen Geschlechter von denen sowohl durch die Natur selbst als durch besondere Zufälle gebildeten Steinen, Erzen, Salzen und Erden; aus dem Pflanzen=Reiche beydes inländische und ausländische getrocknete Gewächse, nebst ihren Früchten, Saamen, Wurzeln, Hölzern, Säften 2c.; 3) aus dem Thier=Reiche verschiedene theils ausgestopfte, theils auf andere Weise gegen die Fäulniß verwahrte in- und ausländische Gethiere, Vögel, Fische und Gewürme, nebst ihren Skeletten, und denjenigen Theilen, die an ihnen zu Kennzeichen dienen, wie auch Muschelschalen. Bey allen diesen Dingen pflegt er auch anzuzeigen, was davon zu verschiedenen Nutzen angewandt werden kann.

* II. Der Prof. Kästner, welcher ebenfalls verschiedene hieher gehörige Sammlungen besitzt, sucht solche auf gleiche Art gemeinnützig zu machen, indem er im Sommer zur Kenntniß der Insecten und Pflanzen, im Winter zur Kenntniß der Fossilien, Conchylien, und einiger anderer Stücke aus dem Thierreiche, so weit sein Vorrath gehet, Anleitung zu geben pfleget; wobey er die Sachen mehr nach ihrem Nutzen, und nach dem Vergnügen, das sie dem Verstande geben, als bloß zur Belustigung der Augen betrachtet. So sucht er z. E. bey den Fossilien diejenigen vorzubereiten, welche Bergwerke besichtigen wollen, daß ihnen die Erze nicht gar zu fremd sind, und daß sie die Arbeiten in den Gruben und in den Hütten mit einiger Einsicht in die Zwecke, den Zusammenhang und die Gründe derselben betrachten können 2c.

* III. Darneben ist hieher zu wiederholen, was oben schon von der Mineralogie (§. 173. II.) und von der Botanik (§. 180.) angeführet worden.

6) Mathematische Vorlesungen.

§. 189.

Die so genannte reine Mathematik (mathesis pura) wird bisweilen vom ältern Prof. Becmann, sodann gemeinnigniglich alle halbe Jahre von den Prof. Weber, Käſtner und Meiſter, wie auch vom Mag. Eberhard vorgetragen. Zur Algebra pflegen der ältere Prof. Becmann, der Prof. Käſtner, und der Prof. Meiſter Anleitung zu geben. Und Die angewandte Mathematik lehrt der Prof. Käſtner, wie denn auch der Prof. Meiſter von Zeit zu Zeit einen ganzen curſum lieſet. Zum Feldmeſſen, wie auch zur bürgerlichen und Kriegsbaukunſt werden vom Prof. Meiſter, vom Oberbaucommiſſarius Müller, und vom Mag. Eberhard ſowohl theoretiſche als practiſche Anweiſungen gegeben. Darneben lieſet auch noch der Prof. Meiſter über den Bauanſchlag, und über die Perſpectiv und Optik; und der Magiſter Eberhard über den Mühlen= und Brückenbau, wie auch über die Artillerie und Feuerwerkerey.

* I. Von der Art des hieſigen Unterrichts in den mathematiſchen Wiſſenſchaften noch einige nähere Proben zu geben, ſo pflegt z. E. der Prof. Weber die reine Mathematik ſo vorzutragen, daß zugleich die Abſicht erhalten wird, welche man zu erreichen ſuchet, wenn die Zuhörer ſelbſt nach der ausübenden Vernunft= und Erfindungskunſt geübet werden ſollen. Darum ſiehet er dahin, daß dieſe ſich ſelbſt in der Anwendung der Regeln dieſer Wiſſenſchaften üben. Sie müſſen ihm, ſo bald er ſie nur dazu zubereitet hat, die zu führenden Beweiſe ſelbſt ſuchen, finden, ausführen. Verſiehet dieſer oder jener hierbey etwas, ſo zeigt er an, worinn der Fehler beſtehe, wie man in ſelbigen verfallen ſey, und wie er künftig verhütet werden könne. Kommen verſchiedene auf verſchiedene Beweiſe, ſo zeiget er, wie jeder nach den Regeln der Erfindungskunſt auf den ſeinigen verfallen, und was etwa bey jeden beſonders zu bemerken iſt.

* II. Vom Prof. Käſtner kann ich folgende Beſchreibung mit ſeinen eignen Worten liefern: „Die Mathematik (ſagt er,) kann von Studierenden in mehr als einerley Abſicht erlernt werden: ihren Verſtand zu üben, und ordentlich und gründlich denken zu lernen: Wahrheiten ſich bekannt zu machen, die ihnen bey dem Fleiſſe, den ſie auf andere Wiſſenſchaften wenden, dienlich ſind, und die Lehren der Mathematik ſelbſt, zum Nutzen und zur Bequemlichkeit des

des menschlichen Lebens anzuwenden. Der kurze Fleiß den
man auf die Mathematik, nur als auf ein Nebenwerk zu
wenden pfleget, kann niemanden in den Stand setzen, diese
Absichten alle in einer sehr grossen Vollkommenheit zu erreichen. Es kömmt aber auf die Geschicklichkeit des Lehrers
an, ob der Lernende nicht von diesem Fleiße doch mehr Vortheil haben soll, als er von irgend einem gleichen bey einem
andern Theile der Gelehrsamkeit hätte. Die erste Absicht
zu erlangen, muß der Vortrag gründlich und doch nicht zu
schwer noch zu weitläuftig seyn. Man wird aus meinen gedruckten Anfangsgründen der Mathematik abnehmen können, wie ich solches zu bewerkstelligen glaube; da dieses
Buch zur mündlichen Erklärung bestimmt ist, so versteht sich,
daß verschiedene Sätze, welche die Kürze dort allgemein
vorzutragen befahl, dem Lernenden erst in besondern Exempeln bekannt gemacht werden, daß ihm der Grund, warum jeder Satz eben die Stelle und keine andere einnimmt,
die Art wie man auf ihn kommen kann, gezeiget wird, und
gewiesen wird, wie in der Arithmetik und Geometrie seit
langer Zeit alles Nützliche beobachtet ist, was von der gewissen Erkenntniß in der Logik kann gelehret werden.
Wer die Lehren der Mathematik im Zusammenhange gründlich und vollständig genug gelernt hat, der wird schon gnug
Einsichten und Nachdenken besitzen, sie auf andere Theile
der Gelehrsamkeit gehörig anzuwenden. Ein Lehrer der
Mathematik, der in keiner der übrigen Wissenschaften gänzlich fremd ist, kann ihm leicht die Gelegenheiten anzeigen,
wo sich solche Anwendungen machen lassen."

„Die Begriffe, worauf sich die angewandte Mathematik gründet, erhält man nicht wohl ohne Werkzeuge,
Maschinen, Modelle, und Versuche würklich zu sehen. Ich
besitze zu dieser Absicht selbst einen ziemlichen Vorrath, und
wende hier die der Universität gnädigst verschafften schönen Sammlungen ihrer Absicht gemäß an. Ich habe auch,
seitdem mir das Observatorium anvertrauet ist, denen Gelegenheit gegeben, die sich in der practischen Astronomie
einige Geschicklichkeit erwerben wollen, und werde künftig
noch mehr dazu im Stande seyn."

„Die wichtigsten Bücher pflege aus meiner eignen Bibliothek meinen Zuhörern nach Veranlassung der besondern
Gegenstände, welche in ihnen abgehandelt sind, vorzule-
gen, und am Ende jeder Wissenschaft diejenige zu zeigen,
welche die ganze Wissenschaft überhaupt betreffen, wobey
sich zugleich die vornehmsten Erweiterungen, die sie nach
und

und nach erhalten hat, im Zusammenhange erzehlen laſſen. Wenn die historia litteraria kein bloſſes Regiſter von Namen und Büchertiteln ſeyn ſoll, ſo kann ſie ohne einige Kenntniß der Wiſſenſchaften ſelbſt weder gelehret noch gelernet werden, und daher gehört eine ſolche Nachricht, wie ich erwehnt habe, ans Ende der Wiſſenſchaft, und nicht vor den Anfang."

„ Ich habe nach dieſer Art jedes halbe Jahr in einer Stunde die reine, und in einer andern die angewandte Mathematik vorgetragen. Aus der erſten bleibt die Anwendung der Buchſtabenrechnung auf die Trigonometrie, und die ſphäriſche Trigonometrie beſonderen Vorleſungen, die ich darüber anſtelle, vorbehalten. Der größten Menge der gewöhnlichen Zuhörer würde man damit, ohne ihren geringſten Nutzen, beſchwerlich fallen. Von der angewandten Mathematik wird kein Theil gänzlich übergangen, ob ich wohl verſchiedene Lehren im Buche ſelbſt glaube ſo abgehandelt zu haben, daß ich ſie demjenigen nicht vorſagen mag, der ſich nicht die Mühe nehmen will, ſie zu leſen. Von der Artillerie, Baukunſt und Fortification ſuche ich durch Vorzeigung der dazu gehörigen Dinge, die allgemeine Kenntniß zu ertheilen, die jedem Gelehrten anſtändig iſt, wenn er ſich nicht mit eignem Fleiſſe darauf legen will, wozu hier von andern geſchickten Lehrern zulängliche Anweiſung gegeben wird. Man nennt dieſe Theile der angewandten Mathematik insgemein vorzüglich practiſche, weil man gewohnt iſt, bey ihnen ſich der brauchbaren Ausübung mehr zu nähern als bey den übrigen, obgleich auch bey ihnen, der meiſten Lernenden, und oft der Lehrenden Praxis nur eine gemahlte iſt. Das Uebrige der angewandten Mathematik kann man etwa in drey Hauptſtücke in das mechaniſche, optiſche, und aſtronomiſche eintheilen. Jedes für ſich würde den halbjährigen Fleiß verdienen, den man insgemein nur auf alle drey zuſammen, noch mit dem vorhin erwehnten Zuſatze des architectoniſchen, zu wenden geneigt iſt, und alſo freylich keines ſehr practiſch lernen, aber doch in jedem eine Menge ſolcher Kenntniſſe faſſen kann, deren Unwiſſenheit, ich weiß nicht ob dem Gelehrten? aber gewiß dem vernünftigen Menſchen, ſchimpflich iſt."

„ Die Algebra, zu der ſich hier doch immer mehr Liebhaber gefunden haben, als ich erwartete, ſetzt Eifer zu eignen Unterſuchungen zum voraus, ohne welche man ſich vergebens in ihr alles vorbuchſtabiren läßt. Ich habe die Probe mehr als einmal gemacht, daß es mit dieſer Ver-

aus,

ausfetung möglich ist, in einer mäffigen Zeit Anfängern, aus den beyden Banden die ich von der Analyfis herausgegeben habe, fo viel zu erklären, daß fie das übrige, wenn fie wollen, ohne Schwierigkeit für fich erlernen können, und alsdenn keinen beträchtlichen Anstoß, der fich nur durch die Analyfis heben läßt, in andern mathematifchen Schriften finden werden. Was viele noch allein unter dem Namen Algebra verstehen, die Buchstabenrechenkunst, lernen meine Zuhörer, wo man es lernen muß, in der Arithmetik."

* III. Der Prof. Meister läßt fich bey feinen mathematifchen Vorlefungen vornehmlich angelegen feyn, daß er 1) die Aufgaben der Feldmeßkunst, fo viel es die Umstände und Neigungen feiner Zuhörer verstatten, im Großen vornehmen könne; 2) daß er in allen practifchen Difciplinen feine Zuhörer zugleich zu Verfertigung richtiger und wohlausgearbeiter Riffe, und, in der Baukunst insbefondere, auch zu eigener Erfindung anführe; Und da es 3) in der Praxi hauptfächlich auf gute Werkzeuge ankömmt; fo zeiget er nicht nur bey aller Gelegenheit ihre vorzügliche Einrichtung, fondern auch die Art, wie fie verfertigt werden; welches letztere er desto leichter thun kann, da er die optifchen und übrigen mathematifchen Instrumente felbst zu machen weiß. Endlich 4) bemühet er fich auf alle Art und Weife, bey den practifchen Wiffenfchaften, den Fleiß feiner Zuhörer zugleich auf die theoretifche Kenntniffe zu führen, und fie durch Gründe und Beyfpiele zu überführen, daß diefe das einzige Mittel find, es in jenen zu einiger Vollkommenheit zu bringen. Seit Oftern 1765. hat er auf hohe Veranlaffung und königliche Koften eine gelehrte Reife in Frankreich und die Niederlande angetreten, um fowohl in der bürgerlichen und Kriegsbaukunst, als in der Mechanik und andern Theilen der Mathematik noch mehrere Mufter zu fehen.

7) Hiftorifche Vorlefungen.

§. 190.

Die ältere Univerfal-Hiftorie pflegt der Prof. Gatterer im Sommer um 7. zu lefen, und die neuere um 1.,

oder

oder im Winter um 8., beyde nach seinen eignen lehrbü=
chern. Die Europäische Staaten=Geschichte wird
bisweilen vom Geh. Just. R. Gebauer über seinen Grund=
riß, und gemeiniglich des Sommers um 4. vom Prof.
Achenwall über den seinigen, auch sonsten vom Prof. Mur=
ray und vom Prof. Koeler vorgetragen. Die Reichshi=
storie wird der Hofr. Pütter künftig nur des Sommers um
3. lesen; Sie wird aber ausserdem auch vom Prof. Gatte=
rer, vom Prof. Murray und vom Prof. Koeler gelesen.
Die Special=Historie ein oder andern besondern Teut=
schen Staats wird von Zeit zu Zeit der Hofr. Pütter vor=
tragen; und über die Braunschweig=Lüneburgische
Geschichte pflegen gemeiniglich vom Prof. von Selchow,
vom ältern Prof. Murray und vom Prof. Koeler eigene
Vorlesungen gehalten zu werden.

> * Ausserdem pflegt der Prof. Achenwall den neueren und
> allgemeineren Europäischen Staatshändeln seit dem An=
> fange des XVII. Jahrhunderts, als dem zweyten Theile
> seiner Europäischen Staatengeschichte, ingleichen der Ge=
> schichte des letzten Krieges, oder auch den Staats=
> Neuigkeiten jetziger Zeiten, (so man sonst Zeitungs=
> Collegium genannt,) noch besondere Vorlesungen zu wid=
> men; dergleichen auch vom ältern Prof. Murray zu gesche=
> hen pfleget.

§. 191.

Die historischen Hülfswissenschaften, als die Geo=
graphie, Chronologie, Diplomatik, Heraldik, und Nu=
mismatik werden insgesammt; jede in besonderen Lehrstun=
stunden vom Prof. Gatterer vorgetragen; die drey letztern
auch vom Prof. Koeler; ingleichen die Geographie vom
ältern Prof. Murray, und sowohl solche als die Heraldik vom
Prof. von Colom; endlich die Numismatik auch vom Prof.
Chr. Wilh. Büttner, und die Kenntniß alter Münzen und
geschnittener Steine vom Prof. Heyne.

* Bey

* Bey Erklärung der Diplomatik sucht insonderheit der Prof. Gatterer sein der historischen Academie gewidmetes ziemlich vollständiges diplomatisches Cabinet den Zuhörern auf alle Weise brauchbar zu machen. Er besitzt nehmlich nicht nur alle Hauptarten von Siegeln, Monogrammen, Canzlerszeichen, Chrismen, Alphabeten, Schriften, Schreibgeräthschaften ꝛc., sondern er hat auch eine hinreichende Anzahl Urkunden sowohl im Original, als in Kupfer gestochen, gezeichnet, u. s. f. Ausserdem sind ihm auch zum Behuf seiner diplomatischen Vorlesungen aus dem königlich = churfürstlichen Archive einige 20. Stücke besonders nützlicher und zum Theil sehr alter Original = Urkunden anvertrauet worden. Mit diesen Hülfsmitteln übt er seine Zuhörer zuerst im Lesen der Urkunden, und fängt mit denen, im 10ten Jahrhunderte ausgefertigten an, weil sie die leichtesten sind; geht sodann bis zum 13ten Jahrhundert fort, wendet sich aber hernach plötzlich zum 9ten, und steigt rückwärts bis zum 5ten, als dem ältesten, aus welchem wir Urkunden haben, hinauf. Zuletzt läßt er die Urkunden vom 13ten Jahrhundert an lesen. Bey einer jeden dieser Epochen machen die in Kupfer gestochene Urkunden den Anfang: hierauf folgen erst die Originalien. So bald die Zuhörer eine Fertigkeit im Lesen erlanget haben, so erklärt er ihnen diejenigen Stellen in seinen Elementis diplomaticae vniuersalis, die einer Erläuterung bedürfen. Endlich läßt er auch seine Zuhörer nach Anleitung des practischen Theils der gedachten Elementorum Ausarbeitungen verfertigen, die sie in den Stand setzen können, eine jede gegebene Urkunde mit Fertigkeit zu erklären, zu beurtheilen, und zur Bereicherung der historischen und juristischen Wissenschaften anzuwenden.

§. 192.

Zur Gelehrten = Geschichte überhaupt und nach einzelnen Abtheilungen von Wissenschaften, oder von der Bücherkenntniß, oder Biographie gehören die oben (§. 91. II.) angezeigten Hambergerischen Vorlesungen, bey welchen die vornehmsten Bücher aus der hiesigen Bibliothek mit vorgezeiget werden. Und ausser denen bey jeder Hauptwissenschaft selbsten bereits angezeigten litterarischen Anweisungen gehören auch noch hieher des Prof. Diese Vorlesungen über

die

Die Geschichte der freyen Künste, sodann die vom Adj. Kern über die philosophische Historie, und von Sanmartino über die neuere Geschichte der Gelehrsamkeit und der Künste von Italien.

*I. Von der Kirchengeschichte (§. 153.), historia iuris (§. 167.) und von der Geschichte der Arzneywissenschaft (§. 182.) ist oben schon Anzeige geschehen.

*II. Wie gelehrte Reisen am besten mit Nutzen einzurichten, pflegt von den Prof. Murray, Hamberger und Koeler in besonderen Lehrstunden erkläret zu werden.

8) Von der Philologie, Critik, Alterthümern und schönen Wissenschaften.

§. 193.

Ausser den oben (§. 152.) angezeigten collegiis exegeticis und cursoriis über den Grundtext des alten Testaments wird das so genannte fundamentale Hebraicum oder die Hebräische Grammatik und Syntax alle drittehalb Jahre vom Hofr. Michaelis, und sonsten vom Superint. Stromeyer und vom Adj. Kern gelesen. Von den übrigen morgenländischen Sprachen gibt der Hofr. Michaelis 1) zum Syrischen, 2) zum Arabischen, 3) zum Chaldäischen und Rabbinischen, zu jedem in einem halben Jahre, nach einander besondere Lehrstunden.

*I. Im Syrischen legt der Hofr. Michaelis seines Vaters Grammatik, und seine eigne Syrische Chrestomathie zum Grunde (nicht das Syrische Neue Testament, weil es zu bekannt ist, und einen zu kleinen Theil der Sprache enthält). Da diese Syrische Chrestomathie meistens aus historischen Schriftstellern genommen ist, so ist sein Hauptzweck mit dabey, den Zuhörern einen Geschmack zu geben, wie sie das Syrische zu der Verbesserung der Kirchen- und

U

Profan-Geſchichte anwenden können, auch ſie in die alte
Geographie von Aſien, ſo fern ſie Cellario unbekannt war,
zu führen.

* II. Das Arabiſche lehrt er über ſeine Grammatik und
Creſtomathie: Hier thut er wohl noch ein halbes Jahr priuatiſſime hinzu, für ſolche, die im Arabiſchen weiter gehen
wollen. Sonderlich ſucht er ſie alsdenn zum Leſen der Ma-
nuſcripte zu gewöhnen, daher er neben andern Arabicis auch
einen Theil des Corans nimmt, von dem er jedem ein Ma-
nuſcript zum Nachleſen in die Hand geben kann, damit ihnen künftig die Züge nicht zu fremd ſind, wenn ſie in Bibliotheken kommen.

* III. Beym Chaldäiſchen wird auſſer dem in der Bibel
ſelbſt befindlichen Chaldäiſchen IABLONSKI Pentateuchus
gloſſatus zum Grunde gelegt.

§. 194.

Ein Griechiſches Fundamental-Collegium pflegt
der Prof. Kulenkamp, wie auch der Prof. Wedekind zu leſen, wobey jener gemeiniglich zugleich Platonis dialogos
nach der Fiſcheriſchen Ausgabe oder Xenophontis memora-
bilia Socratis nach der Erneſtiſchen Ausgabe erkläret.
Auch pflegt der Prof. Dieze über die Griechiſche Grammatik und Gesneriſche Chreſtomathie Vorleſungen zu halten.
Auſſer den oben (§. 152.) angemerkten theologiſchen Vorleſungen über die LXX. Dolmetſcher, und über das Griechiſche Teſtament werden übrigens beſtändig ein oder andere Griechiſche Profan-Scribenten, als der Homer,
Heſiodus, Sophocles u. ſ. f. vom Prof. Heyne und Prof.
Kulenkamp erkläret.

§. 195.

Zur Lateiniſchen Sprache gehören die Vorleſungen,
die der Prof. Heyne 1) über den Virgil, Horaz, oder andere alte Schriftſteller, ingleichen 2) über ERNESTI
initia rhetorica mit verbundener lectione curſoria des Li-
vius

vius oder eines Ciceronischen Buchs, und mit Uebungen der Zuhörer im Lateinischen Stile, zu halten pfleget; so dann 3) die besonderen Uebungen, so er im Schreiben, Disputiren und Erklären mit den Seminaristen anstellt (§. 138. II.). Auch pflegt 4) der Prof. Dieze einen oder andern lateinischen Schriftsteller zu erklären.

§. 196.

Der Teutschen Sprache widmet 1) der ältere Prof. Murray besondere Vorlesungen, worinn er nicht nur die Regeln des Teutschen Stils nebst der nöthigen Anweisung zum Reden und Schreiben, sondern auch eine critische Beurtheilung der besten Schriftsteller, und die Geschichte der Sprache vorträgt, zugleich aber seine Zuhörer selbst im Reden und Schreiben sich üben läßt, wozu er gemeiniglich 2) privatissime noch besondere Anleitung gibt. Wie denn 3) auch der Prof. Dieze zu practischen Uebungen in der Teutschen Sprache Anleitung zu geben pfleget.

§. 197.

Die Hebräischen Alterthümer pflegt der Hofr. Michaelis; die Römischen der Prof. Heyne, wie auch der Prof. Gatzert zu erklären. Eine Einleitung in die schönen Wissenschaften wird vom ältern Prof. Murray, und vom Prof. Dieze, von beyden über Batteux, gegeben. Zu Erklärung der Italiänischen Alterthümer und besonders der Herculanischen Entdeckungen ist Sanmartino erbötig.

9) Von ausländischen lebenden Sprachen.

§. 198.

Das Englische wird vom Prof. Tompson, wie auch vom Prof. Dieze, und vom D. Falkenhagen gelehrt.

Zum

Zum Französischen gehören die oben (§. 100. III.) ange= zeigten Vorlesungen des Prof. von Colom, worneben der= malen nach von Buffier, Ressegaire, Le Duc, Berlan, Mulvert, Martelleur, und Solvert in dieser Sprache Un= terricht gegeben wird. Desgleichen geben, nebst den San= martinischen Lehrstunden (§. 108.), D'Arata und Le Duc im Italiänischen Unterricht, und der M. Eberhard im Spanischen.

10) Von Exercitien, auch Musik, Zeichnen und anderen Künsten.

§. 199.

Zur Reitkunst ist auf dem ehemals so genannten Freu= denberge, am Weender Thore, wo in den mittleren Zeiten öfters feyerliche Turniere gehalten worden, ein weitläufti= ger Bezirk bestimmt, wo theils für den Sommer eine sehr geräumliche offene Reitbahne ihren Platz hat, theils ein be= sonders massives Gebäude zur verschlossenen Reitbahne auf= geführet, und an dieser unmittelbar die nöthige Stallung, sodann ein bequemes Wohnhaus für den Stallmeister ange= bauet ist. Diese Stelle bekleidet dermalen Johann Hen= rich Ayrer, der von Wien hieher berufen worden, und alle Tage in der Woche, nur den Freytag ausgenommen, Vor= und Nachmittags im Reiten Unterricht gibt.

§. 200.

Der Fechtboden ist ebenfalls in einem auf königliche Kosten errichteten Gebäude an der Allee, so zugleich das Wohnhaus für den Fechtmeister ist. Der jetzige Fechtmei= ster, Johann Friedrich Scholz, gibt täglich Vor= und Nachmittags im Fechten Unterricht, wie auch im Volti= giren.

giren. Zwen besoldete Tanzmeister sind dermalen Anton Jaime, und Carl Pauli, die aber für Tanzböden in ihren eignen Wohnungen oder sonsten sorgen müssen.

§. 201.

Die Aufsicht über die Musiken, so in der Universitäts-Kirche, oder bey academischen Feyerlichkeiten vorfallen, ist dem Cantor, Johann Friedrich Schweiniß, anvertrauet, wie ihm denn auch von königlicher Regierung der Titel: Director musices, beygeleget worden. Derselbe gibt auch sowohl auf dem Claviere und der Violine, als in der Composition theils selber Unterricht; theils kann er einem jeden Anweisung geben, bey wem sonsten auf vorgedachten und anderen Instrumenten Unterricht zu bekommen sey. Im Winter wird ordentlicher Weise alle Sonnabend von 5. bis 7. ein öffentliches Concert gehalten, wobey sich nicht nur Studierende, sondern auch Professoren und andere mit ihren Familien einzufinden pflegen. Seit einigen Jahren hat hierzu der Tanzmeister Pauli seinen Tanzsaal hergegeben.

* Je unschuldiger das Vergnügen ist, so die Musik gibt, desto besser würde es angewandt seyn, wenn nur auf jedem Haupt=Instrumente, wo nicht auch in Singstimmen, ein und andere Virtuosen bey der Universität unterhalten werden könnten. Diesen Abgang hat indessen schon mehrmalen die Anwesenheit solcher Studierenden ersetzt, von denen mancher auf den Namen eines Virtuosen nicht ungegründeten Anspruch machen könnte.

§. 202.

Nebst einem besonders bestellten Universitäts Schreib- und Zeichenmeister, so vorjetzo Johann Christoph Röder ist, sind gemeiniglich mehrere, die in der Zeichenkunst und Mahlerey ausser ihren eignen Arbeiten auch anderen mit Unterricht dienen, als dermalen Joel Paul Kalten-

U 3   ho-

hofer, Georg Chriſtian Dankmer, Johann Henrich Heine, Peter Ernſt Haaß ꝛc.

§. 203.

Von andern Künſtlern iſt z. E. Johann Chriſtian Baumann als Opticus bey der Univerſität angenommen, welcher alle Gattungen optiſcher Werkzeuge, als einfache Augengläſer, cameras obſcuras, einfache, zuſammengeſetzte, auch Sonnen-Microſcope, und ſowohl alle gewöhnliche Arten von dioptriſchen tubis, als auch neuere mit fünf Oculären und einfachen Objectiv, verfertiget, und dazu Anweiſung gibt. Sodann pflegt der Senator, Franz Lebrecht Kampe, der ſich inſonderheit mit Verfertigung ſolcher Teleſcope, die den Engliſchen völlig gleich kommen, beſchäfftiget, auch im Glasſchleifen ſowohl als in andern mechaniſchen Dingen Unterricht zu geben. Worneben noch als mechanici, Henrich Balthaſar Poppe, und Johann Chriſtian Klepenhauſen, und als Glasſchleifer, Johann Wilhelm Reus, ſowohl arbeiten, als Unterricht geben.

* Noch könnte hier der Mechanicus, Anton Detleff Chriſtoff; der Graveur, Johann Anton Meisner; der Barometermacher, Anton Oliver; der Bildhauer, Johann Chriſtoph Schrader ꝛc. erwehnt werden; die aber keinen Unterricht zu geben gewohnt ſind.

VII. Von

VII. Von den übrigen Einrichtungen der Stadt und Universität in Polizey, Disciplin, Religionsübung und oeconomischen Dingen.

___

1) Von der äusserlichen Einrichtung der Stadt und deren Polizey.

___

§. 204.

Ohne der Stadt Göttingen übertriebene Lobreden zu halten, kann man ihr die Gerechtigkeit wiederfahren lassen, daß es ihr an keiner Haupteigenschaft fehlet, um einen bequemen Sitz der Universität abzugeben, und daß insonderheit nach einer so ausserordentlichen Vorsorge, die darauf gewandt worden, und noch immer gewandt wird, in vielen Stücken beträchtliche Vorzüge hier zu finden, die kaum anderwärts nachzuahmen seyn möchten. Eine der Gesundheit zuträgliche Lage, gutes Wasser, gesunde Luft, geräumlich breite, und für alte Städte mehr als gewöhnlich regelmäßige Strassen sind die ersten guten Grund-Eigenschaften der Stadt gewesen. Was aber seitdem angewandt worden, um Lehrern und Studierenden bequeme Wohnungen zu verschaffen, und überhaupt die Stadt zu einem bequemen und angenehmen Wohnsitz der Musen zu machen, davon würde eine nur irgend genaue Beschreibung viel zu weitläuftig, und zum Theil kaum glaublich seyn. Nur die, welche Göttingen vor 20. bis 30. Jahren gesehen, und es jetzo sehen, können bezeugen, wie der größte Theil der Stadt fast ganz umgeschmolzen ist. Und von öffentlichen Verschönerungen der Stadt darf man z. E.

U 4

nur die Bequemlichkeit der aus lauter breiten Steinen zusammengelegten Fußbänke in den Hauptstraßen mit den meisten andern Städten in Vergleichung stellen.

§. 205.

Als eine der neuesten, aber in mehrerem Betracht wichtigsten Veränderungen ist nur noch diese hier zu berühren, daß durch die harten Schicksaale, so der Stadt im letzten Kriege ihre Befestigung zugezogen, Se. Königliche Majestät sich bewegen lassen, die fürchterliche Gestalt einer Festung derselben ganz zu benehmen, und deren Verwandlung in andere den Musen weit anständigere Verschönerungen zu gestatten. Seitdem sind nicht nur die während des Krieges vom Feinde angelegte, sondern auch alle übrige Aussenwerke gänzlich zernichtet. Was bedeckter Weg und Graben gewesen, ist jetzt zu Spaziergängen, Gärten und Fischteichen bestimmt. Und der Wall, dessen Brustwehre abgetragen, und dessen nunmehrige Fläche auf beyden Seiten mit Lindenbäumen und mit Brusthecken besetzt wird, (wie grossentheils schon geschehen ist,) wird künftig in Spaziergängen wenige seines Gleichen haben. An einer Stelle, wo vorher aus einer Allee eine breite Treppe auf den Wall angelegt war, ist der Wall, so breit die Allee ist, durchgegraben, und die ohnehin im Kriege verdorbene Allee ganz von neuem wieder gepflanzet, und jenseits der Stadt zur ansehnlich verlängerten perspectivischen Aussicht, so weit die Ebene es zugelassen, fortgeführt.

§. 206.

Zu Besorgung alles dessen, was eine gute Polizey erfordert, ist von der königlichen Regierung eine besondere Polizey-Commission bestellet, die aus Mitgliedern der Universität und des Stadtraths bestehet, denen insonderheit die nöthige Vorsorge wegen Feuers-Gefahr, Fleisch-
und

und Brodt-Taxe, Maaß und Gewicht, Brauwesen, Gaffen-Reinigung, Laternen, womit die Straffen von Michaelis bis Ostern erleuchtet werden, und was sonst zur Polizey gehöret, anvertrauet ist. So wenig jemals leicht eine Stadt zu finden seyn wird, wo nicht über die Polizey noch Klagen zu hören wären; so kann man die hiesige doch nicht zu den unvollkommensten rechnen, zumal wenn man dabey in Erwegung ziehet, daß die Glückseligkeit einer gelinden Landes-Regierung, die hier zur Landesverfassung geworden ist, und selbst die Anwesenheit einer Universität in einer Stadt mit gewissen Graden der Vollkommenheit mancher Polizey-Anstalten leicht in einige Collision kommen können, und daß überhaupt erst, je grösser und volkreicher eine Stadt, desto vollkommener ihre Polizey werden kann. Mit Voraussetzung dieser Betrachtungen kann man die hiesigen Feuer-Ordnungen, Brau-Ordnungen, Markt-Ordnungen und andere hier vorhandene Polizey-Gesetze und Anstalten sicher der Beurtheilung eines Kenners und der Vergleichung mit anderen Städten heimstellen.

* Nach einer neuen erst 1764. getroffenen Einrichtung gehören dermalen zur Polizey-Commission von Universitäts wegen der jüngere Prof. Beckmann, und von Seiten des Stadtraths der Oberpolizey-Commissarius und erster Bürgermeister, Georg Moritz Stock, der Vicesyndicus, Georg Philipp Meyenberg, der Senator, Otto Riepenhausen, und der Senator, D. Chr. Ludw. Richard, welcher letztere zugleich das Protocoll führet.

---

2) Von der academischen Disciplin und Gerichtbarkeit.

§. 207.

Die academische Disciplin hat nach der gewöhnlichen Einrichtung der Teutschen Universitäten der jedesmalige Pro-

re-

rector zu besorgen, wozu ordentlicher Weise alle halbe
Jahre, den 2. Jan. und den 3. Jul., einer von denen ordentlichen Professoren, die schon zuvor das Decanat in einer Facultät verwaltet, aus einer Facultät nach der andern
erwehlet wird, der alsdenn sein Amt von seinem Vorgän-
ger mittelst dessen Abschieds- und seiner Antritts-Rede in
der Universitäts-Kirche feyerlich übernimmt.

* I. Um einem jedesmaligen Prorector mit rechtlichem
Rathe beyzustehen, und in denen bey der Universität vorkommenden Justiz-Sachen den Referenten abzugeben, ist
eigentlich ein Universitäts-Syndicus, und zu Führung
der Feder in Protocollen u. d. g. ein Universitäts-Secre-
tarius bestellt. Seit 1747. sind diese beyde Stellen in der
Person des Prof. Riccius vereiniget.

* II. Zur Ausübung der der Universität verliehenen bürgerlichen und peinlichen Gerichtbarkeit (§. 10. c.) ist dem
jedesmaligen Prorector eine Deputation an die Seite gesetzt, welche aus den 4. decanis der Facultäten, und, wenn
der Prorector nicht selbst ein Mitglied der Juristen-Facultät ist, noch aus einem Lehrer von dieser Facultät bestehet.
Diesem Gerichtsstande sind alle und jede zur Universität
gehörige Personen, professores, studiosi, Fremde, die
Studierens halber, oder Exercitien oder Sprachen zu erlernen sich hier aufhalten, ingleichen Exercitien- und Sprach-
meister, Bediente und Künstler, die von der Universität
dependiren, wie auch die unter der Universität stehende
Handwerks-Freymeister, nebst ihren Familien und Gesin-
de unterworfen. Die höhere Instanz ist hernach unmittelbar dem Könige und dessen geheimen Raths-collegio
vorbehalten. Die Versammlungen der Deputation pflegt
der Prorector nur, so oft es nöthig ist, gemeiniglich Sonnabends Nachmittags, zu veranstalten.

* III. Zu denen Berathschlagungen, welche die Rechte
des ganzen corporis der Universität, oder auch öffentliche
Feyerlichkeiten, ingleichen die öffentliche Ruhe, die Verbesserung eingeschlichener Mängel und Gebrechen, die Bestätigung decretirter Relegationen, Leib- und Lebens-Stra-
fen, oder sonst das gemeine Beste und Wesen der Universität betreffen, gehören alle ordentliche Professoren von allen
vier Facultäten, als welche den senatum academicum for-
mi-

miren.   Deren Zuſammenkunft, ſo hier Concilium genannt wird, geſchieht ſeltener.

*IV. Es wird kaum nöthig ſeyn zu erinnern, daß zu
Ausrichtung der Befehle eines jedesmaligen Prorectors zwey
Pedellen und ein Auditorien = Wärter beſtellt ſind.   Es
iſt aber überdies nach geendigtem Kriege aus einer Anzahl
in Penſion geſetzter Jäger eine beſondere Univerſitäts-
und Polizey = Wache errichtet, die durch nächtliche Pa-
trouillen und ſonſten der Stadt und Univerſität gute Dienſte thun.

*V. Von beſonderen königlichen Verordnungen für die
academiſche Diſciplin iſt inſonderheit das Credit = Edict
vom 14. Jul. 1735. und das Duell = Edict vom 18. Jul.
1735. zu merken.   In letzterem werden alle Arten von
Thätlichkeiten oder dahin abzweckende Injurien mit den
härteſten Strafen beleget.   In jenem wird eigentlich nur
geſtattet, einem ſtudioſo für Stube und Bette auf ein halb
Jahr, für den Tiſch auf ein viertel Jahr, für Kleidung bis
auf 24. Rthlr., für Schneider = Schuſter = und andere
Handwerks = Arbeit bis auf 6., und für Wein und Bier bis
auf 5. Rthlr. zu creditiren; mit der Verwarnung, daß die
academiſche Obrigkeit auf das, was darüber gehet, keine
rechtliche Hülfe ertheilen ſolle.

*VI. Von denen im Jahre 1763. neu entworfenen aca-
miſchen Geſetzen, wovon einem jeden Studierenden bey
der Matrikel ein Exemplar zugeſtellt, und über deren Haltung ein Handſchlag an Eydesſtatt genommen wird, zeigen
folgende Summarien den Hauptinhalt an: „ 1) Die ſtudioſi ſollen einen gottesfürchtigen Wandel führen, und dem
öffentlichen Gottesdienſte fleiſſig und ohne deſſen Stöhrung
beywohnen; 2) Auch der in das Land publicirten Sab-
baths = Feyer = Ordnung ſich gemäß verhalten, und vor,
unter, und zwiſchen dem Gottesdienſte die Schenken, Caffee = Häuſer und Billards nicht beſuchen; 3) Die ſtudioſi
ſollen ihren Vorzug nicht in einer unbändigen Freyheit, ſondern in ihrer wohlanſtändigen unbeſcholtenen Aufführung
ſuchen; 4) Sollen unter ſich, als älteren Mitgliedern der
Univerſität, und den Neuankommenden oder vor kurzem
unter die Zahl der ſtudioſorum aufgenommenen keinen auf
einen Pennaliſmum hinaus laufenden Unterſchied machen;
5) Landsleute haben einander alle Freundſchaft, Rath und
Bey-

Beystand zu leisten, jedoch dabey vor allem Anscheine des verbotenen Nationalismi sich zu hüten; 6) Alle Ordens-Gesellschaften sind bey Strafe der Relegation und des Verlustes der habenden beneficiorum verboten; 7) Das häufige Besuchen der meist auswärtigen Dörfer, zumal in ganzen Gesellschaften, ist mit dem consilio abeundi, und, auf der Obrigkeit von höherem Orte befohlne Anzeige, mit dem Verluste der beneficiorum zu bestrafen; 8) Uebermässiges und allzuhohes Spiel ist, nebst Annullirung der Schuld, mit willkührlicher Strafe; alle Hazard-Spiele aber, ohne Ausnahme, sind das erstemal mit einem Carcer von 14. Tagen, das andermal mit dergleichen von 4 Wochen, das drittemal mit dem consilio abeundi, anzusehen; 9) Alle Injurien, und die darauf genommene Selbstrache, alle Thätlichkeiten, Rencontres und Duelle sind in dem der Universität ertheilten Duell-Edict bey schwerer Strafe untersaget; 10) Der studiosorum Schuldigkeit ist, ihren Lehrern mit aller Liebe und Freundlichkeit zu begegnen, ihren Vermahnungen zu folgen, und mit willigem Abtrage der honorariorum ihre Dankbarkeit zu bezeigen; 11) Eben dieselbe sind gehalten, binnen 14. Tagen nach ihrer Ankunft sich immatriculiren zu lassen, und zu aller Zeit ihrer vorgesetzten Obrigkeit den schuldigen Respect und Gehorsam zu leisten; 12) Haben annebst in Ansehung der königlichen Miliz der diesfalls ergangenen allerhöchsten Verordnung in allen Stücken sich gemäß zu bezeigen; hingegen die, welche wegen begangener Excesse den Militär-Stand ergreifen möchten, bey derselben keine Aufnahme zu gewarten; 13) Nicht weniger ist derselben Obliegenheit, gegen die vor ihren bequemen Aufenthalt mit sorgende Stadt-Obrigkeit alle Achtung zu tragen; mit der Bürgerschaft, und sonderlich mit ihren Wirthen, freundlich und friedlich zu leben; und deren Zusammenkünfte, und vornehmlich die angestellte Hochzeiten, zumal ungeladen, auf keine Weise zu stöhren; 14) Ein jeder studiosus soll sich nach seinem Stande und Vermögen einer guten Oeconomie befleissigen, und vor Schulden und den daher entstehenden Klagen sich hüten, auch des Credit-Edicts, bey dem es übrigens sein Bewenden hat, nicht mißbrauchen; 15) Alles Schiessen, wodurch die öffentliche Ruhe und Sicherheit gestöhrt wird, besonders in der Neujahrs-Zeit, wie auch aus eben der Ursache das Halten grosser und schädlicher Hunde, ist gänzlich verboten; 16) Wer den Abend nicht ausserhalb Hauses zubringen will, soll nach 10. Uhr in sein Logis sich verfügen,

gen, und iſt nicht befugt, wenn er ſich an öffentlichen Orten befindet, nach ſolcher Zeit weiter einiges Getränke zu fordern, oder ein ſonſt erlaubtes Spiel fortzuſetzen; 17) Alles unſittige Weſen, das die gemeine Ruhe, ſonderlich bey Nachtzeit unterbricht, iſt ſchlechterdings verboten; welche bey den Unruhigen nur ſtehen bleiben, oder ſie gar begleiten, ſtraffällig; 18) Die Beſchädigung der Nacht-Laternen, und der in der Allee (wie auch auf dem Walle, und andern Spaziergängen) gepflanzten Bäume wird ſcharf verboten." Je heilſamer dieſe Geſetze ſind, je höher kann die Univerſität ihr Glück ſchätzen, daß die Fälle je länger je ſeltener werden, da es nöthig iſt, die Beobachtung derſelben mit Schärfe zu bewürken.

3) Von der verſchiedenen Religions-Uebung.

§. 208.

Da die Stadt Göttingen ſeit den Zeiten der Reformation keinen andern, als Evangeliſch-Lutheriſchen Gottesdienſt gehabt; ſo iſt zur Bequemlichkeit derer, die von der Römiſch-Catholiſchen Religion ſich hier Studierens halber einfinden, vermöge einer im Apr. 1746. der Univerſität bekannt gemachten königlichen Entſchlieſſung, ein Privat-Römiſch-Catholiſches Glaubens-Exercitium, auf den Fuß, als Geſandten Evangeliſcher Mächte an ganz Catholiſchen Orten und Höfen ihren Gottesdienſt zu halten erlaubet iſt, dergeſtalt aus Gnaden und conniuendo allhier geſtattet worden, daß ein catholiſcher Geiſtlicher, der auſſer beym Gottesdienſte in weltlichen Kleidern einher gehet, in einem Privat-Hauſe mit Zulaſſung derer zur Univerſtät gehörigen Perſonen in der Stille Meſſe leſen kann; wie denn ſolches auch ſeit 1747. würklich in Uebung gekommen iſt.

§. 209.

§. 209.

Desgleichen ist im Jahr 1748. auch den Reformirten ein Privat-Gottesdienst hier gestattet, und im Dec. 1751. anfangs in einem Privat-Hause eröffnet, demnächst aber eine eigne reformirte Kirche erbauet worden, in welcher dieser Gottesdienst nunmehro seit 1753. fortgesetzet wird.

---

4) Von denen hier erforderlichen Kosten zum Studieren und anderen oeconomischen Einrichtungen.

---

§. 210.

Um endlich auch denen ein Gnüge zu thun, die zu wissen verlangen, wie hoch sich die Kosten für einen, der sich hier Studierens halber aufhält, zu belaufen pflegen, als dergleichen Nachrichten fast am häufigsten begehret werden, so ist es zwar unmöglich, davon gewisse Summen eines jährlichen Aufwandes zu bestimmen, indem darinn eines jeden Stand, Einrichtung, und mehr oder mindere Spahrsamkeit einen gar zu grossen Unterschied macht. Desto nützlicher wird es aber seyn, hier jede einzelne Posten so genau als möglich verzeichnet zu finden, damit ein jeder allenfalls nach seinen Umständen daraus selbst einigen Ueberschlag machen könne.

§. 211.

Eine der ersten Ausgaben ist für die academische Matrikel, wofür ein Bürgerlicher, der schon von einer andern Universität eine Matrikel aufzuweisen hat, 2. Rthlr.; wenn er noch auf keiner andern Universität studiert hat, 4. Rthlr.; ein Adelicher im ersten Fall 5. Rthlr. 12. Ggr., im im andern 8. Rthlr.; ein Freyherr im ersten Fall 8. Rthlr., im andern 12. Rthlr.; ein Graf im ersten Fall 12. Rthlr. im andern 16. Rthlr., in hiesigem Cassen-Gelde, die Pistole zu 7. Fl., den Ducaten zu 4. Fl. gerechnet, entrichtet.

§. 212.

Die für die gewöhnlichen Privat-Vorlesungen zu entrichtenden Honorarien betragen für jedes theologische, philosophische und philologische halbjährige Collegium nur 3. Rthlr.; fürs Arabische, und für einige andere philologische und philosophische, sodann für die meisten juristischen, mathematischen, und historischen Vorlesungen 4. Rthlr.; für die Vorlesungen über das canonische und Staatsrecht, den Reichsproceß, die Reichs- und Staatenhistorie, Statistik, Politik, Diplomatik, Physik, sodann für die meisten medicinischen Vorlesungen 5. Rthlr.; für die Pandecten und einige medicinische Lehrstunden 6. Rthlr.; für practische, juristische und medicinische Lehrstunden 10. Rthlr. Von Grafen werden diese Honorarien doppelt entrichtet. Von collegiis privatissimis beruhet das Honorarium auf jedesmalige Abrede; Sie werden nach Unterschied der Umstände mit 30. bis 100. und mehr Thalern bezahlet.

§. 213.

Für den Unterricht in heutigen Sprachen, wie auch im Tanzen, in Musik, Zeichnen u. d. g. werden mehrentheils monathlich (für 16. Stunden) 2. Rthlr., einigen auch wohl 2. Rthlr. 16. Ggr. bezahlt; Fürs Fechten vierteljährig 5. Rthlr.; anbey für ein Paar Rappiere 1. Rthlr. 12. Mgr.; fürs Voltigiren ein für allemal 5. Rthlr.; fürs Reiten monathlich 3. Rthlr., nebst einem Trinkgelde für die Stallbedienten, und 1. Ducaten beim Antritt.

§. 214.

§. 214.

Zu Anschaffung der erforderlichen Bücher enthält insonderheit die mit Errichtung der Universität entstandene Vandenhoekische Buchhandlung einen so vollständigen Vorrath, als irgend bey einzelnen Teutschen Buchhandlungen zu erwarten ist, wobey sie zur Regel annimmt, daß sie mit den Leipziger Buchhandlungen ordentlicher Weise einerley Preise hält. Ausserdem sind hier nicht nur noch die Bossiegel'sche und Küblerische Buchhandlungen, sondern auch die Antiquarien Kunkel und Ackermann, so mit gebundenen Büchern handeln; und fast beständig werden Auctionen bey Bossiegeln gehalten, als welcher zugleich Universitäts-Auctionator, wie auch Disputations-Händler ist. Von Disputationen wird hier das Alphabet ordentlicher Weise für 4. Ggr. verkauft.

* I. Bey den Buchbindern, deren hier an der Zahl 10. sind, werden ungefähr folgende Preise gehalten: Für einen Band in Pappe mit Papier überzogen in Octav 3. Mgr.; in Quart 6. Mgr. in Fol. 12. Mgr.; Für einen Band in Pergament mit Rück und Ecken in Octav 6. Mgr., in Quart 12. Mgr., in Fol. 24. Mgr.; Für einen Band in ganz Pergament in Octav 12. Mgr., in Quart 24. Mgr., in Fol. 1. Rthlr. 12. Mgr.; Wenn ein Titel mit goldenen Buchstaben hinzukömmt, beträgt es 3. Mgr. mehr. Ein Band von Kalbleder mit Titel und Linien kostet in Octav 12. Mgr.; in Quart 24. Mgr., in Fol. 1. Rthlr. 12. Mgr; oder wenn nur in Rück und Ecken Leder ist, in Octav 6 Mgr. in Quart 12. Mgr., in Fol. 24. Mgr., Ein völliger Franzband, oder auch Englischer Band kostet in Octav 18. Mgr., in Quart 1. Rthlr, in Fol. 2. Rthlr.

* II. Um sowohl gelehrte als politische Zeitungen ohne grosse Unkosten zu lesen, hat man hier die Bequemlichkeit, daß man z. E. die Hamburgischen, Altonaischen, und Frankfurtischen politischen und die Leipziger gelehrte Zeitungen jedesmal 2. Stunden vierteljährig für einen Thaler lesen kann, und so nach Proportion für höheren oder geringern Preis unter mehr oder wenigern vorbenannten oder andern Zeitungen die Wahl hat.

§. 215.

§. 215.

Diejenigen, welche die academiſchen Würden hier zu erlangen ſuchen, haben folgende Promotions-Koſten bey der Facultät zu erlegen: Ein doctor theologiae 132. Rthlr., ein Licentiat 96. Rthlr.; Ein doctor iuris 130. Rthlr., ein Licentiat 105. Rthlr.; Ein doctor medicinae 117. Rthlr.; Ein Magiſter 43. Rthlr. Womit alle Un-koſten bis auf den Druck der Diſſertation und des program-matis beſtritten ſind; wie denn ſo genannte Doctor-Schmäu-ſe hier durch ausdrückliche Geſetze verboten worden. Ein mit dem Univerſitäts-Siegel ausgefertigtes Zeugniß über das vollbrachte triennium academicum, dergleichen bey Canonicaten erfordert wird, koſtet 12. Rthlr. 8. Ggr.

§. 216.

Wer eine Jnaugural-Diſputation oder ſonſt etwas drucken läßt, hat dermalen unter drey hieſigen Univerſitäts-Buchdruckereyen die Wahl als namentlich der Barmeier-ſchen, Schulziſchen und noch einer unter Roſenbuſchiſcher Factoren ſtehenden Jung-Schulziſchen Druckerey; Wor-nieben die Hageriſche, ſo eigentlich die Raths-Druckerey iſt, noch die vierte ausmacht. Die Koſten betragen für das erſte Hundert von jedem Bogen 1. Rthlr., für jedes wei-tere Hundert abzudruckender Exemplarien 8. Ggr., es mü-ſte denn wegen kleinerer Schrift und gröſſern Formats noch etwas mehreres erfordert werden. Das Ries Druckpa-pier, wie es zu den hieſigen gelehrten Zeitungen gebraucht wird, koſtet 1. Rthlr. 16. Ggr., und Holländiſch Papier 3. bis 3½ Rthlr.

§. 217.

Mit denen an Studierende zu vermiethenden Zim-mern gehen zwar faſt alle halbe Jahre mit denen etwa ver-änderten Eigenthümern und Bewohnern der Häuſer aller-

X   ley

len Veränderungen vor.   Man wird aber doch von den Preisen solcher Miethen ungefähr einen Ueberschlag machen können, wenn man zum Grunde leget, wie sich bey einer im Sommer 1764. vorgenommenen Besichtigung gefunden, daß 132. Stuben für 20. 18. 16. 15. Rthlr., oder noch geringere jährliche Miethe; sodann 279. Stuben zwischen 20. und 30. Rthlr., mithin zusammen 411. Stuben für 30. Rthlr. und darunter zu haben sind; hingegen die, so etwas theurer, aber auch meist desto besser eingerichtet sind, zwischen 30. und 40. Rthlr. sich auf 76. an der Zahl belaufen; und endlich diejenige Miethen, die 50. 60. 80. und mehr Thaler kosten, auch aus so viel mehreren Zimmern bestehen, die gemeiniglich auch von solchen, die Hofmeister und Bedienten haben, oder sonst mit andern Gesellschaft machen, bewohnet werden.   Aber auch unter jenen Miethen von 40. 30. 20. Rthlr. rc. ist ordentlicher Weise Stube und Kammer begriffen, wovon jene gemeiniglich tapeziert ist.

*I. Von Professoren, deren Wohnung und Einrichtung es gestattet, Studierende zu sich ins Haus zu nehmen, sind dermalen folgende: 1) der Hofr. Ayrer, 2) Hofr. Böhmer, 3) Prof. Riccius, 4) Hofr. Meister, 5) Prof. Achenwall, 6) Prof. Claproth, 7) Leibmed. Vogel, 8) Prof. D. S. A. Büttner, 9) Prof. Weber, 10) Prof. Gatterer, 11) Prof. Heyne, 12) Prof. Chr. W. Büttner, 13) Prof. Wedekind, 14) Prof. Tompson, 15) Prof. von Colom; denen noch 16) des seel. Hofr. Wahls, 17) des seel. Prof. Koelers, 18) des seel. Rath Penthers, 19) des seel. Prof. Mayers hinterlassene Wittwen; ingleichen von Privat-Docenten 20) der D. Falkenhagen, und 21) der D. Richard beygefüget werden können.   Von andern Häusern werden noch immer mehrere theils ganz neu erbauet, theils ganze Stockwerke zu bequemen Wohnungen eingerichtet, als wozu noch ohnlängst an denen erweislich darauf verwandten Baukosten eine Vergütung von 30. Procent von königlicher Regierung verwilliget worden.

*II. Zu mehrerer Bequemlichkeit derer, die hier Zimmer suchen, oder auch vor ihrer Ankunft bestellt haben wollen,

len, iſt erſt kürzlich dem Schreibmeiſter Roeder der Auftrag geſchehen, von allen hier an ſtudioſos vermietheten
oder noch zu vermiethenden Zimmern von einem halben
Jahre zum andern richtige Verzeichniſſe zu halten, um
einem jeden auf Verlangen bequeme Zimmer vorſchlagen zu
können, wozu ſich derſelbe ſeitdem beſtändig in Bereitſchaft
hält, und von denen, die durch ſeine Vermittelung ihre Abſicht erreichen, für ſeine Bemühung eine ſelbſtbeliebige Belohnung etwa 8. Ggr. von Auswärtigen, 4. Ggr. von An-
weſenden erwartet.

   * III. Eben dieſer iſt auch ſonſt zum Briefwechſel mit
Auswärtigen gegen billige Belohnung erbötig, wovon
diejenigen, welche hier ſonſt keine Bekanntſchaft haben,
oder auch ſo billig ſind, denen ohnehin mit Geſchäfften
überladenen Profeſſoren ſolche Correſpondenzen nicht zuzu-
muthen, vielleicht in ſolchen ſehr häufig vorkömmenden
Fällen, da Zeugniſſe von hieſigem vormaligen Aufenthalte,
oder neu herausgekommene Diſputationen oder Bücher,
oder Zeitungs-Beſtellungen oder Defecte, oder andere
Dinge und Nachrichten verlanget werden, ſehr guten Gebrauch machen können; wie dann allenfalls in ſolchen Fällen auch der Univerſitäts-Pedell Fricke zu ſolchen Dingen
gegen billige Belohnung ſeine Dienſte leiſten wird.

§. 218.

Von Tiſchwirthen und andern oeconomiſchen Einrichtungen, die an ſich übrigens gar unterſchieden und
zum Theil ſehr veränderlich ſind, mag etwa folgendes zu
einiger Nachricht dienen:

   * I. Mittags-Tiſche gibt es hier wöchentlich dermalen
für 20. Ggr. bey dem Traiteur Thon und bey der Wittwe
Oppermann; für 1. Rthlr. bey den Traiteurs Thon, Schmidt,
Wittwe Paſcal, Rauſchenplatt ꝛc.; für 1. Rthlr. 4. Ggr.
bey Henze, Sachſe, Thon, Diedrichs, Rappe, Winter ꝛc.;
für 1. Rthlr. 6. Ggr. bey Pomay und Schmidt; für 1 Rthlr.
8. Ggr. bey der Wittwe Salzenberg, und bey Schmidt;
für 1. Rthlr. 10. Ggr. bey Winter; für 1. Rthlr. 12. Ggr.
in der Krone, wie auch bey Henze und Salzenberg; für
1. Rthlr. 16. Ggr. bey Rulander; für 2. Rthlr. im Könige
in Preuſſen. Abendtiſche werden beſonders veraccordirt,
und einzelne Portionen für 3. 4. 6. Mgr. gegeben. Unter
den Profeſſoren iſt vorjetzo keiner, der Tiſch hält.

*II. Das hiesige Bier, wie auch der Broyhan (oder weisses Bier) kostet eigentlich das Quartier 6. Pf. Gemeiniglich wird es auf grössere Bouteillen von 2. bis 3. Quartier gezogen, die 2. Mgr. oder 2. Mgr. 2. Pf. gelten. Vom Universitäts-Keller kann man auch Hardenberger, und andere fremde Biere haben. Ein Quartier ist ungefähr so viel, als im Reiche ein halb Maaß, in Sachsen 2. Rösel ꝛc.

*III. Vom weissen Franzwein werden hier verschiedene Sorten, das Quartier vor 7. bis 15. Mgr., verkauft; desgleichen vom rothen Franzwein oder so genannten Pontac das Quartier für 12. 14. 15. Mgr.; vom Rheinwein das Quartier für 15. 18. 24. 30. Mgr. auch 1. Rthlr.; von Burgunder-Wein die Bouteille für 24. Mgr.; von Champagner für 2. Fl. ꝛc.

*IV. Das Pfund Caffee wird hier nach der verschiedenen Güte für 9. 10. 11. 12. 13. 14. 20. 22. 24. 26. 27. Mgr.; desgleichen das Pfund Zucker für 8. 9. 10. 11. 12. Mgr.; das Pfund Thee für 2. 3. und mehr Thaler verkauft. Der Milchpreis steigt und fällt nach der verschiedenen Jahrszeit von 6. Pf. bis 2. Mgr. das Quartier gerechnet.

*V. Für Wäscherlohn wird vierteljährig, nach dem einer wenig oder mehr in die Wäsche gibt, 1½ bis 4. Rthlr.; dem Perrükenmacher für tägliches Accommodiren, vierteljährig 2. Rthlr. 24. Mgr., oder ohne die Zuthaten von Poudre ꝛc. 2. Rthlr. bezahlet.

*VI. Von Büchenholz hat man diesen Winter einen mit 4. Pferden bespannten Wagen für 1¾ Rthlr., ein ganzes Klafter nach Verschiedenheit der Güte für 4. bis 6. Rthlr. haben können. Das Pfund Talglichter kostet 6. Mgr., ein Pfund Baumoel 5. Mgr. ꝛc.

*VII. Endlich kann auch dieses als ein oeconomischer Vortheil angesehen werden, daß zur Kleidung Camelotte und andere Zeuge, die selbst auswärts vorzüglich geschätzt werden, wie auch Tücher in den hiesigen Grätzelischen und Funkischen Fabriken aus der ersten Hand um sehr billige Preise zu haben sind.

§. 219.

Wenn es billig und thunlich wäre, eine Stadt, worin eine Universität ihren Sitz hat, von allen Landes-Beyträgen zu befreyen; so würden freylich manche Dinge noch geringere Preise haben können. Da aber einmal an statt

der

der in andern Ländern auf liegende Gründe und den Nahrungs-Stand gelegten Contribution in hiesigen Landen ein bloß auf die Consumtion gerichteter Licent eingeführet ist; (unter welchen beyden Steuer-Arten der Vorzug wohl noch immer ein ohnehin hier nicht zu erörterndes Problem bleiben wird;) so fällt zwar bey vielen Dingen der unmittelbar darauf haftende Licent-Beytrag mehr in die Augen. Jedoch stehet dahin, ob im Ganzen der Unterschied von so grossem Belange seyn möchte, wenn man bedenkt, daß ein jeder, der Landes-Beschwerden trägt, sie mögen eingerichtet oder benannt seyn, wie sie wollen, sie doch auf seinen Verdienst oder Vortheil zu schlagen suchen wird, mithin ein jeder, der vom andern Arbeit oder Waaren braucht, doch mittelbar das seinige mit dazu beytragen muß.

* Seit dem 1. Sept. 1764. hat wegen der Schulden-Last, womit die hiesige Landschaften im letzten Kriege beschwert worden, noch eine Erhöhung des Licents bis auf anderweite Verordnung, die mit Verminderung gedachter Schuldenlast mit der Zeit zu hoffen ist, eingeführt werden müssen. Nach dieser Erhöhung wird nunmehro von Einer Ohm Wein, wofür vorher 6. Rthlr. Licent bezahlt worden, jetzt noch 1. Rthlr., und also 7. Rthlr. entrichtet; vom Pfund Caffee jetzt 2. Ggr.; vom Pfund Thee 16. Mgr.; vom Pfund Chocolade 12. Mgr.; vom frischen Fleische fürs Pfund 3. Pf.; von geräuchertem 4. Pf. ꝛc. Auch sind bey dieser Gelegenheit einige Posten erst von neuem mit Licent belegt, als Seidenzeug und Plüsch nach dem Werthe des Ankaufs mit 10. Procent, oder vom Thaler 3. Mgr. 5. Pf.; Cattun, Chitz, baumwollene und halbseidene, auch leichte wollene Zeuge, ausser dem darauf haftenden Imposte, mit 5. Procent, oder vom Thaler 1. Mgr. 7. Pf.; das Pfund Baumöhl mit 4. Pf.; und das Pfund Wachslichter mit 1. Mgr. Hingegen ist bey den übrigen Posten der vorige Licent unverändert geblieben, als vom Pfund Zucker 4. Pf., vom Pfund Toback 8. Mgr. u. s. f.

§. 220.

Endlich ist von der hiesigen Münze zu merken, daß man den Thaler hier theils, wie in Sachsen, in 24. gute

Gro:

Gröschen, und den guten Groschen in 12. Pfennige, theils aber noch gewöhnlicher den Thaler in 36. Marien-Groschen, und den Marien-Groschen in 8. Pfennige einzutheilen und zu berechnen pfleget; worneben noch kleinere Scheidemünzen von Mattiers, deren einer 4. Pfennige gilt, oder von 6. und 3. Pfennigstücken gebraucht wird. Was den innern Gehalt betrifft, so ist bekannt, daß man hier im Lande, aller übrigen Abweichungen ungeachtet, bisher immer bey dem durch einen Reichsschluß bestätigten Leipziger Fuß geblieben, und nur die in der Proportion zwischen Gold und Silber bemerkten Unrichtigkeiten dadurch ins Gleiche gebracht, daß man die Goldsorten auf ihren gehörigen Werth, als den Ducaten auf 4. Gulden, die Pistole oder alte Louisd'or auf 7. Gulden, die neue oder Schild-Louisd'or auf 5. Rthlr. 16. Ggr. herunter gesetzt hat.

* I. So fremde dieses anfangs solchen vorgekommen, die aus Gegenden, wo das im Kriege eingerissene schlechte Geld länger im Gange geblieben, hieher gekommen; so begreiflich wird es hoffentlich nunmehro allen denen werden, die selbst nach dem so genannten Conventions-Fuß, wie er jetzt auch zu Frankfurt am Mayn eingeführet werden soll, die Pistolen nicht auf 5. Rthlr. oder 7. Fl. 30. Kreutzer, sondern nur auf 7. Fl. 20. Kreutzer gesetzt finden werden. Und wie übrigens der Conventions-Fuß vom Leipziger und eigentlichen Reichs-Fuß nur darinn abgehet, daß nach diesem die Mark Silber nur zu 18., nach jenem aber zu 20. Fl. ausgemünzet wird; so ist theils daraus das Verhältniß des hiesigen Silbergeldes zur Conventions-Münze leicht zu bestimmen. Theils mag es Kennern und Patrioten zu beurtheilen heimgestellt bleiben, ob nicht Teutschland glücklicher seyn möchte, wenn man überall im Silber einstimmig beym Leipziger Fuß geblieben, und nur das Gold auf seinen verhältnißmässigen Werth gesetzt hätte.

* II. Inzwischen wird dennoch im Waaren-Handel, so bald eine Rechnung über Eine, oder auch über eine halbe Pistole beträgt, deren Werth hier auf eben die Art, wie es in vorigen Zeiten üblich gewesen, und wie noch auf Messen gehandelt zu werden pfleget, noch jetzo zu 5. Rthlr. oder ein Ducate zu 2¼ Rthlr. gerechnet. Und in eben dem Werthe

wer-

werden damit die meisten Collegien-Gelder, Stuben-
Miethen, und andere gröſſere Ausgaben entrichtet, ſo
fern nicht ausdrücklich Caſſenmünze verabredet oder vor-
geſchrieben worden.

―――――――

5) Von Freytiſchen und anderen hieſigen beneficiis.

――――――

§. 221.

Um denen, welchen es an hinlänglichen Mitteln fehlet, die zum Studieren und hieſigen Aufenthalte erforderliche Koſten zu erleichtern, ſind theils aus königlichen
theils aus landſchaftlichen oder einzelner Städte, oder auch
benachbarter Reichsſtände milden Stiftungen vorjetzo an der
Zahl 140. Freytiſch-Stellen vorhanden, welche unter
ſieben Tiſchwirthen vertheilet ſind. Von dieſen Stellen hat
die königliche Regierung 62. zu vergeben, welche nur für
Auswärtige beſtimmt ſind, da hingegen die übrigen von den
landſchaften und Städten an Einheimiſche vergeben werden.

* Jede Freytiſch-Stelle wird ordentlicher Weiſe auf ein
Jahr vergeben, und demnächſt auf anderweites Nachſuchen
gemeiniglich noch auf ein Jahr, auch wohl noch darüber
verlängert. Wer damit begnadiget iſt, hat ohne weitere
Unkoſten ſeinen Mittags-Tiſch unentgeltlich zu genieſſen.
Die Inſpection über die Freytiſche iſt dem Hofr. Ayrer und
dem Oberpolizey-Commiſſarius Stock anvertrauet.

§. 222.

Auſſerdem iſt jährlich eine Summe von 2500. Rthlr.
zu Stipendien gewidmet, die zu 20. 25. 30. 40. Rthlr.
an einzelne ſtudioſos auf ein oder etliche Jahre von königlicher Regierung an baarem Gelde verwilliget werden.
Und noch ein *Brandiſiſches* Familien-Stipendium,
ſo jährlich 40. Rthlr. beträgt, haben jedesmal ſieben ſtu-

X 4 dioſi

diosi auf 3. Jahre zu genieffen, wovon der jedesmalige Senior der Brandisischen Familie zu Hildesheim der Patron, und seit des seel. Hofr. Gesners Tode hier der Hofr. Michaelis der so genannte Decanus ist.

* Andere Hülfsmittel, z. E. durch Abschreiben, Informiren, Repetiren u. s. w. sich fortzuhelfen sind hier nach Proportion nicht so erheblich, als an grösseren Orten. Doch wird manchem auch damit ziemlich fortgeholfen. Und ohne hieber zu wiederholen, was oben vom theologischen Repetenten=collegio (§. 123.), vom philologischen seminario (§. 138.) und von den wenigen beneficiis bey der Universitäts=Kirche (§. 120.) vorgekommen; so wird zu Erleichterung derer Kosten, welche das eigentliche Studieren in Ansehung der Honorarien für die Vorlesungen erfordert, sich nicht leicht ein Lehrer um deren Erlassung vergeblich bitten lassen.

Regi-

Register.

X 5 Caf=

Register.

Sa=

Register.

Ors

Re-

Register.

Register.